大東地志

대동지지 8

평 안 도

초판 1쇄 인쇄 2023년 7월 17일
초판 1쇄 발행 2023년 7월 27일

지 은 이   이상태 고혜령 김용곤 이영춘 김현영 박한남 고성훈 류주희
발 행 인   한정희
발 행 처   경인문화사
편   집   김윤진 김지선 유지혜 한주연 이다빈
마 케 팅   전병관 하재일 유인순
출판번호   제406-1973-000003호
주   소   경기도 파주시 회동길 445-1 경인빌딩 B동 4층
전   화   031-955-9300   팩   스   031-955-9310
홈페이지   www.kyunginp.co.kr
이 메 일   kyungin@kyunginp.co.kr

ISBN 978-89-499-6738-7 94980
     978-89-499-6740-0 (세트)
값 32,000원

영인본의 출처는 서울대학교 규장각한국학연구원(古4790-37-v.1-15/국립중앙도서관)에 있습니다.

大 東 地 志

대동지지

평안도

이상태 · 고혜령 · 김용곤 · 이영춘
김현영 · 박한남 · 고성훈 · 류주희

경인문화사

목차
目次

제4권 평안도 청북(2) 9읍 · 227

원문 · 311

평안도

<관서(關西)라 부른다>

본래 조선(朝鮮: 고조선을 말함/역자주)·부여(扶餘)의 남쪽으로, 동쪽으로는 예(濊)·옥저(沃沮), 남쪽으로는 마한(馬韓)과 땅의 경계가 서로 엇갈려 있었다. 한나라 무제(武帝) 때에 낙랑군(樂浪郡)의 관할이 되었다. 고구려 대무신왕(大武神王) 27년(44)에 살수(薩水)<지금의 청천강(淸川江)을 말한다> 이남(以南)이 한(漢)나라에 속하였다.<말하자면 국경이 살수 이남에 이른 것이다> 태조왕(太祖王) 4년(56) 영토를 개척하여 남쪽으로 살수에 이르러 경계를 삼았으며, 후에 점차 영토를 넓혀 갔다. 고국원왕(故國原王) 13년(343)에 환도(桓都)<어느 판본에는 범도(凡都)라고 되어 있다. 지금 만포진(滿浦鎭) 서북쪽 30리로 황성(皇城)이라 일컫는 것이 이것이다>에서 남쪽으로 황성(黃城)<평양(平壤)에 상세하다>으로 천도하였다. 보장왕(寶藏王) 27년(668)<남천(南遷)하여 무릇 326년째였다>에 당(唐)나라에서 이적(李勣)을 보내어 신라(新羅)와 더불어 합공(合攻)하여 이를 멸(滅)하고 9도독부(九都督府)를 두었다.<반은 요동(遼東)에 있었다. 역대지(歷代志)에 상세하다> 중종(中宗) 때에 발해국(渤海國)의 소유가 되어 패강(浿江)<대동강(大同江)이다>으로 경계를 삼았다. 현종(玄宗) 개원(開元) 23년(735)<신라 성덕왕(聖德王) 34년>에 패강 이남의 땅을 신라에 칙사(勅賜)하였다.<당악토산송현(唐岳土山松峴)은 생각건대 본도(本道)의 땅이다> 효공왕(孝恭王) 때에 태봉(泰封)에서 취하는 바가 되어 패서(浿西) 13진(鎭)<통해진(通海鎭)·통덕진(通德鎭)·평로진(平虜鎭)·강덕진(剛德鎭)·장덕진(長德鎭)·안수진(安水鎭)·수덕진(樹德鎭)·양암진(陽岩鎭)·안삭진(安朔鎭)·위화진(威化鎭)·청새진(淸塞鎭)·덕창진(德昌鎭)·정융진(靜戎鎭)이다>을 두었다. 경명왕(景明王) 때에 그대로 고려(高麗)에 귀속되었다. 경애왕(景哀王) 3년(927년)에 발해가 멸망하여 살수(薩水) 이북(以北)은 여진(女眞)·거란(契丹)과 경계가 교착하게 되었다.<지금의 적유령(狄踰嶺) 이북은 여진(女眞)이 점거하는 바가 되었다. 고려 성종(成宗)·현종(玄宗) 때에 ㅇ를 개척하면서 가산(嘉山)·귀주(龜州)·곽산(郭山)·선천(宣川)·철산(鐵山)·용강(龍岡)·정주(靜州)·인산(麟山)·의주(義州)·창성(昌城)·삭주(朔州)·연주(延州)·운산(雲山)·희천(熙川)·덕천(德川)의 경계에 이르렀다> 고려 성종(成宗) 14년(995)에 패서도(浿西道)<다스리는 주(州)가 14, 현(縣)이 4, 진(鎭)이 7이었다>가 되었으며, 정종(靖宗) 2년(1036)에 북계(北界)<동계(東界)와 더불어 양계(兩界)가 되었다> 고려 문종(文宗) 원년(1046)에 서북면(西北面)<혹은 서북로(西北路)·서

북계(西北界)·서로(西路)·서면(西面)이라고도 한다)이라 일컬었다. 원종(元宗) 10년(1269)에 서북(西北)의 여러 성이 반역하여 몽고(蒙古)에 붙었다. 몽고는 동녕로총관부(東寧路總管府)를 서경(西京)에 설치하고 서해도(西海道)의 자비령(慈悲嶺)으로 구획하여 경계를 삼았다. 충렬왕(忠烈王) 4년(1278)에 회복하여 도로 환속(還屬)시켰으며, 후에 서해도(西海道) 4성(城)이 내투(來投)함으로 본도(本道)에 예속시켰다.〈황주(黃州)·안악(安岳)·철화(鐵和)·장명(長命)으로 원종 10년에 또한 몽고에 함락되었다가 후에 되돌아왔다〉충숙왕(忠肅王) 때에 여진(女眞)을 격퇴하여 몰아내고, 공민왕 때에 비로소 강계(江界)·위원(渭原)·초산(楚山)·벽동(碧潼) 등의 고을을 설치하였다. 신우(辛禑) 14년(1388)에 도로 서해도(西海道) 4성(城)에 붙였다. 조선 태종(太宗) 13년(1413)에 평안도(平安道)로 고쳤다.

모두 42읍(邑)이다.

순영(巡營) 평양(平壤)에 소재한다.

병영(兵營) 안주(安州)에 소재한다.

방영(防營) 의주(義州)·창성(昌城)·강계(江界)·선천(宣川)·삼화(三和)에 소재한다.

토포영(討捕營)

평양진관(平壤鎭管) 중화(中和)·함종(咸從)·용강(龍岡)·증산(甑山)·순안(順安)·강서(江西)

○삼화(三和)는 지금 독진(獨鎭)이다.

안주진관(安州鎭管) 숙천(肅川)·영유(永柔)

○정주(定州)·가산(嘉山)은 지금 독진(獨鎭)이다.

성천진관(成川鎭管) 자산(慈山)·순천(順川)·개천(价川)·덕천(德川)·상원(祥原)·삼등(三登)·강동(江東)·은산(殷山)·양덕(陽德)·맹산(孟山)

영변진관(寧邊鎭管) 운산(雲山)·희천(熙川)·박천(博川)·태천(泰川)

의주진관(義州鎭管) 철산(鐵山)·용천(龍川)은 지금 독진(獨鎭)이다.

○옥강(玉江)·방산(方山)·청수(淸水)·수구(水口)

귀성진관(安州鎭管) 선천(宣川)·곽산(郭山)은 지금 독진(獨鎭)이다.

○서림(西林)·식송(植松)

강계진관(江界鎭管) 추성(楸城)·벌등(伐登)·윗괴(乫怪)·종포(從浦)·평남(平南)

삭주진관(朔州鎭管) 구녕막령(仇寧幕嶺)

초산진관(楚山鎭管) 산양회(山羊會)

위원진관(渭原鎭管) 오로량(吾老梁)

정주진관(定州鎭管) 가산진(嘉山鎭)·창성진(昌城鎭)·용천진(龍川鎭)·영원진(寧遠鎭)·삼화진(三和鎭)·선천진(宣川鎭)·곽산진(郭山鎭)·철산진(鐵山鎭)·벽동진(碧潼鎭)·만포진(滿浦鎭)·고산리진(高山里鎭)·창주진(昌洲鎭)·벽단진(碧團鎭)·인산진(麟山鎭)·청성진(淸城鎭)·위곡진(委曲鎭)·신광진(神光鎭)·아이진(阿耳鎭)·우현진(牛峴鎭)·선사포진(宣沙浦鎭)·노강진(老江鎭)·고성진(古城鎭)·광량진(廣梁鎭)·신도진(薪島鎭)·토성진(兎城鎭)·안의진(安義鎭)·서림진(西林鎭)·상왕진(上王鎭)·유원진(柔院鎭)·천마진(天摩鎭)·차령진(車嶺鎭)·지채진(持寨鎭)

제1권

평안도
10읍

1. 평양부(平壤府)

고구려 고국원왕(故國原王) 13년(343)에 환도(桓都)에서 황성(黃城)〈목멱산(木覓山)에 있다. 모두 4명의 임금에 84년간 도읍하였다〉으로 천도(遷都)하였다. 장수왕(長壽王) 15년(427)에 평양성(平壤城)으로 수도를 옮겼다.〈요양(遼陽)이 옛 평양의 호칭을 신도(新都)에 모칭(冒稱)하는데, 우리 나라의 평양이 여기에서 시작하였다. 지금의 외성(外城)이다. 모두 5명의 임금에 158년간 도읍하였다. ○ '원사(元史)' 지리지(地理志)에 말하기를, "동녕로(東寧路)는 본래 고구려 평양성으로 또한 장안성(長安城)이라고도 한다. 한(漢)나라가 조선(朝鮮)을 멸(滅)하고 낙랑(樂浪)·현토군(玄菟郡)을 두었는데 이곳이 낙랑의 땅이다. 진(晉)나라 의희(義熙) 연간 이후에 그 왕 고련(高璉)이 비로소 평양성에 도읍하였다. 당(唐)나라가 고구려를 정벌하여 평양을 함락시키자 그 나라는 동쪽으로 옮겨 압록강(鴨綠江)의 남쪽에 있게 되니 천여 리가 평양의 옛 땅이 아니었다. 왕건(王建)에 이르러 평양으로 서경(西京)을 삼았다."고 하였다. ○ 살펴건대 옛 평양은 한(漢)나라 낙랑군(樂浪郡) 조선현(朝鮮縣)으로 후한(後漢)·진(晉)나라가 그대로 두었다. 발해(渤海) 때에 요동군지휘사(遼東郡指揮使)가 되었는데 지금의 요양주(遼陽州)이다〉평원왕(平原王) 28년(586)에 수도를 장안성(長安城)으로 옮겼다.〈부(府)에서 동쪽으로 20리에 있다. 지금 대성산(大城山)이라 일컬어진다. 4명의 임금에 83년간 도읍하였다〉당나라 고종(高宗) 총장(總章) 무진년(668)〈보장왕(寶藏王) 27년〉에 이적(李勣)을 보내 멸하고 안동도호부(安東都護府)를 두었다.〈대장군(大將軍) 설인귀(薛仁貴)에게 군사 2만을 거느리고 진무(鎭撫)하게 하였다〉상원(上元) 3년(676)에 부(府)를 요동군(遼東郡) 옛 성으로 옮겼다.〈곧 옛 평양이다. 역대지(歷代志)에 상세하다〉뒤에 발해국(渤海國)의 경계가 되었다. 신라(新羅) 말에 태봉(泰封)의 소유로 되었다. 고려 태조(太祖) 원년(918)에 평양대도호부(平壤大都護府)를 설치하였다.〈염주(鹽州)·백주(白州)·황주(黃州)·해주(海州)·봉주(鳳州) 등 여러 고을의 백성들을 옮겨서 인구를 채우고 당제(堂弟) 왕식렴(王式廉)을 보내어 유수(留守)케 하였다〉태조 2년(919)에 서경(西京)이라 일컬었다.〈겨울 10월에 평양성(平壤城)을 쌓았다〉고려 광종(光宗) 11년(960)에 서도(西都)라 일컫고,〈궁실(宮室)을 크게 영조하였다〉고려 성종(成宗) 14년(995)에는 서경이라 일컬었다.〈속현(屬縣)은 네 곳으로 강동(江東)·강서(江西)·중화(中和)·순화(順和)이다. 지유수사(知留守事)·부유수(副留守)·판관(判官) 각 1인을 두었다〉 고려 목종(穆宗) 원년(997)에 호경(鎬京)이라 고쳤다. 고려 문종(文宗) 16년(1062)에 다시 서경유수(西京留守)라 일컬었다. 〈경기(京畿) 4도(四道)를 두었고, 고려 숙종(肅宗) 7년(1102)에 문·무반(文武班) 및 오부(五部)를 설치하였다. 고려 예종(睿宗) 때 판관을 고쳐 소윤(少尹)으로 삼았다. 고려 인종(仁宗) 때 유수사(留守使)를 두었다. 고려 인종 13년(1135)에 중 묘청(妙淸) 및 유참(柳旵), 분사시랑(分司侍郎) 조광(趙匡) 등이 반란을 일으켜 절령(岊嶺) 길을 끊으므로 원수(元帥) 김부식(金富軾)에게 명하여 이를 쳐서 평정하게 하고 유수(留守)·감군(監軍)·분사(分司)·어사(御史)를 제외한 관반(官班)을 모두 없앴다. 고려 인종 14년(1136)에 경기 사도를 삭제하고 강서·강동·삼등(三登)·순안(順安)·중화·삼화(三和)의 여섯 현(縣)을 두었다. 고려 고종 때에 다시 부유수를 두었고, 소윤을 고쳐 판관으로 삼았다. 고려 원종 10년(1269)에 서북면 병마사영기관(西北面兵馬使營記官) 최탄(崔坦)과 삼화현 사람으로 전 교위(前校尉)인 이연령(李延齡) 등이 임연(林衍) 등을 주살한다는 것으로 명분을 내세우며 난을 일으켜 유수 및 여러 성의 수령(守令)을 죽이고, 서경(西京) 및 부·주·현·진(府州縣鎭) 54성(城)과 서해도(西海道) 6성을 거느리고 몽고(蒙古)에 붙었다〉 고려 원종 12년(1271)〈원나라 세조 지원(至元) 8년〉에 원나라에서 고쳐 동령부(東寧府)로 삼았다. 충렬왕(忠烈王) 2년(1276)에 동녕로총관부(東寧路總管府)로 올렸으며, 충렬왕 4년(1278)에 도로 고려에 돌려주어 다시 서경유수가 되었다. 〈충선왕(忠宣王)이 부윤(府尹)·소윤으로 고쳤으며, 충숙왕(忠肅王)이 존무사(存撫使)를 두었다〉 공민왕(恭愍王) 18년(1369)에 평양(平壤)으로 고쳤다. 〈부윤(府尹)을 두었으며 만호부(萬戶府)를 설치하였다〉 조선에서 관찰사(觀察使)를 두었다. 〈부윤을 겸하였다〉 세조(世祖) 12년(1466)에 진(鎭)을 두었다. 〈8읍을 관할하였는데, 그 가운데 삼화(三和)는 지금 독진이다〉

「읍호」(邑號)

기성(箕城)·유경(柳京)〈최자(崔滋)의 '삼도부(三都賦)'에 있다〉

「관원」(官員)

부윤(府尹)〈관찰사가 겸한다〉

서윤(庶尹)〈평양진병마동첨절제사관성장(平壤鎭兵馬同僉節制使管城將)을 겸한다〉이 각 각 1명〈조선에서 소윤을 고쳐 서윤이라 하였다. 효종(孝宗) 7년(1656)에 판관(判官)으로 내렸으며, 현종(顯宗) 5년(1664)에 서윤으로 올렸다. 숙종(肅宗) 18년(1692)에 판관으로 내렸다가 26년(1700)에 서윤으로 올렸다. 영조(英祖) 31년(1755)에 부사(府使)로 올렸으며, 33년(1757)

에 서윤으로 내렸고, 50년(1774)에 관성장을 겸하였다〉 있다.

『방면』(坊面)

인흥(仁興)

융덕(隆德)

예안(禮安)〈모두 평양부의 동쪽에 있다〉

의흥(義興)〈평양부의 서쪽에 있다〉

융흥(隆興)

지안(智安)〈모두 평양부의 북쪽에 있다〉

흥토(興土)〈평양성(平壤城)의 남쪽에 있다〉

내천덕(乃川德)〈평양성 가운데 있다〉

외천덕(外川德)〈평양성 밖에 있다. 이상은 부(部)로 일컫는다〉

율치(栗峙)〈읍치에서 동쪽으로 10리에서 시작하여 40리에서 끝난다〉

지량(池梁)〈동남쪽으로 25리에서 시작하여 40리에서 끝난다〉

추오미(推吾未)〈동쪽으로 20리에서 시작하여 35리에서 끝난다〉

생이(桂伊)〈동쪽으로 30리에서 시작하여 70리에서 끝난다〉

대동강(大同江)〈남쪽으로 5리에서 시작하여 25리에서 끝난다〉

남제산(南祭山)〈남쪽으로 25리에서 시작하여 50리에서 끝난다〉

초리(草里)〈서남쪽으로 60리에서 시작하여 70리에서 끝난다〉

함지(蛤池)〈서쪽으로 5리에서 시작하여 40리에서 끝난다〉

고순화(古順和)〈서쪽으로 15리에서 시작하여 40리에서 끝난다〉

석다산(石多山)〈서북쪽으로 95리에서 시작하여 120리이며, 바닷가에 있다〉

불곡(佛谷)〈석다산과 위치가 같고, 모두 바닷가에 있다〉

초도동(抄道洞)〈서쪽으로 60리에서 시작하여 85리에서 끝난다〉

유동(鍮洞)〈초도동과 위치가 같다〉

반포(反浦)〈서쪽으로 40리에서 시작하여 70리에서 끝난다〉

반석(斑石)〈서쪽으로 50리에서 시작하여 75리에서 끝난다〉

잉차곶(芿次串)〈서쪽으로 50리에서 시작하여 60리에서 끝난다〉

감초(甘草)〈서쪽으로 70리에서 시작하여 85리에서 끝난다〉

소을촌(所乙村)〈서쪽으로 70리에서 시작하여 85리에서 끝난다〉

서시원(西施院)〈북쪽으로 15리에서 시작하여 25리에서 끝난다〉

임원(林原)〈동북쪽으로 5리에서 시작하여 30리에서 끝난다〉

금품대(金品代)〈서쪽으로 50리에서 시작하여 90리에서 끝난다〉

부산(斧山)〈북쪽으로 25리에서 시작하여 40리에서 끝난다〉

재경(在京)〈북쪽으로 40리에서 시작하여 70리에서 끝난다〉

시족(柴足)〈북쪽으로 30리에서 시작하여 55리에서 끝난다〉

북삼리(北三里)〈북쪽으로 30리에서 시작하여 70리에서 끝난다〉

두용동(豆用洞)〈북쪽으로 70리에서 끝난다〉

남형제산(南兄弟山)〈서북쪽으로 15리에서 시작하여 45리에서 끝난다〉

서제산(西祭山)〈서북쪽으로 50리에서 시작하여 70리에서 끝난다〉

소초(所草)〈북쪽으로 60리에서 시작하여 90리에서 끝난다〉

석곶(石串)〈서남쪽으로 40리에서 시작하여 60리에서 끝난다〉

『산수』(山水)

금수산(錦繡山)〈읍치에서 동북쪽으로 2리에 있는데, 모란봉(牧丹峯)이 있다〉

구룡산(九龍山)〈'문헌통고(文獻通考)'에 이르기를 평양성의 동북쪽에 노양산(魯陽山)이 있다고 하였는데, 이것을 지금 대성산(大城山)이라고도 일컫는다. 부와의 거리가 20리이며 정상에 3개의 못이 있다. 사찰(寺刹) 5, 6곳이 있다〉

창광산(蒼光山)〈성 가운데 있는 조그마한 산이다〉

목멱산(木覓山)〈동남쪽으로 10리에 있는데, 대동강의 남쪽에 있다〉

용악산(龍岳山)〈일명 농학산(弄鶴山)이라고도 하며, 읍치에서 서쪽으로 28리에 있다. 석봉(石峯)이 우뚝 솟아있다〉

대보산(大寶山)〈서쪽으로 37리에 있다〉

위산(葦山)〈서남쪽으로 20리에 있는데, 남쪽으로 대동강을 임해 있다〉

자화산(慈化山)〈일명 화원산(花源山)이라고도 한다. 읍치에서 북쪽으로 50리에 있으며, 순안(順安)과 경계한다〉

월봉산(月峯山)〈북쪽으로 30리에 있다〉

야산(夜山)〈북쪽으로 10리에 있다〉

북형제산(北兄弟山)〈자화산의 서쪽으로 두 산이 마주하여 서있다〉

마산(馬山)〈북쪽으로 40리에 있으며, 북형제산의 동남쪽에 있다〉

부산(斧山)〈북쪽으로 30리에 있으며, 월봉산의 남쪽에 있다〉

석다산(石多山)〈서북쪽으로 120리에 있다. 산에 암석이 많다. 인조(仁祖) 때에 수로(水路)로 중국에 조회하러 갈 때에 이곳에서 발선(發船)하여 등주(登州)의 경계에 이르렀다〉

감북산(坎北山)〈북서쪽에 장산(長山)이 있다〉

월출산(月出山)〈동북쪽으로 있으며, 동쪽에 야미산(夜味山)이 있다〉

고천산(高川山)〈북쪽으로 10리에 있다〉

달마산(達摩山)〈대보산의 서남쪽에 있다〉

광법산(廣法山)〈대성산의 북쪽에 있다〉

토산(兎山)〈부성(府城) 북쪽으로 기자묘(箕子廟)가 있다. 역대지(歷代志)에 상세하다〉

백록산(白鹿山)〈서쪽으로 50리에 있다〉

만덕산(萬德山)〈서북쪽에 있다〉

두등산(豆等山)〈서북쪽에 있다〉

금천산(金泉山)〈서쪽에 있다〉

현암산(懸岩山)〈서쪽에 있다〉

백양산(白楊山)〈서쪽에 있다〉

지장산(地藏山)〈북쪽에 있다〉

서산(西山)〈서쪽에 있다〉

흥복산(興福山)〈동쪽에 있다〉

자지산(紫芝山)〈동쪽에 있다〉

문수산(文殊山)〈동쪽에 있다〉

신대산(新臺山)〈동쪽에 있다〉

도증산(道證山)〈동쪽에 있다〉

송라산(松羅山)〈동쪽에 있다〉

이생산(李生山)〈동쪽에 있다〉

영취산(靈鷲山)〈동남쪽에 있다〉

등자산(鐙子山)〈서쪽에 있다〉

객산(客山)〈서쪽에 있다〉

남형제산(南兄弟山)〈용악산의 북쪽에 있다〉

고방산(高方山)〈동쪽에 있다〉

응봉산(鷹峰山)〈동쪽에 있다〉

백운산(白雲山)〈동쪽에 있다〉

광대산(廣大山)〈북쪽에 있다〉

소마산(小馬山)〈북쪽에 있다〉

건천산(乾川山)〈북쪽에 있다〉

박석산(朴石山)〈북쪽에 있다〉【마둔산(麻屯山)·봉림산(鳳林山)·눌산(訥山)·중지산(中之山)·계명산(鷄鳴山)·소산(所山)이 있다】

모란봉(牧丹峯)〈부성의 동쪽에 있다〉

취봉(鷲峯)〈북쪽에 있다〉

거자봉(車子峯)〈북쪽에 있다〉

을밀대(乙密臺)〈부성의 동쪽에 있다. 최고 높은 곳에 성루(城樓)가 있어서 사허(四虛)라고 일컫는데, 평탄하고 앞이 탁 틔었다. 동쪽으로는 모란봉을 마주 대하고 있다〉

최승대(最勝臺)〈모란봉의 아래에 있다〉

초연대(超然臺)〈대동문(大同門)의 서쪽에 있으며 성 위로 대동강을 임해 있다〉

하밀대(下密臺)〈내성(內城)의 서북쪽으로 포루(砲樓)가 있다〉

첨성대(瞻星臺)〈서남쪽으로 3리에 있으며, 인현서원(仁賢書院)의 서쪽에 있다〉

봉황대(鳳凰臺)〈다경루(多慶樓)의 서쪽에 있다. 노천(蘆川)이 발원하여 대동강의 하류로 들어간다. 강변에서 세 산과 두 강의 좋은 경치를 조망할 수 있다〉

만경대(萬景臺)〈봉황대의 서쪽 5리에 있다. 강산(江山)이 드넓고 경관이 탁 트였다〉

소선대(笑仙臺)〈동쪽으로 35리에 있다. 대동강의 남쪽 연안에 있는데, 두 강이 합류하는 아래이다〉

덕암(德岩)〈대동문의 동성(東城) 바깥으로 강변에 우뚝 솟아 있어 능히 물길을 막아낸다〉

주암(酒岩)〈동북쪽으로 10리에 있다〉

선암(扇巖)〈주작문(朱雀門) 바깥에 있다〉

휴암(鵂巖)〈백룡포(白龍浦) 강변에 있다〉

부아암(負兒巖)〈모란봉의 동쪽 3리에 있다〉

의암(衣巖)〈동쪽으로 15리에 있다. 대동강의 남쪽 연안에 있다〉【문암(門巖)·표암(表巖)·입암(立巖)이 있다】

비연동(婢姸洞)〈우마성(牛馬城) 북문(北門) 바깥에 있다〉

경성동(慶城洞)〈장경문(長慶門) 안의 동쪽에 있다〉

청류벽(淸流壁)〈장경문 바깥에 대동강에 연하여 10리이다. 절벽이 병풍처럼 둘러쳐 있어서 기묘한 절경이 가장 빼어나다〉

기린굴(麒麟窟)〈부벽루(浮碧樓) 앞에 있는데, 조천석이 강물 속에 있다〉

보통교(普通郊)〈보통문(普通門) 바깥에 있다. 양전(良田)은 적지만 토지는 비옥하다〉

정전(井田)〈외성(外城) 안에 있다. 세상에서 법수(法數)라고 일컫는다. 함구문(含毬門)·정양문(正陽門) 두 문 사이에 있는 것이 가장 분명하다〉

장림(長林)〈대동강의 남쪽 연안이다. 느릅나무 숲이 10리에 쭉 펼쳐져 좌우로 길을 가로막고 있으며, 봄과 여름에는 녹음이 햇빛을 가린다. 관청에서 벌채를 금하였다〉

「영로」(嶺路)

오거현(五車峴)〈내성(內城) 안에 있다〉

탑현(塔峴)〈외성 바깥 북쪽에 있다〉

월국현(月國峴)〈정해문(靜海門) 바깥 북쪽에 있다〉

조란령(鳥卵嶺)〈읍치에서 동쪽으로 35리에 있으며, 강동(江東)으로 가는 대로(大路)와 통한다〉

지경현(地境峴)〈동쪽으로 50리에 있으며, 강동과 경계한다〉

편석령(片石嶺)〈동북쪽으로 50리에 있다〉

대사현(大蛇峴)〈잡약산(雜藥山)의 서쪽에 있으며, 소사현(小蛇峴)과 적현(赤峴)이 있다〉

등자현(鐙子峴)〈객산의 서쪽 줄기이다〉

병현(竝峴)〈대·소(大小)의 두 현(峴)이 있다. 옛날에는 중흥사(重興寺)가 있었다. 김부식(金富軾)이 묘청(妙淸)을 토벌할 때에 우군(右軍)이 중흥사에 주둔하였다〉

와현(臥峴)〈북쪽에 있다〉

마응리현(亇應里峴)〈북쪽에 있다〉

오리현(五里峴)〈북쪽으로 50리에 있다. 위의 4현(峴)은 자산로(慈山路)이다〉

장현(長峴)〈북쪽에 있다〉

이현(泥峴)〈동남쪽에 있다〉

입석현(立石峴)〈북쪽에 있다〉【사현(蛇峴)·탄현(炭峴)은 모두 읍치에서 동북쪽으로 있다】

바다[해(海)]〈석다산 옆이 해변이다〉

대동강(大同江)〈'당서(唐書)'에는 패강(浿江)이라 하고, '명일통지(明一統志)'에는 대통강(大通江)이라 하였다. 강동(江東)의 서쪽에서 강물이 서쪽으로 꺾여 마탄(馬灘)이 되어 능히 강을 이룬다. 동쪽으로 흘러 내려와 합류하여 왕성탄(王城灘)이 된다. 서남쪽으로 흘러 용당(龍塘)에 이르러 오른편으로 장수원천(長水院川)을 지나쳐 의암·주암을 경과하고, 오른편으로 합장포(合掌浦)를 지나쳐 능라도(綾羅島)·조천석을 경과하여 백은탄(白銀灘)이 되며, 부성(府城)의 남쪽에 이르러 대동강이 된다. 이암(狸岩)·양각도(羊角島)에 이르러 평양강(平壤江)과 구진익수(九津溺水)가 된다. 왼편으로 연포천(鷰浦川)을 지나쳐 두로도(豆老島), 두단도(豆丹島)를 경과하고, 왼편으로 발로하(撥蘆河)를 지나쳐 봉황대·만경대를 경과하며, 오른편으로 적교천(狄橋川)을 지나쳐 보산진(保山鎭) 서쪽에 이르는데, 강의 서쪽 경계가 되며, 동쪽으로는 중화(中和)의 경계가 되며, 아래로는 급수문(急水門)이 되는데, 산수고(山水考)에 상세하다〉

평양강(平壤江)〈서남쪽으로 9리에 있다〉

구진익수(九津溺水)〈서남쪽으로 10리에 있다. 일설에는 마둔진(麻屯津)이라고도 한다〉

마탄(馬灘)〈동쪽으로 40리에 있다〉

왕성탄(王城灘)〈동쪽으로 35리에 있다〉

백은탄(白銀灘)〈능라도 아래에 있다〉

청룡포(靑龍浦)〈능라도 위에 있다〉

백룡포(白龍浦)〈부의 남쪽 강변에 있다〉

굴포(掘浦)〈대동강의 남쪽에 있다〉

석포(石浦)〈서쪽으로 11리에 있다. 그 서쪽 연안에는 암석이 있다〉

남포(南浦)〈거피문(車避門) 밖에 있다. 일설에는 당포(唐浦)라고도 한다〉

오탄(烏灘)〈서남쪽으로 5리에 있으며, 강 가운데 있다〉

제연(梯淵)〈남쪽으로 3리에 있다. 고려 선종(宣宗)·숙종(肅宗)이 행차하였다. 이상의 여러 곳들은 모두 대동강이다〉

장수천(長水川)〈수원(水源)이 마산 남쪽에서 나와 용당 아래로 흘러들어간다〉

합장포(合掌浦)〈수원이 자산(慈山) 웅초덕산(熊草德山)에서 나와 남쪽으로 흘러 부(府)를 지나 동쪽 5리에서 대동강으로 들어간다〉

연포천(薫浦川)〈수원이 중화의 경계인 영취산에서 나와 서북쪽으로 흘러 영제교(永濟橋)를 지나 평양강으로 들어간다〉

발로천(撥蘆川)〈수원이 자산 자모산(慈母山)에서 나와 서쪽으로 흘러 문암천(門岩川)이 되고, 독암산(禿岩山)에 이르러 순안의 암적천(岩赤川)을 지나고, 남쪽으로 흘러 순안현을 지나 서쪽으로 내려가 장고천(長鼓川)이 되며, 취암천(鷲岩川)을 지나 평양부의 북쪽 9리에 이르러 부금천(薄金川)이 되는데, 보통문 밖에 이르러서는 서강(西江)이라 일컬으며, 그 다음에는 발로하가 되어 평양강으로 들어간다〉

취암천〈수원이 만덕산(萬德山)·수화산(秀華山) 두 산에서 나와 동쪽으로 흘러 부금천 상류로 들어간다〉

왜성탄(倭城灘)〈서강 하류에 있다. 외성(外城) 북쪽에 왜성이 있다〉

비파천(琵琶川)〈북쪽으로 1리에 있다. 부금천으로 들어간다〉

적교천(狄橋川)〈서쪽으로 25리에 있다. 수원이 강서 무학산(舞鶴山)에서 나와 북쪽으로 흘러 반석리(班石里)에 이르며, 초도동(抄道洞)의 내[천(川)]를 지나쳐 동남쪽으로 흘러 사이현(沙伊峴)을 지나고 용악산(龍岳山) 아래에 이르러 광제포(廣濟浦)가 되며, 만경대 서쪽에 이르러 구진익수 하류로 들어간다〉

풍월지(風月池)〈대동문 안에 있는데, 못 가운데 애련당(愛蓮堂)이 있다〉

도영지(倒影池)〈대동문 안의 동쪽에 있다〉

동양지(東陽池)〈장경문(長慶門) 안에 있다〉

일영지(日影池)〈함구문 안의 북쪽에 있는데, 못 가운데 정자(亭子)가 있다〉

월영지(月影池)〈함구문 밖의 북쪽에 있다〉

장흥지(長興池)〈외성의 북쪽에 있다〉

대설지(大舌池)〈중성(中城) 안의 북쪽에 있는데, 못 북쪽에 암문(暗門)이 있다〉

소설지(小舌池)·조지(槽池)〈모두 중성 바깥의 북쪽에 있다〉

대선지(大船池)·소선지(小船池)〈모두 읍치에서 북쪽으로 1리에 있다〉【제언(堤堰)이 15 개소 있다】

가흘동(加屹峒)〈서북쪽으로 90리에 있다. 영유(永柔)에서 내속(來屬)하였다〉

장연(長淵)〈신대산(新臺山)의 서쪽에 있다〉

대정(大井)〈남쪽으로 30리에 있다〉

우정(牛井)〈동쪽으로 20리에 있다〉

기자정(箕子井)〈외성에 비(碑)가 있다〉

「도서」(島嶼)

능라도(綾羅島)〈부벽루 남쪽 강 가운데 있다. 양전(良田)이 펼쳐져 있으며, 수양버들이 무성하게 늘어져 있다〉

두로도(豆老島)〈일설에는 대취도(大醉島)라고도 한다. 읍치에서 서남쪽으로 10리에 있다〉

두단도(豆丹島)〈일설에는 상단도(上丹島)라고도 한다. 두로도의 옆에 있다〉

독발도(禿鉢島)〈읍치에서 서남쪽으로 12리에 있다〉

귀도(貴島)〈서남쪽으로 30리에 있다〉

추자도(楸子島)·장광도(長廣島)〈모두 위와 동일하다〉

아도(莪島)〈수덕문(水德門) 밖에 있다〉

대양각도(大羊角島)〈외성 남쪽 오탄 아래에 있다〉

소양각도(小羊角島)〈외성 서남쪽 대양각도의 다음에 있다〉

벽지도(碧只島)〈서남쪽으로 45리에 있다. 진흙벌이 변하여 비옥한 수전(水田)이 되었다〉

이로도(伊老島)〈서남쪽으로 60리에 있다. 이상의 제도(諸島)는 거주민들이 있다〉

조천석(朝天石)·연암(鷰岩)〈모두 능라도 아래 강 가운데 있다〉

우암(牛岩)〈중성 남쪽 강 가운데 있다〉

이암(狸岩)〈제연의 남쪽 양각도의 아래에 있다〉

『형승』(形勝)

북쪽으로 용산(龍山)을 등지고, 남쪽으로 패수(浿水)가 에워싸고 있어 번화하고 아름답기가 평안도에서 으뜸이다. 전후 100리에 평야가 펼쳐져 있어 기상(氣像)이 광대하고 넓으며 탁트여 명랑하다. 산색(山色)은 수려하고 강물은 세차게 흐르며, 토지는 평탄하다. 빼어난 돌들과 겹겹이 쌓인 암석이 강의 연안을 따라 죽 늘어서 있다. 양전(良田)이 드넓게 펼쳐져 있어서 눈이 미치는 곳마다 더욱 넘쳐난다. 마을들이 즐비하게 늘어서 있고, 성곽(城郭)은 견고하며, 시전(市廛)은 번화하고 주즙(舟楫)들이 모여든다.

『성지』(城池)

내성(內城)〈고려 때에 축성하였다. 조선 태조 6년(1397)에 고쳐 쌓았다. 인조(仁祖) 2년 (1624)에 그 서남쪽을 줄여 개축하였는데, 사방 둘레가 5,760보(步)였다. 포루(砲樓)가 23, 성문(城門)이 5이다. 동쪽은 대동문(大同門)으로 옹성(瓮城)이 있으며 강에 임하여 있다. 남쪽은 주작문(朱雀門)으로 옹성이 있다. 서쪽은 정해문(靜海門)이고, 동북쪽은 칠성문(七星門)이며, 동남쪽은 장경문(長慶門)이다. 수문(水門)이 7, 암문(暗門)이 7, 장대(將臺)가 5군데 있다. 전영(前營)은 선승대(選勝臺)이고, 좌영(左營)은 납승대(納勝臺)이며, 중영(中營)은 집승대(集勝臺)이고, 우영(右營)은 공승대(拱勝臺)이며, 후영(後營)은 공승대(控勝臺)이다〉

중성(中城)〈인조 2년(1624)에 개축하였는데, 예전의 내성(內城)이다. 영조(英祖) 8년 (1732)에 토성(土城)을 증축하였는데, 사방 둘레가 5,260자[척(尺)]였다. 남쪽은 함구문(含毬門)이고, 함구문의 북쪽은 정양문(正陽門)이다. 북쪽은 경창문(慶昌門)이고, 경창문의 서쪽은 보통문(普通門)이다. 대동문·정해문·보통문 세 문이 남북으로 가는 대로(大路)와 통한다. 수구(水口)가 다섯 개, 암문이 여덟 개 있다. 보통문의 서성(西城)은 설지성(舌池城)으로 육로문(六路門)이 주작문의 남쪽에 있는데, 중성이 내성에 잇대어 비로서 시작되는 곳이다〉

외성(外城)〈중성의 남쪽에 있는데 중성에 잇대어 있으며 강에 임하여 쌓았다. 밖에는 강물과 험준한 암석이 있으며, 안으로는 정천(井泉)과 비옥한 토지가 있다. 숙종(肅宗) 28년(1702)에 당포(唐浦)의 위에 축조한 것이다. 석축(石築)이 8,200자[척(尺)]이며, 토축(土築)이 10,200자이다. 남쪽은 거피문(車避門)이며, 서쪽은 다경문(多景門)이다. 또 승복문(承服門)·족박문(足朴門)·대도문(大道門)·소통문(小通門)·수덕문(水德門)이 모두 서남쪽에 있었으나, 다만 문이 있었다는 흔적만이 있을 뿐이다. ○묘청 등이 반역하여 대동강에 연하여 축성하였는데, 선요문(宣耀門)에서 다경루(多景樓)에 이르기까지 모두 1,734간이다〉

북성(北城)〈을밀대의 내성 구석에서 시작하여 모란봉을 두르고 부벽루 앞을 지나는데 내성에 속한다. 숙종 40년(1714)에 감사(監司) 민진원(閔鎭遠)이 축조하였다. 사방 둘레가 1,818자이다. 북쪽은 현무문(玄武門)이며, 남쪽은 전금문(轉錦門)이다. 암문이 1이다. 성 안에는 영명사(永明寺)·부벽루·득월루(得月樓)·주악루(奏樂樓)·백운교(白雲橋)가 있다. 영명사의 북쪽에는 기린굴(麒麟窟)이 있으며 서쪽에는 임청암(臨淸庵)이 있다〉

○황성(黃城)〈일설에는 강성(綱城)이라고 하며, 목멱산에 있다. 고구려 고국원왕(故國原王) 12년(342)에 신성(新城)을 환도(丸都)에 쌓았으나 모용황(慕容皝)에게 전쟁에서 패하였다. 고국원왕 13년(343)에 이곳으로 옮겨 모두 84년간 도읍(都邑)하였다〉

장안성(長安城)〈대성산 동북쪽에 있다. 고구려 양원왕(陽原王) 8년(552)에 토성(土城)으로 쌓았으며, 둘레가 5,161척이다. 평원왕(平原王) 28년(586)에 평양성에서 이곳으로 옮겨 모두 83년간 도읍하였다. 성 가운데에 안학궁(安鶴宮) 옛터가 있다. 당서(唐書)에 평양을 장안(長安)이라 일컫는 것은 이 장안성을 가리키는 말이다〉

대성(大城)〈읍치에서 동북쪽으로 20리에 있다. 고려 인종(仁宗) 6년(1128)에 대화궁(大華宮)을 임원역(林原驛) 땅에 지었는데, 그 가운데 건룡전(乾龍殿)이 있었다. 석성(石城)으로 쌓았으며, 둘레가 24,300척이다. 그 가운데 연못[순지(蓴池)]이 있다. 대성 안에는 궁전 터와 맑은 물이 흐르는 도랑의 흔적들이 지금까지 완연하게 남아있다. 지금은 대성산(大城山)이라 일컫는다〉

적두성(赤頭城)〈평양강(平壤江)의 서쪽에 있다. 토성으로 둘레가 5,100척이다. 묘청(妙淸) 등이 반란을 일으키자 김부식(金富軾)이 이곳에 병사를 주둔시키고 축성하였다. 곧 양명포(揚命浦)의 산 위에 있다〉 고려 태조 5년(922)에 서경 재성(西京在城)을 쌓았다.〈태조 6년(923)에 공사를 마치고 관료(官僚)를 새로 설치하였다. ○재(在)자는 우리나라 말로 무(畝)이다〉 태조 21년(938)에 서경 나성(西京羅城)을 쌓았다. 고려 광종(光宗) 6년(955)에 서경성(西京城)을 쌓았다. 고려 현종(顯宗) 2년1011)에 서경 황성(西京皇城)을 쌓았다.〈'고려사(高麗史)'에 이르기를 고성(古城)의 터가 둘이 있는데, 하나는 기자(箕子) 때에 쌓은 것으로 성안에 땅을 구획한 것이 정전제(井田制)를 썼다. 또 하나는 고려 성종(成宗) 때 쌓은 것이다. ○살피건대 기자 때 쌓은 것은 알 길이 없으나 역대지(歷代志)에 상세하다〉 고려 인종(仁宗) 9년(1131)에 서경 임원궁성(西京林原宮城)을 쌓았다.〈곧 대화궁성(大華宮城)이다〉 고려 예종(睿宗) 13년(1118)에 조그마한 성을 순화현(順化縣)의 왕성강(王城江)에 쌓았다.

『영아』(營衙)

순영(巡營)〈조선 태종(太宗) 13년(1413)에 본부(本府)에 순영을 설치하였다〉

「관원」(官員)

관찰사(觀察使)〈병마수군절도사(兵馬水軍節度使)·순찰사(巡察使)·관향사(管餉使)·평양부윤(平壤府尹)을 겸하였다. ○인조(仁祖) 3년(1625)에 팔도도체찰부사(八道都體察副使)를 겸하고, 인조 8년(1630)에는 사도체찰부사(四道體察副使)를 겸하였으며, 인조 15년(1637)에는 관서·해서관향사(關西海西管餉使)를 겸하였다. 숙종(肅宗) 11년(1685)에는 해서겸부윤(海西兼府尹)을 줄이고, 영조(英祖) 31년(1755)에는 겸부윤(兼府尹)을 혁파하였는데, 영조 33년(1757)에는 다시 부윤을 겸하였다〉

도사(都事)〈관향종사관(管餉從事官)을 겸하였다〉

중군(中軍)〈중영장도토포사(中營將都討捕使)를 겸하였다〉

심약(審藥)·검율(檢律)·역학훈도(譯學訓導)·관향산사(管餉算士) 각각 1명·평양성관성장(平壤城管城將)〈서윤(庶尹)이 겸하였다〉 ○속읍(屬邑)은 평양(平壤)·삼등(三登)·상원(祥原)·강동(江東)·강서(江西)·증산(甑山)이다.

전영장(前營將)〈상원의 겸영(兼營)으로, 주작문(朱雀門)의 북쪽 변성(邊城) 위에 있다〉

좌영장(左營將)〈삼등의 겸영으로, 칠성문(七星門) 안의 동쪽 변성 위에 있다. 동쪽에 공금정(控襟亭)이 있다〉

중영장(中營將)〈중군(中軍)을 겸하였으며, 곧 중군소(中軍所)이다〉

우영장(右營將)〈강서의 겸영으로, 부성(府城)의 서북쪽에 있으며, 신성(新城)이 시작하는 곳이다〉

후영장(後營將)〈증산의 겸영으로, 을밀대 서쪽에 있다〉【숙종 43년(1717)에 평양 5영(平壤五營)을 설치하였다】

북성영장(北城營將)〈강동의 겸영으로, 북쪽 성안에 있다〉

『진보』(鎭堡)

보산보(保山堡)〈읍치에서 서남쪽으로 80리에 있는데, 이로도(伊老島) 안에 있다. 서쪽으로는 강서(江西)와 거리하고, 동쪽으로는 중화(中和)와 거리하고 있는데, 강을 지키는 중요한 곳이다. ○석성(石城)으로 둘레가 910보이다. ○별장(別將) 1명이 있다. ○영양왕(嬰陽王) 23년(612)에 수(隋)나라 장군 내호아(來護兒)가 주사(舟師)를 이끌고 패수(浿水)로부터 쳐들어왔다〉

『봉수』(烽燧)

화사산(畵寺山)〈읍치에서 남쪽으로 26리에 있다〉

잡약산(雜藥山)〈서쪽으로 14리에 있다〉

부산(斧山)〈북쪽으로 30리에 있으며, 오른쪽은 육로(陸路)이다〉

철화(鐵和)〈서쪽으로 120리에 있는데 증산(甑山)과 경계하며, 바닷가에 있다〉

마두항(馬頭項)〈서쪽으로 105리에 있다〉

불곡산(佛谷山)〈서북쪽으로 100리에 있으며, 오른쪽은 수로(水路)이다〉

수화산(秀華山)〈서쪽으로 70리에 있다〉

승령산(承令山)〈서쪽으로 30리에 있으며, 오른쪽의 간봉(間烽)은 단지 순영(巡營)에만 통보한다〉

『창고』(倉庫)

사창(司倉)·동창(東倉)·내서창(內西倉)·영창(營倉)·삼등창(三登倉)·상원창(祥原倉)·중화창(中和倉)·강동창(江東倉)·강서창(江西倉)·증산창(甑山倉)〈내성(內城)에 있다〉

장용위창(壯勇衛倉)〈중성(中城)에 있다〉

사창(社倉)〈외성(外城)에 있다〉

외서창(外西倉)〈읍치에서 서북쪽으로 70리에 있다〉

남창(南倉)〈보산진(保山鎭)에 있다. 각각 창고가 25개 있다〉

○〈고려 문종(文宗) 때에 서경(西京)의 6창(倉)은 해마다 서해도(西海道)로 세곡 17,700석을 수송하여 외관(外官)에 봉록을 지급하였다. 반은 좌창(左倉)에서 지급하고, 반은 외읍(外邑)에서 지급하였다〉【잡고(雜庫)가 7개소 있다】

『역참』(驛站)

대동도(大同道)〈대동문(大同門) 안에 있다. ○속역(屬驛)이 12개소이다. ○찰방(察訪)이 1명이다〉

「혁폐」(革廢)

임원역(林原驛)〈읍치에서 북쪽으로 20리에 있다〉

○현암역(玄嵒驛)

「기발」(騎撥)

대정참(大井站)

관문참(官門站)

부산참(斧山站)

『진도』(津渡)

대동강진(大同江津)〈대동문(大同門) 밖에 있다〉

이천진(梨川津)·금탄진(金灘津)·의암진(衣岩津)·관선진(觀仙津)·봉황진(鳳凰津)·한사정진(閑似亭津)·구진강진(九津江津)·석호정진(石湖亭津)

『교량』(橋梁)

내성(內城)·중성(中城)에 소재하는 다리가 18곳이다. 보통교(普通橋)〈보통문(普通門) 밖에 있다〉

영제교(永濟橋)〈돌로 쌓았는데 읍치에서 남쪽 15리의 연포천(鷰浦川)에 있으며, 중화(中和)로 통한다〉

주교(舟橋)〈읍치에서 서쪽으로 20리에 있다〉

대제교(大濟橋)〈앞과 같다〉

관선교(觀仙橋)〈남쪽으로 30리에 있다〉

광제교(廣濟橋)〈일명 적교(狄橋)라고도 하는데, 읍치에서 서쪽으로 30리 떨어진 대로(大路)에 있으며, 강서(江西)로 통한다〉

동천교(銅川橋)〈서쪽 55리 떨어진 대로에 있으며, 강서로 통한다〉

개동교(介同橋)〈서쪽으로 30리에 있다〉

둔전평교(屯田坪橋)〈돌로 쌓았는데, 읍치에서 서쪽으로 50리 떨어진 대로에 있으며, 증산(甑山)으로 통한다〉

강동교(江東橋)〈북쪽으로 20리에 있다〉

청수교(靑水橋)〈앞과 같다〉

슬화천교(瑟和川橋)〈북쪽으로 15리에 있다〉

왜현교(倭峴橋)〈동쪽으로 15리에 있다〉

천강교(天降橋)〈외성(外城)의 북쪽에 있다〉

『토산』(土産)

뽕나무와 삼[상마(桑麻)]·숭어[수어(秀魚)]·웅어[위어(葦魚)]·면어[면어(綿魚)]·쏘가리
[면인어(綿鱗魚)]·잉어[이어(鯉魚)]

『장시』(場市)

읍내(邑內)의 장날은 1·6일, 태평(太平)은 5·10일, 둔전평(屯田坪)은 2·7일, 막산통(莫山
筒)은 4·9일, 한천(漢川)은 1·6일, 장수원(長水院)은 3·8일, 소선(笑仙)은 4·9일, 무진(無盡)
은 2·7일, 원암(猿岩)은 4·9일, 장치(長峙)는 4·9일, 가차산(加次山)은 3·8일이다.

『궁실』(宮室)

어필비각(御筆碑閣)〈초유방(抄鍮坊) 2리에 있다. 선조(宣祖) 계사년(1593)에 피난 갔다가
서울로 돌아갈 때 머무르던 곳이다. 영조(英祖) 50년(1774)에 이곳에 누각을 건립하고 비석을
세웠으며, 정조(正祖)가 어필(御筆)을 내렸다〉

대동관(大同館)〈대동문 안에 있다〉

청화관(淸華館)〈대동관 서쪽에 있다〉

도무사(都務司)〈주작문(朱雀門) 안에 있다〉【정양문(正陽門)이 궁실의 옛 터에 있는데 세
상에서 기자궁(箕子宮)으로 전한다. 주궁(珠宮)은 읍치에서 40리에 없다】

『누정』(樓亭)

부벽루(浮碧樓)〈고려 예종(睿宗) 때에 영명사(永明寺) 앞에 세웠다. 김황원(金黃元)의 시
에 이르기를, "장성(長城) 한쪽은 도도히 흐르는 물이요, 큰 들판[대야(大野)]의 동쪽 끝은 점
점이 산들"이라고 하였다. ○북쪽에는 칠성전(七星殿)과 광명각(光明閣)이 있다〉

풍월루(風月樓)〈고려 공민왕(恭愍王) 19년(1370)에 내성(內城) 남쪽 끝에 강에 임하여 세
웠다〉

읍호루(挹灝樓)〈대동문의 누(樓)이다〉

연광정(練光亭)〈대동문의 동쪽 덕암(德岩) 위에 있다. 조선조의 감사(監司) 허굉(許硡)이

편액을 세우고 "제일강산(第一江山)"이라고 하였다〉

경파루(鏡波樓)〈사창(司倉)의 남성(南城) 위에 있다〉

양벽정(漾碧亭)〈장경문(長慶門)의 동쪽 성 위에 있다〉

황강정(黃江亭)〈외성의 남쪽 오탄(烏灘) 아래에 있다〉

경강정(京江亭)〈외성의 서남쪽 끝으로 소양각도(小羊角島)에 있다〉

한사정(閑似亭)〈거피문(車避門) 남쪽에 있다〉

석호정(石湖亭)〈서남쪽으로 40리에 있다. 이상은 대동강의 강변에 있다〉

쾌재정(快哉亭)·열운정(閱雲亭)〈모두 대동관(大同館) 북쪽에 있다〉

춘양대(春陽臺)〈옛 관풍전(觀風殿)의 북쪽에 있다. 세상에서 상밀덕(上密德)이라 부른다〉

추양대(秋陽臺)〈정양문(正陽門)의 서쪽에 있다. 세상에서 하밀덕(下密德)이라 부른다〉

【열무정(閱武亭)이 칠성문(七星門) 안에 있다】

○영춘루(迎春樓)·청원루(淸遠樓)·다경루(多景樓)〈모두 읍치에서 서쪽 9리 지점인 외성에 있다〉

망월루(望月樓)〈대동관의 서쪽에 있다〉

망원루(望遠樓)〈대동강의 동쪽 기슭에 있다〉

영귀루(詠歸樓)〈남포(南浦) 가에 있다〉

함벽정(涵碧亭)〈부벽루(浮碧樓) 옆에 있다〉

『묘전』(廟殿)

숭령전(崇靈殿)〈'고려사(高麗史)'에 이르기를, "동명왕사(東明王祠)가 인리방(仁里坊)에 있으며, 고려 조정에서는 때마다 어압(御押)을 내려 제사를 지냈다."고 하였다. 조선 세종(世宗) 11년(1429)에 처음으로 기자사(箕子祠) 곁에 세우고, 단군사(檀君祠)·동명왕사라고 일컬었다. 영조(英祖) 원년(1724)에 숭령전이라 사액(賜額)하고, 영조 5년(1729)에 참봉(參奉) 2명을 두었다〉

○숭인전(崇仁殿)〈읍치에서 서쪽으로 1리에 있다. 고려 숙종(肅宗) 10년(1105)에 서경에 행차하니, 정당문학(政堂文學) 정구(鄭文)이 사(祠)를 세울 것을 건의하였다. 조선 세종 12년 (1430)에 대제학 변계량(卞季良)에게 명하여 기자묘비(箕子廟碑)를 찬술토록 하였다. 후에 기자전(箕子殿)이라고 일컫고, 전감(殿監)을 두었다. 광해군 4년(1612)에 숭인전이라고 이름하

였다. 옛날에는 참봉 2명을 두었는데, 1명은 선우씨(鮮于氏)가 세습토록 하였다. 후에 별검직장(別檢直長)으로 고쳤다가 또 영감(令監)으로 고쳤다. ○위의 두 전은 중사(中祀)에 실려 있다〉

○영숭전(永崇殿)〈본래 고려 장락궁(長樂宮)의 옛 터이다. 조선 때 이 전을 세우고 태조어진(太祖御眞)을 봉안하였으며, 참봉 2명을 두었다. 임진왜란 후에 다른 곳에 옮겨 봉안하였다가 후에 경도(京都) 광희전(光禧殿)으로 옮겼다. 광해군 때에 다시 건립하였는데, 후에 폐하였다. 지금은 감사(監司)가 거주하고 있다〉

『능묘』(陵墓)

기자묘(箕子廟)〈내성(內城) 북쪽 토산(兎山)에 있다. 수묘군(守墓軍) 1명을 설치하였다. ○역대지에 상세하다〉

『단유』(壇壝)

평양강단(平壤江壇)〈봉황대 위에 있다. 서독(西瀆)으로 중사(中祀)에 실려 있다〉

구진익수단(九津溺水壇)〈읍치에서 서쪽으로 9리로, 대동강의 남쪽 기슭에 원두암(猿頭岩)이 있다. 대천(大川)으로 소사(小祀)에 실려 있다〉

대동강단(大同江壇)〈대동문 밖에 있으며, 평양부에서 제사를 드린다〉

민충단(愍忠壇)〈을밀대 옆에 있다. 만력(萬曆) 계사년(1593)에 동정(東征: 명나라가 임진왜란 때 참전(參戰)한 것을 말함/역자주)에서 전사한 장병들을 제사지냈다〉

구주단(九疇壇)〈외성에 있는데, 비석이 있다〉

『사원』(祠院)

계성사(啓聖祠)〈경도(京都) 편에 보인다〉

○인현서원(仁賢書院)〈정양문(正陽門) 안에 있다. 명종(明宗) 갑자년(1564)에 건립하고, 광해군 무신년(1608)에 사액하였다〉에서 기자(箕子)〈주나라 무왕(周武王) 기묘년에 기자를 조선에 봉하였다. ○역대지(歷代志)에 상세하다〉를 제향한다.

○용곡서원(龍谷書院)〈효종 무술년(1658)에 건립하고, 숙종 계해년(1683)에 사액하였다〉에서 선우협(鮮于浹)〈자는 중윤(仲潤)이고, 호는 돈암(遯巖)이며, 본관은 태원(太原)이다. 벼슬은 성균 사업(成均司業)을 지냈으며, 집의(執義)에 추증되었다〉을 제향한다.

○무열사(武烈祠)〈정해문(靜海門) 안에 있다. 선조 계사년(1593)에 건립하고, 같은 해에 사액하였다〉에서 석성(石星)〈자는 공진(拱辰)이고, 호는 동천(東泉)이며, 위군(魏郡) 사람이다. 벼슬은 병부상서(兵部尙書)를 지냈는데, 만력(萬曆) 기해년(1599)에 풍신수길(豊臣秀吉)에게 패함으로써 옥사(獄死)하였다〉

이여송(李如松)〈자는 자무(子茂)이고, 호는 앙성(仰城)이며, 요동(遼東) 사람이다. 벼슬은 태자태보 좌도독(太子大保左都督)을 지냈다. 무술년(1598)에 요동에서 죽었는데, 소보(少保)에 추증하였다. 시호는 충렬(忠烈)이다〉

양원(楊元)〈호는 국애(菊崖)이며, 정료(定遼) 사람이다. 정유년(1597)에 다시 도독첨사(都督僉事)로서 출전하였는데, 남원(南原)에서 패배하여 무술년(1598)에 죽음을 당하였다〉

이여백(李如柏)〈호는 배성(背城)으로, 이여송의 동생이며, 벼슬은 중협장(中協將)이었다. 무오년(1618)에 죽이도록 의논하였는데, 경신년(1620)에 스스로 옥중에서 목매어 죽었다〉

장세작(張世爵)〈호는 진산(鎭山)이고, 광동(廣東) 사람이다. 벼슬은 우협장(右協將)이었으며, 계사년(1593)에 평양에서 크게 이겼다〉

낙상지(駱尙志)〈참장(參將)이다. 이상은 모두 중국 사람이다. ○참봉 2명을 두었다〉를 제향한다.

○충무사(忠武祠)〈인조(仁祖) 을유년(1645)에 건립하고, 숙종 정사년(1677)에 사액하였다〉에서 을지문덕(乙支文德)〈고구려 대왕(大王) 영양왕(嬰陽王) 임신년(612)에 수나라 백만 대군을 안주(安州) 청천강(淸川江)에서 대파하였다〉

김양(金良)〈자는 선익(善益)이며, 본관은 진주(晉州)이다. 인조 정묘년(1567)에 전사하였다. 벼슬은 태천 현감(泰川縣監)을 지냈으며, 판중추(判中樞) 진흥군(晉興君)에 추증되었다〉을 제향한다.

『전고』(典故)
고구려 고국원왕(故國原王) 41년(371)〈백제 근초고왕(近肖古王) 26년〉 백제를 침범하였는데, 백제 근초고왕이 복병을 패하(浿河) 위에 매복시켜 지나가기를 기다렸다가 습격하여 고구려 병사가 패배하였다. 백제 근초고왕이 태자와 더불어 정예 군사 3만을 이끌고 와서 평양성을 공격하였다. 고구려 고국원왕〈이름은 소(釗)이다〉이 출병하여 저항하다가 화살에 맞아 전사하였다.〈패하는 곧 평산(平山)의 저탄(猪灘)이니, 이는 백제의 패하이다〉 소수림왕(小獸林

王) 7년에 백제를 정벌하고, 겨울 10월에 백제 장병 3만이 평양성을 내침하였으며, 11월에 백제를 정벌하였다. 광개토왕(廣開土王) 원년(391)에 9사(九寺)를 평양에 창건하였다. 10월에 백제를 정벌하여 10성을 함락시켰다.〈임진(臨津) 이북은 모두 몰수하였다〉안장왕(安藏王) 11년(529)에 왕이 황성(黃城)의 동쪽에서 사냥하였다. 영양왕(嬰陽王) 23년(612)에 수나라 좌익위대장군(左翊衛大將軍) 내호아(來護兒)가 강·회(江淮) 수군을 실은 수백 리에 달하는 선단을 이끌고 바다를 통하여 먼저 패수로부터 들어오니, 평양에서 60리 떨어진 곳이었다. 고구려 병사와 상대하자 진격하여 대파하였다. 내호아가 정예 군사 수만 명을 선발하여 이긴 기세를 타서 곧바로 평양성 아래에 이르렀다. 고구려가 외성에 있는 빈 절간에 군사를 숨겨 놓고, 군사를 출동시켜 내호아와 싸우다가 거짓으로 패하는 체 하였다. 내호아가 뒤쫓아 성안에 들어와 군사들을 풀어 백성들을 사로잡고 재물을 약탈하며 미처 대오를 정비하지 못하였다. 이때 숨어 있던 고구려 군사들이 출동하니 내호아는 간신히 포로 신세를 면하였고, 살아 돌아간 군사는 수천 명에 불과하였다. 보장왕(寶藏王) 27년(668) 당나라 고종(高宗)이 이적(李勣)을 보내어 고구려를 정벌하였다. 신라 국왕〈문무왕(文武王)〉이 여러 고을의 병마(兵馬)를 이끌고 당나라 군대가 주둔한 곳에 이르렀다. 김인문(金仁問) 등이 이적과 만나 진군하여 영류산(嬰留山)〈평양에서 북쪽 20리에 있다〉아래에 이르렀다. 신라 국왕은 한성주(漢城州)에 주둔하면서 모든 총관(摠管)에게 명령하여 당나라 군대와 합류토록 하였다. 당나라와 신라 군대가 합동으로 평양을 포위하자 고구려 국왕 및 여러 왕자와 대신들이 이적 앞에 와서 항복하였다. 이적은 고구려 국왕 및 왕자·대신 등 백성 20여 만 명을 당나라에 압송하였다.

○신라 문무왕 11년(671)에 당나라 장군 고간(高侃) 등이 번병(蕃兵) 4만 명을 이끌고 평양에 도착하여 대방(帶方)을 침범하였다. 신라인들이 당나라 조선(漕船: 조운선/역자주) 70여 척을 습격하여 낭장(郞將)과 사졸(士卒) 100여 명을 사로잡았으며, 물에 빠져 죽은 자는 이루 셀 수 없을 정도로 많았다. 당나라 장군 고보(高保)가 병사 1만 명을 이끌고, 이근행(李謹行)이 병사 3만 명을 이끌고 동시에 평양에 이르러 여덟 개의 군영(軍營)을 짓고 주둔하였다. 한시성(韓始城)과 마읍성(馬邑城)〈'명일통지(明一統志)'에 이르기를 "마읍성은 평양성에서 서남쪽에 있다. 당나라 소정방(蘇定方)이 마읍산(馬邑山)을 탈취하고 드디어 평양을 포위하였다"고 하였다〉에서 싸워 이기자 백수성(白水城)에서 500여 보 떨어진 곳에 군영을 설치하였다. 신라 군사와 고구려 군사가 그들을 맞아 싸워 수천 명의 머리를 베었다. 고보 등이 퇴각하자 추격하여 석문(石門)에 이르러 싸웠는데 신라 군사가 패배하였다. 대아찬(大阿湌) 효천(曉川) 등 7명이

전사하였다. 효공왕(孝恭王) 9년(905)〈태봉(泰封) 국왕 궁예(弓裔) 6년〉에 평양성주(平壤城主) 검용(黔用)이 궁예에게 항복하였다. 견성(甄城)의 도적들인 적의(赤衣)·황의(黃衣)·명귀(明貴) 등도 역시 궁예에게 항복하였다.

○고려 정종(定宗) 2년(947)에 서경 왕성(西京王城)을 쌓았다. 고려 현종(顯宗) 원년(1010)에 거란 병사들이 침범하여 와서 서경의 사탑(寺塔)을 불태웠다. 현종이 지채문(智蔡文)을 보내어 화주(和州)에 머무르면서 동북(東北)을 방비케 하였다. 강조(康兆)가 패하자〈선천(宣川)편을 보라〉 지채문에게 명하여 군사를 옮겨 서경을 구원케 하였다. 지채문이 강덕진(剛德鎭)〈성천(成川)〉에 주둔하다가 서경에 이르렀다. 동북계 도순검사(東北界都巡檢使) 탁사정(卓思政)이 군사를 거느리고 이르러 드디어 같이 군대를 합하여 성(城)에 들어갔다. 거란 병사들이 와서 안정역(安定驛)〈지금의 순안(順安)이다〉에 주둔하는데 군대의 기세가 매우 등등하였다. 지채문이 드디어 탁사정과 함께 군사 9,000명을 이끌고 임원역(林原驛) 남쪽에서 거란 병사를 맞아 공격하여 3,000여 명의 머리를 베었다. 이에 거란 병사들이 패하여 달아났다. 성 안의 장사(將士)들이 다투어 나가 거란 병사를 뒤쫓아 마탄(馬灘)에 이르렀는데, 거란이 군사를 돌려 반격하므로 고려 군사들이 패하였다. 거란 병사들이 드디어 성을 포위하였다. 거란주(契丹主)가 성의 서쪽에 있는 불사(佛寺)에 머무르자, 탁사정이 두려워하여 장군(將軍) 대도수(大道秀)에게 속여 말하기를, "그대는 동문(東門)으로, 나는 서문(西門)으로부터 나가 협공하면 이기지 아니함이 없을 것이다."고 하고는, 드디어 휘하 병사들을 이끌고 밤에 도망쳐 버렸다. 대도수가 동문(東門)으로 나와서 비로소 속은 것을 알고 또 힘도 대적하지 못하겠으므로 드디어 부하를 거느리고 거란에 항복하니, 제장(諸將)이 모두 궤멸해 버렸다. 애수진장(隘守鎭將) 강민첨(姜民瞻) 등이 통군 녹사(統軍錄事) 조원(趙元)을 추대하여 병마사(兵馬使)로 삼고 흩어진 군사들을 모아들여 성문을 닫고 굳게 지켰다. 지채문이 말을 달려 개경(開京)에 돌아와서 거란의 임금이 서경을 공격하였으나 함락시키지 못하자 포위를 풀고 돌아갔다고 아뢰었다. 고려 현종 6년(1015)에 서경에 행차하여 장락궁(長樂宮)에서 군신들에게 연회를 베풀었다.〈김훈(金訓) 등을 주살하였다〉 고려 현종 9년(1018)에 시랑(侍郎) 조원(趙元)이 거란 병사들을 마탄에서 공격하여 10,000여 명의 머리를 베었다. 고려 정종(靖宗) 7년(1041)에 호경(縞京)에 행차하였다.〈선덕관(宣德館)에 거둥하고, 또 영봉문(靈鳳門)에 거둥하여 백관(百官)의 하례(賀禮)를 받았다. 흥국사(興國寺)에 행차하였으며, 장락궁(長樂宮)으로 옮겨 거둥하였다〉 고려 숙종(肅宗) 7년(1102)에 서경에 행차하였다. 〈대동강을 유람하고 누선(樓船)에 거둥하였다. 또

홍복사(興福寺)·영명사(永明寺) 두 절에도 행차하였다. 장락전(長樂殿)·구제궁(九梯宮)·집상전(集祥殿)·미화정(美花亭)·부벽루(浮碧樓)에 거둥하였으며, 또 관풍전(觀風殿)에도 행차하였다. 돌아와서는 회복루(會福樓)에 거둥하였다. 또 장경사(長慶寺)·금강사(金剛寺)·신호사(神護寺)에도 행차하였다. 또 상안전(常安殿)에 행차하여 유미정(有美亭)에서 연회를 베풀었다〉 고려 숙종 10년(1105)에 서경에 행차하였다. 〈고려 태조(太祖)의 어진(御眞)을 감진전(感眞殿)에서 알현하고 또 홍복사(弘福寺)에 행차하였다〉 고려 예종(睿宗) 2년(1107)에 서경에 행차하였다. 〈용언궁(龍堰宮)을 지었다. 평양부의 북쪽 4리 되는 곳에 옛 터가 남아 있다〉 고려 예종 11년(1116)에 서경에 행차하였다. 〈장경사·금강사·홍복사·영명사 등 여러 절 및 구제궁·용덕궁(龍德宮)·건원전(乾元殿)에 행차하였다. 또 홍복사에 행차하였다가 당포(唐浦) 옛 성의 문루(門樓)에 이어(移御)하여 말하기를 "많은 경치가 곳곳에 있지만 지금 가리키는 곳과는 같지 아니하다." 하였다. 고려 인종(仁宗) 5년(1127)에 서경에 행차하였다. 〈기린각(麒麟閣)에 거둥하였는데, 평양부의 북쪽 5리 되는 곳에 옛 터가 남아 있다. 기린굴(麒麟窟)·구제궁의 옛 터가 영명사의 옆에 남아 있다. 세상에는 고구려 동명왕(東明王)이 머무르던 곳이라는 이야기가 전하는데 틀린 것이다〉 고려 인종 6년(1128)에 대화궁(大花宮)을 서경 임원역 땅에 세웠다. 〈신궁(新宮)이라 일컬었다〉 고려 인종 7년(1129)에 서경에 행차하였다. 〈건룡전(乾龍殿)에 거둥하였다〉 고려 인종 9년(1131)에 서경 임원궁성(林原宮城)을 축조하였다〉 고려 인종 10년(1132)에 서경에 행차하였다. 〈장락전·대화궁·건룡전·구제궁·영명사·기린각·관풍전·장락문·천성전(天成殿)·장경사에 거둥하였다〉 고려 인종 13년(1135)에 승 묘청이 조광(趙匡)·유참(柳旵) 등과 함께 서경을 점거하여 나라에 반란을 일으켰다. 김부식(金富軾)을 원수(元帥)로 삼아 삼군(三軍)을 거느리고 가서 토벌하게 하였다. 드디어 병사를 이끌고 평주(平州)로부터 관산역(管山驛)〈신계(新溪)이다〉에 이르렀다. 사암역(射岩驛)〈수안(遂安)에서 북쪽으로 15리에 있다〉과 신성부곡(新城部曲)을 경유하여 지름길로 해서 성주(成州)에 이르렀다. 병사들을 매복시켜 놓고 제군(諸軍)을 이끌고 연주(漣州)로 길을 잡아 안북부(安北府)에 도착하니, 여러 성들이 두려워하여 나아와 관군(官軍)을 맞이하였다. 서경 사람들이 드디어 묘청과 유참 등의 머리를 베어 바쳤다. 후에 조광 등이 다시 반란을 일으키자, 김부식은 서경이 강으로 막혀 있고 성이 험준하여 쉽게 함락시킬 수 없음을 알고 성을 에워싸고는 군영(軍營)을 벌여서 압박하고자 하였다. 이에 중군(中軍)에 명하여 천덕부(川德部)에 주둔케 하고, 좌군(左軍)은 홍복사에 주둔케 하고, 우군은 중흥사에 주둔케 하였다. 서경 사람들이 강에 잇대어 성을 쌓았는데, 선요문(宣耀門)에서 다경루(多景樓)까지 1,374간이었으며, 여섯 개의 문을 설치하여 저항하였다. 이보다 앞서 임금은 정습명(鄭襲明)을 보내어 서경에 가서 서남 해도(西南海島)에서 궁수(弓手)·수수(水手) 4,600여 명을 모으고, 전함(戰艦) 140척에 태워 순화현(順化縣) 남강(南江)으로 들어가 적을 막도록 하였다. 이 때에 이르러 또 이녹천(李祿千) 등을 보내어 서해(西海)로부터 선박 50척을 거느리고 토벌을 돕도록 하였다. 이녹천이 철도(鐵島)에 이르러 지름길로 서경에 빨리 가고자 하였는데, 선박 일행이 반 쯤 갔을 때 물이 얕아져 배들이 꼼짝하지 못하였다. 서경 사람들이 작은 배 10여 척에 섶나무를 싣고 기름을 뿌려 불을 붙여서는 조류를 타서 놓아 보내어 전함을 연달아 불태우고 수많은 화살을 쏘아대니, 사졸들이 물에 빠져 죽고 무기들은 모두 불에 타버렸다. 이녹천은 겨우 목숨만 건질 수 있었다. 적들이 새벽이 밝아올 무렵에 마탄의 자포(紫浦)를 건너 곧바로 후군(後軍)을 공격하여 군영(軍營)을 불태우고 돌진하였다. 승 구선이 큰 도끼를 짊어지고 앞장서 출격하여 적 10여 명을 죽였다. 관군이 승기를 타서 적을 대파하고 300여 명의 머리를 베었다. 적이 모두 유린당하여 강에 이르러 익사하였다. 김부식이 또 순화현(順化縣) 왕성강(王城江)에 각각 조그마한 성을 쌓고 병기와 곡물을 쌓아두고 문을 닫아걸고 병사들을 쉬도록 하였다. 여러 장수들에게 명하여 토산(土山)을 일으켜 먼저 양명포(揚命浦) 위에 책(柵)을 세우고 전군(前軍)을 옮겨 이곳에 주둔케 하였다. 서남계(西南界)의 주현(州縣)에 군사 23,200명과 승도(僧徒) 550명을 징발하여 토석(土石)을 짊어지고 재목(材木)을 모아 놓고 장군(將軍) 의보(義甫) 등에게 명령하여 먼저 정예(精銳)한 군사 4,200명 및 북계(北界) 주진(州鎭)의 전졸(戰卒) 3,900명을 거느리고 유군(遊軍)을 삼아서 적의 노략질에 대비토록 하였다. 모든 군사가 전군(前軍)이 주둔한 곳에 나아가 토산을 일으켜 양명포에 걸쳐 적들이 지키고 있는 성(城)의 서남쪽 모퉁이에 닿게 하였다. 적들이 놀라서 날랜 군사들을 거느리고 나와 싸우고 또 성 위에 궁노포석(弓弩砲石)을 설치하고 힘을 다하여 항거하였다. 관군이 막아 지키는 한편 성을 공격하였다. 또 포기(砲機)를 제작하여 토산 위에 설치하니 그 제도가 높고 커서 돌 수백 근(斤) 짜리를 날려 성루(城樓)를 쳐부수어 깨뜨리고 이어 화구(火毬)를 던져 불태워 버리니 적이 감히 가까이 오지 못하였다. 토산(土山)은 높이가 8장(丈)이요, 길이는 70여 장(丈)이요, 넓이는 18장(丈)인데 적들이 웅거하는 성(城)과의 거리는 몇 장(丈)에 불과하였다. 김부식이 5군(五軍)을 모아 성을 공격하였으나 함락시키지 못하였다. 적들이 밤에 군사를 3분하여 나와 전군(前軍)을 공격하였다. 김부식이 승(僧) 상숭(尙崇)을 시켜 도끼를 들고 포(砲)를 설치하고 역습하여 적을 공격하여 10여 명을 죽였다. 적병이 무너져 달아나면서 무기들을 버리고 성으로 들어갔다. 고려 인종 14년(1136) 2월에 날랜 군사를 세 길로 나누었다. 진경보(陳景甫) 등은 3,000명을 거느리고 중도(中道)가 되고, 지석숭(池錫崇) 등은 2,000명을 거느리고 좌도(左道)가 되며, 이유(李愈) 등은 2,000명을 거느리고 우도(右道)가 되도록 하였다. 장군(將軍) 공직(公直)은 석포도(石浦道)로 들어가고, 장군 양맹(良孟)은 당포도(唐浦道)로 들어가게 하였다. 또 모든 군사에게 명하여 길을 나누어 성을 공격케 하고, 모든 장수들을 신칙하여 크게 거병(擧兵)케 하였다. 진경보(陳景甫)가 이끄는 군사들이 양명문(楊明門)으로 들어가 적의 목책(木柵)을 뽑아버리고 진군하여 연정문(延正門)을 공격하였다. 지석숭(池錫崇)이 이끄는 군대는 성을 넘어 들어가 함원문(含元門)을 공격하고, 이유(李愈)가 이끄는 군대 또한 성을 넘어 홍례문(興禮門)을 공격하고, 김부식은 아병(衙兵)을 거느리고 광덕문(廣德門)을 공격하였다. 모든 군사들이 북을 치고 고함을 지르면서 불을 놓아 성과 집들을 불태우니 적병이 크게 무너져 모두 유린당하자 강에 이르러 물에 빠져 죽었다. 조광(趙匡)이 어찌 할 바를 알지 못하여 온 가족은 스스로 불에 타서 죽었다. 그 나머지 잔당들은 모두 자결하였다. 김부식은 군의(軍儀)를 갖추고 경창문(景昌門)으로 들어가 관풍전(觀風殿)【관풍전 옛터가 을밀대의 남쪽에 있다】서서(西序)에 좌정(坐定)하여 오군병마장좌(五軍兵馬將佐)의 서경을 온전히 평정한 축하 인사를 받았다. 고려 의종(毅宗) 8년(1154)에 서경 중흥사(重興寺)를 창건하였다. 〈옛 터가 칠성문(七星門) 바깥 병현(竝峴)에 있다〉 고려 명종(明宗) 4년(1174)에 서경유수(西京留守) 조위총(趙位寵)이 병사를 일으켜 정중부(鄭仲夫)·이의방(李義方)〈이 두 사람은 의종(毅宗)을 폐위하고 죽인 자들이다〉을 토벌할 때 동북 양계(東北兩界) 여러 성에 격문(檄文)을 보냈다. 이에 절령(岊嶺) 이북 40여 성(城)이 모두 이에 호응하였다. 임금이 최균(崔均)을 병마부사(兵馬副使)로 삼아 서경을 공격하도록 하여 화주영(和州營)에 들어갔다. 이날 밤에 조위총이 병사(兵士)를 보내어 와서 공격하자, 낭장(郎將) 이거(李琚)가 성문을 열어 적병들이 들어오도록 하였다. 최균 등이 사로잡혀서 적을 계속 꾸짖으며 굴복하지 않다가 죽음을 당하였다. 임금이 평장사(平章事) 윤인첨(尹鱗瞻)을 보내어 3군(三軍)을 거느리고 조위총을 공격하게 하였다. 윤인첨이 절령도(岊嶺道)에 이르렀을 때에 행영병마사(行營兵馬使) 및 4총관(摠管)이 싸웠으나 불리하였다. 윤인첨이 개경(開京)으로 돌아오려 하는데, 서경의 적들이 길을 막았다. 두경승(杜景升)이 대동강에서 적을 맞이하여 공격하는데, 모두 20번을 싸워 모두 이겼으며, 서경의 적들이 크게 패하였다. 두경승이 돌아와 평주(平州)에 이르자, 임금이 명하여 두경승을 후군 총관(後軍摠管)으로 삼아 다시 보냈다. 두경승이 철관(鐵關)을 넘어 요덕운중로(耀德雲中路)를 따라 갔다. 서경의 적병들이 연주(漣州)에 들어가 방어하므로, 두경승이 성(城) 밖에 흙을 쌓고 대포(大砲)를 벌여 이를 공격하여 함락시켰다. 드디어 군사(軍師)를 옮겨 서경을 공격하여 연달아 승리하였다. 임금이 다시 명령하여 윤인첨을 원수(元帥)로 삼아 5군(五軍)을 거느리고 가서 공격하도록 하였다. 윤인첨은 조위총의 심복(心腹)이 연주(漣州)에 있기 때문에 먼저 연주로 달려가서 공격하고 포위하였다. 조위총이 장수를 보내어 연주를 구원하니, 관군(官軍)이 사잇길을 좇아 쳐서 1,500여 명의 머리를 베고, 220여 명을 포로로 사로잡았다. 관군이 또 서경의 적들을 망원(莽院)에서 만나 700여 명의 머리를 베고 60여 명을 사로잡았다. 두경승이 연주를 공격하여 함락시켰다. 이에 서북(西北)의 성(城)들과 제로(諸路)가 모두 다시 관군을 맞이하여 항복하였다. 드디어 군사를 옮겨 서경을 공격하는데, 이에 성의 동북쪽에 토산을 쌓고 지켰다. 이윽고 관군이 또 서경의 적들과 싸워 크게 무찌르고 그 요해(要害)인 봉황두(鳳凰頭)를 취하여 성을 쌓았다. 고려 명종 6년(1176)에 윤인첨은 통양문(通陽門)을 공격하고 두경승(杜景升)은 대동문(大同門)을 공격하여 격파하자, 성안이 크게 기세가 꺾였다. 조위총을 사로잡아 참수하고, 승전보를 임금에게 바치었다.〈'통감집람(通鑑輯覽)'에 말하기를 "송나라 효종(孝宗) 순희(淳熙) 2년(1175)에 고려의 서경유수 조위총이 자비령(慈悲嶺)에서 압록강에 이르기까지 40여 성을 들어 반란을 일으켜 금나라에 붙었는데 금나라 임금이 받지 않았다"고 하였다〉 고려 고종(高宗) 4년(1217)에 서경병마사(西京兵馬使) 최유공(崔兪恭) 등이 서경의 군사를 거느리고 5군(五軍)을 도와 거란(契丹) 병사〈금산(金山: 거란의 유종(遺種)인 금산 왕자(金山王子)를 말함/역자주)의 병사들이다〉들을 격퇴하였다. 이때 졸병 가운데 최광수(崔光秀)라는 자가 있었는데, 반역하여 스스로 고구려흥복병마사(高句麗興復兵馬使)라고 일컫고, 드디어 성(城)에 웅거하여 난을 일으켰다. 그러나 그 휘하인 정의(鄭顗)에게 죽임을 당하였으며, 서경은 평정되었다. 고려 고종 18년(1231)에 몽고(蒙古) 병사들이 서경을 공격하였으나 성을 함락하지 못하였다.〈이 해 10월에 서북면병마사(西北面兵馬使) 대집성(大集成)이 몽고와 더불어 신서문(新西門)에서 싸웠다〉 고려 고종 20년(1233)에 서경 사람 필현보(畢賢甫)와 홍복원(洪福源) 등이 선유사(宣諭使) 대장군(大將軍) 정의(鄭毅)·박녹전(朴祿全)을 죽이고 드디어 성(城)에 웅거하여 반란을 일으켰다. 최우(崔瑀: '고려사'에는 최이(崔怡)로 되어 있음/역자주)가 가병(家兵) 3,000명을 보내어 북계병마사(北界兵馬使) 민희(閔曦)와 더불어 토벌하도록 하였다. 필현보를 사로잡아 개경에 보냈으므로 허리를 베어 죽였다. 홍복원은 도망하여 몽고에 들어가니, 서경은 드디어 텅텅 비게 되었다. 고려 고종 39년(1252)에 다시 서경유수와 이하의 관원들을 설치하였다. 〈필현보의 반란 이후에 이때에 이르러 처음으로 설치되었다〉 고려 고종 40년(1253)에 몽고가 대동강의 하마탄(下馬灘)을 건너 옛 화주(和州)로 향하였다. 고려 고종 42년(1255)에 몽고 차라대(車羅大)와 영령공(永寧公) 순(絢)〈고려의 종실(宗室)이다〉이 대병(大兵)을 거느리고 서경에 이르렀으며, 척후 기병(斥候騎兵)은 이미 금교(金郊)에 이르렀다. 고려 고종 45년(1258)에 몽고의 척후 기병이 서경을 통과하므로, 경성(京城)이 계엄(戒嚴)하였다. 고려 고종 46년(1259)에 몽고 왕만호(王萬戶)가 군사 10령(領)을 이끌고 와서 서경의 옛 성을 수축하고 또 전함(戰艦)을 조성하고 둔전(屯田)을 열어 오래 머무르고자 계획하였다. 충숙왕(忠肅王) 후2년(1333)에 임금이 평양(平壤)에 이르러 대동강에서 수희(水戱: 물놀이/역자주)를 베풀었다. 누선(樓船)을 타고 부벽루(浮碧樓)로부터 물을 따라 내려오니 노래소리가 10리까지 들리었다. 공민왕(恭愍王) 7년(1358)에 홍건적(紅巾賊)이 서경을 함락하였다. 공민왕 8년(1359)에 서북면 도원수(西北面都元帥) 이암(李嵒)이 서경(西京)에 이르니 제군(諸軍)이 아직 모이지 아니하였기 때문에 황주(黃州)로 물러나 주둔하니, 중외(中外)가 두려워하여 흉흉하였으며, 홍건적이 서경을 함락하였다. 공민왕 9년(1360)에 형부 상서(刑部尙書) 김진(金縉)이 기병(騎兵) 수백 명을 거느리고 상원군(祥原郡)으로부터 지름길로 쫓아가 서경에서 홍건적을 격퇴하러 갔다. 도중에 홍건적 300여 명과 마주쳤는데 결사적으로 싸워 100여 명을 베어 죽였다. 상장군(上將軍) 이방실(李芳實)이 홍건적을 철화(鐵化)에서 만나 100여 명을 베어 죽였다. 드디어 진격하여 서경을 공격하는데, 보병(步兵)이 먼저 들어가서 밟혀 죽는 자가 1,000여 명이었고, 홍건적 가운데 사망한 자도 수천 명이었다. 홍건적이 용강(龍岡) 함종(咸從)에 물러나 주둔하였다. 우왕(禑王) 14년(1388)에 임금이 평양부(平壤府)에 행차하여 여러 도(道)의 군사(軍士)를 징발하도록 독려하여 부교(浮橋)를 압록강(鴨綠江)에 가설하였다. 임금이 대동강에서 누선(樓船)을 타고, 부벽루에서 오랑캐의 음악을 연주하였으며, 온갖 놀이를 베풀었다. ○조선 세조(世祖) 5년(1459)에 임금이 왕세자를 이끌고 평양에 행차하여 영숭전(永崇殿)에서 친히 제사를 지냈다. 〈단군(檀君)과 기자(箕子) 및 동명왕묘(東明王廟)에 제사지냈다. 대동강에 거둥하여 양로연(養老宴)을 베풀었다. 신숙주(申叔舟)에게 명하여 평안·황해 두 도의 문사(文士)와 무사(武士)를 시험보아 선발토록 하였다〉 임금이 부벽루에 이르러 친히 신장(宸章: 임금의 어필(御筆)로 글/역자주)을 내렸다. 〈여러 신하들에게 명하여 화답하는 시를 지어 올리도록 하였다〉 선조(宣祖) 25년(1592) 5월에 왜군(倭軍)이 와서 노략(임진왜란을 말함/역자주)하므로 임금이 평양으로 옮겨 머물렀다. 평양 감사

송언신(宋言愼)이 기병 3,000여 명을 거느리고 임금의 행차를 맞이하였다. 임금이 대동관문(大同舘門)에 행차하여 부로(父老)들을 위로하고 또 함구문에 행차하여 정전(井田)의 구획된 것을 가리키며 인하여 성을 지킬 대비책에 대해 말하였다. 6월에 왜군의 평행장(平行長)이 이 끄는 선봉대가 대동강에 이르렀다. 이 때에 이일(李鎰)〈순변사(巡邊使)로서 상주(尙州)에서 패전하였었다〉이 관동(關東)으로부터 도보(徒步)로 도착하였다. 왜군의 선봉대가 이미 해서(海西) 여러 고을들을 분탕질하였으므로, 급히 이일에게 명령을 내려 대동강 하류를 지키게 하였다. 적병 수백 명이 이미 대동강 남쪽 기슭에 도착하였으므로, 이일이 무사(武士) 10여 명에게 명령을 내려 대동강 가운데 있는 조그마한 섬에 들어가 강궁(强弓)을 발사하도록 하자, 왜적이 이에 물러났다. 임금이 평양을 출발하여 영변(寧邊)으로 향하면서 윤두수(尹斗壽)·김명원(金命元)·이원익(李元翼)·유성룡(柳成龍)·송언신(宋言愼)·이윤덕(李潤德) 등을 평양에 머무르면서 지키도록 하였다. 왜병(倭兵)이 대거 이르러 대동강 기슭에 군을 나누어 주둔하였다. 고언백(高彦伯)이 장사(壯士) 400여 명을 거느리고 능라도(綾羅島)로부터 몰래 강을 건너가 죽인 자가 매우 많았으며, 말 300여 필을 획득하였다. 윤두수 등이 군사들을 거느리고 밤에 왜군의 군영을 공격하였으나 불리하여 물러나다가 아군이 물에 빠져 죽은 자가 매우 많았다. 왜적이 드디어 군사를 나누어 대동강 상류에 있는 왕성탄(王城灘)과 청은탄(靑銀灘) 및 백은탄(白銀灘)을 건너오자 위 아래의 여러 진영들이 크게 무너졌다. 윤두수 등이 평양을 지킬 수 없음을 알고 먼저 성내에서 노약자와 부녀자들을 밖으로 내보내고 이어 병기들을 강물 속에 가라앉힌 뒤 병사들을 인솔하여 몰래 빠져 나왔는데, 더러는 배를 타고 강서(江西)로 내려갔다. 왜적이 모란봉(牡丹峯)에 올라가 성 안이 텅 비어 아무도 없는 것을 알고는 드디어 평양성에 들어와 점거하였다.〈왜군이 처음 평양에 들어왔을 때 남아있던 병사 수는 대략 6, 70명이었는데, 난민(亂民)들을 초유하여 군사를 만들어 성을 지키고 있었다〉도원수(都元帥) 김명원(金命元)·한응인(韓應寅), 감사(監司) 이원익(李元翼), 순변사 이빈(李薲)이 흩어진 병사 및 강변(江邊)의 토병(土兵)들을 불러 모아 순안(順安)에 나아가 주둔하면서 부산(斧山)을 방비하였다. 7월에 요동 총병(遼東總兵) 조승훈(祖承訓), 참장(參將) 곽몽징(郭夢徵), 유격(遊擊) 사유(史儒)·왕수신(王守臣: '조선왕조실록'에는 왕수관(王守官)으로 되어 있다/역자주), 대조변(戴朝弁) 장세충(張世忠: '조선왕조실록'에는 장국충(張國忠)으로 되어 있다/역자주)·마세륭(馬世隆) 등이 마병(馬兵)·보병(步兵) 5,000명을 이끌고 와서 구원하였다. 선사포 첨사(宣沙浦僉使) 장우성(張佑成)이 대정강(大定江)에 부교를 만들고 노강 첨사(老江僉使) 민계중(閔繼仲)

이 청천강(清川江)에 부교를 만들었다. 조승훈이 드디어 진군하여 평양을 압박하여 칠성문(七星門)을 공격하였다. 사유가 병사들보다 앞장서서 문루(門樓)에 올랐다가 탄환에 맞아 전사하였다. 대조변 장세충·마세륭 등도 모두 전사하였고, 조승훈만 겨우 목숨을 건질 수 있었다. 8월에 김명원 등이 평양을 공격하였다. 이원익이 순안에 주둔하면서 정예 병사 1,000여 명을 불러 모으고, 조방장(助防將) 김응서(金應瑞)·별장(別將) 박명현(朴命賢) 등이 용강(龍岡)·삼화(三和)·증산(甑山)·강서(江西) 연해 여러 고을의 병사 10,000여 명을 이끌고 20여 개의 진영을 형성하여 평양의 서쪽을 압박하였다. 이때 적을 공격하면서 성밖에 이르렀으나 왜적이 끝내 나오지 않았다. 별장 김억추(金億秋)가 수군을 거느리고 대동강 하구에 자리잡고, 중화 별장(中和別將) 임중량(林仲樑)이 병사 2,000명을 거느리고 보루를 쌓아 이곳에서 방비하다가 세 갈래 길로 한꺼번에 나아가 보통문(普通門) 바깥을 압박하였다. 왜적 선봉대를 만나서 수십 명을 죽였으나 적병이 대거 몰려와서 우리 나라 군사들이 사방으로 흩어지고 강변(江邊)의 용맹한 병사들이 많이 죽거나 부상을 당하였다. 세 번 싸워 모두 불리하였으나 오직 김응서만이 왜장(倭將)을 목베어 죽였다. 전군(全軍)을 거느리고 돌아왔다. 12월에 중국에서 군대를 크게 일으켰다. 병부 시랑(兵部侍郞) 송응창(宋應昌)을 경략(經略: '조선왕조실록'에는 경략 군문(經略軍門)으로 되어 있다/역자주)으로 삼고 도독(都督) 이여송(李如松)을 제독 군무(提督軍務)로 삼아 남북(南北)의 관군(官軍) 43,000명과 장관(將官) 60여 명, 군량 80,000석, 화약(火藥) 20,000근(斤)을 갖고 의주(義州)로 들어왔다. 이여송이 드디어 압록강을 건넜다. 선조 26년(1593) 정월에 이여송이 진군하여 평양을 포위하고 칠성문·보통문·함구문 밖에 진영을 펼쳤다. 이여송이 친병(親兵)을 거느리고 성을 압박하는데, 낙상지(駱尙志)가 함구문을 공격하고 이여송은 장세작(張世爵)과 함께 칠성문을 공격하였다. 이여백(李如柏)은 함구문으로부터 들어가고 양원(楊元)은 보통문으로부터 들어가서 승세를 틈타 앞다투어 싸워 왜적들을 모두 불태워 죽였다. 목베어 죽인 숫자가 1,285명이었다. 행장(行長)이 남은 무리를 이끌고 성을 포기하고 밤에 달아났다. 중화(中和)와 황주(黃州)에 연이어 주둔하고 있던 왜적들이 이미 먼저 달아나 버렸다. 황해방어사 이시언이 추격하여 도망가는 왜적 60여 명을 목베어 죽였다. 황주 판관(黃州判官) 정엽(鄭曄)이 행장(行長)의 후미 대열을 끊고 120여 명을 목베어 죽였다.〈'통감집람(通鑑輯覽)'에는 말하기를 "만력(萬曆) 21년 정월에 이여송이 숙령관(肅寧館)에 머무르면서 제군(諸軍)을 나누어 평양성에 이르렀다. 왜(倭)가 모두 성첩(城堞)에 올라 저항하는데, 이여송이 제군에 명령하여 포위하도록 하였다. 조승훈(祖承訓)에게 명하여 서남쪽에 매복시키고, 오유충(吳惟忠)에게 명하여 북쪽 모란봉에 연하여 공격하도록 하였다. 그리고 이여송은 친히 대군을 이끌고 그 동남쪽을 공격하였다. 군사들이 조금 물러나자, 이여송은 죽은 군사들을 거두어 수습하고, 창과 사다리를 이용하여 곧바로 성위로 올라갔다. 왜군들이 남쪽에서 공격하는 군사들을 업신여겼는데, 조승훈이 갑자기 의장을 갖추고 무기를 드러내자, 왜군이 크게 놀라 급히 병사들을 나누어 저항하였다. 이여송과 이여백 등이 이미 길을 나누어 함께 성에 들어가는데, 이여송의 말이 죽었으므로 말을 바꿔 타고 참호에 올라타서 성 위로 올라갔다. 휘하 병사들이 더욱 힘써 진격하여 드디어 그 성을 함락시켰다. 행장은 대동강을 건너 도망가버렸다. 얼마 후에 이여백이 개성(開城)을 수복하였다"고 하였다〉 선조 30년(1597) 6월에 양호(楊鎬)가 제군(諸軍)을 이끌고 압록강을 건너와 평양에 주둔하였다. 〈양원(楊元)은 남원(南原)을 지키고, 모국기(茅國器)는 성주(星州)에 주둔하고, 진우충(陳愚衷)은 연수(延綏)의 병사 2,000명을 거느리고 전주(全州)에 주둔하였으며, 오유충(吳惟忠)은 남병(南兵) 4,000명을 거느리고 충주(忠州)에 주둔하였다〉 인조(仁祖) 원년(1623)에 장만(張晩)을 팔도도원수(八道都元帥)로 임명하여 평양을 지키도록 하였다. 인조 5년(1627)에 후금(後金) 군대가 국경을 넘어 침범해왔다. 감사(監司) 윤훤(尹暄)이 성을 버리고 도망쳤으며, 군사들도 모두 사방으로 흩어져버렸다. 인조 14년(1636) 12월에 청나라 군대가 대거 이르자, 감사 홍명구(洪命耉)가 병사(兵使) 유림(柳琳)과 함께 병사를 이끌고 금화(金化)로 달려왔다.

2. 중화(中和)

『연혁』(沿革)

본래 고구려의 가화압(加火押)인데, 신라 경덕왕(景德王) 16년(757)에 당악(唐岳)이라 고치고 취성군(取城郡)의 영현(領縣)으로 삼았다. 고려 현종(顯宗) 9년(1018)에 고쳐 서경(西京)에 속하게 하였다. 고려 인종(仁宗) 14년(1136)에 경기 4도(京畿四道)를 나누어 여섯 현(縣)으로 하였다. 황곡(荒谷)·당악(唐岳)·송곶(松串) 등 아홉 촌(村)을 합하여 중화현이라 하고, 현령(縣令)을 두었다가 곧바로 서경에 예속시켰다. 고려 원종(元宗) 10년(1269)에 원나라에 몰수되었으며, 충렬왕(忠烈王) 4년(1278)에 다시 우리나라에 환속하였다. 충숙왕(忠肅王) 9년(1322)에 군(郡)으로 승격시켰다. 〈고려 태조(太祖)의 개국공신(開國功臣)인 김악(金樂)·김철

(金哲)의 고향이기 때문이다〉 공민왕(恭愍王) 20년(1371)에 지군사(知郡事)로 승격하였다. 조선 세조(世祖) 12년에 군수(郡守)로 고쳤다. 선조(宣祖) 25년(1592)에 도호부(都護府)로 승격하였다.〈중화군 사람 임중량(林仲樑)이 왜군과 싸워 공을 세웠기 때문이다〉

「관원」(官員)

도호부사(都護府使)〈평양진관병마 동첨절제사 청남중영장(平壤鎭管兵馬同僉節制使淸南中營將)을 겸한다〉 1명 〈옛 읍터가 지금의 읍치로부터 서쪽으로 40리에 있다. 당악촌의 옛 터는 읍치로부터 서쪽으로 10리에 있는데, 지금 당촌리(唐村里)라 일컫는다〉

『고읍』(古邑)

송현(松峴)〈읍치에서 동남쪽으로 50리 되는 곳이다. 고구려의 부사파의(夫斯波衣)인데 일명 구사현(仇史峴)이라고도 한다. 신라 경덕왕 16년(757)에 송현이라 고치고 취성군의 영현으로 삼았다. 고려 현종 9년(1018)에 중화현에 내속하였다.

『방면』(坊面)

동두(東頭)〈읍치에서 동쪽으로 10리에서 시작하여 55리에서 끝난다〉

간동(看東)〈동쪽으로 30리에서 시작하여 60리에서 끝난다〉

고생양(古生陽)〈동쪽으로 25리에 있다〉

상도(上道)〈동쪽으로 15리에서 끝난다〉

하도(下道)〈서쪽으로 10리에서 시작하여 20리에서 끝난다〉

응산(鷹山)〈서쪽으로 30리에서 시작하여 35리에서 끝난다〉

당촌(唐村)〈서쪽으로 15리에서 시작하여 30리에서 끝난다〉

소거화(小去火)〈서쪽으로 10리에서 시작하여 25리에서 끝난다〉

대거화(大去火)〈서쪽으로 25리에서 시작하여 35리에서 끝난다〉

양무대(揚武垈)〈서쪽으로 25리에서 시작하여 40리에서 끝난다〉

고읍(古邑)〈서쪽으로 40리에서 시작하여 45리에서 끝난다〉

석호(石湖)〈서쪽으로 35리에서 시작하여 50리에서 끝난다〉

용흥(龍興)〈서쪽으로 25리에 있다〉

영진(永鎭)〈서쪽으로 40리에서 시작하여 60리에서 끝난다〉

동정(東井)〈서쪽으로 50리에 있다〉

『산수』(山水)

청량산(淸凉山)〈읍치에서 북쪽으로 (누락/역자주)리에 있다〉

해압산(海鴨山)〈서쪽으로 48리에 있다〉

영취산(靈鷲山)〈일명 석가산(釋伽山)이라고도 하는데, 동쪽으로 50리에 있다〉

용산(龍山)〈동쪽으로 30리에 있는데, 영취산의 서쪽 갈래이다. ○동명왕묘(東明王廟)가 있다. 세상에서는 진주묘(眞珠墓)라고 부른다. 살펴보건대 이것은 고구려가 수도를 남쪽으로 옮긴 후의 어떤 임금이 묻힌 곳이며, 결코 동명왕의 묘가 아니다. 역대고(歷代考)에 상세하다〉

정토산(淨土山)〈서쪽으로 1리에 있다〉

동악산(洞岳山)〈일명 수월산(水月山)이라고도 하는데, 동남쪽으로 50리에 있다〉

곤개산(坤開山)〈일명 건산(乾山)이라고도 하는데, 서쪽으로 10리에 있다〉

어랑산(於郞山)〈동쪽으로 10리에 있다〉

법화산(法華山)〈동악산의 남쪽에 있다〉

정이산(定夷山)〈서쪽으로 50리에 있는데, 강에 잇닿아 있어 험하고 가파르다〉

허령산(虛靈山)〈동쪽으로 25리에 있다〉

마정산(摩頂山)〈북쪽으로 5리에 있다〉

우동산(牛童山)〈동쪽으로 25리에 있다〉

노비산(鷺飛山)〈남쪽으로 5리에 있다〉

독산(禿山)〈동북쪽으로 20리에 있다〉

용흥산(龍興山)〈서쪽으로 20리에 있다〉

백양산(白羊山)〈서쪽으로 20리에 있다〉

능화산(菱花山)〈서쪽으로 20리에 있다〉

고산(孤山)〈서쪽으로 35리에 있다〉

옥산(玉山)〈중화도호부의 남쪽에 있는데, 산봉우리가 기이하고 빼어나다〉

향암산(香岩山)〈서쪽으로 50리에 있다〉

등산(藤山)〈서쪽으로 30리에 있다〉

이생산(李生山)〈동북쪽으로 40리에 있다〉

군자봉(君子峰)〈동쪽으로 40리에 있다〉

상선암(上船岩)〈서쪽으로 30리에 있다〉【월은산(月隱山)·곤산(閫山)·태산(苔山)이 있다】

「영로」(嶺路)

봉황령(鳳凰嶺)〈읍치에서 동쪽으로 40리에 있다〉

구현(駒峴)〈남쪽으로 11리에 있는데, 황주(黃州)와 경계하는 대로(大路)이다〉

○관선천(觀仙川)〈물의 근원이 낭산(郞山)에서 나와 북쪽으로 흘러 고생양을 지나서는 서쪽으로 흘러 중화도호부의 북쪽을 빙 둘러 만리교(萬里橋)를 지나 곤양진(昆陽津)이 되어 대동강의 삭시진(朔施津)으로 들어간다〉

연포천(鷰浦川)〈북쪽으로 20리에 있는데, 평양(平壤) 편에 상세하다〉

대교천(大橋川)〈서쪽으로 7리에 있다〉

유천(楡川)〈동쪽으로 5리에 있다〉

간동천(看東川)〈물의 근원이 영취산에서 나와 남쪽으로 흘러 성산진(城山鎭)을 지나 황주의 경계에 이르러 초천(草川)으로 들어간다〉

대동강(大同江)〈서쪽으로 40리에 있다〉

용정(龍井)〈일명 마정(馬井)이라고도 하는데, 서쪽으로 20리에 있다. 둘레가 50자[척(尺)]이고, 깊이를 헤아릴 수가 없다. 우물의 물이 용솟음쳐 흘러나와 자그마한 내[천(川)]를 이루어서는 서쪽으로 흘러 대동강으로 흘러 들어간다〉

칭정(秤井)〈서쪽으로 30리에 있는 대거불리(大去不里)에 있는데, 둘레는 10자[척(尺)]이다. 가느다란 물줄기가 5리에 이르도록 흐르는데, 물이 땅속에서 스며 나온다〉

추정(楸井)〈동쪽으로 10리에 있다〉

김씨정(金氏井)〈서쪽으로 15리에 있다〉

진주지(眞珠池)〈동쪽으로 20리에 있다〉

용산곶(龍山串)〈서쪽으로 30리에 있다〉

주곶(周串)〈서쪽으로 40리에 있다〉【동막이가 여덟 곳이다】

『성지』(城池)

동악산고성(東岳山古城)〈바로 송현고현(松峴古縣)의 성산(城山)으로 위에 흙으로 쌓은 옛터가 남아 있다〉

토성(土城)〈읍치에서 서쪽으로 20리에 있는데 직산(直山)의 남쪽이다. 선조(宣祖) 임진왜란 때 중화도호부 사람 임중량(林仲樑)이 의병을 일으켜 이끌고 보루를 쌓아 이곳에서 교전하였다. 둘레가 3여 리이다〉

『영아』(營衙)

중영(中營)〈인조(仁祖) 때에 세웠다. ○중영장(中營將) 1명이 있는데, 중화도호부의 부사(府使)를 겸한다. ○속읍(屬邑)으로는 중화(中和)·평양(平壤)·상원(祥原)이 있으며, 속진(屬鎭)으로는 성산(城山)이 있다〉

『진보』(鎭堡)

성산보(城山堡)〈읍치에서 동남쪽으로 50리에 있는데, 옛 송현(松峴)의 땅이다. 동악산(洞岳山)의 남쪽에 있는 연포천(鷰浦川)의 계곡으로부터 시내를 따라 봉황령(鳳凰嶺)을 넘고 또 간동천(看東川)을 따라 내려오면 선적(善積)에 도달하기 때문에 매우 중요한 곳이다. ○별장(別將) 1명이 있다〉

『봉수』(烽燧)

운봉산(雲峰山)〈읍치에서 서쪽으로 3리에 있다〉

『창고』(倉庫)

읍창(邑倉)·해창(海倉)〈읍치에서 서쪽으로 50리에 있다〉

성창(城倉)〈평양성 안에 있다〉

『역참』(驛站)

생양역(生陽驛)〈읍치에서 서쪽으로 2리에 있다〉

『기발』(騎撥)

관문참(官門站)

『진도』(津渡)

요포진(腰浦津)·이안진(耳岸津)·삭시진(朔施津)·향암진(香巖津)〈모두 읍치에서 서쪽으로 50리에 있는데 강의 서쪽으로 통한다〉

곤양진(昆陽津)〈서쪽으로 40리에 있다〉

마성포진(摩星浦津)〈황주(黃州)로 통한다〉

관선진(觀仙津)〈평양 편에 보인다〉

『교량』(橋梁)

만리교(萬里橋)〈일명 대천교(大川橋)라고도 하는데, 중화도호부의 북쪽에 있으며, 평양으로 통한다〉

황주교(黃州橋)〈읍치에서 남쪽으로 5리에 있는데 황주로 통한다〉

관선교(觀仙橋)〈서쪽으로 30리에 있다〉

중통교(中筒橋)〈대거화면(大去火面)에 있다〉

마성교(摩星橋)〈서쪽으로 40리에 있다〉

석장교(石長橋)〈양무대면(揚武垈面)에 있다〉

서진교(西陣橋)〈응산면(鷹山面)의 토성(土城) 아래에 있다〉

『토산』(土産)

뽕나무·갈대[노적(蘆荻)]·숭어·웅어[위어(葦魚)]·흰새우·게

『장시』(場市)

읍내(邑內)의 장날은 3·8일, 요포(腰浦)는 4·9일, 장교(長橋)는 5·10일이다.

『전고』(典故)

고려 공민왕(恭愍王) 9년(1360)에 홍건적(紅巾賊)이 쳐들어 오자, 상장군(上將軍) 이방실(李芳實)이 제군(諸軍)을 거느리고 생양역(生陽驛)에 주둔하였는데, 총 20,000명이었다. 홍건적이 우리나라 군대가 장차 진격할 것을 알고는 마침내 사로잡은 의주(義州)·정주(靜州)·서경(西京) 사람들을 죽여서 방비책으로 삼았는데, 쌓인 시체가 언덕을 이루었다.

○조선 선조(宣祖) 25년(1592)에 왜군이 중화를 함락하였다. 인조(仁祖) 5년(1627)에 후금(後金)의 군대가 중화를 함락하였다. 인조 14년(1636)에 청나라 군대가 중화를 약탈하였다.

3. 함종(咸從)

본래 아선성(牙善城)이었는데, 고려 태조(太祖) 23년(940)에 함종현(咸從縣)으로 고치고 현령(縣令)을 두었다. 고려 원종(元宗) 10년(1269)에 원나라에 몰수되었다. 〈황주(黃州)의 영현(領縣)이 되었다〉 충렬왕(忠烈王) 4년(1278)에 다시 고려로 환속하고 현령을 두었다. 조선에서도 그대로 따랐다. 경종(景宗) 즉위년(1720)에 중궁(中宮)〈선의왕후(宣懿王后)이다〉 어씨(魚氏)의 관향(貫鄕)으로 도호부(都護府)로 승격하였다.

「읍호」(邑號)

아산(牙山)·아선(牙善)이다.

「관원」(官員)

도호부사(都護府使)〈평양진관병마동첨절제사 청남후영장(平壤鎭管兵馬同僉節制使淸南後營將)을 겸한다〉 1명이 있다.

『방면』(坊面)

오산(吾山)〈읍치에서 동쪽으로 15리에 있다〉

남리(南里)〈남쪽으로 10리에 있다〉

난곶(蘭串)〈남쪽으로 17리에 있다〉

삼존(三存)〈남쪽으로 25리에 있다〉

중리(中里)〈서쪽으로 12리에 있다〉

소정(小井)〈서쪽으로 15리에 있다〉

반화지(反火池)〈서남쪽으로 15리에 있다〉

세곶(世串)〈서남쪽으로 25리에 있다〉

차리(此里)〈북쪽으로 15리에 있다〉

대정(大井)〈서북쪽으로 20리에 있다〉

오곶(吾串)〈서북쪽으로 20리에 있다〉

당현(堂峴)〈남쪽으로 20리에 있다〉

『산수』(山水)

아선산(牙善山)〈일명 용두산(龍頭山)이라 하는데, 읍치에서 동쪽으로 2리에 있다〉

소고지산(所高指山)〈남쪽으로 8리에 있다〉

쌍어산(雙魚山)〈남쪽으로 20리에 있으며 강서(江西)와 경계한다. 위에 큰 우물이 있다〉

검암산(檢岩山)〈북쪽으로 16리에 있다〉

부산(釜山)〈남쪽으로 1리에 있다〉

광동산(廣東山)〈남쪽으로 9리에 있다〉

검산(檢山)〈남쪽으로 5리에 있다〉

가마산(加馬山)〈북쪽으로 10리에 있다〉

물자채산(勿自朵山)〈북쪽으로 7리에 있다〉

봉두산(鳳頭山)〈서쪽으로 20리에 있는데 바다 가운데 우뚝 솟아 있다. 호두산·쌍어산 등 여러 산이 이 산 동쪽에 모여 푸른데, 경치가 이 읍에서 으뜸이다〉

오봉산(五峯山)〈동쪽으로 15리에 있으며 강서(江西)와 경계한다〉

「영로」(嶺路)

응현(鷹峴)〈읍치에서 동쪽으로 3리에 있는데 강서(江西)로 가는 길과 통한다〉

석현(石峴)〈남쪽으로 6리에 있다〉

통현(筒峴)〈북쪽으로 가는 길이다〉

○바다〈읍치에서 서쪽으로 20리에 있다〉

판교천(板橋川)〈물의 근원이 오봉산(五峯山)에서 나와 서쪽으로 흘러 바다로 들어간다〉

삼도감지(三都監池)〈서쪽으로 10리에 있다〉

「도서」(島嶼)

악도(岳島)〈읍치에서 서쪽으로 30리에 두 개의 섬이 있는데, 사방의 절벽으로 매우 가파르며, 높이는 100자[척(尺)]이다. 썰물 때 바닷물이 빠지면 육지와 연결된다〉

초도(草島)〈서쪽으로 30리에 있다〉

『성지』(城池)

고읍성(古邑城)〈둘레가 4,334자[척(尺)]이다〉

아선산성(牙善山城)〈둘레가 2,246자[척(尺)]이며, 성안에 샘이 여섯 개, 못[지(池)]이 한 개 있다〉

고려 태조 3년(920)에 함종현성(咸從縣城)을 쌓았다.〈236칸이고, 문이 네 개, 수구(水口)가 세 개, 성두(城頭)가 네 개, 차성(遮城)이 두 개가 있다〉

『영아』(營衙)

청남후영(淸南後營)〈영장(營將)이 한 사람 있는데, 함종 도호부사가 겸한다. ○속읍(屬邑)은 강서(江西)·용강(龍岡)이 있다〉

『봉수』(烽燧)

조사지(漕士池)〈읍치에서 서쪽으로 23리에 있다〉

오곶(吾串)〈서북쪽으로 20리에 있다〉

굴령산(窟嶺山)〈동쪽으로 5리에 있다〉

『창고』(倉庫)

읍창(邑倉)·해창(海倉)〈읍치에서 서쪽으로 20리에 있다〉

성창(城倉)〈읍치에서 남쪽으로 30리 떨어진 황룡산성(黃龍山城)에 있다〉

『역도』(驛道)
「혁폐」(革廢)

영화역(迎和驛)〈읍치에서 북쪽으로 20리에 있다〉

『토산』(土産)

뽕나무·갈대[피적(皮荻)]·밤나무·자초(紫草)·물고기 10여 종류·소금〈소금담는 항아리가 가장 많다〉

고려 고종(高宗) 22년(1235)에 몽고(蒙古) 군대가 함종을 함락하였다. 고려 고종 42년 (1255)에 몽고 기병 300여 명이 함종을 노략질하였다. 고려 고종 44년(1257)에 몽고 병사가 함종에 다다랐다. 공민왕(恭愍王) 9년(1360)에 홍건적(紅巾賊)이 노략질하므로 도만호(都萬 戶) 안우(安祐) 등이 함종에 진격하여 홍건적과 더불어 싸웠으나 이기지 못하여 살해되고 약 탈된 사람만 1,000여 명에 달하였다. 또 함종에서 전투를 벌여 신부(辛富)·이견(李堅)이 전사 하였다. 모든 군사가 힘을 다해 싸워 적 20,000여 명의 머리를 베어 죽이고 거짓 원수(元帥) 심 자(沈刺)·황지선(黃志善)을 포로로 사로잡았다. 고려 우왕(禑王) 3년(1377)에 왜구가 함종을 노략질하였다.

4. 용강(龍岡)

『연혁』(沿革)

본래 황룡성(黃龍城)이다.〈일명 군악(軍岳)이라고도 한다〉 고려 태조(太祖) 23년(940)에 용강현으로 고치고 현령(縣令)을 두었다. 고려 원종(元宗) 10년(1269)에 원나라에 몰수되었 다.〈황주(黃州)의 영현(領縣)이 되었다〉 충렬왕(忠烈王) 4년(1278)에 다시 우리 나라에 환속 하고 현령을 두었다. 조선에서도 그대로 따랐다.

「읍호」(邑號)

오산(烏山)

「관원」(官員)

현령(縣令)〈평양진관병마절제도위 황룡산성관성장(平壤鎭管兵馬節制都尉黃龍山城管城 將)을 겸한다〉 1명이 있다.

『방면』(坊面)

화촌(花村)〈읍치에서 서북쪽으로 30리에서 시작하여 45리에서 끝난다〉

당고개[당점(堂岾)]〈북쪽으로 30리에서 시작하여 45리에서 끝난다〉

산남(山南)〈남쪽으로 10리에서 끝난다〉

산북(山北)〈북쪽으로 15리에서 끝난다〉

고읍(古邑)〈서쪽으로 25리에서 시작하여 35리에서 끝난다〉

석정(石井)〈남쪽으로 20리에서 끝난다〉

우의술(亏衣述)〈남쪽으로 10리에서 시작하여 20리에서 끝난다〉

어을동(於乙洞)〈서쪽으로 10리에서 시작하여 40리에서 끝난다〉

난산(卵山)〈동쪽으로 10리에서 시작하여 20리에서 끝난다〉

일련지(日蓮池)〈동쪽으로 10리에서 시작하여 20리에서 끝난다〉

신정(新井)〈동쪽으로 40리에서 시작하여 50리에서 끝난다〉

상다미(上多美)〈동남쪽으로 55리에서 시작하여 60리에서 끝난다〉

하다미(下多美)〈동남쪽으로 70리에서 시작하여 90리에서 끝난다〉

오정(梧井)〈동남쪽으로 25리에서 시작하여 40리에서 끝난다〉

금곡천(金谷川)〈남쪽으로 15리에서 시작하여 25리에서 끝난다〉

『산수』(山水)

오석산(烏石山)〈읍치에서 북쪽으로 5리에 있다〉

화장산(華藏山)〈일명 봉곡산(鳳谷山)이라고도 하며, 읍치에서 동북쪽으로 10리에 있다〉

아석산(牙石山)〈서쪽으로 10리에 있다〉

정필산(挺筆山)〈남쪽으로 30리에 있다〉

적산(赤山)〈동남쪽으로 56리에 있다〉

고정산(高正山)〈동남쪽으로 35리에 있다〉

대덕산(大德山)〈오석산의 서쪽 갈래이다〉

용두산(龍頭山)〈서쪽으로 40리에 있다〉

늑명산(勒鳴山)〈동남쪽으로 80리에 있는데, 급수문(急水門)이 아래에 있다〉

천제산(天祭山)〈동남쪽으로 50리에 있다〉

검설산(劒雪山)〈남쪽으로 20리에 있다〉

갑주봉(甲冑峯)〈읍치에서 서쪽에 있다〉

반추동(盤楸洞)〈동쪽으로 15리에 있다〉【소곶산(所串山)이 있고, 오산(鰲山)이 읍치에서 서쪽으로 있으며, 장대(將臺)가 읍치에서 동쪽으로 있다】

「영로」(嶺路)

금오령(金烏嶺)〈읍치에서 서쪽으로 15리에 있다. 임진왜란과 병자호란 때 모두 전쟁의 참화를 모면하였다〉

지산령(芝山嶺)〈동남쪽으로 60리에 있다〉

대덕령(大德嶺)〈서쪽으로 5리에 있다〉

말고개[마점(馬岾)]〈서쪽으로 15리에 있는데, 삼화(三和)와 경계하는 대로(大路)이다〉

○바다〈읍치에서 서쪽으로 40리에 있다〉

대동강(大同江)〈곧 평양(平壤) 보산(保山)에서 아래로 흘러 도리진(桃李津)이 되고, 남쪽으로 흘러 늘명산의 남쪽에 이르러 급수문(急水門)이 된다. 월당강(月唐江)이 남쪽으로부터 흘러 와서 모여 굽이쳐 서쪽으로 흘러 안악섭하(安岳涉河)가 된다〉

백사포(白沙浦)〈동남쪽으로 10리에 있다. 물의 근원이 오석산에서 나와 남쪽으로 흘러간다〉

복작포(福雀浦)〈백사포(白寺浦)의 하류인데 바다로 들어가는 곳이다〉

급수문(急水門)〈동남쪽으로 90리에 있는데, 대동강과 월당강의 두 강이 합류하는 곳이다. 물의 입구가 점점 좁아지고 물이 거세고 급하게 흘러 배가 다니기에 매우 힘든 여울이다〉

온정(溫井)〈서쪽으로 35리 떨어진 어을동(於乙洞)에 있는데 둘레가 20여 보(步)이며, 물이 매우 따뜻하고 짜다. 그 서쪽으로 10여 보 떨어진 곳에 또 샘이 있는데 둘레가 4자[척(尺)]이며 물이 조금 따뜻하고 짜다. 또 그 서쪽으로 찬물이 솟는 샘이 있는데 둘레가 3자[척(尺)]이며 매우 짜고 깊다. 서로 가까운 거리에 있으면서도 따뜻하고 찬 것이 아주 다르다〉

적통지(赤筒池)〈서북쪽으로 25리에 있는데 둘레가 10,800자[척(尺)]이다〉【제언(堤堰)이 19개 있다】

「도서」(島嶼)

진도(眞島)〈읍치에서 남쪽으로 떨어진 해포(海浦) 가운데에 있는데, 염분(鹽盆: 소금을 만들기 위해 바닷물을 끓일 때 쓰는 가마/역자주)이 있다〉

조압도(漕鴨島)〈읍치에서 서쪽으로 떨어진 바다 가운데에 있는데, 둘레가 15리이며 사면이 모두 깎아지른 절벽이다〉

『성지』(城池)

황룡산성(黃龍山城)〈오석산의 위에 있는데, 둘레가 5,141보(步)이다. 옹성(甕城)이 세 개,

곡성(曲城)이 네 개, 우물이 열 개, 못[지(池)]이 네 개, 성문(城門)이 네 개, 수문(水門)이 한 개가 있다. 황룡산성 가운데에 황룡사(黃龍寺)가 있는데 곧 장대(將臺: 전쟁 또는 군사훈련 때에 성 안의 군사들을 지휘하기 위해 대장이 자리하는 누대(樓臺)를 말함/역자주)이다. 삼면이 험하여 한쪽 면으로 적을 상대할 수 있다〉 또 안국사(安國寺)와 내원암(內院庵)이 있으며, 용강(龍岡)·함종(咸從)·삼화(三和)의 창고가 있다. ○관성장(管城將)과 별장(別將) 1명이 있다〉

옛 읍성[고읍성(古邑城)]〈읍치에서 서쪽으로 35리에 있으며, 어을동토성(於乙洞土城)이라고도 한다. 둘레가 1,212자[척(尺)]이다〉

『봉수』(烽燧)
소산(所山)〈읍치에서 서쪽으로 30리에 있다〉
대덕산(大德山)〈본읍(本邑: 용강현/역자주)에만 보고하는 봉수이다〉

『창고』(倉庫)
읍창(邑倉)·성창(城倉)〈산성(山城)이다〉
동창(東倉)〈읍치에서 동남쪽으로 45리에 있다〉
서창(西倉)〈서쪽으로 20리에 있다〉

『역참』(驛站)
「혁폐」(革廢)
연성역(連城驛)〈읍치에서 동쪽으로 5리에 있다〉

『진도』(津渡)
사월포진(沙月浦津)·도리진(桃李津)〈모두 읍치에서 동쪽으로 50리에 있으며, 중화(中和)로 가는 소로(小路)와 통한다〉
기진(基津)〈일명 다미진(多美津)이라고도 하는데, 읍치에서 동남쪽으로 65리에 있다. 황주(黃州)로 가는 소로와 통한다〉
대안진(大安津)〈일명 대진(大津)이라고도 하는데, 읍치에서 남쪽으로 40리에 있다. 안악(安岳)으로 가는 소로와 통한다〉

『교량』(橋梁)

학룡교(鶴龍橋)〈읍치에서 동쪽으로 30리에 있다〉

구룡교(九龍橋)〈읍치에서 동쪽으로 40리에 있다〉

『토산』(土産)

뽕나무·삼[마(麻)]·칠(漆)·자초(紫草)·조기[석어(石魚)]·상어[사어(鯊魚)]·홍어(洪魚)·광어(廣魚)·숭어[수어(秀魚)]·삼치[마어(麻魚)]·농어[노어(鱸魚)]·민어(民魚)·전어(鱣魚)·새우·조개·굴 등의 해산물과 소금이 있다.〈안주(安州)·숙천(肅川)·영유(永柔)·증산(甑山)·함종(咸從)·용강(龍岡)·삼화(三和) 등의 고을에서 생산되는 토산물이 거의 비슷하다〉

『장시』(場市)

읍내(邑內)의 장날은 3·8일, 노동(蘆峒)은 5·10일, 선교(船橋)는 2·7일, 황산(黃山)은 2·7일이다.

『묘전』(廟殿)

기자전(箕子殿)〈경종(景宗) 신축년(1721)에 건립하였으며, 영조(英祖) 을사년(1725)에 편액(扁額)을 내렸다〉에서 기자(箕子)를 제향한다.

『사원』(祠院)

오산서원(鰲山書院)〈현종(顯宗) 갑진년(1664)에 건립하였으며, 숙종(肅宗) 신사년(1701)에 편액을 내렸다〉에서 김안국(金安國)〈(태묘(太廟: 인종 묘정(仁宗廟廷)을 말함/역자주)에 배향되었다〉과 김정국(金正國)〈장단(長湍: 장단의 임강서원(臨江書院)에도 모셔져 있다/역자주)〉을 제향(祭享)한다.

『전고』(典故)

고려 태조(太祖) 2년(919)에 용강현성(龍岡縣城)을 쌓았다.〈1,807칸이며, 문(門)이 여섯 개, 수구(水口)가 있다〉 고려 태조 21년(938)에 용강성을 쌓았다. 고려 고종(高宗) 22년(1235)에 몽고 군대가 용강을 함락하였다. 고려 고종 44년(1257)에 몽고 기병 3,000여 명이 청천강

(淸川江)을 건너 용강으로 향하였다〉 고려 고종 42년(1255)에 몽고 병사들이 용강을 노략질하고, 또 배를 만들어 조도(槽島)〈곧 조압도(漕鴨島)이다〉를 쳤으나 이기지 못하였다. 고려 우왕(禑王) 5년(1379)에 나세(羅世)·김유(金庾)가 왜구와 용강현 목곶포(木串浦)에서 싸움을 벌여 왜구의 배 두 척을 획득하고 적들을 섬멸하였다.

5. 증산(甑山)

『연혁』(沿革)

본래 강서현(江西縣)의 증산향(甑山鄕)인데 조선 태조 3년(1394)에 나누어 현(縣)으로 만들고 현령(縣令)을 두었다. 중종(中宗) 9년(1514)에 현감(縣監)으로 강등하였다.〈증산현 사람으로 반란을 일으킨 사람이 있었다〉선조(宣祖) 28년(1595)에 평양(平壤)·함종(咸從)에 분할 편입시켰다. 선조 40년(1607)에 다시 복구하였다.

「읍호」(邑號)

서하(西河)

「관원」(官員)

현령(縣令)〈평양진관병마절제도위 평양성후영장(平壤鎭管兵馬節制都尉平壤城後營將)을 겸한다〉1명이 있다.

『방면』(坊面)

상방(上坊)〈읍치에서 서쪽으로 10리에 있다〉

하방(下坊)〈동쪽으로 10리에 있다〉

신리(新里)〈북쪽으로 15리에 있다〉

독곶(禿串)〈남쪽으로 15리에 있다〉

정두(頂頭)〈남쪽으로 10리에 있다〉

가곶(可串)〈서쪽으로 13리에 있다〉

『산수』(山水)

국령산(國靈山)〈읍치에서 동북쪽으로 18리에 있다. ○용천사(龍泉寺)가 있다〉

청량산(淸凉山)〈북쪽으로 15리에 있는데, 국령산의 서쪽 갈래이다〉

차소봉(次巢峯)〈동쪽으로 10리에 있다〉

증봉(甑峯)〈읍치에서 북쪽으로 있다〉

「영로」(嶺路)

차유령(車踰嶺)〈북쪽으로 10리에 있는데, 이곳에서 서쪽으로 5리에 바다가 있다〉

장현(長峴)〈동쪽으로 10리에 있다〉【국령령(國靈嶺)이 읍치에서 동쪽으로 있으며, 군령현(軍令峴)이 읍치에서 동남쪽으로 있다】○바다〈읍치에서 서쪽으로 20리에 있다〉

국령천(國靈川)〈물의 근원이 국령산 남쪽에서 나와 증산현을 지나 동남쪽 5리에서 서쪽으로 흘러 바다로 들어간다〉

도람포(道濫浦)〈서해(西海)의 바닷가에 있다〉

탄곶(炭串)〈서쪽으로 25리에 있는데, 해변가이다〉

황동(黃垌)〈남쪽으로 15리에 있는데 둘레가 7,417자[척(尺)]이다〉

독곶동(禿串垌)〈서남쪽으로 15리에 있는데 둘레가 2,200자[척(尺)]이다〉

상좌동(上佐垌)〈남쪽으로 3리에 있다〉【제언(堤堰)이 2개 있다】

「도서」(島嶼)

송도(松島)·신도(薪島)〈모두 서해 바다 가운데에 있다〉

『봉수』(烽燧)

토산(兔山)〈읍치에서 서쪽으로 14리에 있다〉

서산(西山)〈본읍(本邑: 증산현/역자주)에만 보고하는 봉수이다〉

『창고』(倉庫)

읍창(邑倉)·성창(城倉)〈평양성 안에 있다〉

『교량』(橋梁)

정두교(頂頭橋)〈읍치에서 남쪽으로 8리에 있으며 돌로 만들었다〉

『토산』(土産)

뽕나무·닥나무·칠·자초(紫草)·해산물(海産物) 10여 종류

『장시』(場市)

읍내(邑內)의 장날은 4·9일이다.

『전고』(典故)

고려 공민왕(恭愍王) 9년(1360)에 홍건적의 잔당 10,000여 명이 물러나 증산현에 웅거하였다.

6. 순안(順安)

『연혁』(沿革)

고려 인종(仁宗) 14년(1136)에 서쪽의 경기(京畿)를 나누어 여섯 개의 현(縣)으로 만들었다. 추자도(楸子島)·앵천촌(櫻遷村)·용곤촌(龍坤村)·화산촌(禾山村)을 합하여 순화현(順和縣)으로 만들었다.〈'원사(元史)'에는 순화(順化)라고 되어 있다.〉고려 원종(元宗) 10년(1269)에 원나라에 몰수되었다.〈덕주(德州)의 영현(領縣)으로 되었다〉충렬왕(忠烈王) 4년(1278)에 다시 우리나라로 환속하여 상원(祥原)에 소속시켰다. 충혜왕(忠惠王) 후2년(1341)에는 옮겨 삼화(三和)에 소속시켰다. 조선 태조 5년(1396)에는 치소를 평양(平壤)의 안정역(安定驛)으로 옮기고,〈옛 치소는 읍치에서 서남쪽으로 60리에 있는데, 평양과 서쪽으로 경계한다〉순안(順安)으로 이름을 고쳤다.

「읍호」(邑號)

평교(平郊)

「관원」(官員)

현령(縣令)〈평양진관병마절제도위 자모산성중영장(平壤鎭管兵馬節制都尉慈母山城中營將)을 겸한다〉1명이 있다.

『방면』(坊面)

현내(縣內)·정방(正方)〈읍치에서 동쪽으로 5리에서 시작하여 25리에서 끝난다〉

송현(松峴)〈동북쪽으로 7리에서 시작하여 25리에서 끝난다〉

추도(楸島)〈북쪽으로 15리에서 시작하여 30리에서 끝난다〉

동두(東頭)〈북쪽으로 15리에서 시작하여 50리에서 끝난다〉

자작(自作)〈북쪽으로 30리에서 시작하여 60리에서 끝난다〉

공전(公田)〈북쪽으로 30리에서 시작하여 60리에서 끝난다〉

봉송(峰松)〈서북쪽으로 7리에서 시작하여 30리에서 끝난다〉

동춘(冬春)〈서쪽으로 5리에서 시작하여 15리에서 끝난다〉

순화(順和)〈서쪽으로 10리에서 시작하여 30리에서 끝난다〉

진리(鎭里)〈서쪽으로 65리에서 시작하여 80리에서 끝나는데, 이곳 건너편으로는 영유(永柔)가 있으며, 서쪽으로는 바닷가와 경계하고 있다〉

『산수』(山水)

법홍산(法弘山)〈읍치에서 북쪽으로 50리에 있는데, 숙천(肅川)과 경계한다〉

청룡산(靑龍山)〈북쪽으로 30리에 있다〉

정양산(正陽山)〈북쪽으로 40리에 있는데, 청룡산의 북쪽 갈래이다〉

왕산(王山)〈북쪽으로 12리에 있다〉

자화산(慈化山)〈동쪽으로 15리에 있는데, 평양(平壤)과 경계한다〉

옥수산(玉水山)〈동쪽으로 15리에 있는데, 평양과 경계한다〉

암산(岩山)〈북쪽으로 30리에 있다〉

천일산(泉日山)〈북쪽으로 50리에 있다〉

황갑산(黃甲山)〈서쪽으로 70리 떨어진 진리면(鎭里面)에 있다〉

흑룡산(黑龍山)〈서쪽으로 30리에 있는데, 영유(永柔)와 경계한다〉

성주산(星州山)〈동북쪽으로 15리에 있다〉

자모산(慈母山)〈동북쪽으로 50리에 있는데, 자산(慈山)과 경계한다〉

부백산(浮白山)〈북쪽으로 15리에 있다〉

동금강산(東金剛山)〈동쪽으로 15리에 있다〉

유성산(留聖山)〈북쪽으로 40리에 있다〉

용우산(龍隅山)〈북쪽으로 20리에 있다〉

진망산(鎭望山)·자개산(紫盖山)〈모두 읍치에서 서쪽으로 20리에 있다〉

백석산(白石山)·부개산(釜盖山)〈모두 읍치에서 서쪽으로 15리에 있다〉

월명산(月明山)〈서쪽으로 10리에 있다〉

담화산(曇化山)·묘법산(妙法山)·장상봉(將相峯)〈북쪽으로 20리에 있는데, 위의 여러 산들은 모두 평원(平原)의 높은 산들이다〉

개동동(个同洞)〈자모산성에서 남쪽으로 15리에 있는데 네 면이 모두 험준한 산이다. 그 가운데 넓게 평탄한 골짜기가 펼쳐져 있다〉

「영로」(嶺路)

자로치(慈老峙)〈읍치에서 동북쪽으로 50리에 있는데, 순천(順川)·은산(殷山)과 통한다〉

나부치(羅敷峙)〈서쪽으로 15리에 있는데, 영유(永柔)·증산(甑山)과 통한다〉

독우(禿隅)〈남쪽으로 10리에 있는데, 평양(平壤)과 통한다〉

연봉우(延峯隅)〈서북쪽으로 20리에 있다〉

어파현(於坡峴)〈북쪽으로 40리에 있는데, 숙천(肅川)과 경계한다. 위의 다섯 곳은 모두 대로(大路)이다〉

성주현(星州峴)〈동북쪽으로 20리에 있는데, 자산(慈山)과 통한다〉【차현(車峴)이 있다】

○문암천(門岩川)〈읍치에서 동북쪽으로 50리에 있는데, 자모산·법홍산 두 산에서 물의 근원이 나와 서남쪽으로 흘러 문암천이 되어 암적천(岩赤川)을 지난다. 왕산(王山)에 이르러 냇물이 영계천(靈溪川)을 지나고 동남쪽으로 흘러 순안현을 지나 서쪽으로 굽이져 동쪽으로 흘러 자고천(紫姑川)을 지나고, 남쪽으로 흘러 독우(禿隅)에 이르러 미륵천(彌勒川)이 된다. 평양의 경계에 이르러 장고천(長鼓川)이 되며, 흘러 내려가 부금천(簿金川)이 된다. 그 내용이 평양의 발로천(發蘆川: 평양부에는 발로천(撥蘆川)으로 되어 있다/역자주)에 상세하다〉

암치천[암적천(岩赤川)]〈적(赤)의 음은 치(治)이다. 읍치에서 북쪽으로 15리에 있는데, 물의 근원이 법홍산의 서남쪽에서 나와 남쪽으로 흘러 문암천으로 들어간다〉

조적천(造赤川)〈읍치에서 북쪽으로 50리에 있는데, 물의 근원이 법홍산에서 나와 남쪽으로 흘러 문암천으로 들어간다〉

자고천(紫姑川)〈물의 근원이 성주산에서 나와 남쪽으로 흘러 순안현의 남쪽을 지나 미륵

천으로 들어간다〉

영계천(靈溪川)〈읍치에서 서북쪽으로 40리에 있는데, 물의 근원이 어파현(於坡峴)에서 나와 남쪽으로 흘러 암적천 상류로 들어간다〉

합장천(合掌川)〈읍치에서 서쪽으로 20리에 있는데, 물줄기 하나는 서금강산(西金剛山)에서 나오고, 또 다른 하나는 흑룡산(黑龍山)에서 나와 동쪽으로 흘러 적천(赤川) 상류로 들어간다〉

세사천(細沙川)〈물의 근원이 담화산(曇化山)에서 나와 암적천으로 들어간다〉

미륵천(彌勒川)〈읍치에서 남쪽으로 5리에 있는데, 문암천에 그 내용이 보인다〉

신동(新垌)·운영동(雲影垌)〈읍치에서 서남쪽으로 2리에 있는데, 상·하(上下)가 있다〉【제언(堤堰)이 8개 있으며, 자계천(紫溪川)이 읍치에서 동쪽으로 있다】

『봉수』(烽燧)

독자산(獨子山)〈읍치에서 서쪽으로 20리에 있다〉

대선곶(大船串)〈진리면(鎭里面)의 해변가에 있다〉

서금강산(西金剛山)〈서북쪽으로 20리에 있는데, 본읍(本邑: 순안현/역자주)에만 보고한다〉

『창고』(倉庫)

사창(司倉)〈읍내에 있다〉

북창(北倉)〈읍치에서 북쪽으로 30리에 있다〉

해창(海倉)〈진리면(鎭里面)의 해변가에 있다〉

산창(山倉)〈동북쪽으로 45리 떨어진 자모산성(慈母山城)에 있다〉

『역참』(驛站)

안정역(安定驛)〈읍내의 남쪽에 있다〉

「기발」(騎撥)

관문참(官門站)

『교량』(橋梁)

용강교(龍岡橋)〈읍치에서 남쪽으로 7리에 있다〉

암적천교(巖赤川橋)〈북쪽으로 15리에 있다. 위의 두 곳 모두 대로(大路)이다〉

『토산』(土産)

뽕나무·삼·자초(紫草)·숭어·농어[노어(鱸魚)]·먹장어[적항어(赤項魚)]·뱀장어[만어(鰻
魚)]·곤쟁이[자하(紫蝦)]

『장시』(場市)

읍내(邑內)의 장날은 5·10일이며, 신교(薪橋)는 1·6일이며, 암적천(岩赤川)은 2·7일이다.

『누정』(樓亭)

배회정(徘徊亭)·관덕정(觀德亭)〈모두 순안현 안에 있다〉

『사원』(祠院)

성산서원(星山書院)〈인조(仁祖) 정해년(1647)에 건립하였으며, 숙종(肅宗) 병자년(1696)
에 편액을 내렸다〉에서 정몽주(鄭夢周)〈문묘(文廟) 편에 보인다〉

한우신(韓禹臣)〈자(字)는 하경(夏卿)이고 호는 정안(靜安)이며, 청주(淸州) 사람이다. 벼
슬은 내자시 정(內資寺正)에 이르렀다〉을 제향한다.

『전고』(典故)

고려 숙종(肅宗) 6년(1101)에 평로진(平虜鎭) 관할 구역 안에 있는 추자전(楸子田)을 분
할하여 농민에게 주어 경작케 하였다.

7. 강서(江西)

『연혁』(沿革)

고려 인종(仁宗) 14년(1136)에 서쪽의 경기(京畿)를 나누어 여섯 개의 현(縣)으로 만들었다. 이악(梨岳)〈곧 읍내(邑內)이니, 지금의 무학리(舞鶴里)이다〉

대구향(大坵鄕)〈읍치에서 남쪽으로 20리에 있는데, 지금의 초성리(草城里)이다〉

갑악향(甲岳鄕)〈서쪽으로 20리에 있는데, 지금의 거암리(擧岩里)이다〉

각묘향(角墓鄕)〈곧 읍에서 5리에 있는데, 지금의 서부(西部)이다〉

독촌향(禿村鄕)·증산향(甑山鄕)〈위의 두 고을은 조선 태조 3년(1394)에 나누어 증산현(甑山縣)이 되었다〉을 합하여 강서현(江西縣)으로 만들고, 현령(縣令)을 두었다.〈평양(平壤)의 속현(屬縣)이 되었다〉 고려 원종(元宗) 10년(1269)에 원나라에 몰수되었다.〈황주(黃州)의 영현(領縣)이 되었다〉 충렬왕(忠烈王) 4년(1278)에 다시 우리나라에 환속하고 현령을 두었다. 조선에서도 그대로 따랐다.

「읍호」(邑號)

무학(舞鶴)

「관원」(官員)

현령(縣令)〈평양진관병마절제도위 평양성우영장(平壤鎭管兵馬節制都尉平壤城右營將)을 겸한다〉 1명이 있다.

『방면』(坊面)

동부(東部)〈읍치로부터 13리에서 끝난다〉

서부(西部)〈읍치로부터 15리에서 끝난다〉

보원(普院)〈읍치에서 동남쪽으로 15리에서 시작하여 25리에서 끝난다〉

석장(席匠)〈서쪽으로 15리에서 시작하여 25리에서 끝난다〉

거암(擧岩)〈서쪽으로 15리에서 시작하여 20리에서 끝난다〉

수천(水川)〈북쪽으로 10리에서 시작하여 20리에서 끝난다〉

한룡(閑龍)〈북쪽으로 20리에서 시작하여 30리에서 끝난다〉

침곶(砧串)〈북쪽으로 30리에서 시작하여 40리에서 끝난다〉

사진(沙津)〈남쪽으로 20리에서 끝난다〉

부석(夫石)〈남쪽으로 10리에서 시작하여 30리에서 끝난다〉

초성(草城)〈남쪽으로 30리에서 시작하여 40리에서 끝난다〉

『산수』(山水)

무학산(舞鶴山)〈읍치에서 북쪽으로 2리에 있다. 산 위에 등귀사(登龜寺)가 있는데, 절 위로는 천 길이나 되는 층층 암석이 있다〉

구룡산(九龍山)〈일명 서학산(棲鶴山)이라고도 하는데, 읍치에서 남쪽으로 15리에 있다〉

중학산(中鶴山)〈남쪽으로 10리에 있다〉

왕등산(王登山)〈무학산의 서쪽 갈래이다〉

월출산(月出山)〈북쪽으로 30리에 있다〉

오봉산(五峯山)〈서쪽으로 18리에 있는데, 함종(咸從)과 경계한다〉

대정산(大井山)〈남쪽으로 20리에 있다〉

원당산(元堂山)〈남쪽으로 15리에 있다〉

화재산(花在山)〈서남쪽으로 10리에 있다〉

쌍어산(雙魚山)〈서쪽으로 25리에 있는데, 함종(咸從)과 경계한다〉

화표봉(華表峯)〈남쪽으로 5리에 있다〉

학란구(鶴卵邱)〈남쪽으로 3리에 있다〉

우평(羽坪)〈서쪽으로 20리에 있다〉

「영로」(嶺路)

굴령현(窟靈峴)〈읍치에서 북쪽으로 35리에 있는데, 증산(甑山)으로 통하는 길이다〉

직우(稷隅)〈서쪽으로 30리에 있는데, 용강(龍岡)과 경계하는 대로(大路)이다〉

○대동강(大同江)〈읍치에서 동남쪽으로 30리에 있는데, 곧 보산도(保山渡)이다〉

학천(鶴川)〈읍치에서 남쪽으로 1리에 있다. 물의 근원이 함종(咸從) 검암산(檢岩山) 및 아선산(牙善山)에서 나와 동남쪽으로 흘러 화표봉(華表峯)을 지나 물고포(勿古浦)가 되어 동쪽으로 보산도(保山渡)의 상류로 들어간다. 남쪽으로 흘러 운천교(雲川橋)를 지나 대동강으로 들어간다〉

명학지(鳴鶴池)〈남쪽으로 3리에 있다〉

『봉수』(烽燧)
정림산(正林山)〈읍치에서 서쪽으로 10리에 있는데, 본읍(本邑: 강서현)에만 보고한다〉

『창고』(倉庫)
읍창(邑倉)·진창(津倉)〈읍치에서 동남쪽으로 30리에 있다〉
신창(新倉)〈남쪽으로 36리에 있다〉
성창(城倉)〈평양성 안에 있다〉

『진도』(津渡)
이안진(耳岸津)〈중화(中和)와 통한다〉
가도진(假島津)·관진(官津)〈읍치에서 동남쪽으로 30리에 있으며 소로(小路)이다〉

『교량』(橋梁)
물고포교(勿古浦橋)〈읍치에서 서남쪽으로 2리에 있다〉

『토산』(土産)
뽕나무·삼·웅어[위어(葦魚)]·숭어·조개

『누정』(樓亭)
무학정(舞鶴亭)·구고정(九皐亭)〈모두 읍내에 있다〉

『사원』(祠院)
학동서원(鶴洞書院)〈숙종 갑자년(1684)에 건립하고 병인년(1686)에 편액을 내렸다〉에서 김반(金泮)〈자(字)는 사원(詞源)이고 호는 송정(松亭)이며, 강릉(江陵) 사람이다. 벼슬은 대사성(大司成)에 이르렀으며, 퇴직한 후에 이 고을에 살았다〉을 제향한다.

『전고』(典故)
고려 우왕(禑王) 3년(1377)에 왜구가 강서(江西)를 노략질하였다.

8. 안주(安州)

『연혁』(沿革)

본래 팽원군(彭原郡)인데, 고려 태조 14년(931)에 안북부(安北府)를 두었다. 고려 성종(成宗) 2년(983)에는 영주안북대도호부(寧州安北大都護府)라 일컬었으며, 고려 현종(顯宗) 9년(1018)에 안북대도호부(安北大都護府)라고 일컬었다. 고려 의종(毅宗) 때 도절제사(都節制使)를 두었다가 얼마 후에 혁파하였다.〈고려 고종(高宗) 43년(1256)에 몽고 군대를 피하여 창린도(昌麟島)로 들어갔다가 후에 육지로 나왔다〉 고려 원종(元宗) 10년(1269)에 원나라에 몰수되었다가 충렬왕(忠烈王) 4년(1278)에 다시 우리나라에 환속하였다. 공민왕(恭愍王) 18년(1369)에는 안주만호부(安州萬戶府)를 두었다가 뒤에 승격하여 목(牧)으로 올렸다. 조선 세조 12년(1466)에 진(鎭)을 두었다.〈숙천(肅川)과 영유(永柔)의 옛 성을 관할하였다. ○정주(定州)와 가산(嘉山)은 지금 독진(獨鎭)으로 되었다〉 인조(仁祖) 6년(1628)에 절도사(節度使)가 목사(牧使)를 겸하도록 하고, 별도로 판관(判官)을 두었다. 숙종(肅宗) 8년(1682)에 목사(牧使)를 두고 판관(判官)을 없앴다. 정조(正祖) 10년(1786)에 안북현(安北縣)으로 강등하였다.〈모역을 꾀한 죄인이 태어난 고을이기 때문이었다〉 후에 다시 목으로 승격되었다.

「읍호」(邑號)

밀성(密城)

「관원」(官員)

목사(牧使)〈안주진 병마첨절제사(安州鎭兵馬僉節制使)를 겸한다〉 한 사람이 있다.

『방면』(坊面)

읍사부(邑四部)·주내(州內)〈읍치에서 동남쪽으로 20리에서 끝난다〉

동주내(東州內)〈읍치에서 15리에서 시작하여 75리에서 끝난다〉

운곡(雲谷)〈읍치에서 동남쪽으로 60리에서 끝난다〉

문곡(文谷)〈일명 독곶(禿串)이라고도 한다. 읍치에서 남쪽으로 10리에서 시작하여 20리에서 끝난다〉

갈화(葛花)〈일명 갈곶(葛串)이라고도 한다. 읍치에서 남쪽으로 30리에서 시작하여 40리에서 끝난다〉

대대(大代)·누천(漏泉)·용두(龍頭)〈모두 읍치에서 남쪽으로 30리에서 시작하여 50리에서 끝난다〉

남면(南面)〈서남쪽으로 60리에서 시작하여 70리에서 끝난다〉

서면(西面)〈읍치로부터 50리에서 시작하여 70리에서 끝난다〉

연동(燕洞)〈서쪽으로 60리에서 끝난다〉

청산(靑山)〈서쪽으로 50리에서 끝난다〉

평호(平湖)〈서쪽으로 50리에서 끝난다〉

제비동(諸非峒)〈서쪽으로 20리에서 시작하여 35리에서 끝난다〉

금곡(金谷)〈동남쪽으로 30리에서 시작하여 60리에서 끝난다〉

『산수』(山水)

가두산(加頭山)〈일명 태자산(太子山)이라고도 하며, 읍치에서 동쪽으로 3리에 있다〉

오도산(悟道山)〈일명 원통산(圓通山)이라고도 하며, 읍치에서 남쪽으로 30리에 있다. ○은약사(隱藥寺)가 있다〉

왕산(王山)〈동쪽으로 15리에 있다〉

서산(西山)〈동쪽으로 50리에 있다〉

마두산(馬頭山)〈남쪽으로 25리에 있다〉

봉덕산(鳳德山)〈동쪽으로 20리에 있는데, 산꼭대기에 9층의 철(鐵)로 만든 부도(浮屠)가 있다. 본래 장악사(長樂寺)의 9층 동탑(銅塔)이다〉

태향산(汰香山)〈서쪽으로 70리에 있다. 층층 절벽이 깎아지른 듯 서있는데, 마치 병풍이 펼쳐져 있는 것 같다. 눈을 아래로 하여 바라보면 넓은 바다가 보이고, 저 멀리로는 들판이 펼쳐져 있다. ○향래암(香來庵)이 있다〉

구봉산(九峯山)〈동쪽으로 10리에 있다〉

휴암(鵂岩)〈서쪽으로 50리에 있다. 강기슭에 하나의 암석이 돌출해 있는데, 그 위에 조그마한 암석이 올려져 있다〉

삼천야(三千野)〈서남쪽으로 70리에 있다〉

장평(長坪)〈남쪽으로 15리에 있다〉

「영로」(嶺路)

묵현(墨峴)〈읍치에서 남쪽으로 8리에 있다〉

정현(丁峴)〈남쪽으로 15리에 있다〉

사현(蛇峴)〈남쪽으로 20리에 있다〉

운암현(雲岩縣)〈남쪽으로 35리에 있다. 오른쪽으로 숙천(肅川)으로 통하는 대로(大路)이다〉

도회현(都會峴)〈동쪽으로 25리에 있는데, 사잇길[간로(間路)]이다〉

○바다〈읍치에서 서쪽으로 70여 리에 있다〉

청천강(淸川江)〈영변(寧邊) 화천강(花遷江)이 아래로 흘러 무골도(無骨島)와 소착도(疏鑿島)를 지나 안주(安州)의 북쪽 성 바깥을 빙 둘러 칠불도(七佛島)에 이르러 오른쪽으로 신천(新川)·문천(文川)을 지나 고성진(古城鎭) 남쪽에 이르러 고성강(古城江)이 되어 해망우(海望隅)에 이른다. 대정강(大定江)이 북쪽으로부터 흘러와 합류하여 노강(老江)이 되어 바다로 들어간다. ○평안도(平安道)의 남북(南北)에 있는 배들이 모여드는 곳이며, 서북쪽으로는 영변(寧邊)·희천(熙川)과 통한다〉

신천(新川)〈읍치에서 남쪽으로 5리에 있다. 물의 근원이 마두산(馬頭山)에서 나와 서쪽으로 흘러 청천강으로 들어간다〉

문천(文川)〈남쪽으로 30리에 있다. 물의 근원이 오도산(悟道山)에서 나와 서쪽으로 흘러 청천강으로 들어간다〉

운암천(雲岩川)〈남쪽으로 35리에 있으며, 일명 대교천(大橋川)이라고도 한다. 물의 근원이 오도산에서 나와 서쪽으로 흘러 청천강으로 들어간다〉

금천(金川)〈동쪽으로 20리에 있다. 물의 근원이 가두산(加頭山)과 서산(西山)에서 나와 동남쪽으로 흘러 구곡수(九曲水)가 되어 금곡원(金谷院)에 이르러 오도산의 물과 합류하여 금성진(金城鎭)에 이르러 동쪽으로 개천(价川)의 봉일산(奉日山)을 지나서 물이 순천(順川)의 기탄(岐灘)으로 들어간다〉

어룡포(魚龍浦)〈남쪽으로 45리에 있다. 물의 근원이 오도산에서 나와 서쪽으로 흘러 숙천(肅川)의 풍천(楓川)이 되고, 창랑대(滄浪臺)를 지나 삼천포(三千浦)가 되어 바다로 들어간다〉

오도탄(誤渡灘)〈백상루(百祥樓) 아래 칠불도(七佛島) 옆에 있는데, 곧 수나라 군대가 싸움에 져서 몰살한 곳이다〉

염탄(鹽灘)〈일명 연탄(燕灘)이라고도 하는데, 읍치에서 동북쪽으로 13리 떨어진 청천강의 상류에 있다〉

「도서」(島嶼)

칠불도(七佛島)〈안주(安州)의 북쪽으로 청천강 가운데에 있다〉

소착도(疏鑿島)·무골도(無骨島)〈모두 안주의 동쪽으로 청천강 가운데에 있다〉

『형승』(形勝)

북쪽으로는 장강(長江: 청천강/역자주)을 끼고 서쪽으로는 큰 바다에 연해 있어, 압록강 남쪽 여러 진(鎭)들의 요충지이며, 평양(平壤) 서쪽 한 도(道)의 중요한 곳이다. 들판이 간간히 펼쳐져 있고, 제방과 밭두둑들이 종횡으로 뻗어 있다.

『성지』(城池)

읍성(邑城)〈본래 옛 성이 있었던 것을 조선 성종(成宗) 19년(1488)에 수축하였다. 선조(宣祖) 34년(1601)에 목사(牧使) 오윤겸(吳允謙)이 고쳐 쌓았다. 동북쪽은 산에 기대어 있고, 서남쪽은 강에 잇대어 있다. 둘레가 3,043보(步)이다. 초루(譙樓)가 17개, 곡성(曲城)이 1개, 우물이 7개, 못[지(池)]이 2개 있다. 네 문이 있는데 동쪽은 망일문(望日門), 서쪽은 신흥문(新興門), 남쪽은 진북문(鎭北門), 북쪽은 현무문(玄武門)인데, 남문밖에 옹성(甕城)이 있다. 장대(將臺)는 곡성(曲城) 위에 있다. 네문은 모두 급수문(汲水門)이다. 수혈(水穴)이 4개 있다〉

신성(新城)〈서쪽으로 체성(體城)과 접해 있는데, 둘레가 410보(步)이다. 초루(譙樓)가 2개, 장대(將臺)가 2개가 있으며, 남쪽으로 문이 하나 있는데 신문(新門)이라 한다. 남쪽으로 수혈(水穴)이 1개 있다〉

남당성(南塘城)〈영조(英祖) 45년(1769)에 읍성(邑城)에 잇대어 흙으로 쌓았는데, 둘레가 1,800보(步)이다〉

외성(外城)〈흙으로 쌓았는데 스스로 역사(役事)를 감독하여 허물어지는 대로 보수한다. 둘레가 1,008보(步)이며, 초루가 5개, 한문(捍門)이 4개, 수문(水門)이 1개, 수구(水口)가 1개 있다〉

고성(古城)〈동쪽으로 6리에 있는데, 둘레가 6,050자[척(尺)]이다〉

『영아』(營衙)

병영(兵營)〈안주(安州)의 성(城) 안에 있다. 세종(世宗) 11년(1429)에 처음으로 도절제사영(都節制使營)을 영변(寧邊)에 설치하였으며, 세조(世祖) 13년(1467)에 이것을 좌도(左道)·우도(右道)·중도(中道) 3도로 나누었다. 1진(鎭)은 영변으로 중도(中道)라고 하고, 1진은 강계(江界)로 좌도(左道)라고 하고, 1진은 창성(昌城)으로 우도(右道)라고 하였다. 예종(睿宗) 원년(1469)에 다시 합하여 한 진(鎭)으로 만들어 영변에 두었다. 인조(仁祖) 5년(1627)에 양서순변사(兩西巡邊使)를 겸하였는데, 인조 6년(1628)에는 순변사를 없애고 병영을 본주(本州: 안주(安州)/역자주)로 옮겼다〉

「관원」(官員)

평안도 병마절도사(平安道兵馬節度使)·중군(中軍)〈우후(虞侯)가 토포사(討捕使)를 겸한다. 숙종(肅宗) 원년(1675)에 설치하였다〉

병마도사(兵馬都事)〈세종(世宗) 5년(1423)에 설치하였다가 19년(1437)에 없앴다〉

병마평사(兵馬評事)〈세조(世祖) 8년(1462)에 설치하였다가 광해군(光海君) 14년(1622)에 없앴다〉

심약(審藥)·역학훈도(譯學訓導) 각 한 명이 있다.

「속영」(屬營)

〈전영(前營)은 숙천(肅川)에 있고, 좌영(左營)은 덕천(德川)에 있으며, 중영(中營)은 중화(中和)에 있고, 우영(右營)은 순천(順川)에 있으며, 후영(後營)은 함종(咸從)에 있다〉

「방영」(防營)

〈의주(義州)·창성(昌城)·강계(江界)·삼화(三和)·선천(宣川)에 있다〉

「독진」(獨鎭)

정주(定州)·선천(宣川)·곽산(郭山)·철산(鐵山)·용천(龍川)·의주(義州)·삭주(朔州)·창성(昌城)·강계(江界)·위원(渭原)·초산(楚山)·벽동(碧潼)·삼화(三和)·영원(寧遠) 및 23진(鎭)이 있다.

『산성』(山城)

철옹산성(鐵甕山城)·백마산성(白馬山城)·용골산성(龍骨山城)·운암산성(雲暗山城)·서림산성(西林山城)·검산산성(劍山山城)·동림산성(東林山城)·능한산성(凌漢山城)이 있다.

『진보』(鎭堡)

노강진(老江鎭)〈읍치에서 서쪽으로 60리 떨어진 전선포(戰船浦) 위에 있다. 지금은 옮겨서 읍치에서 서쪽으로 70리 떨어진 태향산(汰香山) 아래 청천강 어구에 있다. ○수군첨절제사(水軍僉節制使) 한 명이 있다〉

「혁폐」(革廢)

안융진(安戎鎭)〈일명 안인진(安仁鎭)이라고도 하는데, 읍치에서 서쪽으로 60리 떨어진 해변가에 있으니 곧 삼천야(三千野)이다. 고려 광종(光宗) 25년(974)에 토성(土城)으로 쌓았는데 둘레가 2,490자[척(尺)]이다. 조선 태조(太祖) 2년(1393)에 영유현(永柔縣)에서 내속(來屬)하였다〉

『봉수』(烽燧)

소리산(所里山)〈읍치에서 남쪽으로 45리에 있다〉

오도산(悟道山)〈남쪽으로 25리에 있다〉

구청산(舊靑山)〈서쪽으로 20리에 있다〉

동을랑산(冬乙郎山)〈서쪽으로 60리에 있다〉

호혈(虎穴)〈서쪽으로 40리에 있는데, 오른쪽은 수로(水路)이다〉

성황당(城隍堂)〈동쪽으로 5리에 있는데, 간봉(間烽: 작은 봉수대/역자주)이다〉

신청산(新靑山)〈서쪽으로 15리에 있는데, 성황당·신청산 봉수 두 곳은 본부(本府: 안주(安州)/역자주)에만 보고한다〉

『창고』(倉庫)

성 안에 각 창고가 5개소, 곳간이 7개소 있다.〈병영(兵營)에 속해 있다〉소착창(疏鑿倉)·둔창(屯倉)·해창(海倉)〈옛 안융진(安戎鎭)에 있다〉

『역참』(驛站)

안흥역(安興驛)〈본래 흥촌역(興村驛)으로 성 안에 있다〉

「혁폐」(革廢)

운암원(雲嵒驛)·안수역(安壽驛)〈안융(安戎)에 있다〉

「기발」(騎撥)

운암참(雲岩站)·관문참(官門站)

○〈신원(新院)이 읍치에서 남쪽으로 15리에 있고, 풍천원(楓川院)이 남쪽으로 45리에 있는데, 두 곳 모두 숙천(肅川)으로 통하는 대로(大路)이다〉

『진도』(津渡)

상진(上津)〈일명 소착진(疏鑿津)이라고도 하는데 영변(寧邊)으로 가는 대로(大路)와 통한다〉

하진(下津)〈일명 독창진(獨倉津)이라고도 하는데 운산(雲山)으로 가는 대로와 통한다〉

풍포진(楓浦津)〈안주(安州)의 북쪽 성 밖에 있으며, 박천(博川)과 가산(嘉山)으로 가는 대로와 통한다〉

전선포진(戰船浦津)〈정주(定州)로 가는 사잇길과 통한다〉

『교량』(橋梁)

연청교(連淸橋)·통진교(通津橋)〈두 곳 모두 성 밖에 있다〉

신천교(新川橋)〈읍치에서 남쪽으로 5리에 있다〉

장평교(長坪橋)〈남쪽으로 25리에 있다〉

대교(大橋)〈서쪽으로 30리에 있다〉〈금곡원(金谷院)이 읍치에서 동남쪽으로 40리에 있는데, 자산(慈山)과 순천(順川)으로 가는 대로(大路)와 통한다〉

『토산』(土産)

뽕나무·삼·닥나무·숭어·은어[은구어(銀口魚)]·참치[직어(直魚)]·붕어[즉어(鯽魚)]·게·새우·석화(石花)

『장시』(場市)

읍내의 장날은 4·9일이고, 소착(疏鑿)은 3·8이며, 입석(立石)은 2·7일이고, 대교(大橋)는 1·6일이다.

『누정』(樓亭)

백상루(百祥樓)〈안주(安州)의 성 안에 있는데, 북쪽으로는 장강(長江: 청천강/역자주)이 성을 두르고 있으며, 여러 겹의 산봉우리들이 평야를 에워싸고 있다〉

청조루(聽潮樓)·자전루(紫電樓)·백승정(百勝亭)〈세 곳 모두 성 안에 있다〉

망경루(望京樓)〈안주의 성에서 동쪽 성 위에 있다〉

『단유』(壇壝)

청천강단(淸川江壇)〈청천강 기슭에 있는데, 높은 절벽이 깎아지른 듯 서있다. 대천(大川)으로 소사(小祀)에 실려 있다〉

『사원』(祠院)

청천사(淸川祠)〈현종(顯宗) 경술년(1670)에 건립하여 숙종(肅宗) 정해년(1707)에 편액(扁額)을 내렸다〉에서 을지문덕(乙支文德)〈평양편에 보인다〉

최윤덕(崔潤德)·이원익(李元翼)〈두 사람 모두 태묘(太廟)에 올라 있다〉을 제향한다.

○충민사(忠愍祠)〈숙종(肅宗) 신유년(1681)에 건립하여 임술년(1682)에 편액을 내렸다〉에서 남이흥(南以興)〈자(字)는 자호(子豪)이고 호는 성은(城隱)이며, 의령(宜寧) 사람이다. 벼슬은 평안병사 부원수 의춘군(平安兵使副元帥宜春君)에 이르렀으며, 좌의정에 추증되었다. 시호는 충장(忠壯)이다〉

박명룡(朴命龍)〈벼슬은 평안 우후(平安虞侯)을 지냈으며, 병조 판서(兵曹判書)에 추증되었다. 시호는 충민(忠愍)이다〉

김준(金俊)〈고부(古阜) 편에 보인다〉

이상안(李尙安)〈자는 정이(靜而)이고 광주(廣州) 사람이다. 벼슬은 강계 부사(江界府使)를 지냈으며, 좌찬성(左贊成)에 추증되었다. 시호는 충민(忠愍)이다〉

김상의(金尙毅)〈벼슬은 귀성 부사(龜城府使)을 지냈으며, 병조 판서(兵曹判書)에 추증되었다〉

이희건(李希建)〈홍주(洪州) 사람으로 벼슬은 용천 부사 홍양군(龍川府使洪陽君)에 이르렀으며, 좌찬성에 추증되었다〉

송도남(宋圖南)〈자는 만리(萬里)이고 호는 서촌(西村)이다. 벼슬은 영유 현령(永柔縣令)에 이르렀으며, 이조 판서(吏曹判書)에 추증되었다〉

장돈(張暾)〈인동(仁同) 사람으로 벼슬은 개천 군수(价川郡守)에 이르렀으며, 옥산군(玉山君)에 추증되었다〉

김양언(金良彦)〈평양 편에 보인다〉

송덕영(宋德榮)〈연안(延安) 사람으로 벼슬은 맹산 현감(孟山縣監)을 지냈다〉

김언수(金彦壽)〈자는 명수(命叟)인데, 벼슬은 훈련 봉사(訓鍊奉事)를 지냈으며, 병조 참의(兵曹參議)에 추증되었다〉

한덕문(韓德文)〈자는 윤신(潤身)으로 벼슬은 훈련 봉사를 지냈으며, 훈련 정(訓鍊正)에 추증되었다〉

윤혜(尹惠)〈벼슬은 박천 군수(博川郡守)를 지냈다〉

함응수(咸應壽)〈자는 사미(士美)인데, 벼슬은 수문장(守門將)을 지냈으며, 호조 좌랑(戶曹佐郎)에 추증되었다〉

양진국(梁晉國)〈자는 백경(伯卿)으로 벼슬은 안주 중군(安州中軍)을 지냈으며, 동중추(同中樞)에 추증되었다〉

임충서(林忠恕)〈자는 국인(國仁)인데, 벼슬은 안주 천총(安州千摠)을 지냈으며 훈련 정(訓鍊正)에 추증되었다. ○이상은 모두 인조(仁祖) 정묘년(1627)에 전사한 사람들이다〉

『전고』(典故)

고구려 영양왕(嬰陽王) 23년(612)에 수나라가 고구려를 정벌하였다. 우문술(宇文述) 등이 9도(道)로 나누어 출병하여 압록강 서쪽에서 모였다. 고구려가 수나라 군대가 굶주린 기색이 있는 것을 보고 그들을 지치게 만들고자 매번 싸움마다 번번이 달아나고는 하였다. 우문술 등이 하루에 일곱 번 싸워 매번 이기자 드디어 살수(薩水)〈곧 청천강(淸川江)이다〉를 건너, 평양과 30리 떨어진 곳에 진을 쳤다. 우문술 등이 식량이 다한 데다 평양성이 견고하여 형세가 함락시키기 어렵다는 것을 알고, 또 을지문덕(乙支文德)의 거짓 항복으로 인하여 드디어 철수하여 군대를 돌이켰다. 살수에 이르러 군대가 반쯤 건넜는데 을지문덕이 그 뒤를 추격하여 우둔위 장군(右屯衛將軍) 신세웅(辛世雄)을 죽이니 수나라 군대가 크게 무너졌다. 병사들이 달려서 패주하는데, 하루 낮 하룻밤 만에 압록강에 이르니, 450리를 행군한 것이다. 처음 9군(軍)이 요하(遼河)를 건널 때 모두 305,000명의 대군이었으나, 돌아가 요동성(遼東城)에 이르렀을 때에는 겨우 2,700명밖에 안 되었다.〈'수서(隋書)' 및 '삼국사(三國史)'에 그 자세한 내용이 실려 있다〉

○고려 태조(太祖) 11년(928)에 대상(大相) 염경(廉卿)과 능강(能康) 등을 보내어 안북부(安北府)에 성(城)을 쌓고 원윤(元尹) 박권(朴權)을 진두(鎭頭)로 삼아 개정군(開定軍) 700명을 거느리고 이곳을 지키도록 하였다. 고려 태조 13년(930)에 안북부에 성을 쌓았다. 〈910칸으로 성문이 12개, 성두(城頭)가 20개, 수구(水口)가 7개, 차성(遮城)이 5개이다〉 고려 광종(光宗) 19년(968)에 안융진(安戎鎭)에 성을 쌓았다. 고려 성종(成宗) 12년(993)에 서경(西京)에 행차하여 안북부로 나아가 머물렀는데, 거란(契丹)의 소손녕(蕭遜寧)이 봉산군(蓬山郡)〈구성(龜城) 편에 보인다〉을 공격하여 함락시켰다는 소식을 듣고는 더 이상 나아가지 못하고 돌아갔다. 서희(徐熙)를 보내어 화의를 청하니 소손녕이 철수하여 물러갔다. 소손녕이 안융진을 공격하였는데, 중랑장(中郎將) 대도수(大道秀) 등이 그들과 싸워 물리쳤다. 고려 현종(顯宗) 1년(1010: '고려사(高麗史)'에는 고려 현종 1년(1010) 11월의 일로 되어 있다/역자주) 12월에 거란 병사들이 청수강(淸水江)〈곧 청천강이다〉에 이르렀는데, 안북 도호부사 박섬(朴暹)이 성을 버리고 도망가 버리니, 안주(安州)의 백성들이 모두 흩어져 버렸다. 고려 현종 6년(1015)에 거란이 영주성(寧州城)을 공격하였으나 함락시키지 못하고 물러가는데, 대장군(大將軍) 고적여(高積餘) 등이 추격하여 그들을 죽였다. 고려 덕종(德宗) 2년(1033)에 안융진에 성을 쌓았다. 고려 인종(仁宗) 15년(1137)에 다시 안융진에 성을 쌓았다. 〈349칸으로 성문이 4개, 수구(水口)가 1개, 성두(城頭)와 차성(遮城)이 각각 1개씩 있다〉 고려 명종(明宗) 8년(1178)에 서적(西賊)〈조위총(趙位寵)의 남은 잔당들이다〉이 영주(寧州)의 영화사(靈化寺)를 공격하여 함락하였다. 고려 고종(高宗) 6년(1219)에 의주(義州)에서 반역한 적(賊) 한순(韓恂)이 안북부를 함락하였다. 성 안에 있던 군사들이 나가 싸워 적 80여 명을 목베어 죽였다. 고려 고종 18년(1231)에 삼군(三軍)이 안북성(安北城)에 주둔하는데, 몽고(蒙古) 군대가 성의 아래에 이르렀다. 삼군이 성 밖에 나가 적과 싸우는데, 크게 혼란스러워져 다투어 성으로 들어왔다. 몽고 군대가 이긴 기세를 타서 뒤쫓아 들어오니 군사들의 과반수가 죽고 부상을 당하였으며, 이언문(李彦文)·정웅(鄭雄)·채식(蔡識) 등이 전사(戰死)하였다. 고려 고종 25년(1238: '고려사'에는 고려 고종 35년 10월의 일로 되어 있다/역자주)에 오랑캐 40명이 말을 타고 수달(水獺)을 잡는다고 핑계대고는 청천강(淸川江)을 건너 국경을 넘어왔다. 고려 고종 42년(1255)에 몽고 군대가 청천강 안으로 들어와 노략질하였다. 고려 고종 46년(1259)에 안북부 도령(安北府都領) 원진(元振)이 반란을 일으켜 안주 부사(安州副使) 문수(文秀)와 자주 부사(慈州副使) 김맥(金脈)을 살해하였다. 공민왕(恭愍王) 10년(1361)에 홍건적(紅巾賊)이 안주

(安州)를 습격하니 우리나라 군대가 패하여 상장군(上將軍) 이음(李蔭)·조천주(趙天柱)〈중봉(重峯) 조헌(趙憲)의 8대조이다〉가 죽었다. 홍건적이 지휘사(指揮使) 김경제(金景磾)를 사로잡아 그들의 원수(元帥)로 삼고 우리나라에 글을 보내 이르기를, "병사 110만 명을 거느리고 동쪽으로 가니 속히 나와 항복(降服)하라."고 하였다. 공민왕 13년(1364)에 최유(崔濡)가 원나라의 군사 10,000명으로 덕흥군(德興君)〈충선왕(忠宣王)의 서자(庶子)로 이름은 혜(譓)이다. 일찍이 승려가 되어 원나라에 들어갔다. 최유는 고려에 반역한 신하이다〉을 임금으로 받들고, 압록강(鴨綠江)을 건너 의주(義州)를 포위하였다. 안우경(安遇慶)이 일곱번 싸워 이를 물리치고, 다시 나가 싸우다가 도병마사(都兵馬使) 홍선(洪瑄)이 사로잡히고 우리나라 군사가 패하므로 물러나 안주(安州)로 가서 지켰다. 최유(崔濡)가 선천(宣川)에 들어가 웅거하니, 임금이 최영(崔瑩)에게 명령하여 정예 병사를 거느리고 급히 급히 안주(安州)에 가도록 하고, 또 우리 태조(太祖: 조선 태조 이성계(李成桂)를 말함/역자주)에게 명령하여 동북면(東北面)으로부터 정예 기병 1,000명을 거느리고 이곳에 달려오도록 하였다. 공민왕 23년(1374)에 왜(倭)가 안주(安州)를 노략질하였는데, 목사(牧使) 박수경(朴修敬)이 힘을 다해 싸워 물리쳤다. 왜가 또 안주를 노략질하였다. 우왕(禑王) 원년(1375)에 요심(遼瀋)의 초적(草賊) 오연(吳連) 등 100여 명이 와서 안주(安州)를 노략질하였는데, 상원수(上元帥) 양백연(楊伯淵) 등이 40여 명을 사로잡아 목베어 죽였다.

○조선 인조(仁祖) 5년(1627)에 후금(後金)의 기병(騎兵) 36,000명이 먼저 안주성(安州城) 아래에 도착하였다.〈강홍립(姜弘立)의 난이다〉 다음날 대군(大軍)이 청천강에 이르러 진격하여서는 안주를 함락하였다. 안주 병사(安州兵使) 남이흥(南以興)·목사(牧使) 김준(金俊: '조선왕조실록'에는 김준(金浚)으로 되어 있다/역자주) 등이 모두 분신(焚身)하여 죽었는데, 적들이 남은 자들을 거의 살육하였다. 전 용천 부사(前龍川府使) 이희건(李希建)이 오랑캐 병사들을 운암원(雲岩院)에서 요격하였으나, 군사들이 싸움에서 패하여 전사하였다.〈'개국방략(開國方略)'에 말하기를 "천총(天聰: 청나라 태종의 연호/역자주) 원년 정월에 청나라 태종(太宗)이 패륵(貝勒: 만주어로 부장(部長)이란 뜻으로 청나라 종실과 외번(外藩)들에게 봉해주던 것으로 군왕(郡王) 다음가는 지위/역자주) 아민(阿敏) 등에게 명하여 조선을 정벌하도록 하였다. 밤에 의주성(義州城)을 압박하여 운제(雲梯: 사다리/역자주)를 놓고 공격하였다. 안주성(安州城)에 이르러서는 항복하도록 권유하였으나 받아들이지 않으므로 드디어 공격하여 함락하였다. 군수(郡守) 장돈(張暾)·부사(府使) 김상의(金尙毅)·현령(縣令) 송원남(宋圓南)·목사

(牧使) 김준(金俊)·병사(兵使) 남이흥(南以興)이 화약(火藥)으로 스스로 자결하였다. 평양(平壤)에 이르자 성 안의 문무관(文武官) 및 군사와 백성들이 모두 달아났다. 우리나라(청나라/역자주) 군대가 대동강(大同江)을 건너 중화(中和)에 머물렀다. 우리나라(청나라/역자주) 유격대가 창성(昌城)에 들어가자 창성 부사(昌城府使) 김시약(金時若)이 도망가는데 뒤따라가 죽였다. 2월에 진격하여 황주(黃州)에 이르자, 모두 도망가 버려 성 안에 사람이 없었다. 우리 군사(청나라 병사를 말함/역자주)들이 이곳에 머물렀다. 아민 등이 군사를 이끌고 가서 평산성(平山城)에 주둔하였다. 이 날 진창군(晉昌君)이 청나라 군영에서 머물렀다. 부장(副將) 유흥조(劉興祚)를 보내어 10명을 거느리고 배를 타고 강화(江華)에 갔다.”고 하였다. ○진창군은 강홍립의 숙부(叔父)이다〉 인조(仁祖) 14년(1636) 12월에 청나라 군대가 안주성 아래에 이르렀는데, 병사(兵使) 유림(柳琳)이 군사가 적어 능히 대적할 수 없자, 성을 빠져나와 병사를 퇴각하였다. 후에 감사(監司) 홍명구(洪命耈)와 함께 병사를 이끌고 금화(金化)로 달려갔다.

9. 숙천(肅川)

『연혁』(沿革)

본래 평원군(平原郡)인데 고려 태조(太祖) 11년(928)에 북계(北界)를 순행할 때 진국성(鎭國城)을 옮겨 쌓고 이름을 통덕진(通德鎭)으로 고쳤다. 〈충인(忠仁)을 진두(鎭頭)로 삼았다〉 고려 성종(成宗) 2년(983)에 숙주 방어사(肅州防禦使)로 고쳤다. 고려 원종(元宗) 10년(1269)에 원나라에 몰수 되었다가 충렬왕(忠烈王) 4년(1278)에 다시 우리나라에 환속하였다. 후에 지군사(知郡事)로 고쳤다. 조선 태종(太宗) 16년(1416)에 숙천 도호부(肅川都護府)로 승격하였다. 현종(顯宗) 11년(1670)에 현(縣)으로 강등하였다가 숙종(肅宗) 4년(1678)에 도호부로 승격하였다. 〈숙종(肅宗) 21년(1695)에는 토포사(討捕使)를 겸하였다〉

「관원」(官員)

도호부사(都護府使)〈안주진관 병마동첨절제사 병영전영장 청남토포사(安州鎭管兵馬同僉節制使兵營前營將淸南討捕使)를 겸한다〉 1명이 있다.

『방면』(坊面)

동부(東部)·서부(西部)〈두 곳 모두 읍내에 있다〉

동산(東山)〈읍치에서 동쪽으로 10리에서 시작하여 30리에서 끝난다〉

검산(檢山)〈서쪽으로 7리에서 시작하여 20리에서 끝난다〉

우방(右坊)〈동남쪽으로 5리에서 시작하여 20리에서 끝난다〉

거리(居里)〈서쪽으로 15리에서 시작하여 25리에서 끝난다〉

평리(坪里)〈서쪽으로 25리에서 시작하여 40리에서 끝난다〉

법리(法里)〈서쪽으로 20리에서 시작하여 40리에서 끝난다〉

고리(高里)〈서쪽으로 30리에서 시작하여 45리에서 끝난다〉

식리(息里)〈서쪽으로 40리에서 시작하여 60리에서 끝난다〉

당리(唐里)〈서쪽으로 30리에서 시작하여 50리에서 끝난다〉

삼리(三里)〈서쪽으로 10리에서 시작하여 20리에서 끝난다〉

차리(次里)〈서쪽으로 5리에서 시작하여 20리에서 끝난다〉

송리(松里)〈북쪽으로 7리에서 시작하여 15리에서 끝난다〉

『산수』(山水)

당산(唐山)〈읍치에서 북쪽으로5리에 있다〉

통덕산(通德山)〈동쪽으로 5리에 있다〉

편운산(片雲山)〈동쪽으로 15리에 있다〉

성산(聖山)〈남쪽으로 20리에 있다〉

함박산(含朴山)〈북쪽으로 18리에 있다〉

백석산(白石山)〈일명 노골산(老骨山)이라고도 하며, 읍치에서 북쪽으로 13리에 있다〉

검산(檢山)〈서쪽으로 15리에 있다〉

마산(馬山)〈서쪽으로 40리에 있다〉

천불산(千佛山)〈서북쪽으로 10리에 있다〉

녹수산(綠水山)〈동북쪽으로 20리에 있는데, 안주(安州) 오도산(悟道山)의 남쪽 갈래이다〉

도운산(到雲山)〈동북쪽으로 40리에 있는데, 자산(慈山)과 경계한다〉

굴산(窟山)〈북쪽으로 10리에 있다〉

창랑대(滄浪臺)〈서쪽으로 30리에 있는데, 삼천야(三千野)를 굽어보고 있으며 서쪽으로는 대해(大海)가 바라보인다〉【지장산(地藏山)·태자봉(太子峯)이 있다】

「영로」(嶺路)

어파현(於坡峴)〈읍치에서 남쪽으로 20리에 있는데, 순안(順安)과 경계하는 대로(大路)이다〉

자로치(慈老峙)〈동쪽으로 35리에 있는데, 자산(慈山)과 경계한다〉

○바다〈읍치에서 서쪽으로 70리에 있다〉

통덕천(通德川)〈읍치에서 동쪽으로 5리에 있다. 물의 근원이 순안(順安) 법홍산(法弘山)에서 나와 서쪽으로 흘러 통덕산(通德山) 및 숙천 도호부의 남쪽을 지나 굽어져서 분포(盆浦)로 들어가 바다에 이른다〉

풍천(楓川)〈읍치에서 북쪽으로 15리에 있다. 물의 근원이 안주(安州) 오도산(悟道山)에서 나와 서쪽으로 흘러 풍천원(楓川院)·창랑대(滄浪臺)·해창(海倉)을 지나 삼천야(三千野)를 관통하여 바다로 들어간다. 안주(安州)와 경계한다〉

분포(盆浦)〈서쪽으로 40리에 있는데, 영유(永柔)와 경계한다〉

당자포(唐子浦)〈서쪽으로 30리에 있는데, 영유(永柔)와 경계한다. 물의 근원이 도연산(都延山)에서 나와 서쪽으로 흘러 통덕천과 함께 합류하여 분포(盆浦)로 들어간다〉【제언(堤堰)이 10개, 동막이가 2개 있다】

『성곽』(城郭)

읍성(邑城)〈곧 진국성(鎭國城)이다. 흙으로 쌓았는데 둘레가 4,050자[척(尺)]이다. 우물이 5개 있는데, 지금은 무너져버렸다〉

호전산고성(虎田山古城)〈읍치에서 동쪽으로 20리에 있는데, 곧 옛 읍 터이다. 평원군(平原郡)이었을 때에 성을 쌓았는데, 흙으로 쌓았으며 둘레가 9,710자[척(尺)]로, 방어에 중요한 곳이다〉

고행성(古行城)〈읍치에서 서쪽으로 60리 떨어진 해변가에 있다. 길이가 18,817자[척(尺)]이다〉

『영아』(營衙)

청남전영(淸南前營)〈숙종(肅宗) 4년(1678)에 영유(永柔)로부터 숙천 도호부로 영(營)을 옮겼다. ○영장(營將)은 한 사람인데 숙천 도호부사가 겸한다. ○속읍(屬邑)으로는 숙천(肅

川)·영유(永柔)·증산(甑山)·순안(順安)이 있다〉

『봉수』(烽燧)

도연산(都延山)〈읍치에서 남쪽으로 20리에 있다〉

여을외(餘乙外)〈서쪽으로 15리에 있다〉

식포(息浦)〈서쪽으로 15리에 있다〉

아산(牙山)〈서쪽으로 30리에 있다〉

마갑산(麻甲山)〈서쪽으로 10리에 있는데, 숙천 도호부에만 보고한다〉

『창고』(倉庫)

읍창(邑倉)·해창(海倉)〈읍치에서 서쪽으로 30리에 있다〉

남창(南倉)〈읍치로부터 10리에 있다〉

서창(西倉)〈읍치로부터 70리에 있다〉

산성창(山城倉)〈읍치에서 동쪽으로 50리 떨어진 자모산성(慈母山城) 안에 있다〉

『역참』(驛站)

숙녕역(肅寧驛)〈읍치에서 서쪽으로 2리에 있다〉

「혁폐」(革廢)

도연역(都延驛)〈읍치에서 남쪽으로 20리에 있다〉

통덕역(通德驛)

「기발」(騎撥)

관문참(官門站)

『진도』(津渡)

아산진(牙山津)〈분포(盆浦)의 상류에 있다〉

『교량』(橋梁)

신천교(新川橋)〈읍치에서 남쪽으로 4리에 있다〉

은진교(銀津橋)〈남쪽으로 9리에 있다〉

토교(土橋)〈서남쪽으로 20리에 있다〉

풍천교(楓川橋)〈북쪽으로 15리에 있다〉

유교(柳橋)〈서쪽으로 1리에 있다〉

자은교(慈恩橋)〈남쪽으로 6리에 있다〉

향도교(香道橋)〈남쪽으로 7리에 있다〉

『토산』(土産)

실[사(絲)]·삼[마(麻)]·홍어(洪魚)·석어(石魚)·숭어[수어(秀魚)]·민어(民魚)·농어[노어(鱸魚)]·위어(葦魚)·세어(細魚)·새우·조개·굴[石花]·게·자초(紫草)

『장시』(場市)

읍내의 장날은 3·8일이다.

『전고』(典故)

고려 태조(太祖) 11년(928)에 임금이 북계(北界)를 순행하면서 진국성(鎭國城)을 옮겨 쌓고 이름을 통덕진(通德鎭)으로 고쳤다. 고려 태조 18년(935)에 숙주(肅州)에 성을 쌓았다. 고려 태조 21년(938)에 평원(平原)에 성을 쌓았다. 고려 태조 22년(939)에 숙주에 성을 쌓았다. 〈1,255칸으로 성문이 10개, 수구(水口)가 1개, 성두(城頭)가 70개 있다〉 고려 정종(定宗) 2년(947)에 통덕진에 성을 쌓았다. 고려 현종(顯宗) 원년(1010)에 거란(契丹)이 숙주를 함락하였다. 고려 정종(靖宗) 5년(1039)에 숙주에 성을 쌓았다. 고려 명종(明宗) 8년(1178)에 서적(西賊: 조위총(趙位寵)의 반란 세력을 말함/역자주)이 숙주를 공격하여 불태웠다. 고려 고종(高宗) 3년(1216)에 거란 군사〈금산(金山: 거란의 유종(遺種)인 금산 왕자(金山王子)를 말함/역자주)의 병사들이다〉들이 숙주(肅州)와 영청(永淸) 경계에 이르렀는데, 서북면 병마사(西北面兵馬使) 김군수(金君綏)〈김부식(金富軾)의 아들이다〉가 모든 성의 군사를 거느리고 가서 이를 격퇴하고 430여 명을 목베어 죽이고, 21명을 사로잡고 말 50여 필을 획득하였다. 충렬왕(忠烈王) 즉위년(1274)에 임금이 장차 공주(公主: 원나라 세조(世祖)의 딸이다)를 맞이하기 위하여 서경(西京)에 이르러 공주와 숙주에서 만났다. 공민왕(恭愍王) 10년(1361)에 홍건적(紅巾賊)

이 숙주에 들어와 노략질하자, 지군사(知郡事) 강려(康呂)가 백성들의 가옥을 불태우고 도망가 버렸다.

○조선 선조(宣祖) 26년(1593) 3월에 임금이 의주(義州)로부터 돌아와 숙주에 머물렀다.

10. 영유(永柔)

『연혁』(沿革)

고려 초의 이름은 정수현(定水縣)이었는데 뒤에 영청(永淸)으로 이름을 고쳐서 용강(龍岡)에 속하게 하였다가 뒤에 나누고 현령(縣令)을 두었다. 고려 고종(高宗) 43년(1256)에 안인진장(安仁鎭將)이 겸하도록 하였다. 고려 원종(元宗) 10년(1269)에 원나라에 몰수되었다. 〈덕주(德州)가 관할하도록 하였다〉 충렬왕(忠烈王) 4년(1278)에 다시 우리나라에 환속하였으며, 공민왕(恭愍王) 7년(1358)에 다시 현령을 두었다. 조선 태조(太祖) 5년(1396)에 안인진(安仁鎭)을 옮겨 안주(安州)에 소속시키고, 함종(咸從)에 소속되었던 통해현(通海縣)을 이곳으로 내속하였다. 또 영원진(寧遠鎭)·유원진(柔遠鎭)의 두 진을 이곳으로 내속하고 영령현(永寧縣)이라 일컬었다. 세종(世宗) 5년(1423)에 영유(永柔)로 이름을 고쳤다. 〈영녕전(永寧殿)의 이름을 피하여 고쳤다〉 세조(世祖) 11년(1465)에 영원군(寧遠郡)을 옛 영원 지방에 별도로 설치하였다. 〈인조(仁祖) 때에 현령(縣令)으로 하여금 전영장(前營將)을 겸하도록 하였다. 숙종(肅宗) 4년(1678)에 숙천부(肅川府)로 옮겼다〉

「읍호」(邑號)

청계(淸溪)

「관원」(官員)

현령(縣令)〈안주진관 병마절제도위 자모산성우영장(安州鎭管兵馬節制都尉慈母山城右營將)을 겸한다〉 1명이 있다.

『고읍』(古邑)

통해(通海)〈읍치에서 서북쪽으로 30리에 있다. 고려 초에 진장(鎭將)을 두었다가 뒤에 현령(縣令)으로 고쳤다. 고려 원종(元宗) 10년(1269)에 원나라에 몰수되어 덕주(德州)에서 관할하였다. 충렬왕(忠烈王) 4년(1278)에 다시 우리나라에 환속하여 함종(咸從)에 소속시켰다. 조선 태조(太祖) 5년(1396)에 영유(永柔)에 내속(來屬)하였다〉

유원진(柔遠鎭)〈읍치에서 서북쪽으로 35리에 있다. 고려 초에 평로진(平虜鎭)을 두었다가 뒤에 유원진(柔遠鎭)으로 이름을 고쳤다. 고려 원종(元宗) 10년(1269)에 원나라에 몰수되어 덕주(德州)에서 관할하였다. 충렬왕(忠烈王) 4년(1278)에 다시 우리나라에 환속하였다. 조선 태조(太祖) 5년(1396)에 영유(永柔)에 내속(來屬)하였다〉

영원(寧遠)〈읍치에서 서북쪽으로 30리에 있다. 영원군(寧遠郡) 편에 상세하다〉

『방면』(坊面)

동부(東部)〈읍치에서 동남쪽으로 10리에서 시작하여 30리에서 끝난다〉

서부(西部)〈10리에서 시작하여 40리에서 끝난다〉

중부(中部)〈북쪽으로 10리에서 시작하여 15리에서 끝난다〉

해율(海栗)〈서북쪽으로 15리에서 시작하여 30리에서 끝난다〉

통해(通海)〈서북쪽으로 20리에서 시작하여 40리에서 끝난다〉

청지(淸池)〈남쪽으로 30리에서 시작하여 45리에서 끝난다〉

덕지(德池)〈서쪽으로 10리에서 시작하여 15리에서 끝난다〉

상계(上界)〈남쪽으로 15리에서 시작하여 35리에서 끝난다〉

백로(白鷺)〈남쪽으로 10리에서 시작하여 25리에서 끝난다〉

화산(禾山)〈남쪽으로 30리에서 끝난다〉

수남(水南)〈남쪽으로 40리에서 끝난다〉

갈하(葛下)〈서쪽으로 30리에서 시작하여 45리에서 끝난다〉

용복(龍伏)〈서쪽으로 50리에서 끝난다〉

연하(蓮下)〈서쪽으로 40리에서 끝난다〉

소호(蘇湖)〈서쪽으로 30리에서 시작하여 50리에서 끝난다〉

『산수』(山水)

미두산(米豆山)〈읍치에서 동쪽으로 4리에 있다. 고려 초에 태조(太祖)의 영정(影幀)을 봉안하고, 동서쪽의 벽에는 37명의 공신(功臣)과 12명의 장군(將軍)의 초상이 그려져 있다. 매번

제삿날과 명절 때에는 연등에 불을 켰고, 단오(端吾)·추석(秋夕)·동지(冬至)·입춘(立春) 때에는 계수관(界首官)이 제사를 지냈다. 조선왕조에 들어와 폐하여 없어졌으며, 천왕사(天王寺)의 옛 터만 남아 있다〉

천보산(天寶山)〈일명 황갑산(黃甲山)이라고도 하는데, 읍치에서 서남쪽으로 40리에 있다. 순안(順安)의 진리면(鎭里面)과 경계한다〉

자화산(慈化山)〈읍치에서 남쪽으로 15리에 있는데, 평양(平壤)·순안(順安)과 경계한다〉

대원산(大圓山)〈읍치에서 서남쪽으로 20리에 있다〉

석련산(石蓮山)〈서쪽으로 30리에 있다〉

와룡산(臥龍山)〈서쪽으로 35리에 있는데, 석련산의 북쪽이다〉

영천산(靈泉山)〈북쪽으로 10리에 있다〉

백석산(白石山)〈덕지방(德池坊)에 있다〉

흑룡산(黑龍山)〈남쪽으로 15리에 있는데, 순안(順安)과 경계한다〉

○청계천(淸溪川)〈물의 근원이 미두산에서 나와 영유현의 남쪽을 지나 서쪽으로 흘러 덕지(德池)를 지나 바다로 들어간다〉

판교포(板橋浦)〈읍치에서 서쪽으로 30리에 있다〉

분포(盆浦)〈서북쪽으로 35리에 있는데, 숙천(肅川)과 경계한다〉

용복포(龍伏浦)〈물의 근원이 자화산(慈化山)에서 나와 서쪽으로 흘러 가흘동수(加屹垌水)를 지나 바다로 들어간다〉

덕지동(德池垌)〈서쪽으로 20리에 있는데, 둘레가 53,400자[척(尺)]이다. 예전에 별장(別將)을 두었었는데 영조(英祖) 24년(1748)에 혁파하고 총융청(摠戎廳)에 소속시켰다. 지금은 세금을 거두기만 한다〉【제언(堤堰)과 동막이가 5개 있다】

『성지』(城池)

고성(古城)〈읍치에서 북쪽으로 1리에 있다. 흙으로 쌓았으며, 둘레가 1,820자[척(尺)]이고 우물이 1개 있다〉

미두산고성(米豆山古城)〈흙으로 쌓았는데 둘레가 4,380자[척(尺)]이고 우물이 14개, 못[지(池)]이 2개 있다〉

유원진성(柔遠鎭城)〈흙으로 쌓았는데 둘레가 2,924자[척(尺)]이고 우물이 3개, 못이 1개

있다〉

통해현성(通海縣城)〈흙으로 쌓은 터만 남아 있다〉

『봉수』(烽燧)
와룡산(臥龍山)〈일명 소산(所山)으로 불린다〉
미두산(米豆山)〈위에 보인다〉
미두산신봉(米豆山新烽)

『창고』(倉庫)
남창(南倉)〈읍치에서 남쪽으로 25리에 있다〉
소창(蘇倉)〈서북쪽으로 30리에 있다〉
진창(鎭倉)〈서쪽으로 10리에 있다〉
성창(城倉)〈동쪽으로 55리 떨어진 자모산성(慈母山城) 안에 있다〉

『역참』(驛站)
「혁폐」(革廢)
영덕역(迎德驛)·심원역(深源驛)이 있다.
「기발」(騎撥)
냉정참(冷井站)〈읍치에서 동쪽으로 9리에 있다〉

『교량』(橋梁)
사근교(沙斤橋)〈읍치에서 서북쪽으로 20리에 있다〉
토교(土橋)〈북쪽으로 30리에 있다〉
판교(板橋)

『토산』(土産)
실[사(絲)]·삼[마(麻)]·칠(漆)·석어(石魚)·숭어[수어(秀魚)]·홍어(洪魚)·농어[노어(鱸魚)]·붕어[즉어(鯽魚)]·민어(民魚)·새우·조개·굴·곤쟁이[자하(紫蝦)]·게

『장시』(場市)

읍내의 장날은 4·9일, 가흘원(加屹院)은 5·10일이다.

『누정』(樓亭)

이화정(梨花亭)〈읍내에 있다. 선조(宣祖) 계유년(1573) 2월에 의주(義州)로부터 어가(御駕)를 돌려 이곳에 머물렀다. 영조(英祖) 경오년(1750)에, 어필(御筆)로 편액(扁額)을 써서 내렸다.

『사원』(祠院)

삼충사(三忠祠)〈선조(宣祖) 계묘년(1603)에 건립하여 현종(顯宗) 무신년(1668)에 와룡(臥龍)이라는 편액(扁額)을 내렸는데, 영조(英祖) 경오년(1750)에 지금의 이름으로 고쳐서 편액을 내렸다〉에서 제갈량(諸葛亮)〈남양(南陽) 편에 보인다〉

악비(岳飛)〈송나라의 무목왕(武穆王)으로 숙종 때에 배향하였다〉

문천상(文天祥)〈송나라의 신국공(信國公)으로 영조 경오년(1750)에 배향하였다〉을 제향(祭享)한다.

『전고』(典故)

고려 태조(太祖) 12년(929)에 영청진(永淸鎭)에 성을 쌓았다. 고려 태조 17년(934)에 대상(大相) 염경(廉卿)을 보내 통해진(通海鎭)에 성을 쌓았다. 〈513칸으로 성문이 5개, 수구(水口)가 1개, 성두(城頭)가 4개 있다〉 고려 태조 21년(938)에 영청현(永淸縣)에 성을 쌓았다. 고려 목종(穆宗) 4년(1001)에 평로진(平虜鎭)에 성을 쌓았다. 고려 정종(靖宗) 7년(1041)에 최충(崔冲)에게 명령하여 영원진(寧遠鎭)에 성을 쌓았으며,〈759칸이다〉 성 안에 금강수(金剛戍)·선위수(宣威戍)·선덕수(宣德戍)·장평수(長平戍)·정잠수(鼎岑戍)·진하수(鎭河戍)·철용수(鐵埇戍)·정안수(定安戍)의 여덟 수(戍: 병영(兵營)/역자주)〈도합 379칸이다〉와 관성(關城)〈11,700칸이다〉도 쌓았다. 또 평로진(平虜鎭)에 성을 쌓았으며,〈582칸이다〉 성 안에 도융수(擣戎戍)·진흉수(鎭兇戍)·직잠수(直岑戍)·항마수(降魔戍)·절충수(折衝戍)·정융수(靜戎戍)의 여섯 수(戍)〈도합 217칸이다〉와 관성(關城)〈14,495칸이다〉도 쌓았다. 고려 문종(文宗) 15년(1061)에 적(賊: 여진족(女眞族)을 가리킴/역자주)의 우두머리가 변경을 침범하였는데, 평로진 병마녹사(平虜鎭兵馬錄事) 강영(康瑩) 등이 추격하여 항마진(降魔鎭)에 이르러 적들을 물리치고 수십 명을 목베어 죽이고 사로잡았다. 고려 문종 16년(1062)에 몽포촌(蒙浦村)의 적(賊)들이 몰래 평로진(平虜鎭)에 들어왔는데, 절충수(折衝戍)와 항마수(降魔戍) 두 곳 사이에 매복하였다가 우리 군사들이 일제히 공격하여 매우 많은 숫자의 적들을 사로잡고 목베어 죽였다. 고려 예종(睿宗) 10년(1115)에 다시 영청현(永淸縣)에 성을 쌓았다. 〈671칸으로 성문이 4개, 수구(水口)가 1개, 성두(城頭)가 4개, 차성(遮城)이 2개이다〉 고려 명종(明宗) 6년(1176)에 서경(西京)을 평정한 후에 〈평양(平壤) 편에 보인다〉 다시 두경승(杜景升)을 서북면병마사(西北面兵馬使)로 삼아 영청(永淸)을 지키도록 하였다. 서경의 남은 적당(賊黨: 조위총(趙位寵)의 반란 세력을 말함/역자주)들이 오히려 남아 있어서 두경승이 북로 처치사(北路處置使) 이경백(李景伯)과 더불어 군사(軍事: 조위총의 반란 세력을 토벌하는 일/역자주)를 의논하고자 하여 기병(騎兵) 500명을 보내어 맞이하도록 하였다. 서경 사람들이 매복하였다가 길에서 저격하니 기병이 전부 몰사하였다. 두경승이 변고를 듣고는 말을 달려 되돌아와 성(城)에 들어갔다. 이때 금나라의 사신(使臣)이 장차 귀국하려 하는데, 서경의 적병들이 길을 막아 지나가지 못하게 하므로, 두경승이 사졸(士卒)을 뽑아 불시에 공격하여 적들을 죽였다. 고려 고종(高宗) 7년(1220)에 거란 병사들이 평로진에 들어왔다. 우왕(禑王) 5년(1379)에 안주 원수(安州元帥) 최원지(崔元祉: '고려사'에는 최원지(崔元沚)로 되어 있다/역자주)가 왜구(倭寇)를 영청현(永淸縣)에서 공격하여 적들을 패주(敗走)시켰다.

○조선 선조(宣祖) 26년(1593) 3월에 임금이 숙천부(肅川府)로부터 어가를 옮겨 영유현(永柔縣)에서 머물렀다. 중궁(中宮) 및 세자(世子)가 뒤따라 이르렀다.

1. 성천도호부(成川都護府)

『연혁』(沿革)

고려 태조(太祖) 14년(931)에 강덕진(剛德鎭)을 설치하고, 고려 현종(顯宗) 9년(1018)에 성주방어사(成州防禦使)로 승격하였다. 고려 원종(元宗) 10년(1269)에 원나라에 몰수되어 동녕로 총관부(東寧路摠管府)에 소속되었다. 〈수덕진(樹德鎭) 1진을 관할하였다〉 충렬왕(忠烈王) 4년(1278)에 다시 우리나라에 환속하고 지군사(知郡事)로 하였다. 조선 태종(太宗) 15년(1415)에 성천(成川)으로 이름을 고치고 도호부(都護府)로 승격하였다. 세조(世祖) 12년(1466)에 진(鎭)을 두었다. 〈10읍(邑)을 관할하였다〉

「읍호」(邑號)

송양(松讓)〈고려 성종(成宗) 때에 정한 이름이다〉

「관원」(官員)

도호부사(都護府使)〈성천진 병마첨절제사 자모산성 좌영장(成川鎭兵馬僉節制使慈母山城左營將)을 겸한다〉 1명이 있다.

『방면』(坊面)

상부(上部)〈읍내에 있다〉

하부(下部)〈읍치에서 동쪽으로 5리에서 시작하여 25리에서 끝난다〉

서부(西部)〈읍치로부터 5리에서 시작하여 25리에서 끝난다〉

숭인(崇仁)〈동남쪽으로 70리에 있다〉

묵소(墨所)〈동남쪽으로 60리에 있다〉

남전(藍田)〈동남쪽으로 70리에서 시작하여 100리에서 끝난다〉

대곡(大谷)〈동남쪽으로 100리에서 시작하여 160리에서 끝난다〉

왕을이(王乙伊)〈동남쪽으로 110리에서 시작하여 130리에서 끝난다〉

암포(岩浦)〈동쪽으로 30리에 있다〉

사가동(史加洞)〈동북쪽으로 40리에서 시작하여 80리에서 끝난다〉

문헌(文憲)〈남쪽으로 40리에서 시작하여 50리에서 끝난다〉

직동(直洞)〈남쪽에서 40리에서 시작하여 50리에서 끝난다〉

천곡(泉谷)〈남쪽으로 20리에서 시작하여 50리에서 끝난다〉

와룡(臥龍)〈남쪽으로 80리에 있다〉

삼파(三坡)〈동남쪽으로 90리에서 시작하여 110리에서 끝난다〉

온천(溫泉)〈서쪽으로 35리에서 시작하여 60리에서 끝난다〉

축전(杻田)〈서쪽으로 30리에서 시작하여 40리에서 끝난다〉

심학(深壑)〈서쪽으로 45리에 있다〉

추탄(楸灘)〈서쪽으로 20리에서 시작하여 30리에서 끝난다〉

유동(柳洞)〈서쪽으로 40리에서 시작하여 50리에서 끝난다〉

삼기(三岐)〈북쪽으로 25리에서 시작하여 45리에서 끝난다〉

칠전(漆田)〈북쪽으로 45리에서 시작하여 110리에서 끝난다〉

성암(城岩)〈북쪽으로 5리에서 시작하여 30리에서 끝난다〉

산음(山陰)〈동남쪽으로 130리에 있다〉

삭면(朔面)〈북쪽으로 55리에서 시작하여 110리에서 끝난다〉

봉래(蓬萊)〈북쪽으로 90리에 있다〉

필밀(必密)〈북쪽으로 60리에서 시작하여 110리에서 끝난다〉

회곶(檜串)〈동북쪽으로 90리에서 시작하여 130리에서 끝난다〉

와동(瓦洞)〈읍치에서 55리에서 시작하여 90리에서 끝난다〉

『산수』(山水)

검학산(劍鶴山)〈읍치에서 동쪽으로 8리에 있다. 좌우에 있는 절벽이 칼 같기도 하고 학 같기도 하여 검학산이라 이름하였다〉

회산(檜山)〈읍치에서 북쪽으로 90리에 있다. 석벽(石壁)의 둘레가 30리나 되는데, 그 안에 붉은색의 언덕이 편편하고 넓게 펼쳐져 있고, 큰 시내가 그 밑을 가로질러 흐르고 있다. 가히 하늘이 만든 성(城)이라고 할 만한데, 1,000명의 군사를 수용할 수 있다〉

백령산(百靈山)〈동남쪽으로 130리에 있는데, 양덕(陽德)과 경계한다. 산속에 석굴(石窟)이 있다〉

약수산(藥水山)〈일명 보현산(普賢山)이라고도 하는데, 읍치에서 서쪽으로 40리에 있다. 산 위에 연못이 있다〉

봉두산(鳳頭山)〈약수산의 남쪽에 있다〉

향풍산(香楓山)〈일명 가이산(加耳山)이라고도 하는데, 읍치에서 동북쪽으로 30리에 있다. 맨 꼭대기의 봉우리를 영추봉(靈樞峯)이라 하고, 다음 봉우리를 자염봉(紫焰峯)이라고 한다. 그 밖에 학령봉(鶴翎峯)·회란봉(回鸞峯)·오항봉(鼇項峯)·탁필봉(卓筆峯) 등의 봉우리가 있다〉

구룡산(九龍山)〈남쪽으로 30리에 있는데, 산 위에 박연(博淵)이 있다〉

오운산(五雲山)〈남쪽으로 35리에 있다〉

오봉산(五峯山)〈북쪽으로 90리에 있다. ○심곡사(深谷寺)가 있다〉

철봉산(鐵峯山)〈남쪽으로 20리에 있다〉

흘골산(紇骨山)〈서북쪽으로 2리에 있다. 열 두 개의 봉우리가 오기종기 모여 있는 모습이 칼과 창처럼 뾰족하여 세상에서는 무산십이봉(巫山十二峯)이라 부른다. 벽옥봉(碧玉峯)·금로봉(金爐峯)·천주봉(天柱峯)·몽선봉(夢仙峯)·고당봉(高唐峯)·양대봉(陽臺峯)·신녀봉(神女峯)·조운봉(朝雲峯)·모우봉(暮雨峯)·생학봉(笙鶴峯)·자지봉(紫芝峯)·대주봉(大柱峯)이 차례로 늘어서 있다. 비류강(沸流江)이 동쪽으로부터 흘러와 그 앞을 빙 돌아 다시 서쪽으로 흘러가는데, 강물이 얕고 물살이 세며, 들판이 또 협소하다. ○성선암(醒仙庵)이 있다〉

운흥산(雲興山)〈동북쪽으로 20리에 있다〉

군송산(軍頌山)〈동쪽으로 10리에 있다〉

호갑산(虎甲山)〈북쪽으로 10리에 있다〉

두미산(頭尾山)〈북쪽으로 30리에 있다〉

태백산(太白山)〈서남쪽으로 45리에 있다〉

정고산(正高山)〈북쪽으로 60리에 있다〉

삭산(朔山)〈북쪽으로 70리에 있다〉

대산(岱山)〈서쪽으로 20리에 있다〉

【백운산(白雲山)·학궁산(鶴宮山)·백양산(白楊山)이 있다】

「영로」(嶺路)

연비령(燕飛嶺)〈읍치에서 동남쪽에 있다. 곡산(谷山)의 이령면(伊令面)과 통한다〉

각흘령(角屹嶺)〈남쪽 길이다〉

두오령(豆吾嶺)〈남쪽 길이다〉

돌차령(咄嗟嶺)〈서남쪽 길이다〉

병령(並嶺)〈동쪽 길이다〉

삼도간령(三道看嶺)〈동쪽 길이다〉

손이현(孫伊峴)〈읍치에서 남쪽으로 30리에 있다〉

이현(泥峴)〈남쪽으로 35리에 있다〉

갈령(葛嶺)〈남쪽으로 40리에 있다〉

회암령(檜岩嶺)〈회산(檜山)에 있다〉

삼기령(三岐嶺)〈남쪽 길이다〉

차현(車峴)〈서남쪽 길이다〉

【마정령(馬頂嶺)·물아시령(勿兒視嶺)·원천령(遠天嶺)이 있다】

○비류강(沸流江)〈읍치에서 서북쪽으로 1리에 있다. 흘골산(紇骨山) 밑에 네 개의 돌로 된 동굴이 있는데, 물이 그 동굴 안으로 들어갔다가 솟구쳐 흘러나와 서쪽으로 나오는 까닭에 이름을 비류강이라고 한 것이다. 세상에서는 유거의진(遊車衣津)이라고 하는데, 물의 근원이 양덕(陽德)의 오강산(吳江山)에서 나와 남쪽으로 흘러 토성진(兎城鎭)을 빙 둘러 서쪽으로 꺾여 흐르다가 신창(新倉)에 이르고, 맹산(孟山)의 관음천(觀音川)을 지나 남쪽으로 꺾여 흐르다가 강선대(降仙臺)에 이르고, 양덕(陽德)을 지나 비파산(琵琶山)에 이르러 물이 마흘산(麻訖山)의 북쪽에 이르며, 초천(草川)을 지나면서 큰 여울을 이루어 서쪽으로 흘러 성천부(成川府)의 경계에 이르러 석창(石倉)의 오른쪽을 거쳐 삭창천(朔倉川)을 지나고 서남쪽으로 흘러 성천부의 서쪽을 지나 흘골산(紇骨山)을 빙 둘러 또 북쪽으로 꺾여 서쪽으로 흘러 자산(慈山)의 잡파탄(雜波灘)으로 들어간다. 대동강(大同江)에 보인다〉

삭창천(朔倉川)〈물의 근원이 순천(順川) 옛 읍에 있는 팔봉산(八峯山)의 남쪽에서 나와 남쪽으로 흘러 삭창(朔倉)을 지나 성천부에서 북쪽으로 30리 되는 곳에 이르러 비류강으로 들어간다〉

대곡천(大谷川)〈물의 근원이 삼도간령(三道看嶺)에서 나와 남쪽으로 흘러 승아동(承阿洞)으로부터 동남쪽으로 가서 산내촌(山內村)에 이르고, 동북쪽으로 흘러 대곡창(大谷倉)을 지나 남쪽으로 흘러 명탄(鳴灘)으로 들어간다. 능성강(能成江)에 보인다〉

직동천(直洞川)〈물의 근원이 구룡산(九龍山)에서 나와 동남쪽으로 흘러 남창(南倉)을 지나 능성강으로 들어간다〉

냉천(冷泉)〈읍치에서 동쪽으로 5리에 있다〉

온천(溫泉)〈약수산(藥水山)의 아래에 있다〉

월노정(月老井)〈읍치에서 서쪽으로 7리에 있다〉【제언(堤堰)이 1개 있다】

「도서」(島嶼)

능라도(綾羅島)〈흘골성(紇骨城)의 서쪽으로 비류강 가운데 있다〉

『형승』(形勝)

동·남·북쪽 세 방향은 수천 갈래길이 비단처럼 뻗어있고, 많은 여울이 세차게 흐르는데, 서쪽 한 면만은 들판이 사이사이 섞여 있고 토지는 비옥한 가운데 큰 내[천(川)]가 관통하고 있다.

『성지』(城池)

흘골성(紇骨城)〈읍치에서 서쪽으로 5리에 있다. 옛날부터 돌로 만든 성(城)이 있었는데, 고려 태조(太祖)가 고쳐 쌓았다. 둘레가 3,510자[척(尺)]이다. ○'고려사(高麗史)'에 말하기를 "태조 8년(925)에 성주(成州)에 성을 쌓았는데, 691칸이며 성문이 7개, 수구(水口)가 5개, 성두(城頭)가 7개, 차성(遮城)이 1개, 첩원(堞垣)이 87칸이다"라고 하였다〉

기암성(岐岩城)〈읍치에서 북쪽으로 30리에 있다〉

『창고』(倉庫)

중창(中倉)〈읍내에 있다〉

동창〈읍치에서 동쪽으로 50리에 있다〉

남창〈남쪽으로 90리에 있다〉

서창(西倉)〈서쪽으로 40리에 있다〉

북창(北倉)〈동북쪽으로 90리에 있다〉

회창(檜倉)〈동북쪽으로 90리에 있다〉

대곡창(大谷倉)〈동남쪽으로 120리에 있다〉

직동창(直洞倉)〈남쪽으로 40리에 있다〉

신창(新倉)〈북쪽으로 40리에 있다〉

삭창(朔倉)〈북쪽으로 10리에 있다〉

석창(石倉)〈동북쪽으로 50리에 있다〉

기창(岐倉)〈북쪽으로 30리에 있다〉

산창(山倉)〈서쪽으로 100리 떨어진 자모산성(慈母山城)에 있다〉

『진도』(津渡)

비류진(沸流津)

백현진(白峴津)

아파진(丫波津)

선래진(仙來津)

석장진(石莊津)

기창진(岐倉津)

『교량』(橋梁)

모두 21곳이다.〈비류강(沸流江) 위·아래 여울의 다리 건너에 14처가 있다〉

『토산』(土産)

뽕나무·삼[마(麻)]·닥나무·칠·백옥(白玉)·오미자·잣[해송자(海松子)]·벌꿀·송이버섯·
자초(紫草)

『장시』(場市)

읍내의 장날은 1·6일이다. 남전(藍田)의 장날은 5·10일이다. 아파(丫波)의 장날은 4·9일
이다. 삭창(朔倉)의 장날은 5·10일이다. 기창(岐倉)의 장날은 3·8일이다.

『누정』(樓亭)

강선루(降仙樓)〈객관(客館)의 서쪽으로 흘골성(紇骨城)의 동쪽에 있다. 비류강을 굽어보
고 있으며, 서쪽 언덕에는 기이한 봉우리가 병풍처럼 깎아지른 듯이 서있으니, 곧 열 두 봉우리
이다. 강선루 옆에는 송객정(送客亭)이 있다〉

평관대(平寬臺)〈흘골산의 남쪽에 있다〉

『사원』(祠院)

기성영전(箕聖永殿)〈백령산(百靈山)에 있다. 숙종(肅宗) 병자년(1696)에 건립하고 같은 해에 편액(扁額)을 걸었다〉에서 기자(箕子)〈평양(平壤) 편에 보인다〉를 제향한다.

○학령서원(鶴翎書院)〈선조(宣祖) 정미년(1607)에 건립하고 현종(顯宗) 경자년(1660)에 편액을 내렸다〉에서 정구(鄭逑)〈충주(忠州) 편에 보인다〉

조호익(曺好益)〈영천(永川) 편에 보인다〉

박대덕(朴大德)〈자(字)는 사화(士華)이고 호는 합강(合江)이며, 무안(務安) 사람이다. 벼슬은 동중추(同中樞)에 이르렀고 대사헌(大司憲)에 추증하였다〉을 제향한다.

○쌍충사(雙忠祠)〈선조(宣祖) 기해년(1599)에 건립하고 숙종(肅宗) 무술년(1718)에 편액을 내렸다〉에서 정의(鄭顗)〈고려(高麗)의 대장군 선유사(大將軍宣諭使)이며, 상장군(上將軍)에 추증하였다〉

최춘명(崔椿命)〈해주(海州) 사람으로 최충(崔沖)의 후손이다. 고려(高麗)에서 벼슬이 추밀원 부사(樞密院副使)를 지냈다〉을 제향한다.

『전고』(典故)

고려 고종(高宗) 3년(1216)에 서경(西京)의 병사들이 성주(成州: 성천(成川)/역자주)의 구탄(狗灘)〈읍치에서 북쪽으로 60리에 있다〉에 이르러 거란(契丹) 병사 2천여 명과 만나 전투를 벌여 적병 115명을 목베어 죽이거나 사로잡았다. 고려 고종 46년(1259)에 몽고(蒙古)가 성주(成州)의 기암성(岐岩城)을 공격하므로, 야별초(夜別抄)가 성안 사람들을 거느리고 싸워 크게 물리쳤다. 우왕(禑王) 14년(1388)에 우왕이 성주(成州)의 온천(溫泉)에 이르러 호악(胡樂: 오랑캐 음악/역자주)을 베풀었다.

○조선 인조(仁祖) 14년(1636)에 청나라 군대가 성주에 들어오므로 성주 부사(成州府使) 김언(金琂)이 사로잡혔으나 굴복하지 않다가 살해되었다.

2. 자산도호부(慈山都護府)

『연혁』(沿革)

본래 문성(文城)이었는데, 고려 태조(太祖) 23년(940)에 대안주(大安州)로 고쳤다. 고려 성종(成宗) 2년(983)에 자주 방어사(慈州防禦使)라고 일컬었다. 고려 원종(元宗) 10년(1269)에 원나라에 몰수되어 동녕로 총관부(東寧路總管府)에 소속되었다. 충렬왕(忠烈王) 4년(1278)에 다시 우리나라에 환속하고 지군수(知郡守: '고려사(高麗史)'에는 지군사(知郡事)로 되어 있다/역자주)로 고쳤다. 조선 태종(太宗) 13년(1413)에 자산(慈山)으로 고쳤다. 세조(世祖) 12년(1466)에 군수(郡守)로 고쳤으며, 연산군(燕山君) 11년(1505)에 본군(本郡)을 없앴다. 〈자산군 사람이 환관(宦官) 김계경(金季敬)을 살해하였기 때문이다. 그 땅을 이웃 고을에 나누어 소속시켰다〉 중종(中宗) 원년(1506)에 다시 자산군을 설치하였다. 인조(仁祖) 11년(1633)에 읍치(邑治)를 자모산성(慈母山城)으로 옮겼다. 인조 15년(1637)에 다시 옛 치소로 되돌렸다. 숙종(肅宗) 29년(1703)에 또 읍치를 자모산성으로 옮기고 도호부(都護府)로 승격하였다. 숙종 44년(1718)에 다시 옛 치소로 되돌렸다. 〈자주(慈州) 때의 옛 치소가 부(府)에서 서쪽으로 15리에 있다〉

「관원」(官員)

도호부사(都護府使)〈성천진관 병마동첨절제사 자모산성 중영장 관성장(成川鎭管兵馬同僉節制使慈母山城中營將管城將)을 겸한다〉 1명이 있다.

『방면』(坊面)

부내(府內)

오탄(五灘)〈읍치에서 동쪽으로 10리에서 시작하여 15리에서 끝난다〉

귀후(歸厚)〈동남쪽으로 15리에서 시작하여 25리에서 끝난다〉

월탄(月灘)〈동남쪽으로 30리에서 시작하여 40리에서 끝난다〉

인동(麟洞)〈남쪽으로 25리에서 시작하여 30리에서 끝난다〉

용곡(龍谷)〈남쪽으로 40리에 있다〉

풍전(豊田)〈서쪽으로 10리에서 시작하여 30리에서 끝난다〉

성내(城內)〈서쪽으로 30리에 있다〉

성동(城洞)〈서북쪽으로 15리에서 시작하여 35리에서 끝난다〉

운암(雲暗)〈북쪽으로 40리에 있다〉

우곡(亏谷)〈읍치로부터 30리에서 시작하여 40리에서 끝난다〉

고도암(高都岩)〈읍치로부터 10리에서 시작하여 35리에서 끝난다〉

『산수』(山水)

봉린산(鳳麟山)〈읍치에서 남쪽으로 30리에 있다. ○안국사(安國寺)가 있다〉

수고산(水庫山)〈남쪽으로 20리에 있다〉

황룡산(黃龍山)〈서북쪽으로 34리에 있다〉

이화산(梨花山)〈북쪽으로 1리에 있다〉

정양산(正陽山)〈자모산성에서 서남쪽으로 5리에 있다〉

대락산(大絡山)〈북쪽으로 30리에 있다〉

내구산(來口山)〈일명 미산(米山)이라고도 하는데, 읍치에서 남쪽으로 10리에 있다〉

【소야산(蘇惹山)·웅초덕산(熊草德山)·북암산(北岩山)이 있다】

「영로」(嶺路)

청산령(靑山嶺)〈읍치에서 북쪽으로 40리에 있는데, 안주(安州)와 경계한다〉

안국령(安國嶺)〈서남쪽으로 30리에 있는데, 순안(順安)과 경계한다〉

삼현(三峴)〈동남쪽으로 가는 길이다〉

지경치(地境峙)〈북쪽으로 30리에 있는데, 개천(价川)과 경계한다〉

기천령(其川嶺)〈서북쪽으로 30리에 있는데, 숙천(肅川)과 경계한다〉

우가연(禹家淵)〈순천(順川) 정융강(靜戎江)의 하류로, 자산 도호부에서 동쪽으로 4리 떨어진 곳을 지나 오른쪽으로 청수천(淸水川)을 거쳐 동남쪽으로 흘러 오른쪽으로 광암천(廣岩川)을 지나 잡파탄(雜派灘)이 되는데, 시천도(矢川島)가 있으니 곧 대동강(大同江)의 상류이다〉

청수천(淸水川)〈읍치에서 서쪽으로 10리에 있다. 물의 근원이 기천령(其川嶺)에서 나와 남쪽으로 흘러 자산 도호부의 남쪽을 빙 둘러 동쪽으로 흘러 시천도(矢川島)로 들어간다〉

응봉천(鷹峯川)〈읍치에서 북쪽으로 22리에 있는데 개천(价川)과 경계한다〉

금천(金川)〈북쪽으로 11리에 있다. 안주(安州)와 순천(順川) 편에 보인다〉

광암천(廣岩川)〈물의 근원이 평양(平壤) 북쪽 경계에서 나와 동쪽으로 흘러 남창(南倉)을 지나 우가연(禹家淵)으로 들어간다〉

생두지(生頭池)〈북쪽으로 7리에 있는데, 둘레가 3,300자[척(尺)]이다〉

『성지』(城池)

자모산성(慈母山城)〈읍치에서 서쪽으로 30리에 있다. 옛날에 돌로 쌓은 성(城)이 있는데, 성 안에는 샘물이 많고 군영(軍營)의 옛 터가 남아 있다. 인조(仁祖) 때에 성을 고쳐 쌓고 감영(監營)에 속하도록 하였다. 둘레가 4,761보(步)이고, 치성(雉城)이 24개, 포루(砲樓)가 18개, 못[지(池)]이 18개, 성문(城門)이 3개, 장대(將臺)가 1개, 암문(暗門)이 3개, 수구문(水口門)이 1개가 있다. 만자루(滿子樓)·관어정(觀魚亭)이 있으며, 사찰(寺刹)이 12개 있다. ○속영(屬營)이 다섯 곳인데, 자산(慈山)·성천(成川)·영유(永柔)·은산(殷山)·순안(順安)이다. ○관성장(管城將)·별장(別將)이 각각 1명씩 있으며 승장(僧將: 승병장(僧兵將)/역자주)이 1명이다. ○창고가 11개 있다. ○외성(外城)은 세상에서 우마성(牛馬城)이라 일컫는다. 자산 도호부에서 서쪽으로 37리에 있는데, 둘레가 6,721자[척(尺)] 이다. 장대(將臺)가 13개, 돈대(墩臺)가 9개, 못[지(池)]이 1개 있다. 북문(北門)은 곧 내성(內城)의 남쪽 문이고, 남문(南門)은 각 골짜기로 내려가는 길과 통한다. 보국사(保國寺)가 있다〉

이성(泥城)〈읍치에서 남쪽으로 30리에 있다. 옛날에 흙으로 쌓은 것인데, 둘레가 1,250자[척(尺)]이다. ○고려 태조(太祖) 22년(939)에 대안주(大安州)에 성을 쌓았다〉

『창고』(倉庫)

읍창(邑倉)

남창(南倉)〈읍치에서 동남쪽으로 30리에 있다〉

동창(東倉)〈서쪽으로 20리에 있다〉

『역참』(驛站)

「혁폐」(革廢)

금천역(金川驛)〈읍치에서 북쪽으로 30리에 있다〉

선전역(善田驛)〈서쪽으로 15리에 있다〉

도덕역(道德驛)〈남쪽으로 40리에 있다〉

『진도』(津渡)

우가연진(禹家淵津)〈읍치에서 동쪽으로 5리에 있는데, 성천(成川)·은산(殷山)으로 가는 대로(大路)와 통한다〉

『교량』(橋梁)

만제교(萬濟橋)〈읍치에서 서쪽으로 1리에 있다〉

시천교(矢川橋)〈남쪽으로 5리에 있다〉

이교(泥橋)〈남쪽으로 10리에 있다〉

강동교(江東橋)〈남쪽으로 5리에 있다〉

『토산』(土産)

뽕나무·삼[마(麻)]·벌꿀·누치[눌어(訥魚)]·은어[은구어(銀口魚)]·열목어[여항어(餘項魚)]

『장시』(場市)

읍내의 장날은 3·8일이다. 이성(泥城)의 장날은 5·10일이다.

『사원』(祠院)

의열사(義烈祠)〈인조(仁祖) 병자년(1636)에 건립하고 현종(顯宗) 신해년(1671)에 편액(扁額)을 내렸다〉에서 최춘명(崔椿命)〈성천(成川) 편에 보인다〉

홍명구(洪命耈)〈여주(驪州) 편에 보인다〉

최경후(崔景候)〈자주 부사(慈州副使)를 지냈다〉

김지저(金之佇)〈자주 판관(慈州判官)을 지냈다〉를 제향한다.

【반구루(反求樓)가 있다】

『전고』(典故)

고려 현종(顯宗) 9년(1018)에 거란(契丹)의 소손녕(蕭遜寧)이 군사를 이끌고 바로 서울로 나아가려 하였는데, 부원수(副元帥) 강민첨(姜民瞻)이 뒤쫓아가 내구산(來口山)에 이르러 크게 패배시켰다. 고려 명종(明宗) 8년(1178)에 서적(西賊: 조위총(趙位寵)의 반란 세력/역자주)이 자주(慈州)를 공격하여 불태웠다. 고려 고종(高宗) 18년(1231)에 몽고(蒙古) 군사들이 자주(慈州)를 포위하였다. 자주 부사(慈州副使) 최춘명(崔椿命)이 관리들과 백성들을 이끌어 굳게 지키면서 항복하지 않았다. 고려 정부에서 후군 진주(後軍陣主) 대집성(大集成)과 몽고 관인(官人)을 보내어 자주성(慈州城) 아래에 이르러 항복하도록 권유하였으나 끝내 듣지 않으므로 죽이고자 하였다. 몽고 관인이 말하기를 "이 사람이 우리에게는 비록 명령을 거역했지만, 너희에게는 충신(忠臣)이다. 성을 온전히 지킨 충신을 죽이는 것이 옳으냐?" 하면서 굳이 청하여 석방하도록 하였다. 고려 고종 23년(1236)에 몽고 기병 20여 명이 자주(慈州) 동쪽 교외에 침입하여 벼 베는 농민 20여 명을 사로잡아 모두 죽였다. 몽고 병사들이 자주(慈州)를 함락하였는데, 자주 부사(慈州副使) 최경후(崔景候)·판관(判官) 김지저(金之佇)·은주 부사(殷州副使) 김경희(金景禧) 등이 모두 전사하였다.

3. 순천군(順川郡)

『연혁』(沿革)

본래 정융진(靜戎鎭)인데, 고려 성종(成宗) 2년(983)에 순천방어사(順川防禦使)라고 일컬었다. 고려 고종(高宗) 44년(1257)에 덕주(德州)에 병합하였다. 고려 원종(元宗) 10년(1269)에 원나라에 몰수되어 동녕로 총관부(東寧路摠管府)에 소속되었다. 충렬왕(忠烈王) 4년(1278)에 다시 우리나라에 환속하고 덕주와 분리하여 지순주군사(知順州郡事)가 되었다. 조선 태종(太宗) 13년(1413)에 순천(順川)으로 이름을 고쳤다. 세조(世祖) 12년(1466)에 군수(郡守)로 고쳤다. 〈옛 읍 터가 지금의 읍치에서 동쪽으로 105리에 있다. 은산(殷山)의 동북쪽 용도방(龍島坊)에 넘어 들어가 있으니 곧 순주(順州) 때에 설치한 읍이다. ○무등대(無等臺)는 읍치에서 동쪽으로 5리에 있는데, 옛 순천에서 처음으로 옮긴 터이다. ○평리(坪里)는 윤씨연(尹氏淵) 옆에 있는데, 순주(順州)로 다시 옮긴 터이며, 후에 또 지금의 읍치로 옮겼다〉

「관원」(官員)

군수(郡守)〈성천진관 병마동첨절제사 병영우영장(成川鎭管兵馬同僉節制使兵營右營將)을 겸한다〉 1명이 있다.

『방면』(坊面)

군내(郡內)

아포(丫浦)〈읍치에서 남쪽으로 10리에 있다〉

윤동(潤洞)〈북쪽으로 10리에 있다〉

봉수(鳳岫)〈북쪽으로 20리에 있다〉

소상단(召上端)〈동쪽으로 10리에 있다〉

소하단(召下壇)〈동쪽으로 20리에 있다〉

점석포(粘石浦)〈북쪽으로 20리에서 시작하여 60리에서 끝난다〉

분지현(粉知峴)〈동쪽으로 50리에서 시작하여 70리에서 끝난다〉

원상단(院上端)〈동쪽으로 60리에 있다〉

원하단(院下壇)〈동쪽으로 50리에 있다〉

밀전(密田)〈동쪽으로 50리에서 시작하여 70리에서 끝난다〉

뇌봉(雷封)〈동쪽으로 110리에 있다〉

학천(鶴川)〈동쪽으로 120리에 있다〉

옥정(玉井)〈동북쪽으로 150리에 있다〉

광천(廣川)〈읍치로부터 160리에서 시작하여 180리에서 끝난다〉

잠상단(蠶上端)〈동북쪽으로 140리에 있다〉

잠하단(蠶下端)〈동북쪽으로 120리에 있다〉

인상단(仁上端)〈동북쪽으로 130리에 있다〉

인하단〈仁下壇)〈동북쪽으로 120리에 있다〉

용도(龍島)〈동북쪽으로 80리에서 시작하여 130리에서 끝난다. 위의 14방(坊)은 다른 경계에 넘어가 있는데, 북쪽은 덕천(德川)·개천(价川)과 접해 있고, 동쪽은 맹산(孟山)과 접해 있으며, 남쪽은 성천(成川)과 접해 있고, 서쪽은 은산(殷山) 경계와 접하여 있다. ○금물(今勿)은 읍치로부터 150리에서 시작하여 170리에서 끝난다. 우곡(듕谷)은 읍치로부터 90리에서 시작하여 120리에서 끝난다. 천장(天將)은 읍치로부터 110리에서 시작하여 20리(120리의 잘못된 기록으로 보임/역자주)에서 끝난다. 소이언(所伊彦)은 20리에서 시작하여 35리에서 끝난다.

신이정(新伊亭)·뇌잡(賴雜)은 총목(總目)에 실려 있다〉

『산수』(山水)

도산(刀山)〈읍치에서 동쪽으로 5리에 있다〉

봉서산(鳳棲山)〈서쪽으로 10리에 있다. ○서림사(西林寺)가 있다〉

팔봉산(八峯山)〈동쪽으로 90리에 있는데, 옛 읍의 서남쪽으로 응봉(鷹峯)이 있다. ○남선사(南禪寺)가 있다〉

왜가산(倭架山)〈동쪽으로 60리에 있다〉

용주산(龍住山)〈동쪽으로 10리에 있다. ○동림사(東林寺)가 있다〉

운두산(雲頭山)〈북쪽으로 15리에 있다〉

강서산(江西山)〈동쪽으로 60리에 있다. 석굴(石窟) 있어서 샘물이 흘러나오는데, 은산(殷山) 금계(錦溪)의 원류가 된다〉

장안산(長安山)〈동북쪽으로 150리에 있는데, 덕천(德川)과 경계한다〉

임제산(臨濟山)〈동남쪽으로 15리에 있는데, 은산(殷山)과 경계한다〉

금강산(金剛山)〈동쪽으로 80리에 있다〉

봉일산(奉日山)〈북쪽으로 20리에 있는데 개천(价川)과 경계한다. ○북천사(北泉寺)가 있다〉

원음산(遠陰山)〈학천방(鶴川坊)에 있다〉

오산대(鰲山臺)〈동쪽으로 10리에 있다〉

「영로」(嶺路)

미륵령(彌勒嶺)〈읍치에서 동북쪽으로 90리에 있는데, 덕천(德川)과 통하는 요충지이다〉

매현(梅峴)〈동쪽으로 150리에 있는데 맹산(孟山)과 통한다〉

마전령(麻田嶺)〈동북쪽으로 150리에 있는데 덕천(德川)과 경계한다〉

천장령(天將嶺)〈용도(龍島) 옆에 있다〉

송현(松峴)〈매현(梅峴) 다음에 있다〉

연봉우(延峯隅)〈동남쪽으로 10리에 있는데 은산(殷山)과 경계한다〉

○정융강(靜戎江)〈덕천군(德川郡)의 응강(凝江)으로부터 남쪽으로 흘러 용도(龍島)의 북쪽에 이르러 삼월강(三月江)이 되는데, 왼편으로 고성천(古城川)을 지나 빙 돌아 용도(龍島)가 된다. 다시 물줄기가 굽어져 서쪽으로 흘러 잠사진(蠶舍津) 북쪽에 이르러 이점연(狸岾淵)이

되어 개천(价川)과 은산(殷山) 경계를 거쳐 무진대(無盡臺)에 이르러 물줄기가 꺾여져 남쪽으로 흘러 순천군의 동쪽으로 8리 되는 곳을 거쳐 사탄(斜灘)과 성암진(城岩津)이 되며, 왼편으로 은산의 금계(錦溪)를 지나 기탄(岐灘)이 되어 오른편으로 금천(金川)을 거쳐 자산(慈山)의 경계에 이르러 우가연(禹家淵)이 된다〉

고성천(古城川)〈물의 근원이 미륵령(彌勒嶺) 북쪽에 있는 석굴(石窟)에서 나와 월포천(月浦川)이 되어 북쪽으로 흘러 용암천(龍岩川)이 되어 천장(天將)·옥정(玉井)·금물(今勿)에서 나오는 냇물과 만나 옛 읍의 동쪽으로 빙 돌아 삼월강(三月江)으로 들어간다〉

월포천(月浦泉)〈미륵령(彌勒嶺) 아래 돌로 이루어진 절벽에 굴이 있는데 맑은 물이 용솟음쳐 나온다〉

용암천(龍岩川)〈읍치에서 동쪽으로 80리에 있는데 월포천(月浦泉)과 서로 통한다〉

광천(廣川)〈동북쪽으로 120리에 있는데, 큰 샘물이 땅 속에서 용솟음쳐 나와 삼월강(三月江)으로 들어간다〉

귀출천(貴出泉)〈일명 수원칙(水原則)이라고도 하는데 읍치에서 동쪽으로 65리에 있다. 물의 근원이 강서산(江西山)의 석탑현(石塔峴)에서 나온다. 돌로 된 절벽에 굴이 있는데, 둘레가 수 십 자[척(尺)]이다. 맑은 샘물이 용솟음쳐 나와 남쪽으로 흘러 냇물이 되는데 곧 은산(殷山)의 금계(錦溪)의 근원이다〉

부연(釜淵)〈용도(龍島)에서 남쪽으로 15리 떨어진 천장리(天將里) 산골짜기 가운데 있다. 물이 가물어도 마르지 않고 겨울에도 얼지 않는다. 3리를 흘러서 땅속으로 스며들어간다〉

금천(金川)〈읍치에서 서남쪽으로 10리에 있는데, 자산(慈山)과 경계하며 자산으로 가는 대로(大路)와 통한다. 또 서쪽으로 11리를 가면 개천(价川)의 금성진(金城鎭)으로 가는 대로와 통한다〉【제언(堤堰)이 3개 있다】

「도서」(島嶼)

용도(龍島)〈고읍성(古邑城)의 북쪽에 있는데, 둘레가 400여 자[척(尺)]이다. 섬의 북쪽으로 7리 되는 곳에 용지(龍池)가 있는데, 이 또한 둘레가 400여 자이다〉

『성지』(城池)

고읍성(古邑城)〈용도방(龍島坊)에 있는데 흙으로 쌓았으며 둘레가 4,867자[척(尺)]이다. ○고려 태조(太祖) 20년(937)에 순주(順州)에 성을 쌓았는데, 610칸으로 성문(城門)이 5개, 수구(水口)가 9개, 성두(城頭)가 15개, 차성(遮城)이 6개 있다. ○옛 읍으로부터 서남쪽으로 순천군 치소(治所)와의 거리는 120리인데, 은산(殷山)의 경계를 넘어 들어가 있다. 동쪽으로는 맹산(孟山) 경계까지 40리이고, 동남쪽으로는 양덕(陽德) 경계까지 40리이며, 남쪽으로는 성천(成川) 경계까지 50리인데, 성천의 읍치까지는 120리이다. 서남쪽으로는 은산(殷山) 경계까지 60리이고, 북쪽으로는 덕천(德川) 경계까지 40리인데, 덕천의 읍치까지는 40리이다〉

『영아』(營衙)

청남우영(淸南右營)〈영장(營將)이 1명 있는데, 순천군 군수가 겸한다. ○속읍(屬邑)으로는 순천(順川)·성천(成川)·강동(江東)·삼등(三登)·양덕(陽德)·토성(兎城)·용연(龍淵)이 있다.〉

『진보』(鎭堡)

용연보(龍淵堡)〈미륵령(彌勒嶺) 아래에 있다. ○별장(別將)이 1명 있다〉

『창고』(倉庫)

읍창(邑倉)〈읍치에서 동쪽으로 3리에 있다〉

신창(新倉)〈동쪽으로 50리에 있다〉

원창(院倉)〈동쪽으로 70리에 있다〉

동창(東倉)〈동쪽으로 120리에 있다〉

가창(假倉)〈동쪽으로 100리에 있다〉

사창(舍倉)〈동쪽으로 100리에 있다〉

북창(北倉)〈동북쪽으로 120리에 있다〉

운창(雲倉)〈동북쪽으로 90리에 있다〉

광창(廣倉)〈동쪽으로 130리에 있다〉

산창(山倉)〈서쪽으로 40리 떨어진 자모산성(慈母山城)에 있다〉

『역참』(驛站)

「혁폐」(革廢)

밀전역(密田驛)〈읍치에서 동쪽으로 60리에 있다〉

함덕역(咸德驛)〈동쪽으로 90리에 있다〉

『진도』(津渡)

정융진(靜戎津)〈일명 성암진(城岩津)이라고도 한다. 동쪽으로 7리에 있는데 은산(殷山)으로 가는 대로(大路)와 통한다. 정융진 위로는 사탄(斜灘)이 있고 아래에는 기탄(岐灘)이 있다〉

잠사진(蠶舍津)〈용도(龍島)의 서쪽에 있다〉

검산진(劒山津)

도령진(都令津)

수예진(水汭津)

남연진(藍淵津)

『교량』(橋梁)

흠성교(欽聖橋)〈읍치에서 동쪽으로 2리에 있다〉

금천교(金川橋)〈남쪽으로 10리에 있다〉

신석교(新石橋)〈동쪽으로 50리에 있다〉

강서교(江西橋)〈동쪽으로 110리에 있다〉

방암교(防岩橋)〈동쪽으로 120리에 있다〉

광천교(廣泉橋)〈동쪽으로 130리에 있다〉

『토산』(土産)

뽕나무·삼[마(麻)]·칠(漆)·오미자(五味子)·자초(紫草)·벌꿀·누치[눌어(訥魚)]·쏘가리[면인어(綿鱗魚)]·열목어[여항어(餘項魚)]

『장시』(場市)

읍내의 장날은 4·9일이다. 신창(新倉)의 장날은 1·6일이다. 동창(東倉)의 장날은 4·9일이다. 북창(北倉)의 장날은 3·8이다. 원창(院倉)의 장날은 2·7일이다. 가창(假倉)의 장날은 5·10일이다. 사둔(沙屯)의 장날은 2·7일이다.

『누정』(樓亭)

청원루(淸遠樓)

문고루(聞鼓樓)〈두 곳 모두 군내에 있다〉

오산정(鰲山亭)〈읍치에서 동쪽으로 10리에 있다〉

『전고』(典故)

고려 명종(明宗) 17년(1187)에 순주(順州) 귀화소(歸化所)에 안치(安置)한 적(賊) 수백 명이 어지럽게 흩어져서 약탈(掠奪)하므로 병마사(兵馬使)가 군사를 출동하여 그들을 사로잡았다.

4. 개천군(价川郡)

『연혁』(沿革)

고려 태조(太祖) 13년(930)에 마산(馬山)에 성을 쌓고 안수진(安水鎭)이라 이름하고 진장(鎭將)을 두었다. 고려 현종(顯宗) 9년(1018)에 연주방어사(連州防禦使)〈어떤 곳에는 연주(漣州)로도 되어 있다〉로 고쳤다가 뒤에 조양진장(朝陽鎭將)으로 고쳤다. 고려 고종(高宗) 2년(1215)에 다시 연주방어사가 되었다. 〈거란(契丹) 군사를 막는 데 공이 있었기 때문이었다〉 고려 고종 4년(1217)에 익주방어사(翼州防禦使)로 고쳤다. 〈또 거란 군사를 막는 데 공을 세웠기 때문이었다〉 고려 원종(元宗) 10년(1269)에 원나라에 몰수되어 동녕로 총관부(東寧路摠管府)에 소속되었다. 충렬왕(忠烈王) 4년(1278)에 지개주군사(知价州郡事)로 고쳤다. 조선 태종(太宗) 13년(1413)에 개천(价川)으로 고쳤다. 세조(世祖) 12년(1466)에 군수(郡守)로 고쳤다. 〈조양진(朝陽鎭)의 옛 터가 읍치에서 서쪽으로 22리에 있다〉

「관원」(官員)

군수(郡守)〈성천진관 병마동첨절제사(成川鎭管兵馬同僉節制使)를 겸한다〉 1명이 있다.

『방면』(坊面)

내동(內東)〈읍치에서 동쪽으로 5리에서 시작하여 15리에서 끝난다〉

외동(外東)〈동남쪽으로 15리에서 시작하여 70리에서 끝난다〉

군내(郡內)〈읍치에서 15리에서 끝난다〉

중남(中南)〈서남쪽으로 15리에서 시작하여 50리에서 끝난다〉

내남(內南)〈서남쪽으로 30리에서 시작하여 80리에서 끝난다〉

중서(中西)〈서쪽으로 10리에서 시작하여 40리에서 끝난다〉

외서(外西)〈서쪽으로 30리에서 시작하여 70리에서 끝난다〉

북면(北面)〈읍치로부터 10리에서 시작하여 80리에서 끝난다〉

『산수』(山水)

대림산(大林山)〈읍치에서 북쪽으로 3리에 있다〉

광산(光山)〈북쪽으로 7리에 있다. ○심정사(深靜寺)가 있다〉

오봉산(五峯山)〈서쪽으로 25리에 있다〉

건지산(巾之山)〈서쪽으로 20리에 있다〉

고사산(姑射山)〈남쪽으로 25리에 있다〉

백운산(白雲山)〈동쪽으로 60리에 있다〉

횡계산(橫溪山)〈서남쪽으로 40리에 있다〉

묵방산(墨方山)

고성산(古城山)〈두 곳 모두 읍치에서 동남쪽에 있다〉

봉일산(奉日山)〈서남쪽으로 45리에 있는데 순천(順川)과 경계한다〉

월봉산(月峯山)〈동북쪽에 있는데 덕천(德川)과 경계한다〉【비호산(飛虎山)이 있다】

「영로」(嶺路)

안령(鞍嶺)〈읍치로부터 서남쪽으로 가는 길이다〉

연령(燕嶺)〈남쪽으로 가는 길이다〉

지경현(地境峴)〈남쪽으로 70리에 있다. 자산(慈山)과 경계하며 대로(大路)이다〉

우현(右峴)〈읍치로부터 서쪽으로 가는 길이며, 영변(寧邊)과 경계한다〉

알일령(遏日嶺)〈일명 난결현(卵結峴)이라고도 한다. 읍치에서 동쪽으로 44리에 있는데, 덕천(德川)과 경계하며 대로(大路)이다. 산골짜기가 험악하다〉

도유령(都踰嶺)〈읍치에서 동쪽으로 가는 길로 덕천과 경계한다〉

무진대(無盡臺)〈남쪽으로 31리에 있다. 은산(殷山)과 경계하며 대로(大路)이다〉

○정융강(靜戎江)〈일명 동강(東江)이라고도 하며, 읍치에서 남쪽으로 30리에 있다. 순천(順川) 이점연(狸岾淵)의 하류(下流)가 무진대(無盡臺) 남쪽을 거쳐 순천(順川) 동쪽에 이르러 정융강(靜戎江)이 된다〉

장항강(獐項江)〈일명 서강(西江)이라고도 하며, 읍치에서 서북쪽으로 38리에 잇다. 영변(寧邊) 분탄(犇灘)의 하류(下流)가 남쪽으로 흘러 화천강(花遷江)이 된다〉

부연천(釜淵川)〈일명 남천(南川)이라고도 한다. 물의 근원이 백운산(白雲山) 및 알일령(遏日嶺)에서 나와 서쪽으로 흘러 직동(直洞)을 거쳐 개천군의 동쪽 20리 되는 곳에 이르러 부연(釜淵)이 되는데, 그 깊이를 헤아릴 수 없다. 백운산의 소등연천(小等淵川)을 지나 월봉산(月峯山)에서 나오는 냇물과 합하여 서쪽으로 흘러 개천군의 남쪽 3리 되는 곳을 지나 고사산(姑射山)에서 나오는 냇물을 거쳐 건지산(巾之山)에 이르고, 심정산(深靜山)에서 나오는 냇물을 거쳐 영변(寧邊) 화천강(花遷江)으로 들어간다〉

북창천(北倉川)〈읍치에서 북쪽으로 40리에 있다. 물의 근원이 영변(寧邊) 검산(檢山)에서 나와 서쪽으로 흘러 북창(北倉) 앞을 지나 장항강으로 들어간다〉

신창천(新倉川)〈물의 근원이 횡계산(橫溪山)에서 나와 서쪽으로 흘러 신창(新倉) 앞을 지나 청천강(淸川江)의 무골도(無骨島) 위로 들어간다〉

「도서」(島嶼)

노도(盧島)〈안주(安州)의 무골도(無骨島) 위쪽에 있다〉

『성지』(城池)

조양진성(朝陽鎭城)〈읍치에서 서쪽으로 20리에 있다. 흙으로 쌓았으며, 둘레가 15,430자[척(尺)]이다〉

장환성(長歡城)〈서남쪽으로 30리에 있다. 흙으로 쌓았으며, 둘레가 14,926자[척(尺)]이다〉

고사산성(姑射山城)〈남쪽으로 30리에 있으며, 둘레가 36,760자이다〉

○고려 태조(太祖) 13년(930)에 대상(大相) 염상(廉相)을 보내어 마산(馬山)에 성을 쌓고 안수진(安水鎭)이라 이름하였다.〈어떤 곳에는 고려 태조 13년에 조양진(朝陽鎭)에 성을 쌓았다고 되어 있다. 821칸이며, 성문(城門)이 4개, 수구(水口)가 1개, 성두(城頭)가 2개, 차성(遮城)이 2개 있다〉

『진보』(鎭堡)

금성보(金城堡)〈읍치에서 서남쪽으로 70리에 있는데, 자산(慈山)과 경계한다. ○별장(別將)이 1명 있다〉【창고(倉庫)가 1개 있다】

『창고』(倉庫)

읍창(邑倉)

동창(東倉)〈읍치에서 동쪽으로 40리에 있다〉

원창(院倉)〈무진대(無盡臺) 옆에 있다〉

남창〈南倉〉〈서남쪽으로 60리에 있다〉

신창(新倉)〈서남쪽으로 30리에 있다〉

서창(西倉)〈서쪽으로 30리에 있다〉

북창(北倉)〈북쪽으로 30리에 있다〉

산창(山倉)〈서북쪽으로 55리에 떨어진 영변(寧邊) 철옹산성(鐵甕山城)에 있다〉

『역도』(驛道)

소곶역(所串驛)〈읍치에서 서쪽으로 30리에 있다〉

「혁폐」(革廢)

풍단역(豐端驛)〈분탄(奔灘)에 있다〉

장리역(長梨驛)〈읍치로부터 남쪽에 있다〉

장환역(長歡驛)〈서남쪽에 있다〉

『진도』(津渡)

무진대진(無盡臺津)〈읍치에서 남쪽으로 30리에 있는데 은산(殷山)으로 가는 대로(大路)이다〉

서진(西津)〈일명 장항진(獐項津)이라고도 하는데, 읍치에서 서북쪽으로 34리에 있으며, 영변(寧邊)으로 가는 대로이다〉

『교량』(橋梁)

강련교(江連橋)〈읍치로부터 남쪽에 있다〉

승창교(承昌橋)〈남쪽으로 12리에 있다〉

당죽교(唐竹橋)〈동쪽으로 20리에 있다〉

율우교(栗隅橋)〈서쪽으로 12리에 있다〉

『토산』(土産)

철(鐵)·산뽕나무[궁간상(弓幹桑: 활을 만드는 재료/역자주)]·벌꿀·잣[해송자(海松子)]·
자초(紫草)·수달(水獺)·은어·열목어[여항어(餘項魚)]

『장시』(場市)

읍내의 장날은 1·6일이다. 굴장(窟場)의 장날은 2·7일이다. 북원(北院)의 장날은 3·8일이
다. 무진대(無盡臺)의 장날은 5·10일이다.

『원점』(院店)

이목원(梨木院)〈읍치에서 북쪽으로 60리에 있는데, 영변(寧邊)으로 가는 대로(大路)이다.
영변의 동래원(東萊院)과 행정원(杏亭院)으로부터 북쪽으로 희천(熙川)의 호현(狐峴)에 이르
는 80리 길이다〉

직동원(直洞院)〈동쪽으로 30리에 있는데, 덕천(德川)으로 가는 길이다〉

희주원(熙州院)〈서쪽으로 32리에 있는데, 안주(安州)로 통하는 대로이다〉

『전고』(典故)

고려 명종(明宗) 5년(1175)에 장군(將軍) 두경승(杜景升)이 관군(官軍)을 이끌고 연주(漣
州)를 공격하여 함락하였다. 〈조위총(趙位寵)의 반란이다〉 고려 명종 8년(1178)에 서적(西賊:
조위총의 반란 세력/역자주)이 연주를 공격하였다. 고려 고종(高宗) 2년(1215)에 거란(契丹)
의 잔존 세력인 금산왕자(金山)·금시왕자(金始) 두 왕자(王子)가 대요수국왕(大遼收國王)이
라 자칭하고 천성(天成)이라는 연호를 내세웠다. 몽고(蒙古)가 군사를 크게 일으켜 그들을 공
격하니, 두 왕자가 모조리 함락시키면서 동쪽으로 와서 금(金)나라 병사 3만 명과 개주관(開州
館)에서 싸웠는데 금나라 병사가 이기지 못하였다. 금산왕자가 그 장수로 하여금 군사 수만 명
을 거느리고 압록강(鴨綠江)을 건너 의주(義州)·정주(靜州)·삭주(朔州)·창(昌州)·운(雲州)·

연(燕州) 등의 주(州)와 선덕진(宣德鎭)·정융진(定戎鎭)·영삭진(寧朔鎭) 등의 여러 진(鎭)에 쳐들어왔는데, 모두 자기들의 처자(妻子)를 데리고 다니면서 곡식과 우마(牛馬)를 마음대로 빼앗아 먹는데 한 달 남짓 있다가 먹을 것이 없어지자 운중도(雲中道)로 옮겨갔다. 이에 상장군(上將軍) 노원순(盧元純) 등 여덟 장군으로 하여금 공격하게 하였다. 삼군(三軍)이 조양진(朝陽鎭)에 이르러 각기 별초군(別抄軍)과 신기군(神騎軍)을 보내어 아이천(阿爾川)〈부연(釜淵)의 하류이다〉에 이르러 적과 더불어 싸워 80여 명을 목베어 죽였으며, 포로로 사로잡은 숫자가 매우 많았다. 삼군이 또 적과 더불어 연주(連州) 동동(東洞)에서 싸워 100여 명을 목베어 죽였다. 적 300여 명이 와서 구주(龜州)의 직동(直洞)에 머물렀다. 고려 고종 3년(1216)에 금산왕자의 군사들이 조양진에 이르렀는데, 유성장(劉性藏) 등이 격퇴하고 29명을 죽였으며 기치(旗幟)와 징·북 등을 획득하였다. 서경(西京) 군사가 금산왕자의 군사들과 조양(朝陽)의 풍단역(豊端驛)에서 싸워 적 160여 명을 목베어 죽였는데 강물에 빠져 죽은 자 또한 많았다. 고려 고종 23년(1236)에 몽고 군사가 개주(价州)에 이르렀는데 경별초(京別抄) 및 개주 중랑장(价州中郞將) 명준(明俊) 등이 병사를 매복하였다가 협공하여 적을 죽이고 다치게 한 것이 매우 많았다. 공민왕(恭愍王) 10년(1361)에 홍건적(紅巾賊)이 침입하여 노략하므로 안우(安祐)·이방실(李芳實)·김경제(金景磾)가 각각 휘하 병사들을 이끌고 개주(价州)·연주(延州)·박주(博州) 등의 고을에서 적을 격퇴하였다. 연달아 싸워 격파하고 적 300여 명을 목베어 죽였다. 임금이 안우를 도원수(都元帥)로 삼았다.

5. 덕천군(德川郡)

『연혁』(沿革)

본래 요원군(遼原郡)인데 장덕진(長德鎭)으로 고쳤다. 고려 목종(穆宗) 4년(1001)에 덕주 방어사(德州防禦使)라 일컬었다. 고려 원종(元宗) 10(1269)에는 원나라에 몰수되어 〈강동(江東)·영청(永淸)·통해(通海)·순화(順化) 네 현과 영원(寧遠)·유원(柔遠)·안융(安戎) 세 진(鎭)을 다스렸다〉 동녕로 총관부(東寧路摠管府)에 소속되었다. 충렬왕(忠烈王) 4년(1278)에 다시 우리나라에 환속하였다.〈고려 원종 원년(1260)에 몽고 군대를 피하여 안주(安州)의 노도(蘆島)로 옮겨갔다. 뒤에 모두 다섯 번 옮겼다〉 충렬왕 6년(1280)에 성천(成川)에 소속하였다. 공민왕(恭愍王) 20년(1371)에 나누어 지덕주사(知德州事)로 삼았다. 조선 태종(太宗) 13년(1413)에 덕천현(德川縣)으로 고치고, 태종 14년(1414)에 맹산현(孟山縣)을 옮겨 합하여 덕맹현(德孟縣)이라고 하였다. 태종 15년(1415)에 분리하면서 덕천군(德川郡)으로 승격하였다.

「관원」(官員)

군수(郡守)〈성천진관 병마동첨절제사 병영좌영장(成川鎭管兵馬同僉節制使兵營左營將)을 겸한다〉 1명이 있다.

『방면』(坊面)

군내(郡內)〈읍치에서 남쪽으로 20리에 있다〉

고척(古尺)〈동북쪽으로 60리에 있다〉

삼탄(三灘)〈동남쪽으로 30리에 있다〉

고리항(古里項)〈서북쪽으로 45리에 있다〉

서초소(西初所)〈읍치로부터 45리에 있다〉

이소(二所)〈읍치로부터 30리에 있다〉

송산(松山)〈읍치로부터 45리에 있다〉

동면(東面)〈읍치로부터 30리에 있다〉

남면(南面0〈읍치로부터 30리에 있다〉

『산수』(山水)

장안산(長安山)〈읍치에서 서남쪽으로 25리에 있다〉

당산(堂山)〈북쪽으로 3리에 있다〉

천마산(天摩山)〈동쪽으로 3리에 있다〉

남산(南山)〈남쪽으로 4리에 있다〉

장양산(長楊山)〈동남쪽으로 25리에 있다〉

묘향산(妙香山)〈북쪽으로 45리에 있는데, 영변(寧邊)과 희천(熙川)의 경계이다. ○동관사(東觀寺)가 있다〉

관음산(觀音山)〈서북쪽으로 48리에 있는데, 묘향산의 남쪽 갈래이다. ○관음사(觀音寺)가 있다〉

대덕산(大德山)〈서쪽으로 15리에 있다〉

장수산(長壽山)〈북쪽으로 30리에 있다〉

용문산(龍門山)〈서쪽으로 40리에 있다〉

월봉산(月峯山)〈서쪽으로 45리에 있다〉

차일봉(遮日峯)〈남쪽으로 7리에 있다〉

증봉(甑峯)〈서북쪽으로 30리에 있다〉

검산(檢山)〈북쪽으로 60리에 있다〉

「영로」(嶺路)

알일령(遏日嶺)〈읍치에서 서쪽으로 45리에 있다. 개천(价川)과 경계하는 대로(大路)이다〉

마전령(麻田嶺)〈서남쪽으로 25리에 있는데 순천(順川)과 경계하는 대로이다〉

독장령(獨將嶺)〈남쪽으로 30리에 있는데, 맹산(孟山)과 경계하는 대로이다〉

좌리령(佐里嶺)〈남쪽으로 30리에 있으며, 맹산과 경계한다〉

두현(豆峴)〈동쪽으로 35리에 있는데, 영원(寧遠)과 경계하는 소로이다〉

고덕주령(古德州嶺)〈동쪽으로 15리에 있다〉

고척현(古尺峴)〈서북쪽으로 20리에 있다〉

차유령〈車踰嶺〉〈동쪽으로 영원(寧遠)과 경계한다〉

○요원강(遼原江)〈영원(寧遠)의 구연(仇淵)이 아래로 흘러 덕천군의 동쪽 30리 되는 곳에 이르러 왼편으로 막탄(瘼灘)을 지나고 오른편으로 장림천(長林川)을 거쳐 서쪽으로 흘러 덕천군의 동쪽 15리 되는 곳에 이르러 응강(凝江)이 되며, 덕천군의 남쪽 20리 되는 곳에 이르러 요원강(遼原江)이 된다. 대덕산(大德山)에 이르러 오른편으로 시량천(矢梁川)을 거쳐 남쪽으로 흘러 순천(順川) 경계에 이르러 삼월강(三月江)이 된다〉

삼탄(三灘)〈동쪽으로 30리에 있다. 막탄(瘼灘)과 합류하는 곳의 여울가에 동굴이 있는데, 동굴 속에 못[연(淵)]이 있어서 그 깊이를 헤아릴 수 없다〉

시량천(矢梁川)〈서쪽으로 20리에 있다. 물의 근원이 알일령(遏日嶺)에서 나와 동쪽으로 흘러 평지원(平地院)을 지나 대덕산(大德山) 아래에 이르러 돈산굴천(頓山窟川)을 지나 요원강(遼原江)으로 들어간다〉

장림천(長林川)〈북쪽으로 30리에 있다. 물의 근원이 검산(檢山)에서 나와 동쪽으로 흘러 장림창(長林倉)을 지나 응강(凝江)으로 들어간다〉

돈산굴천(頓山窟川)〈대덕산(大德山) 아래 동굴 속에 못[연(淵)]이 있어서 시량천(矢梁川)과 합류한다〉

천희천(千希川)〈북쪽으로 60리에 있다. 물의 근원이 묘향산(妙香山)에서 나와 동남쪽으로 흘러 삼탄(三灘)으로 들어간다〉

『성지』(城池)

고성(古城)〈금성(金城)이라 일컬으며, 읍치에서 동쪽으로 30리에 있다. 조선 태조(太祖) 때에 축성(築城)하였는데, 삼면(三面)이 절벽이다. 둘레는 3,125자[척(尺)]이고 샘[천(泉)]이 1개 있다〉

『영아』(營衙)

청남우영(淸南右營)〈영장(營將)이 1명인데 덕천군 군수가 겸한다. ○속읍(屬邑)으로는 덕천(德川)·자산(慈山)·영원(寧遠)·개천(价川)·맹산(孟山)·은산(殷山)이 있다〉

『창고』(倉庫)

읍창(邑倉)

서창(西倉)〈읍치로부터 25리에 있다〉

읍서창(邑西倉)〈읍치로부터 15리에 있다〉

남창(南倉)〈읍치로부터 28리에 있다〉

신창(新倉)〈북쪽으로 25리에 있다〉

송창(松倉)〈북쪽으로 50리에 있다〉

금성창(金城倉)〈동쪽으로 27리 떨어진 금성(金城) 안에 있다〉

읍신창(邑新倉)〈서남쪽으로 10리에 있다〉

내송창(內松倉)〈북쪽으로 60리에 있다〉

장림창(長林倉)〈북쪽으로 30리에 있다〉

『진도』(津渡)

요원강진(遼原江津)〈덕천군의 남쪽에 있다〉

고성강진(古城江津)〈읍치에서 동쪽으로 35리에 있는데 영원(寧遠)으로 통한다〉

『교량』(橋梁)

시량천교(矢梁川橋)〈읍치에서 서쪽으로 10리에 있다〉

유장교(榆長橋)〈서쪽으로 20리에 있다〉

장림천교(長林川橋)〈북쪽으로 15리에 있다〉

신창교(新倉橋)〈북쪽으로 20리에 있다〉

『토산』(土産)

뽕나무·삼[마(麻)]·칠·자초(紫草)·오미자·잣[해송자(海松子)]·벌꿀·사향(麝香)·백옥(白玉)〈장양산(長楊山)에서 나온다〉·황양(黃楊)·쏘가리[錦鱗魚]·열목어[여항어(餘項魚)]

『장시』(場市)

읍내의 장날은 2·7일이다. 신장(新場)의 장날은 1·6일이다. 평지원(平地院)의 장날은 4·9일이다.

『누정』(樓亭)

힐융정(詰戎亭)〈읍치에서 서쪽으로 2리 떨어진 강변에 있다〉

선유정(仙遊亭)〈읍내에 있다〉

망일루(望日樓)〈읍내에 있다〉

『전고』(典故)

고려 목종(穆宗) 3년(1000)에 덕주(德州)에 성을 쌓았다. 〈784칸으로 성문(城門)이 5개, 수구(水口)가 9개, 성두(城頭)가 24개, 차성(遮城)이 3개 있다〉 고려 목종 6년(1003)에 덕주를 수리하였다. 〈가주(嘉州)·위화(威化)·광화(光化)의 성(城)을 합하여 4성을 수축하였다〉 고려 현종(顯宗) 원년(1010)에 덕주에 성을 쌓았다. 고려 문종(文宗) 21년(1067)에 덕주에 성을 쌓았다. 〈642칸으로 성문이 4개 있다〉

6. 상원군(祥原郡)

『연혁』(沿革)

본래 고구려의 식달현(息達縣)〈일명 금달(今達)이라고도 한다〉인데 신라 경덕왕(景德王) 16년(757)에 토산(土山)으로 고치고 취성군(取城郡)의 영현(領縣)으로 삼았다. 고려 현종(顯宗) 9년(1018)에 그대로 황주(黃州)에 소속하였다. 고려 원종(元宗) 10년(1269)에 원나라에 몰수되었다.〈동녕로 총관부(東寧路摠管府)에 소속되었다〉충렬왕(忠烈王) 4년(1278)에 다시 우리나라에 환속하였고, 충숙왕(忠肅王) 9년(1322)에 지상원군수(知祥原郡守)로 승격하여 〈공신(功臣) 조인규(趙仁規)의 고향이기 때문에 승격한 것이다〉서해도(西海道)에 소속시켰다. 그 후에 본도(本道: 평안도/역자주)에 소속시켰다. 조선 세조(世祖) 12년(1466)에 군수(郡守)로 고쳤다.〈옛 읍 터가 만경원(萬景院)에 남아 있는데, 하나는 상원군에서 남쪽으로 6리 떨어진 대정리(大井里)에 있다〉

「관원」(官員)

군수(郡守)〈성천진관 병마동첨절제사 평양성 전영장(成川鎭管兵馬同僉節制使平壤城前營將)을 겸한다〉1명이 있다.

『방면』(坊面)

읍내(邑內)

홍암(紅岩)〈읍치에서 동쪽으로 20리에서 시작하여 40리에서 끝난다〉

수산(水山)〈동남쪽으로 40리에서 시작하여 60리에서 끝난다〉

천곡(天谷)〈남쪽으로 40리에서 시작하여 60리에서 끝난다〉

배화(培花)〈남쪽으로 40리에서 시작하여 50리에서 끝난다〉

풍동(楓洞)〈북쪽으로 15리에서 시작하여 45리에서 끝난다〉

상도(上道)〈서북쪽으로 10리에서 시작하여 30리에서 끝난다〉

하도(下道)〈남쪽으로 40리에 있다〉

『산수』(山水)

반룡산(盤龍山)〈읍치에서 서쪽으로 3리에 있다〉

화산(花山)〈동쪽으로 7리에 있다〉

관음산(觀音山)〈북쪽으로 20리에 있다〉

고령산(高嶺山)〈북쪽으로 30리에 있다〉

법화산(法華山)〈남쪽으로 15리에 있는데, 중화(中和)와 경계한다〉

용묘산(龍卯山: '신증동국여지승람(新增東國輿地勝覽)'에는 용란산(龍卵山)으로 되어 있다/역자주)〈동쪽으로 1리에 있다〉

화산(禾山)〈동남쪽으로 40리에 있다〉

취암산(鷲岩山)〈북쪽으로 10리에 있다〉

부산(斧山)〈동남쪽으로 7리에 있다〉

산산(蒜山)〈동쪽으로 20리에 있다〉

대청산(大靑山)〈동남쪽으로 50리에 있는데, 수안(遂安)과 경계한다〉

가수굴(佳殊窟: '고려사(高麗史)'에는 가수굴(嘉殊窟)로 되어 있다/역자주)〈관음산(觀音山)에 있다. 산속에 굴이 있는데 매우 깊고 넓다. 석액(石液: 석회석이 용해되어 흘러나오는 물/역자주)이 응고되어 불상(佛像) 같기도 하고 솥[정(鼎)] 모양 같은 기괴한 형상이 매우 많이 있다〉

「영로」(嶺路)

만현(晩峴)〈읍치에서 남쪽으로 5리에 있다〉

사직현(社稷峴)〈서쪽으로 5리에 있다〉

늑현(勒峴)〈동쪽으로 20리에 있다〉

육령(六嶺)〈동쪽으로 40리에 있다〉

방원령(防垣嶺)〈일명 병운령(垃雲嶺)이라고도 하며, 읍치에서 동남쪽으로 45리에 있다. 육령·방원령 두 곳은 수안(遂安)과 경계한다〉

지경현(地境峴)〈서쪽으로 15리에 있으며 중화(中和)와 경계한다〉

장현(長峴)〈남쪽으로 50리에 있으며 서흥(瑞興)과 경계한다〉

장항현(獐項峴)〈동남쪽으로 30리에 있다〉

이현(泥峴)〈서북쪽으로 25리에 있다〉

주령(舟嶺)〈북쪽으로 35리에 있다. 장항현·이현·주령 세 곳은 평양(平壤)과 경계한다〉

두미령(頭尾嶺)〈동남쪽으로 50리에 있으며 수안(遂安)과 경계한다〉

차유령(車踰嶺)〈서남쪽으로 35리에 있다〉

색장(塞墻)〈삼등(三登)과 상원(祥原)의 경계에 있다. 양쪽 가장자리가 협소하고 가파른 암석이 30리에 펼쳐져 있다. 또 돌로 된 동굴로 지나가야해서 지키기는 쉬우나 통과하기는 어렵다〉

○능성강(能成江)〈읍치에서 북쪽으로 40리에 있다. 어정탄(於汀灘)이 있으니, 곧 대동강(大同江)의 상류이다〉

문포천(文浦川)〈일명 동천(東川)이라고도 한다. 물의 근원이 방원령(防垣嶺)에서 나와 서쪽으로 흘러 홍암(紅岩)을 지나 흑우(黑隅)에 이르러 천곡천(天谷川)을 거쳐 상원군의 동쪽 5리 되는 곳에 이르러 용두포(龍頭浦)가 된다. 다시 북쪽으로 흘러 응암(鷹岩)의 하허정(何許亭)을 지나 어정탄(於汀灘)으로 들어간다〉

천곡천(天谷川)〈물의 근원이 장현(長峴)에서 나와 문포천(文浦川)으로 들어간다〉【제언(堤堰)이 6개 있다】

『창고』(倉庫)
본창(本倉)〈읍치에서 동쪽으로 2리에 있다〉
남창(南倉)〈동남쪽으로 40리에 있다〉
성창(城倉)〈서북쪽으로 70리 떨어진 평양성(平壤城) 안에 있다〉

『진도』(津渡)
파랑진(波浪津)〈읍치에서 동북쪽으로 45리에 있으며, 삼등(三登)으로 통한다〉
만경원진(萬景院津)〈북쪽으로 45리에 있으며, 강동(江東)으로 통한다〉

『교량』(橋梁)
용두교(龍頭橋)〈읍치에서 북쪽으로 6리에 있다〉
취암교(鷲岩橋)〈북쪽으로 10리에 있다〉
석교(石橋)〈북쪽으로 30리에 있다〉

『토산』(土産)
뽕나무·삼[마(麻)]·닥나무·자초(紫草)·벌꿀[봉밀(蜂蜜)]·은어[은구어(銀口魚)]

『장시』(場市)

읍내의 장날은 4·9일이다. 남양(南陽)의 장날은 3·8일이다. 기리대원(岐里大院)의 장날은 4·9일이다. 문포(文浦)의 장날은 1·6일이다.

『누정』(樓亭)

집상루(集祥樓)

대월루(待月樓)〈두 곳 모두 읍내에 있다〉

하허정(何許亭)〈읍치에서 북쪽으로 35리에 있다〉

『전고』(典故)

고려 고종(高宗) 45년(1258)에 몽고(蒙古) 병사들이 서해도(西海道)의 가수굴(佳殊窟)·양파혈(陽波穴)을 공격하므로 모두 항복하였다. 양파혈〈수안(遂安)의 양파령(陽波嶺)에 있다〉은 상(上)·중(中)·하(下)의 세 굴이 있다. 몽고 병사들이 산 위에서부터 갑사(甲士)를 줄에 매어 상혈(上穴)의 입구로 내려 보내는데, 창(槍)과 무기 때문에 모두 굴속에 들어가지 못하였다. 이에 불붙인 풀을 굴속에 집어넣으므로 수안 현령(遂安縣令) 박임종(朴林宗)은 스스로 목을 매어 죽었다. 방호 별감(防護別監) 주윤(周尹)이 별초(別抄)를 거느리고 출전(出戰)하였으나 병사들은 무너져 달아나고 주윤(周尹)은 흐르는 화살에 맞아죽었다. 가수굴 별감(嘉殊窟別監) 노극창(盧克昌) 또한 사로잡혔다.

7. 삼등현(三登縣)

『연혁』(沿革)

고려 인종(仁宗) 14년(1136)에 서경기(西京畿)를 나누어 여섯 개의 현(縣)으로 만들었는데, 성주(成州)에 소속한 신성(新城)·나평(蘿坪)·구아(狗牙) 세 부곡(部曲)을 합하여 삼등현(三登縣)으로 하고 현령(縣令)을 두었다. 고려 원종(元宗) 10년(1069)에 원나라에 몰수되었다.〈맹주(孟州)의 영현(領縣)이 되었다〉 충렬왕(忠烈王) 4년(1278)에 다시 우리나라에 환속하여 예전과 같이 하였다. 조선 세종(世宗) 17년(1435)에 강동현(江東縣)을 없애어 삼등현에 합치고 삼등현의 치소를 강동현의 치소로 옮겼다. 성종(成宗) 13년(1482)에 다시 강동현(江東縣)을 설치하고 본현(本縣: 삼등현/역자주)을 옛 치소로 되돌렸다.

「읍호」(邑號)

능성(能成)·양양(陽壤)

「관원」(官員)

현령(縣令)〈성천진관 병마절제도위 평양성 좌영장(成川鎭管兵馬節制都尉平壤城左營將)을 겸한다〉 1명이 있다.

『방면』(坊面)

읍내(邑內)〈읍치로부터 사방(四方) 2리에서 끝난다〉

정호(鼎湖)〈북쪽으로 40리에서 끝난다〉

영수(靈岫)〈서북쪽으로 30리에서 끝난다〉

풍잠(楓岑)〈동북쪽으로 25리에서 끝난다〉

『산수』(山水)

봉두산(鳳頭山)〈읍치에서 동북쪽으로 1리에 있다〉

제령산(祭靈山)〈서쪽으로 20리에 있다〉

봉미산(鳳尾山)〈북쪽으로 30리에 있다〉

건달산(建達山)〈서쪽으로 25리에 있다〉

구룡산(九龍山)〈서북쪽으로 30리에 있으며, 강동(江東)과 경계한다〉

풍어산(楓於山)〈동쪽으로 15리에 있다〉

가산(架山)〈동쪽으로 19리에 있다〉

황휴산(黃休山)〈서북쪽으로 20리에 있다〉

덕산(德山)〈서쪽으로 10리에 있다〉

이부평(李富坪)〈서쪽으로 5리에 있는데 땅이 비교적 비옥하다〉

벽운대(碧雲臺)〈서쪽으로 25리에 있다〉

【부령산(斧靈山)·제석산(帝釋山)이 있다】

○능성강(能成江)〈읍치에서 남쪽으로 2리에 있다. 곡산(谷山)의 당저탄(堂底灘)이 아래로

흐르다가 서쪽으로 흘러 건달강(建達江)이 되어 평양(平壤)의 경계에 이르러 대동강(大同江)에 합류한다〉

아차천(阿次川)〈서쪽으로 5리에 있다. 물의 근원이 구룡산(九龍山)에서 나와 남쪽으로 흘러 능성강으로 들어간다〉

수정천(水晶川)〈북쪽으로 40리에 있다. 강동(江東) 편에 상세하다〉

곶동언(串洞堰)〈서쪽으로 25리에 있다〉

『성지』(城池)

고성(古城)〈세상에서는 고성(姑城)이라고도 한다. 읍치에서 북쪽으로 23리에 있으며, 둘레가 1,407자[척(尺)]이다〉

『창고』(倉庫)

사창(司倉)

진휼창(賑恤倉)〈두 곳 모두 읍내에 있다〉

성창(城倉)〈평양성(平壤城) 안에 있다〉

『진도』(津渡)

묵슬리진(墨瑟里津)

촉호정진(矗湖亭津)

앵무주진(鸚鵡洲津)

옥금리진(玉琴里津)

부연진(斧淵津)

유점진(鍮店津)

『교량』(橋梁)

상아천교(上阿川橋)〈읍치에서 북쪽으로 5리에 있다〉

하아천교(下阿川橋)〈서쪽으로 5리에 있다〉

『토산』(土産)

뽕나무·삼[마(麻)]·닥나무·자초(紫草)·취사어(吹沙魚)·잉어·누치[눌어(訥魚)]·쏘가리 [금인어(錦鱗魚)]·게[해(蟹)]

『장시』(場市)

읍내의 장날은 4·9일이다.

『누정』(樓亭)

황학루(黃鶴樓)〈읍치에서 남쪽으로 1리 떨어진 능성강(能成江) 가에 있다. 앵무주(鸚鵡洲)라고 부르는 곳에 적벽(赤壁)이 깎인 듯 서 있고, 암석이 강 속에 들어가 있는데 거북의 등 같아 앉을 만하다. 그 기슭 위에 황학루가 있다〉

『전고』(典故)

고려 고종(高宗) 22년(1235)에 몽고(蒙古) 병사들이 삼등을 함락하였다.

8. 강동현(江東縣)

『연혁』(沿革)

고려 인종(仁宗) 14년(1136)에 서경기(西京畿)를 나누어 여섯 개의 현(縣)으로 만들었는데, 잉을사향(仍乙舍鄕)〈읍치에서 남쪽으로 12리에 있다〉

반석촌(斑石村)〈서쪽으로 20리에 있다〉

박달관촌(朴達串村)〈북쪽으로 15리에 있다〉

마탄촌(馬灘村)〈서남쪽으로 30리에 있다〉을 합하여 강동현(江東縣)으로 하고 현령(縣令)을 두었다. 고려 원종(元宗) 10년(1069)에 원나라에 몰수되었다.〈덕주(德州)의 영현(領縣)이 되었다〉충렬왕(忠烈王) 4년(1278)에 다시 우리나라에 환속하여 성주(成州)에 소속시켰다. 공양왕(恭讓王) 3년(1391)에 분리하여 현령(縣令)을 두었다. 조선 세종(世宗) 17년(1435)에 강동현을 없애어 삼등현(三登縣)에 소속시키고〈강동현 사람 곽거(郭巨)가 현령 이백선(李伯善)

을 구타하였기 때문이다〉 삼등현(三登縣)의 치소(治所)를 본현(本縣: 강동현/역자주)으로 옮겼다. 성종(成宗) 13년(1482)에 분리하여 현감(縣監)을 두었다.

「읍호」(邑號)

송양(松壤)

「관원」(官員)

현감(縣監)〈성천진관 병마절제도위 평양부 북성 영장〈成川鎭管兵馬節制都尉平壤府北城營將)을 겸한다〉 1명이 있다. 〈옛 치소가 원당방(元堂坊)에 있는데, 다시 고읍방(古邑坊)으로 옮겼다가 또 대박산(大朴山)의 남쪽으로 옮겼다〉

『방면』(坊面)

현내(縣內)〈읍치로부터 20리에서 끝난다〉

고읍(古邑)〈서남쪽으로 10리에서 시작하여 25리에서 끝난다〉

도산(陶山)〈북쪽으로 50리에 있다〉

구지(區地)〈북쪽으로 30리에 있다〉

마탄(馬灘)〈남쪽으로 20리에서 시작하여 40리에서 끝난다〉

원당(元堂)〈서쪽으로 20리에서 시작하여 35리에서 끝난다〉

고천(高泉)〈서쪽으로 20리에서 시작하여 40리에서 끝난다〉

추탄(楸灘)〈남쪽으로 20리에서 시작하여 50리에서 끝난다〉

도마산(都馬山)〈읍치로부터 30리에서 시작하여 40리에서 끝난다〉

물구지(勿仇知)〈읍치로부터 10리에서 시작하여 25리에서 끝난다〉

○〈기천향(岐淺鄕) 읍치에서 북쪽으로 3리에 있다〉

『산수』(山水)

대박산(大朴山)〈읍치에서 북쪽으로 4리에 있다〉

구룡산(九龍山)〈남쪽으로 15리에 있으며 삼등(三登)과 경계한다〉

손자산(孫子山)〈서쪽으로 30리에 있다〉

만달산(蔓達山)〈남쪽으로 50리에 있다〉

환희산(歡喜山)〈북쪽으로 10리에 있다〉

능장산(能將山)〈만달산의 서쪽에 있다〉

진사봉(進士峯)〈서쪽으로 20리에 있다. 옛 읍성(邑城)의 서쪽 기슭이며 아래로 강물을 굽어보고 있다〉

구절동(九折洞)〈서쪽으로 40리에 있으며 구절봉(九折峯)이 있다〉【영장산(靈將山)이 있다】

「영로」(嶺路)

병아령(竝莪嶺)〈읍치에서 북쪽으로 가는 길이며 성천(成川)과 경계한다〉

장항현(獐項縣)〈동쪽으로 5리에 있으며 성천·삼등(三登)과 경계한다〉

알운령(戛雲嶺)〈남쪽으로 15리에 있으며 삼등과 경계한다〉

직동현(直洞峴)〈서쪽으로 15리에 있으며 평양(平壤)과 경계한다〉

여문령(呂門嶺)〈남쪽으로 15리에 있다〉

관대현(官代峴)〈읍치에서 동쪽으로 가는 길이다〉

선화현(船和峴)〈은산(殷山)으로 통하는 길이다〉

사현(蛇峴)〈읍치에서 서북쪽에 있으며 자산(慈山)으로 통하는 대로(大路)이다〉

○서강(西江)〈읍치에서 서쪽으로 20리 떨어진 옛 읍성 아래에 있다. 자산(慈山) 우가연(禹家淵)의 하류(下流)이며 평양(平壤) 대동강(大同江)의 상류(上流)이다. ○강 중간에 돌로 만든 다리가 있는데, 넓이가 7,8자[척(尺)]이고, 높이는 13자이며 길이는 70여 보(步)이다. 다리 위쪽의 수심(水深)은 5, 6자가 되어 사람이 건널 수 없다. 와룡교(臥龍橋)라고도 부른다〉

남강(南江)〈읍치에서 남쪽으로 50리에 있다. 삼등(三登) 능성강(能成江)이 아래로 흘러 마탄(馬灘)에 이르고, 서강(西江)이 동쪽으로부터 흘러와 남강의 서쪽 지류와 합하여 대동강이 된다〉

잡파탄(雜波灘)〈일명 차파탄(叉派灘)이라고도 하며, 읍치에서 서북쪽으로 30리에 있다. 우가연(禹家淵)과 비류강(沸流江)의 두 강이 합류하는 곳이다〉

전포(錢浦)〈잡파탄의 하류이다〉

수정천(水晶川)〈물의 근원이 성천 직동방(直洞坊)에 있는 구룡산(九龍山)에서 나와 서쪽으로 흘러 강동현의 남쪽 2리 되는 곳을 지나 서강(西江)으로 들어간다〉

사천(蛇川)〈서북쪽으로 40리에 있다. 물의 근원이 자산(慈山)의 웅초덕산(熊草德山)에서 나와 동쪽으로 흘러 전포(錢浦) 하류로 들어간다〉

신식천(神識川)〈서쪽으로 40리에 있다. 물의 근원이 평양(平壤)과의 경계 지점에서 나와

동쪽으로 흘러 서강으로 들어간다〉

저동천(猪洞川)·관적천(串赤川)

【제언(堤堰)이 세 개 있다】

『성지』(城池)

고읍성(古邑城)〈서강(西江)의 동쪽 기슭에 있다. 흙으로 쌓았으며 둘레는 5,759자[척(尺)]
이다. 우물이 두 개 있다〉【태자원(太子院)이 읍치로부터 25리에 있다. 석탑(石塔)이 있고 탑의
남쪽에는 연산(連山)이 있다】

『창고』(倉庫)

읍창(邑倉)

서창(西倉)〈읍치에서 서쪽으로 30리에 있다〉

남창(南倉)〈남쪽으로 45리에 있다〉

성창(城倉)〈평양성(平壤城) 안에 있다〉

『진도』(津渡)

열파정진(閱波亭津)〈읍치에서 서쪽으로 20리에 있다〉

원연진(圓淵津)〈읍치에서 서쪽으로 20리에 있다〉

한대진(漢垈津)〈북쪽으로 25리에 있다〉

파릉진(巴陵津)

『토산』(土産)

뽕나무·삼[마(麻)]·닥나무·자초(紫草)·누치[눌어(訥魚)]·쏘가리[금인어(錦鱗魚)]

『장시』(場市)

읍내의 장날은 3·8일이다. 관적(串赤)의 장날 5·10일이다. 열파정(閱波亭)의 장날은 2·7
일이다.

『누정』(樓亭)

열파정(閱波亭)〈서강(西江) 동쪽 기슭에 있다〉

영금정(暎金亭)〈서쪽으로 3리에 있다〉

추흥루(秋興樓)〈읍내에 있다〉

『총묘』(塚墓)

대총(大塚)〈하나는 강동현에서 서쪽으로 3리에 있다. 큰 무덤이 있는데 둘레가 161자[척(尺)]이며, 단군묘(檀君墓)라 일컬어진다. ○하나는 강동현에서 서북쪽으로 30리 떨어진 도마산(都馬山)에 있다. 큰 무덤이 있는데 둘레가 410자[척(尺)]인데, 세상에는 옛 황제(皇帝)의 무덤이라고 전하는데 또는 위만(衛滿)의 무덤이라고도 한다. 정조(正祖) 10년(1786)에 수호군(守護軍)을 두어 나무를 함부로 베어가지 못하도록 금하였다. ○살펴보건대 이 두 곳은 고구려가 남쪽으로 왕도(王都)를 옮긴 후에 어떤 임금을 장사지낸 무덤일 뿐이다〉

『전고』(典故)

고려 고종(高宗) 5년(1218)에 조충(趙冲)이 거란(契丹)의 군병〈금산왕자(金山王子)가 이끄는 군사/역자주)을 격퇴하여 물리쳤다.〈개천(价川) 편에 보인다〉 적들이 강동성(江東城)에 들어가 웅거하였다. 몽고(蒙古) 원수(元帥) 합진(哈眞)이 군사 1만 명을 거느리고 동진(東眞) 만노(萬奴)가 파견한 완안자연(完顏子淵)의 군사 2만 명과 더불어 거란의 적들을 토벌한다고 외치면서 화주(和州)·맹주(孟州)·순주(順州)·덕주(德州) 4성(城)을 공격하여 함락시켰다. 곧바로 강동성으로 향하면서 군사와 양식을 고려에 요구하였다. 임금이 조충과 김취려(金就礪)·김양경(金良鏡)을 보내어 쌀 1,000석과 정예 병사 1,000명을 거느리고 가도록 하였다. 고려 고종 6년(1219) 정월에 합진·완안자연·김취려가 강동성을 포위하고, 모두 땅을 뚫어 참호(塹壕)를 파서 도망하여 달아나는 것을 막았다. 거란 군사들이 형세가 곤궁해지자 왕자(王子)와 위승상(僞丞相)·평장(平章) 및 관인(官人)·군졸(軍卒)·부녀자 모두 5만여 명이 성문(城門)을 열고 나와 항복하였다. 합진이 조충·김취려와 더불어 형제(兄弟)의 맹약을 체결하고는 물러갔다.

9. 은산현(殷山縣)

『연혁』(沿革)

본래 흥덕진(興德鎭)〈일명 동창(同昌)이라고도 한다〉으로 고려 성종(成宗) 2년(983)에 은주방어사(殷州防禦使)라 일컬었다. 고려 고종(高宗) 18년(1231)에 몽고 군사들을 피하여 해도(海島)로 들어갔다가 후에 육지로 나왔다. 고려 원종(元宗) 10년(1269)에 원나라에 몰수되어 동녕로(東寧路)에 소속되었다. 충렬왕(忠烈王) 4년(1278)에 다시 우리나라에 환속하여 성주(成州)에 소속되었다. 공양왕(恭讓王) 3년(1391)에 감무(監務)를 두었다. 조선 태종(太宗) 14년(1414)에 자산군(慈山郡)에 소속되었다. 태종 15년(1415)에 분리하여 은산현(殷山縣)을 두었다. 인조(仁祖) 21년(1643)에 도호부(都護府)로 승격되었다가 얼마 후에 다시 현(縣)으로 강등되었다.

「관원」(官員)

현감(縣監)〈성천진관 병마절제도위 자모 전영장(成川鎭管兵馬節制都尉慈母前營將)을 겸한다〉 1명이 있다.

『방면』(坊面)

현내(縣內)

용화(龍化)〈읍치에서 동쪽으로 35리에 있다〉

구상(仇上)〈동쪽으로 13리에서 시작하여 25리에서 끝난다〉

애전(艾田)〈동쪽으로 40리에서 시작하여 65리에서 끝난다〉

구하(仇下)〈동쪽으로 20리에서 시작하여 45리에서 끝난다〉

풍상(楓上)〈동쪽으로 5리에서 시작하여 20리에서 끝난다〉

풍하(楓下)〈동쪽으로 5리에서 시작하여 18리에서 끝난다〉

임파(林坡)〈동쪽으로 5리에서 시작하여 20리에서 끝난다〉

조음(助音)〈남쪽으로 15리에서 시작하여 25리에서 끝난다〉

마산(馬山)〈북쪽으로 25리에서 시작하여 35리에서 끝난다〉

함오(咸吾)〈북쪽으로 30리에서 시작하여 60리에서 끝난다〉

선원(仙院)〈서북쪽으로 5리에서 시작하여 25리에서 끝난다〉

○〈상덕(尙德)은 읍치로부터 20리에 있고, 후덕(厚德)은 읍치로부터 5리에 있으며, 모현(慕賢)은 읍치로부터 15리에 있고, 제남(濟南)은 읍치로부터 30리에 있으며, 경천(擎天)은 읍치로부터 30리에 있고, 약천(藥天)은 읍치로부터 25리에 있으며, 진북(鎭北)은 읍치로부터 50리에 있고, 봉명(鳳鳴)은 읍치로부터 60리에 있으며, 사원(蛇員)은 읍치로부터 45리에 있다. 이상은 총목(總目)에 실려 있다〉

『산수』(山水)

진강산(鎭江山)〈읍치에서 북쪽으로 5리에 있다〉

천성산(天聖山)〈동쪽으로 40리에 있는데, 삼봉(三峯)이 있다. ○관음사(觀音寺)가 있다〉

숭화산(崇化山)〈동남쪽으로 15리에 있다. 산꼭대기의 돌로 된 절벽에 아난굴(阿難窟)이 있다. 동굴 안에는 못[지(池)]이 있다. ○연봉사(延峯寺)가 있다〉

부판산(付板山)〈북쪽으로 20리에 있다. 산 아래에 풍혈(風穴)이 있다〉

임제산(臨濟山)〈서남쪽으로 10리에 있으며, 순천(順川)과 경계한다〉

남산(南山)〈은산현의 남쪽에 있다〉【마방산(馬坊山)이 있다】

「영로」(嶺路)

소곶령(所串嶺)〈읍치에서 남쪽으로 가는 길이다〉

한령(汗嶺)〈읍치에서 북쪽으로 가는 길이다〉

○금계(錦溪)〈읍치에서 동쪽으로 1리에 있고, 그 가운데 조그마한 섬이 있다. 물의 근원이 순천(順川)의 강서산(江西山) 석굴(石窟)에서 나와 남쪽으로 흘러 신창(新倉)을 지나 장선포(長善浦)가 되고, 은산현의 서쪽을 거쳐 순천의 성암진(城岩津)으로 들어간다〉

북창강(北倉江)〈곧 순천의 정융강(靜戎江) 상류이다〉

소주원천(小洲院川)〈읍치에서 서쪽으로 (누락/역자주)리에 있다. 물의 근원이 숭화산(崇化山)에서 나와 북쪽으로 흘러 금계(錦溪) 하류로 들어간다〉

『성지』(城池)

고읍성(古邑城)〈진강산(鎭江山)의 남쪽에 있다. 흙으로 쌓았으며 둘레가 5,168자[척(尺)]이다. 우물이 9개, 못[지(池)]이 3개 있다〉

○고려 태조(太祖) 12년(929)에 흥덕진(興德鎭)에 성을 쌓았다. 고려 태조 23년(940)에 은

주성(殷州城)을 쌓았는데, 739칸이다.

『창고』(倉庫)

현창(縣倉)

신창(新倉)〈두 곳 모두 읍내에 있다〉

북창(北倉)〈읍치에서 북쪽으로 30리에 있다〉

봉창(鳳倉)〈북쪽으로 60리에 있다〉

산창(山倉)〈서쪽으로 60리 떨어진 자모산성(慈母山城)에 있다〉

『역참』(驛站)

「혁폐」(革廢)

흥덕역(興德驛)〈읍치에서 남쪽으로 15리에 있다〉

금천역(金川驛)〈동북쪽으로 29리 떨어진 옛 순천(順川) 땅에 있다〉

『진도』(津渡)

우가강진(禹家江津)

북창진(北倉津)

금암진(金岩津)

무진대진(無盡臺津)

『교량』(橋梁)

정자교(亭子橋)〈읍치에서 동쪽으로 1리에 있다〉

청천교(淸川橋)〈동쪽으로 7리에 있다〉

유탄교(柳灘橋)〈서쪽으로 7리에 있다〉

판교(板橋)〈북쪽으로 15리에 있다〉

고석교(孤石橋)〈동쪽으로 10리에 있다〉

강탄교(强灘橋)〈동쪽으로 20리에 있다〉【담계정(淡溪亭)이 읍치에서 동북쪽으로 1리에 있다】

『토산』(土産)

뽕나무·삼[마(麻)]·칠(漆)·철(鐵)·자초(紫草)·오미자(五味子)·잣[해송자(海松子)]·애끼찌[궁간목(弓幹木)]·벌꿀[봉밀(蜂蜜)]·산개(山芥)·고비[신감채(辛甘菜)]·누치[눌어(訥魚)]·쏘가리[금린어(錦鱗魚)]·수달(水獺)·사향(麝香)

『장시』(場市)

읍내의 장날은 2·7일이다. 북창(北倉)의 장날은 3·8일이다.

10. 양덕현(陽德縣)

『연혁』(沿革)

본래 양암진(陽岩鎭)·수덕진(樹德鎭)의 두 진인데, 고려 원종(元宗) 10년(1269)에 원나라에 몰수되었다.〈양암진은 연주(延州)의 소속으로 하고, 수덕진은 성천(成川)의 소속으로 하였다〉 충렬왕(忠烈王) 4년(1278)에 다시 우리나라에 환속하였다. 조선 태조(太祖) 5년(1396)에 두 진을 합하여 양덕현(陽德縣)으로 하고 감무(監務)를 두었다.〈양암진을 치소(治所)로 하였다. 수덕진의 옛 터가 양덕현에서 서쪽으로 70리 떨어진 초천방(草川坊)에 있다〉 태종(太宗) 13년(1413)에 현감(縣監)으로 고쳤다.

「읍호」(邑號)

동양(東陽)

「관원」(官員)

현감(縣監)〈성천진관 병마절제도위(成川鎭管兵馬節制都尉)를 겸한다〉 1명이 있다〉

『방면』(坊面)

현내(縣內)〈읍치에서 서쪽으로 50리에서 끝난다〉

고읍(古邑)〈서쪽으로 90리에서 끝난다〉

초천(草川)〈서쪽으로 100리에서 끝난다〉

대구(大邱)〈서쪽으로 150리에서 끝난다〉

대륜(大倫)〈동남쪽으로 120리에서 끝난다〉

온천(溫泉)〈서북쪽으로 85리에서 끝난다〉

화촌(花村)〈북쪽으로 110리에서 끝난다〉

오강(吳江)〈북쪽으로 160리에서 끝난다〉

유전(楡田)〈북쪽으로 80리에서 끝난다〉

용산(龍山)〈북쪽으로 150리에서 끝난다〉

농산(農山)〈읍치에서 북쪽으로 100리에 있다〉

『산수』(山水)

은우산(隱于山)〈읍치에서 북쪽으로 25리에 있다〉

재령산(載靈山)〈동북쪽으로 50리에 있으며, 산꼭대기에 용연(龍淵)이 있다〉

우라발산(亏羅鉢山)〈일명 거차리산(巨次里山)이다. 읍치에서 북쪽으로 50리에 있으며, 영흥(永興)과 경계한다. ○쌍룡사(雙龍寺)가 있다〉

오강산(吳江山)〈북쪽으로 150리에 있으며 영흥(永興)과 경계한다〉

청룡산(靑龍山)〈동남쪽으로 7리에 있다〉

자하산(紫霞山)〈서쪽으로 90리에 있으며, 성천(成川)과 경계한다〉

기린산(麒麟山)〈북쪽으로 40리에 있으며 고원(高原)과 경계한다〉

두류산(頭流山)〈동쪽으로 50리에 있으며 문천(文川)·고원(高原)과 경계한다〉

가사산(加沙山)〈동쪽으로 60리에 있다〉

와룡산(臥龍山)〈북쪽으로 165리에 있으며 맹산(孟山)과 경계한다〉

비파산(琵琶山)〈북쪽으로 60리에 있다〉

삼방산(三方山)〈북쪽으로 100리에 있다. ○관음사(觀音寺)가 있다〉

하람산(霞嵐山)〈서쪽으로 40리에 있으며, 곡산(谷山)·성천(成川)과 경계한다. 위험하고 특히 위태롭다〉

무직산(霧織山)〈동쪽으로 15리에 있다〉

소고산(素高山)〈남쪽으로 15리에 있다〉

월명산(月明山)〈서쪽으로 110리에 있다〉

영대산(靈臺山)〈서쪽으로 130리에 있다〉

효종산(曉鐘山)〈북쪽으로 110리에 있다. ○종산암(鍾山庵)이 있다〉

태백산(太白山)〈북쪽으로 150리에 있다. ○쌍계암(雙溪庵)이 있다〉

회암산(檜岩山)〈태백산의 남쪽 갈래이다〉

마흘산(麻訖山)〈서쪽으로 100리에 있다〉

노풍산(露楓山)〈서쪽으로 50리에 있다〉

백학산(白鶴山)〈서쪽으로 10리에 있다〉

송목산(松木山)〈서쪽으로 20리에 있다〉

북선봉(北鐥峯)〈북쪽으로 100리에 있다〉

남선봉(南鐥峯)〈서쪽으로 55리에 있다〉【둔전산(屯田山)이 있다】

「영로」(嶺路)

운령(雲嶺)〈읍치에서 북쪽으로 80리에 있다〉

거차리령(巨次里嶺)〈북쪽으로 50리에 있는데, 낮고 평평하다〉

박달령(朴達嶺)〈북쪽으로 70리에 있다. 운령·거차리령·박달령 모두 영흥(永興)과 경계한다〉

기린령(麒麟嶺)〈북쪽으로 50리에 있다〉

곶여령(串餘嶺)〈북쪽으로 35리에 있다. 기린령·곶여령 모두 고원(高原)과 경계한다〉

노동령(蘆洞嶺)〈동쪽으로 80리에 있으며 문천(文川)과 경계한다〉

아호비령(阿好非嶺)〈동쪽으로 50리에 있으며 문천·안변(安邊)과 경계한다〉

여의현(如意峴)〈서북쪽으로 160리에 있으며 맹산(孟山)과 경계한다〉

삼방령(三方嶺)〈서북쪽으로 60리에 있다〉

가고지령(加古之嶺)〈서쪽으로 130리에 있다〉

장령(獐嶺)〈서쪽으로 70리에 있다〉

유령(楡嶺)〈유전방(楡田坊)에 있다〉

이현(尼峴)〈서쪽으로 40리에 있다〉

직동령(直洞嶺)·마배암(馬背岩)〈남쪽으로 30리에 있으며, 곡산(谷山)과 경계한다〉

○견탄(犬灘)〈읍치에서 서쪽으로 120리에 있으며 성천(成川)과 경계한다. 물의 근원이 오강산(吳江山)에서 나와 남쪽으로 흘러 토성진(兎城鎭)을 빙 둘러 서쪽으로 굽어져 신창(新倉)에 이르며, 오른편으로 맹산(孟山)의 관음천(觀音川)을 거쳐 남쪽으로 꺾어져 강선대(降仙臺)에 이르고, 왼편으로 비파천(琵琶川)을 지나 마흘산(麻訖山)의 북쪽에 이르러 왼편으로 초천

(草川)을 지나 견탄(犬灘)이 되며, 성천 땅에 이르러 비류강(沸流江)이 된다〉

비파천(琵琶川)〈물의 근원이 비파산(琵琶山)에서 나와 서쪽으로 흘러 강선대 아래로 들어 간다〉

초천(草川)〈읍치에서 서쪽으로 70리에 있다. 물의 근원이 삼방령(三方嶺)에서 나와 남쪽 으로 흘러 온정원(溫井院)을 지나 서쪽으로 꺾어져 옛 읍[고읍(古邑)]을 지나서 또 서북쪽으 로 흘러 견탄(犬灘)으로 들어간다〉

남천(南川)〈남쪽으로 10리에 있다. 물의 근원이 두류산(頭流山)에서 나와 남쪽으로 흘러 양덕현의 남쪽에 이르러 왼편으로 우령천(牛嶺川)을 거쳐서 양덕현의 서쪽에 이르러 오른편 으로 우라발산천(亐羅鉢山川)을 지나 서남쪽으로 흘러 송화산(松禾山)에 이르는데, 오른편으 로 마배암천(馬背岩川)을 지나 곡산(谷山)의 경계에 이르러 명탄(鳴灘)이 되어 능성강(能成 江)의 근원이 된다〉

마배천(馬背川)〈서남쪽으로 35리에 있다. 물의 근원이 비파산(琵琶山)에서 나와 남쪽으로 흘러 남천(南川)으로 들어간다〉

우라발산천(亐羅鉢山川)〈남쪽으로 흘러 양덕현의 서쪽에 이르러 남천(南川)으로 들어간다〉

난전온천(蘭田溫泉)〈읍치에서 북쪽으로 20리에 있다. 모두 세 곳인데 매우 뜨겁다〉

초천온천(草川溫泉)〈서쪽으로 70리에 있다. 모두 두 곳인데 조금 따뜻하다〉

『성지』(城池)

양암진성(陽岩鎭城)〈읍치에서 북쪽으로 2리에 있다. 둘레가 1,637자[척(尺)]이며, 우물이 2개 있다. 성 터가 높고 험하며 삼면에 물이 있어서 1,000명의 군사를 수용할 만 하다. 조선 선 조(宣祖) 26년(1593)에 명나라 장수 풍중영(馮仲纓)이 이곳 성에 주둔하면서 북관(北關)에 머 무르는 왜적들을 토벌하였다. ○고려 태조(太祖) 21년(938)에 양암진(陽嵒鎭)에 성을 쌓았는 데, 252칸으로 성문(城門)이 3개, 수구(水口)·성두(城頭)·차성(遮城)이 각각 2개씩 있다〉

수덕진성(樹德鎭城)〈읍치에서 서쪽으로 80리에 있다. 둘레가 1,824자[척(尺)]이다. ○고려 성종(成宗) 2년(983)에 수덕진(樹德鎭)에 성을 쌓았는데, 235칸으로 성문이 4개, 수구가 1개, 성두·차성이 각각 9개씩 있다. ○고려 정종(靖宗) 9년(1043)에 수덕진에 성을 쌓았다〉

금성(金城)〈태백산(太白山)의 남쪽 갈래이다. 일명 금성산(金城山)이라고도 하며 또는 사 암산성(四岩山城)이라고도 한다〉

고성(姑城)〈일명 한미산(寒眉山)이라고도 하는데, 읍치에서 북쪽으로 145리에 있다〉

『진보』(鎭堡)

토성진(兎城鎭)〈읍치에서 북쪽으로 120리에 있다. 숙종(肅宗) 3년(1677)에 둔(屯)을 설치하고 별장(別將)을 두었다. 숙종 6년(1680)에 첨사(僉使)로 승격하였다. ○병마첨절제사(兵馬僉節制使)가 1명 있다. ○숙종 4년(1678)에 소모 별장(召募別將)을 양덕(陽德) 차유령(車踰嶺)의 4현(峴)과 양둔(兩屯)에 두었다〉【창고(倉庫)가 1개 있다】

『창고』(倉庫)

사창(司倉)〈양암성(陽岩城) 가운데 있다〉
원창(院倉)〈읍치로부터 35리 떨어진 온천방(溫泉坊)에 있다〉
서창(西倉)〈읍치로부터 80리 떨어진 초천방(草川坊)에 있다〉
중창(中倉)〈읍치로부터 80리 떨어진 유전방(楡田坊)에 있다〉
별창(別倉)〈읍치로부터 130리 떨어진 대구방(大邱坊)에 있다〉
북창(北倉)〈읍치로부터 130리 떨어진 농산방(農山坊)에 있다〉
신창(新倉)〈읍치로부터 140리 떨어진 화촌방(花村坊)에 있다〉
산창(山倉)〈읍치로부터 130리 떨어진 오강방(吳江坊)에 있다〉
윤창(倫倉)〈읍치로부터 50리 떨어진 대륜방(大倫坊)에 있다〉
평창(平倉)〈읍치로부터 120리 떨어진 용산방(龍山坊)에 있다〉
가창(假倉)

『역참』(驛站)

초천역(草川驛)〈읍치에서 서쪽으로 70리에 있다〉【남휘루(覽輝樓)에 있다】

『토산』(土産)

뽕나무·삼[마(麻)]·잣[해송자(海松子)]·오미자(五味子)·송이[송심(松蕈)]·참버섯[진심(眞蕈)]·벌꿀[봉밀(蜂蜜)]·자초(紫草)·산개(山芥)·열목어[여항어(餘項魚)]·쏘가리[금린어(錦鱗魚)]·누치[눌어(訥魚)]·수달(水獺)

『장시』(場市)

읍내의 장날은 1·6일이다. 파읍(罷邑)의 장날은 5·10일이다. 가창(假倉)의 장날은 4·9일이다. 토성(兎城)의 장날은 1·6일이다.

11. 맹산현(孟山縣)

『연혁』(沿革)

본래는 철옹현(鐵甕縣)인데, 고려 현종(顯宗) 10년(1019)에 맹주(孟州)〈일명 맹주(猛州)라고도 한다〉 방어사(防禦使)로 고쳤다. 고려 고종(高宗) 18년(1231)에 몽고(蒙古) 군병을 피하여 신위도(神威島)로 들어가 있었다. 고려 고종 44년(1257)에 은주(殷州)에 합치었다. 고려 원종(元宗) 2년(1261)에 육지로 나와 안주(安州)의 속현(屬縣)이 되었다가 원종 10년(1269)에 원나라에 몰수되었다. 〈삼등현(三登縣) 1현와 초도진(椒島鎭)·가도진(椵島鎭)·영덕진(寧德鎭) 3진을 관할하였다〉 충렬왕(忠烈王) 4년(1278)에 다시 우리나라에 환속하였다. 공양왕(恭讓王) 3년(1391)에 현령(縣令)을 두었다. 조선 태종(太宗) 원년(1401)에 안주(安州)에 합하였다가 태종 14년(1414)에 다시 맹산현을 두었다. 이 해에 또 덕천(德川)과 합하여 덕맹현(德孟縣)이라고 일컬었다. 태종 15년(1415)에 다시 분리하여 이름을 맹산(孟山)으로 고쳤다. 〈옛 치소(治所)가 안주(安州)에서 동쪽으로 15리에 있다〉

「관원」(官員)

현감(縣監)〈성천진관 병마절제도위(成川鎭管兵馬節制都尉)를 겸한다〉 1명이 있다.

『방면』(坊面)

읍내(邑內)〈읍치에서 동쪽으로는 50리이고 서쪽으로는 20리이다〉

애일(艾日)〈동쪽으로 40리에서 시작하여 90리에서 끝난다〉

덕천(德川)〈읍치로부터 35리에서 시작하여 50리에서 끝난다〉

지성(池城)〈읍치로부터 15리에서 시작하여 35리에서 끝난다〉

내남(內南)〈읍치로부터 10리에서 시작하여 20리에서 끝난다〉

외남(外南)〈읍치로부터 15리에서 시작하여 30리에서 끝난다〉【원색리(元塞里)는 읍치에

서 남쪽으로 40리에서 끝난다】

『산수』(山水)

두무산(豆蕪山)〈읍치에서 북쪽으로 60리에 있다〉

박달산(朴達山)·공암산(孔岩山)〈두 곳 모두 읍치에서 남쪽으로 60리에 있으며, 양덕(陽德)과 경계한다. ○관음사(觀音寺)가 있다〉

안도리산(安都里山)〈동북쪽으로 70리에 있으며, 영원(寧遠)과 경계한다〉

우장산(牛場山)〈동쪽으로 18리에 있으며, 동쪽으로 우봉(牛峯)이 있다〉

수라산(秀羅山)〈서쪽으로 5리에 있다〉

만진덕산(萬陳德山)〈동북쪽으로 50리에 있으며, 영원과 경계한다. ○쌍계사(雙溪寺)가 있다〉

「영로」(嶺路)

두무령(豆蕪嶺)〈읍치에서 동쪽으로 30리에 있으며 대로(大路)이다〉

맹주령(孟州嶺)〈동쪽으로 50리에 잇으며 소로(小路)이다〉

병풍령(屛風嶺)〈동쪽으로 60리에 있으며 소로이다〉

애전현(艾田峴)〈동쪽으로 60리에 있으며 소로이다. 이상은 모두 영흥(永興)과 경계하며 모두 영흥으로 통한다〉

횡천령(橫川嶺)〈동북쪽으로 90리에 있다. 영원(寧遠)의 영성구진(寧城舊鎭)과 경계하며 대로이다〉

화역령(禾易嶺)〈남쪽으로 50리에 있다. 양덕(陽德)과 경계하며 대로이다〉

매현(梅峴)〈서쪽으로 20리에 있다. 순천(順川)의 용연진(龍淵鎭)으로 통하며 대로이다〉

송현(松峴)〈남쪽으로 40리에 있으며 소로이다〉

석우현(石隅峴)〈남쪽으로 60리에 있으며 소로이다〉

독장령(獨將嶺)〈북쪽으로 30리에 있다. 덕천(德川)과 경계하며 대로이다〉

황무령(黃霧嶺)〈북쪽으로 20리에 있다. 덕천읍(德川邑)으로 통하며 소로이다〉

두류령(逗留嶺)〈북쪽으로 50리에 있으며 일명 두로개(豆老介)라고도 한다〉

남산령(南山嶺)〈북쪽으로 30리에 있다. 두류령·남산령 모두 영원과 경계하며 대로이다〉

거상령(巨床嶺)〈동쪽으로 50리에 있으며 소로이다〉

○막탄(瘼灘)〈읍치에서 북쪽으로 20리에 있다. 물의 근원이 안도리산(安都里山)에서 나와 서쪽으로 흘러 덕림(德林)을 지나 북천(北川)이 되며, 또 서남쪽으로 흘러 북창(北倉)에 이르러 동천(東川)을 거쳐 북쪽으로 흘러 독장령(獨將嶺)을 지나 덕천(德川)의 삼탄(三灘)으로 들어간다〉

동천(東川)〈동쪽으로 10리에 있다. 물의 근원이 거상령(巨床嶺)에서 나와 서쪽으로 흘러 막탄(瘼灘)으로 들어간다〉

남천(南川)〈남쪽으로 1리에 있다. 물의 근원이 박달산(朴達山)에서 나와 북쪽으로 흘러 맹산현의 동남쪽을 빙 돌아 동천(東川)과 합류한다〉

북천(北川)〈북쪽으로 20리에 있으며 막탄의 상류이다〉

관음천(觀音川)〈물의 근원이 관음산(觀音山)의 대모원(大母院) 골짜기에서 나와 남쪽으로 흘러 비류강(沸流江)의 상류로 들어간다〉

원지(圓池)〈동쪽으로 60리에 있다〉

대천(大泉)〈읍내로부터 동쪽으로 흘러 남천(南川)으로 들어간다〉

『성지』(城池)

철옹성(鐵甕城)〈읍치에서 동쪽으로 30리에 있으며 영흥(永興)과 경계한다. 고려 정종(定宗) 2년(947)에 성을 쌓았는데, 지금은 옮겨 영흥에 소속시켰다〉

『창고』(倉庫)

읍창(邑倉)

북창(北倉)〈읍치에서 북쪽으로 20리에 있다〉

남창(南倉)〈남쪽으로 40리에 있다〉

외창(外倉)〈남쪽으로 40리에 있다〉

동창(東倉)〈동쪽으로 20리에 있다〉

애창(艾倉)〈북쪽으로 40리에 있다〉

청산창(青山倉)〈동쪽으로 50리에 있다〉

애신창(艾新倉)〈북쪽으로 70리에 있다〉

성창(城倉)〈서쪽으로 40리에 있다〉

『토산』(土産)

뽕나무·삼[마(麻)]·잣[해송자(海松子)]·오미자(五味子)·자초(紫草)·벌꿀[봉밀(蜂蜜)]·석이[석심(石蕈)]·누치[눌어(訥魚)]·열목어[여항어(餘項魚)]·수달(水獺)·사향(麝香)

『장시』(場市)

읍내의 장날은 4·9일이다.

『누정』(樓亭)

호연루(浩然樓)

공신루(拱宸樓)〈두 곳 모두 읍내에 있다〉

『전고』(典故)

고려 성종(成宗) 14년(995)에 맹주(猛州)에 성을 쌓았다. 〈655칸으로 성문(城門)이 5개, 수구(水口)가 4개, 성두(城頭)가 19개, 차성(遮城)이 2개이다〉 고려 현종(顯宗) 15년(1024)에 맹주(孟州)에 성을 쌓았다. 고려 고종(高宗) 44년(1257)에 몽고 군사들이 신위도(神威島)를 함락하고, 맹주 수령(孟州守令) 호수(胡壽)가 살해되었다.

12. 영원군(寧遠郡)

『연혁』(沿革)

본래 영원진(寧遠鎭)〈치소(治所)가 쾌산(快山)에서 동쪽으로 5리에 있다〉으로 고려 태조(太祖) 5년(922)에 옮겨 영청현(永淸縣)〈지금의 영유(永柔)에서 서북쪽으로 30리에 있다〉에 소속시켰다. 그 후에 옮겨 희주(熙州)에 소속시켰다. 고려 원종(元宗) 10년(1269)에 원나라에 몰수되었다. 〈덕주(德州)에서 관할하게 되었다〉 충렬왕(忠烈王) 4년(1278)에 다시 우리나라에 환속하였다. 조선 태조(太祖) 5년(1396)에 또 영청(永淸)에 합하여 영령현(永寧縣)이라고 일컬었다. 세조(世祖) 11년(1465)에 분리하여 옛 터에 두고 〈옛 영원이 요충지였기 때문이었다〉 군(郡)으로 승격시키는 한편 진(鎭)을 설치하였다. 〈중종(中宗) 20년(1525)에 치소(治所)를 소초역(所草驛)에 옮겼다. 숙종(肅宗) 16년(1690)에 또 서쪽으로 10리 가량 옮겼다가 영조(英祖) 24년(1748)에 초소역 터로 다시 되돌렸다〉

「읍호」(邑號)

요원(遼原)

「관원」(官員)

군수(郡守)〈영원진 병마첨절제사 독진장(寧遠鎭兵馬僉節制使獨鎭將)을 겸한다〉 1명이 있다.

『방면』(坊面)

고창(古倉)〈읍치에서 동북쪽으로 90리에 있다〉

온창(溫倉)〈북쪽으로 130리에 있다〉

사창(社倉)〈북쪽으로 180리에 있다〉

군내(郡內)〈남쪽으로 20리에 있다〉

검창(劍倉)〈동쪽으로 160리에 있다〉

가창(加倉)〈동쪽으로 90리에 있다〉

악창(樂倉)〈북쪽으로 270리에 있다〉

흑창(黑倉)〈동쪽으로 240리에 있다〉

신창(新倉)〈동쪽으로 150리에 있다〉

생천(牲川)〈북쪽으로 170리에 있다〉

성창(城倉)〈북쪽으로 120리에 있다〉

남면(南面)〈남쪽으로 30리에 있다〉

서면(西面)〈서쪽으로 25리에 있다〉

『산수』(山水)

쾌산(快山)〈읍치에서 북쪽으로는 60리에 있고, 동쪽으로는 5리에 있다. 곧 옛 읍이다〉

낭림산(狼林山)〈일명 악림산(樂林山)이라고도 한다. 곧 한(漢)나라 현도군(玄兎郡)의 개마대산(蓋馬大山)이니, 서개마현(西蓋馬縣) 땅이다. 북쪽으로는 강계(江界)·장진(長津)과 접해 있고, 동쪽으로는 함흥(咸興)과 접해 있으며, 서쪽으로는 희천(熙川)과 접해 있다. 남북으로 500여 리에 길게 뻗어 있는데, 어둡고 깊으며 매우 험난하여 길이 통하지 않고 사람 사는 집이

없다. 장백산(長白山)과 더불어 우열을 다툰다〉

지막지산(池莫只山)〈북쪽으로 120리에 있다〉

광성산(廣城山)〈일명 본향산(本香山)이라고도 하며, 읍치에서 북쪽으로 115리에 있다. 산속에 석굴이 있는데, 굴속에 좌우 양쪽에 조그마한 못[지(池)]이 있다. 또 두 개의 석룡(石龍)이 있는데 마치 꿈틀꿈틀 위로 올라가는 형상 같기 때문에 석룡굴(石龍窟)이라고 부른다. ○ 영원군에서 서북쪽으로 가서 흑연(黑淵)과 장비탈(長飛脫)을 거쳐 구십구도수(九十九渡水)를 지나면 옛 영원 땅에 이르는데, 본향산이 있는데 또한 괘산(掛山)이라고도 한다. 사찰이 있어서 석룡굴이라고 부른다〉

신리산(新里山)〈서쪽으로 7리에 있다〉

남산(南山)〈남쪽으로 3리에 있는데, 송전(松田)이 있다〉

봉대산(鳳臺山)〈동쪽으로 10리에 있다〉

당악산(堂岳山)〈일명 다자산(多慈山)이라고도 하며, 읍치에서 북쪽으로 7리에 있다〉

검매안산(劍每安山)〈남쪽으로 5리에 있다〉

만진덕산(萬陳德山)〈동쪽으로 30리에 있으며, 맹산(孟山)과 경계한다〉

검산(劍山)〈험한 산봉우리가 잇달아 5, 60리에 뻗어있어 험난하기가 비교할 데가 없다. 낭림산(狼林山)의 남쪽 갈래이다. 상검산(上劍山)은 읍치에서 동북쪽으로 190리에 있으며 북쪽은 낭림산에 잇대어 있고, 동쪽은 함흥(咸興)과 접해 있다. 중검산(中劍山)은 읍치에서 동쪽으로 160리에 있다. 하검산(下劍山)은 읍치에서 동쪽으로 170리에 있다. 중검산·하검산 모두 동쪽이 정평(定平)과 접해 있다. 상·중·하검산 세 산의 봉우리가 모두 창의 칼날처럼 뾰족하다〉

소백산(小白山)

소룡산(小龍山)〈두 곳 모두 낭림산의 남쪽 갈래이다〉

기은동(箕隱洞)

내외악림동(內外樂林洞)〈두 곳 모두 악창방(樂倉坊)에 있다〉

「**영로**」(嶺路)

마유령(馬蹂嶺)〈하검산(下劍山)의 다음에 있다. 읍치에서 동쪽으로 140리에 있으며 정평(定平)과 통하는 소로(小路)이다〉

가음령(加音嶺)〈북쪽으로 10리에 있다〉

횡천령(橫川嶺)〈동북쪽으로 120리에 있으며, 영흥(永興)·맹산(孟山)과 경계한다〉

상목령(桑木嶺)〈서쪽으로 80리에 있다〉

생천령(牲川嶺)〈읍치에서 북쪽으로 가는 길이다〉

황처령(黃處嶺)〈북쪽으로 가는 길이다〉

광성령(廣城嶺)〈북쪽으로 130리에 있으며, 강계(江界)·희천(熙川)과 경계한다〉

두현(豆峴)〈서쪽으로 30리에 있으며 덕천(德川)과 경계한다〉

문현(門峴)〈동쪽으로 5리에 있다〉

두로개(豆老介)〈일명 두류령(逗留嶺)이라고도 하며, 읍치에서 남쪽으로 20리에 있다. 맹산과 경계하는 대로(大路)이다〉

장천(長遷)〈일명 장비탈(長飛脫)이라고도 하며 북쪽으로 가는 길이다〉

【한태령(閑台嶺)·산창령(山倉嶺)·모두거리령(毛豆巨里嶺)이 있다】

○흑연강(黑淵江)〈읍치에서 동쪽으로 200여 리에 있으며, 대동강(大同江)의 원류이다. 산수고(山水考)에 상세하다〉

구연강(仇淵江)〈북쪽으로 5리에 있으며 흑연강 하류이다〉

소룡산천(小龍山川)〈흑연강의 수원(水源)이다〉

검산천(劍山川)〈동쪽으로 130리에 있으며, 서쪽으로 흘러 흑연(黑淵)으로 들어간다〉

지막지산천(池莫只山川)〈동북쪽으로 100리에 있으며, 남쪽으로 흘러 흑연으로 들어간다〉

영성천(寧城川)〈동쪽으로 100리에 있다. 물의 근원이 마유령(馬踰嶺)에서 나와 서쪽으로 흘러 흑연으로 들어간다〉

광성천(廣城川)〈북쪽으로 100리에 있다. 물의 근원이 광성령(廣城嶺)에서 나와 남쪽으로 흘러 흑연(黑淵)으로 들어간다〉

온정(溫井)〈동쪽으로 100리 떨어진 구로파리(仇老波里)에 있다〉

『형승』(形勝)

크고 높은 산악(山岳)들이 웅장하고 높다랗게 중첩하여 펼쳐져 있고, 빠른 물살과 깊은 골짜기들로 도로는 막히고 험난하다.

『성지』(城池)

고읍성(古邑城)〈쾌산(快山)에서 동쪽으로 5리에 있다. 둘레가 4,744자[척(尺)]이고 우물이

4개 있다〉

고읍성(古邑城)〈읍치에서 서쪽으로 15리에 있다. 흙으로 쌓았는데 둘레가 7,270자이고, 우물이 5개 있다〉

『진보』(鎭堡)
「혁폐」(革廢)

영성진(寧城鎭)〈읍치에서 동쪽으로 100리에 있다. 인조(仁祖) 19년(1641)에 순영(巡營)에서 처음으로 둔(屯)의 별장(別將)을 두었다. 숙종(肅宗) 7년(1681)에 병마첨절제사(兵馬僉節制使)로 승격하였다가 곧바로 설치한 둔을 혁파하였다. 얼마 후에 관방(關防)의 요충지라 하여 도로 독진 첨사(獨鎭僉使)로 만들었다. 순조(純祖) 28년(1828)에 철폐하였다〉

『창고』(倉庫)
읍창(邑倉)
고창(古倉)〈읍치에서 북쪽으로 70리에 있다〉
성창(城倉)〈북쪽으로 120리에 있다〉
온창(溫倉)〈북쪽으로 100리에 있다〉
사창(社倉)〈동쪽으로 150리에 있다〉
신창(新倉)〈동쪽으로 150리에 있다〉
검창(劍倉)〈동쪽으로 150리에 있다〉
가창(加倉)〈동쪽으로 70리에 있다〉
악창(樂倉)〈북쪽으로 190리에 있다. 남쪽으로 영성진(寧城鎭)과의 거리가 100리이다〉
흑창(黑倉)〈북쪽으로 170리에 있다. 남쪽으로 영성진과의 거리가 80리이다〉

『역참』(驛站)
「혁폐」(革廢)
소초역(所草驛)〈지금의 읍치이다〉
가막역(加莫驛)〈옛 읍이며, 읍치에서 동쪽으로 90리에 있다〉
견우역(牽牛驛)

치담역(淄潭驛)

관천역(寬川驛)

『진도』(津渡)

고성진(古城津)〈읍치에서 서쪽으로 20리에 있다. 덕천(德川)과 경계하는 대로(大路)이다〉

입석진(立石津)

생천진(牲川津)

광성동진(廣城洞津)

고창진(古倉津)

온창진(溫倉津)

신창진(新倉津)

석우진(石隅津)

『교량』(橋梁)

남천교(南川橋)〈영원군의 남쪽에 있다〉

구룡교(九龍橋)〈읍치에서 북쪽으로 120리에 있다〉

황학교(黃鶴橋)〈북쪽으로 150리에 있다〉

고나물교(古羅物橋)〈북쪽으로 210리에 있다〉

향유교(香踰橋)〈북쪽으로 250리에 있다〉

벽천교(碧川橋)〈동쪽으로 150리에 있다〉

『토산』(土産)

삼[마(麻)]·궁간목(弓幹木)·잣[해송자(海松子)]·오미자(五味子)·석이[석심(石蕈)]·벌꿀·열목어·담비·청설모[청서(靑鼠)]·사향(麝香)

『장시』(場市)

읍내의 장날은 3·8일이다. 신창(新倉)의 장날은 2·7일이다. 사창(社倉)의 장날은 3·8일이다. 영성(寧城)의 장날은 1·6일이다.

『누정』(樓亭)

망미루(望美樓)

정기루(正己樓)

영파정(影波亭)〈망미루, 정기루, 영파정은 모두 군내에 있다〉

『전고』(典故)

고려 문종(文宗) 6년(1052)에 북로(北路) 삼살촌(三撒村: 북청(北靑) 지역을 말함/역자주)의 적(賊) 고연(高演)이 번병(蕃兵)과 더불어 치담역(淄潭驛)을 포위하였다. 병마 녹사(兵馬錄事) 김충간(金忠簡) 등이 싸워 크게 격파하여 50여 명을 목베어 죽이고 사로잡았다. 고려 고종(高宗) 7년(1220)에 거란 군사〈거란의 금산왕자(金山王子)가 이끄는 군사들이다〉의 남은 잔당들이 영원(寧遠)의 산속에 숨어 있으면서 시시때때로 출몰하면서 도적질하므로 관군(官軍)을 파견하여 격파하였다.

13. 삼화도호부(三和都護府)

『연혁』(沿革)

고려 인종(仁宗) 14년(1136)에 서경기(西京畿)를 나누어 여섯 개의 현(縣)으로 만들었는데, 금당(金堂)·호산(呼山)·칠정(漆井)〈칠정은 지금은 용강(龍岡)에 속한다〉 세 부곡(部曲)을 합하여 삼화현(三和縣)으로 만들고 현령(縣令)을 두었다. 고려 원종(元宗) 10년(1269)에 원나라에 몰수되었다.〈황주(黃州)의 영현(領縣)이 되었다〉 충렬왕(忠烈王) 4년(1278)에 다시 우리나라에 환속하고 현령을 두었다. 조선 숙종(肅宗) 12년(1686)에 도호부(都護府)로 승격하고 독진(獨鎭)으로 되었다.〈옛 현(縣)의 터가 금당(金堂)에서 남쪽에 있는 산상리(山上里)에 있다〉

「읍호」(邑號)

우산(牛山)

「관원」(官員)

도호부사(都護府使)〈삼화진 수군첨절제사 청남수군방어사 독진장(三和鎭水軍僉節制使淸南水軍防禦使獨鎭將)을 겸한다〉 1명이 있다.

『방면』(坊面)

동리(東里)〈읍치에서 동남쪽으로 10리에서 끝난다〉

원당(元堂)〈동쪽으로 15리에서 시작하여 25리에서 끝난다〉

대상(大上)〈동남쪽으로 25리에서 끝난다〉

대하(大下)〈동남쪽으로 35리에서 끝난다. 대상면과 대하면의 두 면(面)은 본래 호산부곡(呼山部曲)인데, 후에 대대면(大代面)이라 고쳤다가 지금은 분리하여 대상면과 대하면으로 되었다〉

신남(新南)〈남쪽으로 45리에서 끝난다〉

신북(新北)〈남쪽으로 30리에서 끝난다〉

서리(西里)〈서쪽으로 10리에서 끝난다〉

금당(金堂)〈본래 부곡(部曲)인데, 읍치에서 서쪽으로 15리에서 끝난다〉

내화석(乃火石)〈서쪽으로 10리에서 시작하여 20리에서 끝난다〉

오은동(吾隱洞)〈서쪽으로 15리에서 시작하여 25리에서 끝난다〉

감박동(甘朴洞)〈서쪽으로 25리에서 시작하여 30리에서 끝난다〉

초소리(草召里)〈서쪽으로 25리에서 시작하여 35리에서 끝난다〉

귀림곶(貴林串)〈서남쪽으로 35리에서 시작하여 55리에서 끝난다〉

『산수』(山水)

우산(牛山)〈읍치에서 남쪽으로 10리에 있다〉

고소산(姑蘇山)〈북쪽으로 1리에 있다〉

화정산(花靜山)〈북쪽으로 4리에 있다〉

석골산(石骨山)〈서쪽으로 10리에 있다〉

금당산(金堂山)〈서쪽으로 15리에 있다〉

자정산(慈正山)〈서쪽으로 30리에 있다〉

증복산(甑覆山)〈서쪽으로 12리에 있다〉

증악산(甑岳山)〈서남쪽으로 50리 떨어진 바닷가에 있다〉

봉서산(鳳棲山)〈동남쪽으로 20리에 있다〉

망소산(望所山)〈내화석방(乃火石坊)에 있다〉

대두산(大豆山)〈동쪽으로 20리에 있다〉

박석산(礴石山)〈남쪽으로 2리에 있다〉

마지산(馬池山)〈남쪽으로 30리에 있다〉

임우봉(霖雨峯)〈남쪽으로 30리에 있다〉

제암(帝岩)〈남쪽으로 30리 떨어진 신녕강(新寧江)이 바다로 들어가는 입구에 있다. 조선후(朝鮮侯) 기준(箕準)이 바다를 건너 남쪽으로 옮길 때 대하(大河)의 포구로 들어와 이 바위에서 휴식을 취한 까닭에 제암이라고 이름하게 되었다. 이곳으로부터 절양해(絶瀀海)로 들어가 아사달산(阿斯達山)의 남쪽에 머물렀다고 하는데, 그 후에는 전하는 것이 없다. ○살펴보건대 후대 사람들이 기준의 후손이 도읍하였다고도 하고, 단군(檀君)의 후손이 도읍하였다고도 하며, 또는 마한(馬韓)을 공격하여 격파하고 금마군(金馬郡)에 도읍하였다고도 하는데, 이렇게 말하는 것은 서해도(西海道)가 본래 마한의 영역이기 때문으로 이른바 금마(金馬)라는 것에서 마(馬)의 한 글자를 취하여 끌어다 맞춘 것일 뿐이다〉

○바다〈삼화도호부의 서남쪽으로 빙 둘러 있다〉

신녕강(新寧江)〈읍치에서 남쪽으로 30리에 있으니 곧 바다의 포구이다〉

남천(南川)〈남쪽으로 1리에 있다. 물의 근원이 용강(龍岡)의 오석산(烏石山)에서 나와 서쪽으로 흘러 삼화도호부의 서북쪽을 빙 둘러 우산(牛山)의 산기슭을 감싸면서 다시 동쪽으로 10여 리를 흘러 진평(津坪)에 이르러 바다로 들어간다〉

증남포(甑南浦)〈남쪽으로 30리에 있는데 배들이 지나다니며 머무르는 곳이다〉

「영로」(嶺路)

「도서」(島嶼)

가도(椵島)〈읍치에서 서남쪽으로 50리에 있다〉

호도(虎島)〈신녕강(新寧江)의 남쪽에 있다〉

형제도(兄弟島)〈광량진(廣梁鎭)의 남쪽에 있다〉

금차도(金釵島)〈광량진의 동쪽 포구 가운데 있다〉

비발도(庇鉢島)

저도(猪島)〈두 곳 모두 대진(大津)의 동쪽에 있다〉

취라도(吹螺島)〈대취라도·소취라도 두 섬이 있는데, 곧 대당두산(大堂頭山)의 서쪽으로 바다 가운데에 있다〉

수도(愁島)〈읍치에서 서쪽으로 45리에 있는데, 조수가 물러가면 육지와 연결된다〉

덕도(德島)〈수도(愁島)와의 거리가 20리이고, 둘레가 30리다〉

남도(藍島)〈서쪽으로 45리에 있다〉

결석도(結石島)〈삼화도호부와의 거리가 55리인데, 광량진의 남쪽으로 바다 가운데에 있다〉

연주도(連珠島)〈대연주도·소연주도의 두 섬이 있다〉

송도(松島)〈대송도·소송도의 두 섬이 있는데, 모두 덕도(德島)의 남쪽에 있다〉

『성지』(城池)

고성(古城)〈읍치에서 북쪽으로 1리에 있다. 흙으로 쌓았으며 둘레가 4,613자[척(尺)]이다〉

우산성(牛山城)〈둘레가 2,004자이다〉

『영아』(營衙)

방영(防營)〈숙종(肅宗) 7년(1681)에 방어영(防禦營)을 광량진(廣梁鎭)에 설치하고 첨사(僉使)가 방어사(防禦使)를 겸하였다. 숙종 12년(1686)에 방영을 본부(本府: 삼화도호부/역자주)로 옮겼다. ○청남수군방어사(淸南水軍防禦使)가 1명 있는데 삼화도호부사(三和都護府使)가 겸한다. ○처음에 함종(咸從)·증산(甑山)·영유(永柔)·순안(順安)·숙천(肅川)·안주(安州)·중화(中和)·평양(平壤)·강서(江西)·용강(龍江) 10읍과 광량진(廣梁鎭)·노강진(老江鎭) 2진을 합하여 1진(鎭)으로 만들고, 황해도(黃海道)의 안악(安岳)·장련(長連)·은율(殷栗)·풍천(豊川)을 합하여 1진으로 만들었다. 그 후에는 단지 광량진과 노강진 두 진의 수군(水軍)을 관장하였다.

『진보』(鎭堡)

광량진(廣梁鎭)〈읍치에서 서남쪽으로 55리에 있다. 수로(水路)가 30리인데 황해·평안도 두 지역 수로의 요충지로 방어에 중요하다. ○수군첨절제사(水軍僉節制使) 1명이 있다〉

「혁폐」(革廢)

가도영(椵島營)〈고려 때 수군영(水軍營)을 설치하였다. 고려 원종(元宗) 10년(1069)에 원나라에 몰수되어 맹주(孟州)에서 관할하도록 하였다가 후에 혁폐하였다〉

호도진(虎島鎭)〈호도(虎島) 가운데 있는데, 예전에 수군첨사(水軍僉使)를 설치하였다가

세종(世宗) 26년(1444)에 광량진으로 옮겼다〉

『봉수』(烽燧)
우산(牛山)〈위에 보인다〉
대당두산(大堂頭山)〈읍치에서 서쪽으로 40리 떨어진 바닷가에 있다. 바다로 간봉(間峯)이 보인다〉

『창고』(倉庫)
읍창(邑倉)〈읍치에서 북쪽으로 3리에 있다〉
해창(海倉)〈남쪽으로 30리에 있다〉
서창(西倉)〈서쪽으로 30리에 있다〉
성창(城倉)〈동북쪽으로 25리 떨어진 황룡산성(黃龍山城)에 있다〉

『진도』(津渡)
대진(大津)〈읍치에서 남쪽으로 40리 떨어진 신령강(新寧江)의 땅에 있는데, 위로는 용강(龍江)과 접해 있고 아래로는 서해(西海)와 연달아 있으며 남쪽으로는 장련(長連)으로 통한다〉
화도진(火島津)
고수영진(古水營津)
증남포진(甑南浦津)
대두리진(大頭里津)

『토산』(土産)
뽕나무·칠(漆)·자초(紫草)·물고기 수십 종류
【(樓亭) 불파루(不波樓)가 있다】

『장시』(場市)
읍내의 장날은 4·9일이다. 가증포(加甑浦)의 장날은 2·7일이다.

『전고』(典故)

　　고려 원종(元宗) 원년(1260)에 석도(席島)〈풍천(豊川)에 있다〉와 가도(椵島) 사람이 반역을 꾀하였다. 서북면 병마사(西北面兵馬使) 이교(李喬)가 군사를 보내어 격퇴하고 그 괴수를 목베어 죽였다. 고려 원종 10년(1069)에 임연(林衍)이 임금을 폐위시키고 안경공(安慶公) 창(淐)으로 임금을 삼았다. 서북면 병마사(西北面兵馬使) 영기관(營記官) 최탄(崔坦) 등이 임연을 토벌한다는 것을 명분으로 내세우고 용강(龍岡)·함종(咸從)·삼화(三和)의 사람들을 불러모아, 가도영(椵島營)에 들어가 분사 어사(分司御史) 심원준(沈元濬) 등을 죽였다. 우왕(禑王) 3년(1377)에 왜(倭)가 삼화현(三和縣)을 노략질하였다.

제3권

평안도 청북(1)

10읍

1. 의주(義州)

북극의 높이는 41도 4분, 평양의 서쪽으로 치우친 것이 1도 42분이다.

『산천』(山川)

송산(松山)〈일명 금강산이라고도 한다. 동쪽 30리에 미륵사(彌勒寺)가 있다〉

미라산(彌羅山)〈동쪽으로 100리에 있다. 용천(龍川)과 경계이다. 성종(成宗) 7년(1476)에 용천으로부터 옮겨 속하게 되었다. 남쪽은 바다에 접하였는데, 어살(漁箭)과 염분(鹽盆)이 있다〉

백마산(白馬山)〈남쪽으로 30리에 있다. 고인주(古麟州)와 경계이다〉

마두산(馬頭山)〈남쪽으로 80리에 있다. 보라사(寶羅寺)와 관음굴(觀音窟)이 있다〉

화엄산(華嚴山)〈동남쪽으로 80리에 있다〉

천마산(天摩山)〈동쪽으로 80리에 있다. 삭주(朔州)와 경계이다. 불장사(佛藏寺), 영성사(靈城寺)가 있다〉

삼각산(三角山)〈북쪽으로 5리에 있다. 산 위에 통군정(統軍亭)이 있다〉

남산(南山)〈남쪽으로 5리에 있다〉

대하산(大蝦山)〈동쪽으로 천마산에 접하였고, 남쪽으로 고진(古津)의 상류에 이어진다〉

구룡산(九龍山)〈북쪽으로 3리에 있다. 산 위에 사당이 있다〉

문수산(文殊山)〈화엄산에 접하였고 서쪽으로 용천에 이어진다〉

여자산(呂子山)〈송산의 동쪽이다〉

보광산(普光山)〈동남쪽으로 100리에 있다. 선천(宣川), 구성(龜城)의 서쪽 경계이다〉

토산(兎山)〈동북쪽으로 100리에 있다. 삭주와 경계이다〉

우봉(牛峯)

백운산(白雲山)〈화엄산의 동쪽에 있다〉

태조봉(太祖峯)〈40리에 있다. 고진강(古津江)가에 있다〉

삼봉(三峯)·장동(長洞)〈모두 옥상방(玉尙坊)에 있다〉

상광평(上廣坪)〈동쪽으로 100리에 있다〉

마평(麻坪)〈고인주(古麟州)에 있다〉

사장둔전(射場屯田)〈남쪽으로 9리에 있다〉

「영로」(嶺路)

대성령(大城嶺)〈동쪽으로 120리에 있다. 삭주와 경계이다〉

극성령(棘城嶺)〈동쪽으로 100리에 있다. 구성과 경계이다. 대로(大路)이다〉

한원령(寒垣嶺)

폭포령(瀑布嶺)〈동쪽으로 90리에 있다. 구성과 경계이다〉

판막령(板幕嶺)〈동북쪽으로 120에 있다. 삭주와 경계이다. 대로이다〉

가로령(加老嶺)〈동남쪽으로 30리에 있다〉

전문령(箭門嶺)〈남쪽으로 20리에 있다〉

○현(○峴)〈동쪽으로 30리에 있다〉

가두등현(加豆等峴)〈동쪽으로 10리에 있다〉

석현(石峴)〈동쪽으로 3리에 있다〉

마전령(麻田嶺)·복호령(伏虎嶺)·응암령(鷹巖嶺)·신경령(薪經嶺)·총령(葱嶺)·간사령(刊事嶺)·우두령(牛頭嶺)〈이상 일곱 곳은 '관서지(關西誌)'에 실려 있으나 거리는 알 수 없다〉

환희령(歡喜嶺)·동령(東嶺)〈이상 두 곳은 동남쪽에 있다. 선천(宣川)과 경계이다〉

봉령(鳳嶺)·국사현(國師峴)·우채덕령(右茱德嶺)·자작령(自作嶺)·진현(眞峴)·가질현(加叱峴)·장항(獐項)〈이상 일곱 곳은 부의 동쪽에 있다. 거리는 알 수 없다. 이상 아홉 곳은 지도에 실려 있다〉

「바다」(海)

〈남쪽으로 100리에 있다. 남쪽으로 용천에 이어지고 서쪽으로는 요(遼)에 접한다〉

압록강(鴨綠江)〈삭주의 경계로부터 서남쪽으로 흘러서 부의 북쪽을 돌아서 다시 남쪽으로 흘러서 바다에 들어간다. 혹은 청해(靑海)라고도 하고 혹은 용만(龍灣)이라고도 한다. 동요도사(東遼都司)까지 560리이다. 두우(杜佑)의 '통전(通典)'에 이르기를 "마자수(馬訾水)는 다른 이름으로는 압록수(鴨綠水)인데 근원이 동북쪽의 말갈백산(靺鞨白山)에서 나온다. 물의 색깔이 오리머리처럼 푸르다고 하여 그렇게 이름하였다"고 하였다. 고려시대에 북쪽의 자연적인 요새로 삼았다. '명일통지'에 이르기를 ??? 낙랑이 강토를 나누었다. '통감집람' 주에 이르기를 "압록강은 길림(吉林) 오라(烏剌) 남쪽에 있다. 근원은 장백산에서 나와서 서남으로 흘러서 조선과 경계가 된다. 봉황성 동남에 이르러서 (바다에) 들어간다"고 하였다. 강은 부의 북쪽 어적도(於赤島) 동쪽에서 세 파로 나뉜다. 하나는 남쪽으로 흘러 돌아서 구룡연(九龍淵)이 되는데 이름이 압록강이다. 하나는 서쪽으로 흘러가서 서강(西江)이 된다. 또 하나는 중류에서부터 소서강(小西江)이라고 하는데 검동도(黔同島)에 이르러서 다시 하나로 합하여 청수량(淸水梁)에서 다시 두 파로 나뉜다. 하나는 서쪽으로 흘러서 적강(狄江)과 더불어 압록강 서북쪽에 있는 것과 합해진다. 하나는 남쪽으로 흘러서 큰 강이 되는데 위화도(威化島)를 에둘러 암림관(暗林串)에 이르러서 서쪽으로 흘러서 미륵당(彌勒堂)에서 다시 적강과 합하여 대총강(大摠江)이 되어 서해로 들어간다. 강 이외에 두 큰 물이 요동의 경계 동북쪽으로부터 와서 만나 부의 북쪽에서 따로 세 강을 이룬다. 물이 져서 불어나면 세 강이 합하여 하나가 된다〉

고진강(古津江)〈동남쪽 36리에 있다. 수원은 천마산의 남쪽에서 나와 남으로 흘러 희역천(喜驛川)이 된다. 안의진(安義鎭)을 거쳐 구성부의 노동(蘆洞)을 지나 강이 꺾여서 서쪽으로 흘러 식송진(植松鎭)의 색원령(塞垣嶺)의 좁은 목을 거쳐서 임강(臨江)이 되고 고영삭(古寧朔)에 이른다. 월화천(月化川)을 지나서는 동을랑강(冬乙郎江) 원진포(元津浦)가 된다. 고정령(古定寧)을 거쳐서 10여리 지나 광화방(光化坊)에 이르러 좌로 양책천(良策川)을 지나서 또 서쪽으로 흘러 고인주(古麟州)를 거쳐 대총강으로 들어간다〉

월화천 〈월화방에 있다. 보광·화엄·문수 여러 산의 물이 합하여 북으로 흘러 들어가서 고진강이 된다〉

옥강천(玉江川)〈동북쪽 60리에 있다. 수원은 천마·여자 두 산에서 나오는데 산양천(山羊遷)에 이르러서 합하여 서쪽으로 50리 흘러서 옥강진(玉江鎭)에 이르러 남쪽으로 압록강에 들어간다〉

동을랑강 〈도랑강(都郎江)이라고도 한다. 남쪽 50리에 있는데 고진강으로 흘러간다〉

한천(漢川)〈동북쪽 5리에 있다. 수원은 송산에서 나와서 서북쪽으로 흘러서 압록강으로 들어간다〉

회군천(回軍川)〈남쪽 50리에 있다. 수원은 철산(鐵山) 서림산성(西林山城)이다. 서북쪽으로 흘러 고진강 상류로 흘러 들어간다〉

운량포(運粮浦)〈남쪽 50리에 있다. 선조(宣祖)가 이곳에 왔을 때에 조운선이 이곳에 정박하였다. 이상 두 곳은 용천의 양책천 하류이다〉

원○포(元○浦)〈남쪽 45리 고진강에 있다〉

오목포(烏沐浦)〈서쪽 10리에 있다〉

운량포 〈미라산 서쪽에 있다. 인조 병자년(1636) 이후 심양(瀋陽)에 운량을 할 때에 조운

선이 이곳에 정박을 하였다. 뒤에도 계속 운반하였다〉

구룡연〈북쪽 8리에 있다. 위 압록강조에 보인다〉

청성천(淸城川)〈상광평(上廣坪)에서 나와서 북쪽으로 압록강으로 들어간다〉

청수천(淸水川)〈천마산에서 나와 북쪽으로 압록강에 흘러간다〉

수구천(水口川)〈송산의 서북쪽에서 나와서 압록강으로 흘러들어 간다〉

진병지(鎭兵池)〈인산진성(麟山鎭城)의 남쪽에 있다〉

임덕지(臨德池)〈고인주(古麟州)에 있다〉

진병관(鎭兵串)〈남쪽 50리에 있다〉

「도서」(島嶼)

어적도(於赤島)〈난자도(蘭子島)의 북쪽에 있다. 둘레가 17리이다. 평탄하고 비옥한 땅이다〉

검동도(黔同島)〈서쪽 5리에 있다. 둘레가 15리이다. 압록강이 이곳에 이르러 세 파로 나뉜다. 섬은 두 사주의 사이에 있다. 무릇 강을 건너는 사람은 섬의 북쪽 사신들이 다니는 길을 거친다. 선조 38년(1605)에 정계비를 세웠다〉

위화도〈서쪽 25리 검동도의 아래에 있다. 둘레가 40리이다. 두 섬 사이에 압록강이 격하여 있는데 굴포(掘浦)라고 부른다. 이상 세 섬은 토지가 모두 비옥하여 백성들이 많이 경작을 한다. 세조 6년(1460)에 농민들이 건주야인의 포로가 되어서 그후로는 관에서 경작을 금지하였다. 그 뒤에 산을 만들고 함신도(陷新島) 위화사(威化寺)를 설치하였다. 요동 사람들이 여러 차례 들어왔으나 자문을 보내서 쫓아냈다〉

난자도(蘭子島)〈위화도 북쪽에 있다. 둘레는 10리이다. 홍수로 흙이 쌓이면(水落) 육지가 이어진다〉

도수정도(島漵亭島)〈서쪽 7리에 있다. 둘레가 20리이다〉

원만도(元滿島)〈남쪽 45리에 있다〉

신도(新島)〈서쪽 22리에 있다. 둘레가 8리이다〉

마도(麻島)〈서쪽 20리에 있다. 둘레가 12리이다〉

임도(任島)〈서쪽 25리에 있다. 둘레가 3리이다〉

상도(桑島)〈서쪽 25리에 있다. 둘레가 3리이다〉

다지도(多智島)〈서쪽 25리에 있다. 둘레가 6리이다〉

려도(驢島)〈서남쪽 5리에 있다. 둘레가 2리이다〉

덕대도(德大島)〈좌덕도(佐德島)라고도 하고 좌치도(佐治島)라고도 한다. 서남쪽 48리에 있다〉

승예도(勝乂島)〈'예'는 혹 '아(阿)'라고도 쓴다. 북쪽으로 10리에 있다. 둘레가 10리이다〉

추도(楸島)〈서쪽 28리에 있다. 둘레가 7리이다〉

대구리도(大九里島)〈동북쪽 9리에 있다. 둘레가 18리이다〉

소구리도(小九里島)

박선도(朴先島)〈서남쪽 50리에 있다〉

화주도(化周島)

체자도(替子島)

『강역』(彊域)

〈(의주 읍치로부터) 동쪽으로는 삭주부의 경계까지 120리이고, 구성부의 경계까지 100리이다. 동남쪽으로 선천, 철산 양 읍의 경계까지 90리이고, 남쪽으로 용천부의 경계까지 60리이다. 서남쪽으로 대총강(大塚江)이 60리이며, 서쪽으로 압록강이 2리이다.(강은 부의 동북쪽 삭주의 경계에서 그 북쪽을 돌아 서남쪽으로 흘러 대총강이 되어 바다로 들어간다)〉

『방면』(坊面)

천내방(川內坊)〈부에서 사방으로 10리 혹은 20리에 있다〉

수진방(水鎭坊)〈동쪽으로 40리에 있다〉

소관방(所串坊)〈동쪽으로 60리에 있다〉

가산방(加山坊)〈동쪽으로 60리에 있다〉

고삭령방(古朔寧坊)〈동쪽으로 80리에 있다〉

청수방(靑水坊)〈동쪽으로 100리에 있다〉

옥상방(玉尙坊)〈동쪽으로 120리에 있다〉

위원방(威遠坊)〈남쪽으로 50리에 있다〉

광화방(光化坊)〈남쪽으로 60리에 있다〉

비현방(枇峴坊)〈동남쪽으로 70리에 있다〉

월화방(月化坊)〈남쪽으로 85리에 있다〉

송장방(松長坊)〈동남쪽으로 20리에 있다〉

고군방(古郡坊)〈동남쪽으로 40리에 있다〉

관리방(舘里坊)〈동남쪽으로 40리에 있다〉

고성방(古城坊)〈동남쪽으로 30리에 있다〉

양상방(楊上坊)〈서남쪽으로 65리에 있다〉

고읍방(古邑坊)〈서남쪽으로 50리에 있다〉

광성방(光城坊)〈서남쪽으로 50리에 있다〉

진리방(津里坊)〈서남쪽으로 40리에 있다〉

양하방(楊下坊)〈서남쪽으로 45리에 있다〉

미라산방(彌羅山坊)〈서남쪽으로 90리에 있다〉

『호구』(戶口)

〈호는 11,483이고 구는 40,024이다.(남자가 23,589이고 여자가 16,435이다)〉

『전부』(田賦)

장부에 올라있는 전답이 7,356결이다.〈현재 경작하고 있는 밭은 5,423결, 논이 552결이다〉

『창고』(倉庫)

동창(東倉)〈성 안의 동쪽에 있다〉

서창(西倉)〈성 안의 서쪽에 있다〉

군향고(軍餉庫)

군기고(軍器庫)

관향고(管餉庫)〈인조 원년(1623)에 사신 행차의 반전(盤纏: 사신들의 행차에 들어가는 비용/역자주) 비용과 칙사 행차의 책응 비용에 들어가는 것 때문에 설치하였다. 이상은 모두 성 안에 있다〉

소관창(所串倉)〈소관방에 있다. 연산군 6년(1500)에 경변사(警邊使) 이극균(李克均)이 설치하였다.

광평창(廣坪倉)〈동쪽으로 110리에 있다〉

옥상창(玉尙倉)〈동쪽으로 100리에 있다〉

고영삭창(古寧朔倉)〈동쪽으로 80리에 있다〉

원창(院倉)〈동쪽으로 60리에 있다〉

양둔창(楊屯倉)〈양하방에 있다〉

해둔창(海屯倉)〈인산진(麟山鎭)의 남쪽에 있다〉

고읍창(古邑倉)〈고읍방에 있다〉

가산창(加山倉)〈가산방에 있다〉

월화창(月化倉)〈월화방에 있다〉

『곡부』(穀簿)
〈의주부의 각 곡식의 총계가 48,986석이다〉

『군적』(軍籍)
〈군보(軍堡〈軍保의 오류/역자주)가 총 13,127석('石'은 '名'의 오류/역자주)〉

『진보』(鎭堡)
인산진(麟山鎭)〈서남쪽 40리에 있다. 세조대에 인주(麟州) 땅에 진을 두고 석성을 쌓았다. 둘레가 8,260척이고 높이가 9척이다. 우물이 9군데이다. 병마첨절제사(兵馬僉節制使) 1원이고 군병의 총수는 370명이다. 진창(鎭倉)은 하나인데 곡식의 총계는 78석이다〉

청성진(淸城鎭)〈동북쪽 80리에 있다. 병마첨절제사 1원이고 군병의 총원은 360명이다. 진창이 하나인데 곡식의 총계는 77석이다〉

옥강진(玉江鎭)〈동북쪽 50리에 있다. 연산군 6년(1500)에 경변사 이극균이 석성을 쌓았다. 둘레는 744척이고 높이는 5척이다. 병마만호(兵馬萬戶) 1원이고 군병의 총수는 130명이다. 진창이 하나인데 곡식의 총계는 8석이다〉

방산진(方山鎭)〈동북쪽 60리에 있다. 세종대에 석성을 쌓았는데 둘레가 8,782척이고 높이는 8척이다. 우물이 7군데이다. 옛날에는 독진첨사(獨鎭僉使)을 두었으나 뒤에 다시 떨어져서 병마만호 1원을 두었다. 군병의 총수는 189명이고, 진창(鎭倉)은 하나인데 곡식의 총계는 151석이다〉

청수진(淸水鎭)〈동북쪽 95리에 있다. 조선 성종 24년(1493)에 석성을 쌓았는데 둘레가

1,686척이다. 옛날에 만호를 두었다가 뒤에 권관(權管)으로 떨어졌다가 지금 다시 병마만호로 올라갔다. 병마만호 1원이고 군병의 총수는 217명이다. 진창이 하나인데 곡식의 총계는 22석이다〉

수구진(水口鎭)〈동쪽으로 30리에 있다. 성종 24년(1493)에 석성을 쌓았는데 둘레가 2,473척이다. 옛날에는 만호를 두었다가 뒤에 권관으로 떨어졌으며 지금 다시 병마만호로 올라갔다. 병마만호 1원이고 군병의 총수는 141명. 창고가 하나인데 곡식의 총계는 10석이다〉

건천보(乾川堡)〈동북쪽으로 20리에 있다. 권관이 1원인데 군병의 총수는 144명이고 창고 하나에 곡식의 총계는 8석이다〉

『폐진보』(廢鎭堡)

양하진(楊下鎭)〈서남쪽 60리에 있다. 숙종 4년(1678)에 두었다가 순조대에 폐지되었다〉

소관보(所串堡)〈동남쪽 35리에 있다. 성종 23년(1492)에 석성을 쌓았다〉

성현보(城峴堡)〈동쪽 60리에 있다. 겨울에는 조방장(助防將)을 보내어 지킨다〉

송산보(松山堡)〈동쪽 12리에 있다. 옛날의 옹성(甕城)이다. 중종 21년(1526)에 화재로 소실되었는데 절도사 정윤겸(鄭允謙)이 목책을 다시 설치하였다〉

광평보(廣坪堡)〈동쪽으로 115리에 있다〉

고성보(姑城堡)〈청성진(淸城鎭)의 남쪽 5리에 있다. 이상의 4보는 연산군 6년(1500)에 경변사 이극균이 설치한 것이다〉

막령보(幕嶺堡)〈임천(臨川) 영삭고성(寧朔古城)의 북쪽 15리에 있다〉

검동보(黔同堡)

미륵당보(彌勒堂堡)〈서남쪽 40리에 있다〉

삼기보(三岐堡)〈북쪽에 있다〉

암림보(暗林堡)

고동보(庫同堡)

방어영(防禦營)〈소속 진보는 청성·청수·방산·옥강·수구·양하·건천보이다. 별무사(別武士: 평안도 지방 출신들로 조직한 부대/역자주) 330명. 장무대(壯武隊: 조선후기 평안도 병영에 소속된 기병/역자주) 병이 2초(哨: 조선후기 속오군 편성체제의 하나/역자주), 정초속오(精抄束伍: 속오군 중에서 정실한 군자/역자주)가 22초, 아병(牙兵: 각 대오(隊伍)의 우두머리를 따라다니는 병사/역자주)이 2초, 별포수(別砲手: 화포(火砲)로 무장한 군대/역자주)가 2초, 창군(槍軍: 창으로 무장한 군대/역자주)이 1초, 작대군(作隊軍: 부대를 편성할 수 있는 병사/역자주)이 5초, 표하군(標下軍: 어영청의 대장에 딸린 수하병(手下兵)/역자주)이 352이다. '비고' 참조.

『파수』(把守)

〈어적도에 6곳, 검동도에 6곳, 난자도에 7곳, 구리도에 5곳, 신도에 2곳, 마도에 5곳, 임도에 6곳, 청수진에 3곳, 청수진(청성진의 오류인듯?/역자주)에 4곳, 방산진에 4곳, 옥강진에 4곳, 수구진에 3곳, 건천보에 4곳이다〉

『강외파수』(江外把守)

〈소노토동(小老土洞), 대로토동(大老土洞), 마전동(麻田洞), 가장동(家庄洞), 산청동(山青洞). 모두 청수진 건너편에 있다. 김가동(金哥洞), 감창동(甘昌洞). 모두 청성진 건너편에 있다. 손흥량동(孫興梁洞). 방산진 건너편에 있다. 신후수동(辛後水洞). 옥강진 건너편에 있다. 김창동(金昌洞). 수구진 건너편에 있다. 대후동(大猴洞). 건천보 건너편에 있다. 어은동(魚隱洞), 마이산(馬耳山). 모두 어적동 건너편에 있다. 송작산(松鵲山), 구련성(九連城). 모두 검동도 건너편에 있다. 추상산(椎上山), 설함평(設陷坪). 모두 위화도 건너편에 있다〉

『토산』(土産)

〈실(絲)·삼(麻)·꿀(蜜)·누치[눌어(訥魚)]·숭어[수어(秀魚)]: 상품이다. 은어[은구어(銀口魚)]·쏘가리[금인어(錦鱗魚)]·농어[노어(鱸魚)]·담청옥(淡淸玉)·수포석(水泡石)·궁간목(弓幹木)·게(蟹)·백지(白芷)·소금(鹽)〉

『장시』(場市)

읍내장(邑內場)〈1·6일장이다〉

인산장(麟山場)〈4·9일장이다〉

양하장(楊下場)〈3·8일장이다〉

산성장(山城場)〈2·7일장이다〉

청성장(淸城場)〈4·9일장이다〉

석교장(石橋場)〈5·10일장이다〉

『중강개시』(中江開市)

〈조선 세종대에 명의 선종(宣宗)이 칙령을 하여 밭갈이 소 10,000마리를 요동에 보내어 견포(絹布)와 무역하도록 하였다. 선조 26년(1593)에 유성룡이 자문을 요동에 보내어 압록강의 중강(中江)에 개시(開市)를 하여 무역을 통하게 하였다. 이어서 장시가 설치되었으나 선조 34년(1601)에 파하였다가 다음 해에 다시 의주에 명하여 옛 규정에 따라 매매하도록 하였다. 광해군 원년(1609)에 파해졌다가 인조 24년(1646)에 다시 설치하게 되었는데, 3월 15일과 9월 15일 1년에 두 차례 교역하도록 하였다. 뒤에 2월 8일로 바꾸었다. 공무역 외에 의주에서(灣上) 송도의 사상들이 점차 넘치도록 (사행을) 따라가서 매매를 하고 이름을 중강후시(中江後市)라고 하였는데 숙종 26년(1700)에 파하였다. 또한 사행이 책문(柵門)에 출입할 때에 의주 사람(灣人), 송도 사람(松人) 등이 몰래 은을 까지고 인부와 말 사이에 섞이어 물건을 팔아 이익을 취하였다. 이렇게 시작되어 점차 번성해져서 끝내는 연경에 이르러 먼저 사신을 보내고 책문으로 나오는 등 거리낌이 없이 마음대로 매매하고 돌아오는 자가 있어서 책문후시(柵門後市)가 되었다. 지금은 사행으로 가서 책문으로 돌아올 때에 중국의 화물과 함께 책문을 나오도록 영구히 정식(定式: 규정/역자주)으로 삼았다〉

개시(開市) 공무역 총수 〈소 200마리. 해대(海帶) 혹은 낙사마(落士麻) 15,795근. 해삼 2,200근. 면포 373필. 마포(麻布) 175필 8,400권. 장지(壯紙) 600권. 소금 310석. 쟁기(犁) 194통(筒). 사기그릇 330죽〉

『성지』(城池)

읍성 〈고려 예종 12년(1117)에 쌓았다. 조선 태조 8년(1399)에 석성을 쌓았다. 중종 15년(1520)에 옛 성이 좁아서 고형산(高荊山)을 파견하여 상황을 순찰하고 조사하게 하여 터를 넓히고 개축하였다. 동북쪽은 높고 서남쪽은 낮다. 둘레가 3,644보(步)이고 높이는 3장(丈)이다. 옹성(甕城)이 19곳이고, 포루(砲樓)가 10곳이며 치각(雉閣)이 23곳, 성문이 7곳, 연못이 4곳, 우물이 35곳이다〉

외성은 남문 밖에 있는데 유지(遺址)가 있다.

백마산성(白馬山城)〈고려 현종 때에 강감찬(姜邯贊)이 쌓았다. 조선 인조 24년(1646)에 부윤 임경업(林慶業)이 개축하였다. 성의 서남쪽이 험하고 둘레가 2,600보이고 높이는 2장이다. 옹성은 7곳, 치각은 7곳, 문이 5곳, 군포(軍舖)가 10, 우물이 32곳, 연못이 13곳이 있다. 동창(東倉), 읍창(邑倉), 양무고(養武庫), 결승정(決勝亭)이 있다〉

외성 〈영조 29년(1753)에 부윤 남태기(南泰耆)가 처음 석성을 쌓았다. 동, 서, 북 3면은 낮고 평탄하다. 둘레는 2,103보, 높이는 2장이다. 치각이 4곳, 문이 3곳, 장대(將臺)가 1곳, 군포가 10곳, 우물이 3곳이다. 기패관(旗牌官)이 180명, 보성생(補城生)이 440명이다. '비고'에 실려 있다〉

망신루(望宸樓), 운주대(運籌臺), 요망정(瞭望亭), 대변정(待變亭), 구룡정(九龍亭), 벽정(碧亭), 이의정(二宜亭).〈이상은 모두 백마산성에 있다〉

『역참』(驛站)
의순역(義順驛)〈성의 남쪽에 있다. 말이 6필 있다〉
소관역(所串驛)〈남쪽 35리에 있다. 말이 4필 있다. 이상은 모두 대동도(大同道)에 속한다〉

『폐역』(廢驛)
방산역(方山驛)

『발참』(撥站)
관문참(官門站)〈남쪽으로 소관참(所串站)에 이어진다〉
소관참 〈남으로 용천의 자포원(者浦院)에 이어진다〉

『진』(津)
압록강진(鴨綠江津)〈고려 현종 13년(1022)에 처음 압록도구당사(鴨綠渡句當使)를 두었다. 조선시대에 도승(渡丞)으로 바꾸었다가 뒤에 폐지하였다. 옛날부터 연경에 들어가는 큰 길이다〉
용연진(龍淵津)〈인산과 양하의 사이에 있다. 이상의 나룻배(津船)는 17척이다〉

『교량』(橋梁)

오목포교(烏沐浦橋)

원진포교(元津浦橋)

고진강석교(古津江石橋)

회군천교(回軍川橋)

『원점』(院店)

개초원(盖草院)〈동북쪽 40리에 있다. 강에 이은 큰 길이다〉

판막원(板幕院)〈동북쪽 110리에 있다. 삭주로 통하는 큰 길이다〉

고진강원(古津江院)〈고진강 기슭에 있다〉

옥강점(玉江店)〈옥강진 안에 있다〉

원점(院店)〈원창(院倉)에 있다. 구성으로 통하는 큰 길이다〉

『궁실』(宮室)

취승당(聚勝堂)〈본부의 목사가 거처하는 아사(衙舍)이다. 조선 선조 25년(1592) 5월에 왜
란으로 국왕의 수레가 서쪽으로 피난을 하여 이곳에 머물러서 행궁(行宮)으로 하였다. 영조
17년(1741)에 국왕의 필적으로 편액을 달았다〉

의순관(義順舘)〈의순역에 있다. 옛 이름은 망화루(望華樓)이다. 세조 때에 누정을 짓고 관
사를 만들어 사행을 보내고 맞이하는 곳으로 삼았다〉

『누정』(樓亭)

통군정(統軍亭)〈객관의 북쪽에 있다. 봉우리가 우뚝하고 섬들이 줄이어 있으며 강북의 여
러 산들이 요동평야의 광대하고 막막한 바깥에 층층이 보이고 겹겹이 나타난다〉

세병루(洗兵樓)

환학정(喚鶴亭)

『단』(壇)

압록강단〈구룡연(九龍淵)에 있다. 서독(西瀆: 나라에서 대동강등 서쪽 지역에 있는 강에

지내는 제사/역자주)으로서 중사(中祀: 제사의 중요도에 따라 대사·중사·소사로 구분하는데 그 가운데 하나/역자주)에 실려 있다〉

『사원』(祠院)

현충사(顯忠祠)〈백마산성(白馬山城)에 있다. 숙종 경인년(1710)에 건립하고 정조 기유년 (1789)에 사액(賜額)하였다. 강감찬(姜邯贊): 마전(麻田)조에 보인다. 임경업(林慶業): 충주조 에 보인다. 황일호(黃一皓): 강화조에 보인다. 최효일(崔孝一): 의주 사람이다. 병조판서에 증 직되고 시호는 충장(忠壯)이다. 안극성(安克誠): 용천 사람이다. 병조판서에 증직되었다. 차예 량(車禮亮): 의주 사람이다. 병조판서에 증직되었다. 차충량(車忠亮): 차예량의 형이다. 병조판 서에 증직되었다. 차원철(車元轍): 차예량의 사촌동생이다. 병조판서에 증직되었다. 차맹윤(車 孟胤): 병조판서에 증직되었다. 장후건(張厚健): 안동 사람이다. 병조참의에 증직되었다〉

『별단』(別壇)

〈정조 무인년에 승지 심진현(沈晉賢)의 상언으로 현충사(顯忠祠) 옆에 별단을 만들어 향 사하였다. 명나라 유민 이인관(李寅觀) 등 95인, 조선 의사(義士) 백대호(白大豪) 등 21인을 향 사하였다〉

기충사(紀忠祠)〈성 안에 있다. 경종 임인년(1722)에 건립되고 정조 무신년(1788)에 사액 되었다. 을파소(乙巴素): 고구려 고국천왕 때의 처사(處士)이다. 압록강가에 살다가 국상(國 相)으로 초빙되었다. 김상헌(金尙憲): 태묘(太廟)조에 보인다〉

『건치』(建寘)

고려 초기에 거란이 압록강 동쪽에 성을 두고 보주(保州)라고 칭하였다.〈'고려사' 지리지 에 이르기를 "본래 고려 용만현(龍灣縣)이고 또한 화의(和義)라고도 한다"고 하였다. '요사' 지 리지에 이르기를 "보주(保州)는 선의군절도(宣義軍節度)인데 고려에서 주(州)를 두었다. 거란 의 성종(聖宗)이 보주(保州)·정주(定州) 두 주를 두었다"고 하였다. 또한 도해사(徒奚史) 선주 (宣州) 정원군(定遠軍) 자사(刺史)가 보주에 예속되었다. 회화군(懷化軍) 밑의 자사가 보주에 예속되었다. '요사(遼史)' 병지(兵志)에 이르기를 "내원성(來遠城)은 선의군영(宣義軍營)이 들 어갔다"고 하였다〉

고려 문종 8년(1054)에 거란이 또 궁구문(弓口門)을 설치하고 포주(抱州)라고 칭하였다.〈'抱'는 혹 '桴'라고도 쓴다〉 고려 예종 12년(1117)에 요의 내원성 자사('요사' 지리지에 이르기를 "내원성은 본래 숙여진(熟女眞: 요나라에 복종하던 여진족/역자주) 땅인데 통화(統和: 요나라 성종이 983년에서 1012년까지 사용한 연호/역자주) 중대에 고려에서 동경에 속하게 하였다"고 하였다) 상효손(常孝孫)과 통군(統軍) 야율영(耶律寧) 등이 금나라 병사를 피하여 바다를 건너와서 숨고 우리 영덕성(寧德城)에 이문(移文)하여 내원성 및 포주(抱州)가 고려에 돌아왔다.(내원성은 다시 금에 속하였다) 고려의 병사가 그 성에 들어가서 병장기(兵仗器)와 전곡(錢穀)들을 수습하였다. 포주를 의주라고 고치고 방어사를 두고 북계(北界)에 속하게 하여 남계(南界)의 인구를 뽑아 그곳에 채우고 다시 압록강을 경계로 하여 관방을 두었다. 고려 인종 4년(1126)에 금도 또한 주를 돌려주었다.(혹은 보주라고 한다) 고려 고종 8년(1221)에 주의 별장 한순(韓恂)이 수장을 죽이고 반란을 일으켜서 (주를) 강등시켜 함신현(咸新縣)이라고 하였다가 곧 다시 승격되었다. 고려 원종 10년(1269)에 원예박색부(元隸博索府)를 두었다.〈'고려사'는 사파부(娑婆府)라고 썼다〉 고려 충렬왕 4년(1278)에 다시 지주사(知州事)가 되었다. 고려 공민왕 15년(1366)에 목으로 승격되었고, 고려 공민왕 18년(1369)에 또 만호부를 두고 좌정(左精)·우정(右精)·충신(忠信)·의용(義勇) 4군을 설치하고 각각 상천호(上千戶)·부천호(副千戶)로 하여금 관장하게 하였다.

조선 태종 2년(1402)에 또 판관을 두고, 세조 때에 (누락/역자주)을 두었다. 선조 25년(1592)에 왜를 피하여 국왕이 이곳에 머물었다. 선조 26년(1593)에 부윤으로 승격하였다. 인조 12년(1634)에 청북방어사(淸北防禦使)를 겸하였고, 병자호란 후에 파한 후, 인조 19년(1641)에 양서운향사(兩西運餉使)를 겸하였다.

「읍호」(邑號)

〈용만(龍灣), 송산(松山)〉

「부윤」

〈의주진병마절제사·방어사·양서운향사·독진장(義州鎭兵馬節制使防禦使兩西運餉使獨鎭將)을 겸하였다〉

「역학훈도」(譯學訓導)

2원〈청학(淸學) 한학(漢學)〉

『고읍』(古邑)

정주(靜州)〈부의 남쪽 20리에 있다. 고려에서 송산현(松山縣)을 두었다. 고려 덕종(德宗) 2년(1033)에 토성 1,553간(間)을 쌓고 1,000호를 사민(徙民)하여 채우고 정주방어사(靜州防禦使)로 하였다. 고려 문종 24년(1070)에 또 다른 지역의 백성 100호를 옮겼고 고려 원종 10년(1269)에 원예박색부(元隷博索府)를 설치하였다. 충렬왕 4년에 다시 되돌아 갔다. 조선 태종 2년(1402) 내속하였다〉

인주(麟州)〈남쪽 30리에 있다. 고려에서는 영제(靈蹄)라고 칭하였다. 고려 현종 9년(1018)에 인주방어사가 되어 토성을 쌓고 송호오여(松號烏餘: 뜻 안통함/역자주) 영평진(永平鎭)의 백성을 옮겨서 채웠다. 고종 8년(1221)에 반역으로 함인현(含仁縣)으로 강등되었고, 원종 10년(1269)에 원예박색부를 설치하였다가 충렬왕 4년(1278)에 다시 돌아왔다. 조선에 들어와서 내속하였다〉

정영군(定寧郡)〈동남쪽 25리에 있다. 조선 태종 5년(1405)에 현령을 두었다. 세종 27년(1445)에 방산(方山)으로 옮기고 군으로 승격하였다. 세조 초년에 이전으로 돌아갔다가 다음 해에 내속하였다〉

위원진(威遠鎭)〈남쪽 25리에 있다. 고려 현종 20년(1029)에 평장사 유소(柳韶)를 파견하여 옛 석성을 수리하여 위원진을 두었다. 원종 10년(1269)에 원예박색부에 설치되었다가 충렬왕 4년(1278)에 되돌아왔다. 조선 태종 2년(1402)에 내속하였다. 홍화진의 서북쪽에 있다〉

영덕진(寧德鎭)〈동남쪽 40리에 있다. 고려 현종 21년(1030) 성을 쌓고, 문종 10년(1056)에 거란 흥종(興宗)의 휘를 피하여 영덕성(寧德城)이라고 개칭하였다. 조선 태종 5년(1405)에 정영현(定寧縣)으로 바꾼 것은 위에 보인다〉

정융진(定戎鎭)〈동쪽으로 80리에 있다. 고려 현종 20(1029)년에 유소(柳韶)가 홍화진(興化鎭)의 옛 석벽에 성을 쌓고 정융진을 두었다. 영평성(永平城)의 백성을 옮겨서 채웠다. 속호(俗號)는 임천성이다. 성은 835간이고 문이 7곳, 수구가 3곳, 성두(城頭)가 12이다〉

영삭진(寧朔鎭)〈동쪽으로 120리에 있다. 고려 문종 4년(1050)에 안의진(安義鎭) 진자(榛子) 농장을 성으로 하여 영삭진으로 하고 번적(蕃賊)을 막는 요충으로 삼았다. 성은 668간이고 문은 6곳, 수구는 3곳, 성두는 13곳이다. 이상 4진은 북계에 예속되어 있다〉

『고사』(古事)

〈고려 성종 3년(984)에 형관어사(刑官御事史) 이겸의(李謙宜: 고려 전기의 무신 생몰년은
미상이다/역자주)에게 명하여 압록강변에 성을 쌓아 성을 열려고 하였는데, 여진이 군사를 시
켜서 방해하고 겸의를 포로로 잡아갔다. 군사는 무너졌으나 성은 함락시키지 못하였다. 성종
14년(995)에 평장사 서희(徐熙)에게 명하여 군사를 이끌고 여진의 성(城)인 안의(安義), 홍화
(興化) 두 진에 깊이 쳐들어가도록 하였다. 구성(龜城)을 보았다. 현종 1년(1010)에 거란 군주
가 스스로 장수가 되어서 보병 40만 명을 이끌고 와서 강조(康兆)가 목종(穆宗)을 시해한 죄를
물으며 홍화진을 포위하였다. 도순검사 양규(楊規) 등이 외로운 성에서 견고히 지켜냈다. 거란
군주가 거짓으로 강조의 서한이라고 속이고 투항하라고 하였으나 양규는 끝내 항복하지 않았
다. 이 해에 거란의 군사가 남쪽으로 서울에까지 이르러 현종이 나주로 도망하였다. 현종 4년
(1013)에 여진이 거란병을 끌어들여 장차 압록강을 건너려고 할 때에 대장군 김승위(金承渭)
가 격파하여 물리쳤다. 현종 6년(1015)에 거란이 압록강 협교에 다리를 만들어 동서성을 쌓자
장수를 보내어 공격하였으나 이기지 못하였다. 거란병이 홍화진을 에워싸자 장군 고적여(高積
餘), 조과(趙戈) 등이 격파하였다. 거란이 또다시 지금의 선천인 통주(通州)를 침입하였다. 현
종 9년(1018)에 강감찬이 서북면행영도통사가 되었고 거란의 소손영(蕭遜寧)이 침입하였다.
강감찬, 강민첨이 군사 20만 8천 300명을 이끌고 지금의 안주(安州)인 영주(寧州)에 주둔하였
다. 홍화진에 이르러 기병 1만 2천 명을 선발하여 산골짝 사이에 숨어있게 하였다. 또 큰 밧줄
로 소가죽을 꿰어서 성 동쪽의 큰 강을 막고 기다렸다. 적이 이르자 막았던 것을 트고 복병을
나가게 해서 크게 격파하였다. 현종 13년(1022)에 평장사 유소에게 명하여 군사를 이끌고 안
의, 홍화 두 진에 성을 쌓았다.

덕종 즉위 초에 사신을 거란에 보내어 압록강성의 다리를 무너트리도록 요청하였으나 듣
지 않았다. (이에) 하정사(賀正使)를 정지하고 단지 연호만을 사용하였다. 덕종 2년(1033)에
거란이 정주를 침입하였다. 정종(靖宗) 3년(1037)에 거란이 수군으로 압록강을 침략하였다.
문종 8년(1054)에 거란이 처음으로 포주성 동쪽 들에 궁구문(弓口門) 난간을 설치하였다.

예종 11년(1116)에 여진이 요의 내원성(來遠城), 포주성(抱州城) 두 성을 공격하였다. 다
음 해 거란이 고려에 포주를 돌려주었다. 14년에 유소가 쌓은 장성을 3척 증축하였다. 금(金)
은 본래 여진이다. 변리(邊吏)가 군사를 내는 것을 그만두게 하였으나 따르지 않았다.

의종 19년(1165)에 섬을 돌려주었다. 자세히는 모르나 정주, 인주로부터 7, 8천 보이다. 두

주의 백성들이 항상 왕래하며 경작하고 고기를 잡고 풀을 베었는데, 조금 있다가 금나라 사람들이 틈을 타서 풀을 베고 짐승을 기르면서 많이 거주하였다. 급사중(給事中) 김광중(金光中)이 군사를 내서 격파하고 그 장막 등을 불지르고 그곳에 방수둔전(防戍屯田)을 두었는데, 뒤에 그 섬을 금에 돌려주고 방수를 철수할 것을 명하였다.

명종 7년(1177)에 의주, 정주 두 주에서 반란이 일어나서 직문하(直門下) 사정유(史正儒)를 파견하여 효유하였다.

고종 3년(1216) 거란의 유종(遺種)인 금산(金山)과 금시(金始) 두 왕자가 대요수국왕(大遼收國王)이라고 자칭하고 천성(天成)이라고 건원(建元)하며 압록강을 건너서 영주, 삭주 등 진을 공격하고 의주, 정주, 삭주, 창주, 운주, 연주 및 선덕진, 정융진, 영삭진에 침입하였다. 거란 군사가 의주, 정주, 인주와 영덕성의 경계에 쳐들어왔다. 여진의 반적인 황기자(黃旗子) 군이 파동부(婆東府) 즉 博索로부터 압록강을 건너서 고의주단(古義州塅) 및 인주와 용, 정 두 주의 경계에 주둔하였다. 서북면병마사 조충(趙冲)이 싸워서 510여 급을 참하였고 또 인주 암림평(暗林坪)에서 싸워서 크게 패배시켰다. 사로잡고 죽이고 강에 익사한 자가 셀 수가 없었고 겨우 300여 기병이 도망하였다. 금둔사우가하(金屯師于哥下)와 황기자가 싸웠으나 이기지를 못하였다. 나머지 무리 90인이 압록강을 건너서 의주에 들어갔다.

고종 6년(1219)에 의주 별장 한순 등이 그 수장(守將)을 죽이고 반란을 일으키고 스스로 원수라고 칭하며 북계를 함락시켰다. 국왕이 김취려(金就礪)를 파견하여 토벌하였다.

고종 7년(1220)에 한순 등이 청천강까지 경계로 하여 동진(東眞)에 투항하여 몰래 금의 원수 우가하(于哥下)를 끌어들여 의주에 주둔하게 하고 스스로는 여러 성의 군사를 이끌고 박천에 주둔하면서 서로 성원을 하였다. 고려에서 우가하에게 편지를 보내어 맹약을 위반한 것을 문책하니 우가하가 한순 등을 불러 유인하여 죽였다.

고종 9년(1222)에 한순의 일파가 다시 동진 군사 만 여 명을 이끌고 정주에 들어와서 드디어 의주를 침입하였다. 방수장군(防守將軍)이 그것을 알고 성 밖에 나아가 둔(屯)을 치고 동진 군사를 맞이하여 공격하여 500여 급을 참하였다.

고종 10년(1223)에 금의 원수 우가하가 마산(馬山. 白馬山인 것 같다)에서 둔을 치고 몰래 의, 정, 인 세 주를 도적질 하였다. 의주의 분도장군(分道將軍) 김희제(金希磾)가 갑사(甲士)를 파견하여 마산 아래에서 기습 공격하니 압록강에 빠져죽은 자가 파다하였다.

고종 18년(1231)에 몽고 원수 살례탑(撒禮塔)이 함신진(咸新鎭)을 에워쌌다. 방수장군 조숙창(趙叔昌)이 성채로 항복하였다. 함신진 부사 김한(金侃)이 서울에 배를 청하고 성에 머물고 있던 몽고인을 모두 흩어놓고 이민(吏民)을 이끌고 신도(新島)〈龍川府에 있다〉에 들어가 지켰다. 뒤에 배를 타고 서울에 돌아왔으나 익사하였다.

고종 41년(1254)에 몽고의 장수 차라대(車羅大)가 군사 5천 명을 이끌고 압록강을 건넜다.

공민왕 8년(1359)에 홍두적의 괴수 위평장(僞平章) 모거경(毛居敬)의 무리가 4만 명이라고 하면서 압록강을 건너와 의주를 함락시키고 부사(副使) 주영세(朱永世) 및 주민 천 여 명을 살해하였다. 정주를 함락시키고 도지휘사 김원봉(金元鳳)을 살해하고 드디어 인주를 함락하였다.

공민왕 9년(1360)에 홍두적 400여 인이 숙주의 산골짝이에 둔을 치고 있다가 그 당여가 서경에서 패배하였다는 소식을 듣고 다시 의주로 돌아갔다. 중랑장 유당(柳塘) 등이 의주에 있으면서 성문 등을 수축하였다. 홍두적이 정주에 들어가서 지키는 것을 유당 등이 공격하여 섬멸하였다.

공민왕 12(1363)년 초에 충선왕의 서자가 서쪽으로 도망하여 원으로 들어가 연경에 머물렀는데, 이가 곧 덕흥군(德興君)이다. 이 때에 반신 최유(崔濡)가 덕흥군을 모시고 원의 군사 1만 명을 데리고 압록강을 건너서 의주 궁고문(弓庫門)을 에워쌌다. 안우경(安遇慶)이 일곱 번 싸워서 물리쳤다.

공민왕 19년(1370)에 고(故) 원 평장사 새인첩목아(賽因帖木兒)가 동녕부에 의거하여 우리 북쪽 변방을 도적질하였다. 이에 조선 태조와 서북면 상원수 심용수(沈龍壽), 양백연(楊伯淵) 등에게 명하여 가서 공격하게 하였다. 의주에 이르러 부교를 만들어 압록강을 건너 나장탑(螺匠塔)에 이르렀다. 요성(遼城)에서 2일 정도의 거리이다. 비장으로 하여금 경기(輕騎)를 이끌고 요성에 진격하게 하였다. 요성은 매우 높고 준험하여 우리 군사들이 화살과 돌을 무릅쓰고 성에 육박하여 드디어 성을 빼앗았다. 새인첩목아가 도망하고 이에 군사를 되돌렸다.

공민왕 14년(1365)에 우왕과 최영(崔瑩)이 대책을 결정하고 요를 공격하도록 하고 평양에 이르러서 여러 도의 병사들을 징발하면서 압록강에 부교를 만들도록 하였다. 그리고 최영을 팔도도통사로 삼고 조민수(曺敏修)를 좌군도통사, 이성계를 우군도통사로 삼았다. 삼군 소속은 36인이고 좌우군 모두 3만 8천 8백 30이고 1만 1천 6백 34, 말이 2만 1천 6백 82, 군대의 호칭으로는 10만이었다. 좌우군이 압록강을 건너 위화도의 니성(泥城)에 주둔하였다. 원수 홍인계(洪仁桂), 강계 원수 이의(李嶷)가 먼저 요동의 경계에 들어가서 살육과 약탈을 하고 돌아왔다. 좌우군도통사가 상서를 올려 군사를 돌이키기를 청하고 이어서 회군하였다. 이성계가 우군을 거느리고 위화도에 주둔하려고 할 때 여러 장수들에게 반역으로서 군주의 측근에 있는 악을 제거하고 백성을 평안하게 하자고 유시하니, 여러 장수들이 모두 말하기를 "사직의 안위는 공의 한 몸에 있습니다. 명령만 하시면 따르겠습니다"고 하였다. 이에 회군을 하여 압록강을 건넜다.

조선 성종 17년(1486)에 의주 구룡연에 성을 쌓았다.

중종 18년(1523)에 요동인 동례(董禮) 등 500여 명이 위화도에 와서 경작하였다. 국왕이 도사(都司)에 자문을 보내어 금지하고 그 집을 모두 철수하도록 하였다.

선조 6년(1573)에 광영총병(廣寧摠兵) 이성량(李成樑)이 압록강 방산진에 보를 설치하였다. 변경을 넘어오는 인민들이 장차 우리 경계에 침입하여 경작하려고 하므로 요광아문(遼廣衙門)에 자문을 보내어 미리 효유하여 금지하도록 하였다.

선조 25년(1592) 5월에 왜가 대거 들어와 침략하니 국왕의 수레가 의주에 진주하였다. 중국에서 유격 장기공(張奇功)을 파견하고 은과 쌀, 추량(蒭粮)을 내서 의주에 운반하여 군량에 쓰도록 하였다. 또한 참장(參將) 낙상지(駱尙志)를 파견하여 남병(南兵)을 이끌고 압옥강 북안에 주둔하게 하였다. 낙상지가 용력이 있어서 능히 천 근을 들 수가 있었으므로 낙천근이라고 하여 매우 위명이 있었다.

선조 26년(1593) 정월에 제독 이여송(李如松)이 남북 관군 43,000명을 이끌고 압록강을 건너서 평양에 나아갔다.

인조 5년(1627) 정월 초에 만력 무오년에 중국에서 군사를 보내어 후금(後金)을 토벌하도록 요청하였다. 강홍립(姜弘立)이 도원수로 심하(深河)에 이르러 싸우지도 않고 군사를 들어 투항하였다. 이에 후금병이 몰래 압록강을 건너서 우리나라 항장 강홍립 및 역적 한윤(韓潤: 李适의 무리인 韓明連의 아들이다)이 주살되는 것을 두려워하여 흥경(興京)으로 도망하여 들어가서 향도가 되어 밤에 의주성에 육박하였다. 이완(李莞)은 죽고 판관 최몽량(崔夢亮)은 사로 잡혔으며 성안이 크게 궤멸되었다.

인조 9년(1631) 6월에 후금의 기보병 만 여 명이 의주에서 얕은 개울을 건너 먼저 복병을 내보내고 나중에 만월개(滿月介) 등이 한(汗)의 서간을 가지고 왔다. 용천, 정주(定州) 등지의 보달(步㺚)은 그 수를 알 수 없다. 장차 조운선으로 신미도(身彌島: 선천에 있는데 용천으로 배를 타고 건너 왕래한다)에 와서 침략하였다.

인조 14년(1636) 이때에 후금은 국호를 청으로 바꾸고 연호를 숭덕(崇德)으로 바꾸었다. 12월에 청의 군주 태종이 여러 친왕 및 영고이대(英固爾岱: 우리나라에서는 龍骨大라고 잘못 부른다), 마복탑(瑪福塔: 우리나라에서는 馬夫大라고 잘못 부른다) 등 여러 장수를 거느리고 대군 10만을 통솔하고 진강(鎭江)을 건너 의주에 들어왔다.(자세한 것은 광주, 강화에 보인다)〉

2. 영변(寧邊)

북극의 높이는 40도 42분, 평양에서 치우친 것이 1분이다.

『산천』(山川)

약산(藥山)〈서쪽으로 8리에 있다. 성이 그 위에 둘러있다〉

묘향산(妙香山)〈동북쪽으로 130리에 있다. 산세가 높고 크며 웅대하게 반거한 것이 400여 리이다. 북쪽으로 희천(熙川)·고련(高連)·덕천(德川)에 접하여 관서의 제1 명산이다. 산의 밖에는 토산(土山)인데 다만 봉우리의 허리 이하는 모두 기이한 바위와 빼어난 돌들이고 또한 험악하지 않다. 안에는 평지가 많고 큰 강이 그 사이에 광활하게 퍼져 있다. 기슭까지 중복되고 골짜기가 중첩되어 성곽 모양과 같다. 달리 길이 없고 단지 서남쪽 물길을 따라서 들어가는데 단지 한 사람이 혼자 다닐 수 있다. 산중에는 자단향(紫檀香) 나무가 많다. 세상에 전하기를 단군이 태백산 단목 밑에 내려왔다는 것은 이 산을 가리킨다고 한다. 보현사(普賢寺), 안심사(安心寺), 윤필암(潤筆庵), 상원암(上元庵), 내원암(內元庵)이 있다〉

검산(檢山)〈동북쪽으로 60리에 있다. 덕천과의 경계이다. 용문사(龍門寺)가 있다〉

용문산(龍門山)〈검산의 서쪽 기슭에 있다〉

천이산(天耳山)〈북쪽으로 60리에 있다. 만합사(滿合寺)가 있다〉

오봉산(五峯山)〈서쪽으로 40리에 있다. 오봉사가 있다〉

연산(延山)〈연산방(延山坊)에 있다. 보현사(普賢寺)가 있는데 폐사(廢寺)이다〉

백령산(百嶺山)〈백령방(百嶺坊)에 있다. 보일사(普日寺)가 있다〉

소림산(少林山)〈소림방(少林坊)에 있다. 천등사(天燈寺)가 있다〉

천양산(天陽山)

검각산(劍閣山)

구월산(九月山)

옥녀봉(玉女峯)

수철봉(水鐵峯)

「영로」(嶺路)

사현(沙峴)〈서쪽으로 20리에 있다. 박천로(博川路)이다. 이 고개로부터 무산(撫山)을 거쳐 북쪽으로 태천(泰川)에 이른다. 객망(客望)까지 20리이다〉

월림령(月林嶺)〈동북쪽으로 100리에 있다. 희천 경계의 큰 길이다〉

마유령(馬踰嶺)〈북쪽으로 83리에 있다. 작은 길이다〉

한현(汗峴)〈서쪽으로 40리에 있다. 박천의 경계이다〉

호현(狐峴)〈남쪽이다〉

구두령(仇頭嶺)

자작령(自作嶺)

화천강(花遷江)〈동남쪽으로 20리에 있다. 월림강(月林江)의 하류이고 청천강(淸川江)의 상류이다〉

청천강〈남쪽으로 50리에 있다. 안주와 경계이다. 이곳으로부터 독산(獨山)을 거쳐 서쪽으로 박천의 덕중포(德重浦) 8리에 이른다. 모두 큰 길이다〉

진강(鎭江)〈서쪽으로 50리에 있다. 대정강(大定江)의 상류이다〉

월림강(月林江)〈동북쪽으로 80리에 있다〉

어천(魚川)〈동북쪽으로 60리에 있다. 화천강의 상류이다〉

향산천(香山川)〈동북쪽으로 120리에 있다. 수원이 묘향산에서 나와서 서쪽으로 흘러 월림강으로 들어간다〉

무주천(撫州川)〈수원이 오봉산에서 나와서 서쪽으로 흘러 진강으로 들어간다〉

개평천(開平川)〈동북쪽으로 100리에 있다. 수원이 개평동(開平洞)에서 나와서 남으로 어천역(魚川驛)을 거쳐 월림강으로 들어간다〉

공포천(孔浦川)〈혹은 구음포(仇音浦)라고도 한다. 서쪽으로 15리에 있다. 수원이 설산군(雪山郡)의 유동령(柳洞嶺)에서 나와서 남쪽으로 흘러 위곡천(委曲川)이 되어 온정천(溫井川)을 지나 동남으로 흘러 동림천(東林川)과 만나 응강(凝江)이 된다. 구봉산(九峯山) 남쪽에 이르러서 오른쪽으로 성동천(城洞川)을 지나 마군대(馬郡臺)의 삼현(三峴)을 거쳐서 운산의 동천(東川)이 된다. 그 아래는 마전탄(麻田灘)이 되고 서쪽으로 굽어서 다시 동쪽으로 흘러 오른쪽으로 약수천(藥水川)을 지나서 사탄(沙灘)이 되어 영변부의 구두천(九頭川)을 지나 탑연(塔淵)의 결승진(決勝津)의 남쪽에서 만나 남쪽으로 흘러 구음포(仇音浦)가 된다. 다음에 언무정(偃武亭) 장항진(獐項津)이 되고 무골도(無骨島)에 이르러 청천강이 된다〉

탑연(塔淵)〈서남쪽으로 15리에 있다. 전에는 결승정(決勝亭)이 있었다〉

사탄(沙灘)〈북쪽으로 40리에 있다. 마전탄의 하류이다〉

신풍천(新楓川)〈북쪽으로 50리에 있다. 수원은 신현방(薪峴坊)에서 나와서 남쪽으로 흘러 천수대(天水臺) 석창(石倉)을 거쳐서 서남으로 흘러 마전탄으로 들어간다〉

사천(沙川)

용추(龍湫)〈부성의 서문 밖에 있다. 가물면 비를 빈다〉

『강역』(彊域)

〈동쪽으로는 개천(价川)과 경계이고 화천강을 격(隔)하여 있다. 남쪽으로는 안주와 경계인데 청천강을 격하여 50리이다. 서쪽으로는 박천과 경계인데 40리이다. 태천과 경계이기도 한데 진강을 격하여 50리이다. 북쪽으로는 운산과 경계인데 40리이다. 운산과 희천의 두 읍이 교차되는 곳까지 120리이다. 동북쪽으로는 희천의 월림령(月林嶺)이 100리이다. 희천과 덕천의 두 읍이 교차되는 곳이 묘향산인데 130리이다〉

『방면』(坊面)

부내방(府內坊)

오리방(梧里坊)〈동쪽으로 30리에 있다〉

검산방(檢山坊)〈동쪽으로 90리에 있다〉

백령방(百嶺坊)〈동쪽으로 135리에 있다〉

어천방(魚川坊)〈동북쪽으로 70리에 있다〉

연산방(延山坊)〈남쪽으로 35리에 있다〉

독산방(獨山坊)〈남쪽으로 45리에 있다〉

소림방(少林坊)〈서쪽으로 40리에 있다〉

무산방(撫山坊)〈서쪽으로 60리에 있다〉

고성방(古城坊)〈북쪽으로 50리에 있다〉

팔원방(八院坊)〈서쪽으로 45리에 있다〉

신현방(薪峴坊)〈북쪽으로 90리에 있다〉

남송방(南松坊)〈북쪽으로 100리에 있다〉

개평방(開平坊)〈북쪽으로 110리에 있다〉

『호구』(戶口)

호는 5,162, 구는 33,102이다.〈남자는 16,844, 여자는 16,258이다〉

『전부』(田賦)

장부에 있는 전답이 2,812결인데 현재 경작하고 있는 전답〈밭은 2,182결이고 논은 210결이다〉

『창』(倉)

사창(司倉)

저향창(儲餉倉)〈모두 성 안에 있다〉

서창(西倉)〈신성(新城) 안에 있다〉

산창(山倉)〈약산성(藥山城) 안에 있다. 북문 밖은 절벽이다〉

동창(東倉)〈동북쪽으로 100리에 있다〉

신창(新倉)〈동북쪽으로 60리에 있다〉

어창(魚倉)〈동북쪽으로 60리 큰 길에 있다. 여기에서 묘향산까지 40리이다〉

북창(北倉)〈북쪽으로 70리에 있다〉

개창(開倉)〈북쪽으로 100리에 있다〉

문창(門倉)〈북쪽으로 110리에 있다〉

석창(石倉)〈북쪽으로 57리 큰 길에 있다. 여기에서 개평(開平)까지 35리이다〉

무창(撫倉)〈서쪽으로 50리의 태천(泰川) 경계의 큰 길에 있다〉

독창(獨倉)〈남쪽으로 50리 소착진(疏鑿津) 북안에 있다〉

『곡부』(穀簿)

각 곡식의 총계는 44,556석이다.

『군적』(軍籍)

군보(軍保)의 총계는 8,800이다.

『진보』(鎭堡)

천수진(天水鎭)〈병마동첨절제사를 두었다. 계속 군사를 늘렸으나 지금은 폐지되었다.〉

『성』(城)

읍성 〈조선 태종 16년(1416)에 수축하고 숙종 12년(1686)에 개축하였다. 둘레는 11,800보이다. 신성문을 지나서 약산성으로 통한다. 우물이 5곳, 시내가 3곳이다. 성 안에 육승정(六勝亭)이 있다. 인조 14년(1636) 겨울에 청병이 성을 7일이나 에워쌌지만 산과 계곡이 험하여 하늘을 오르는 것 같았다. 그래서 드디어 포위를 풀고 갔다〉

철옹산성(鐵瓮山城)〈혹 약산산성이라고도 한다. 둘레가 20여 리이다. '고기(古記)'에 이르기를 약산이 험한 것은 동방에서 최고라고 하였다. '읍지'에 동남쪽은 형세가 매우 뾰죽한 암석이고 남쪽은 큰 들을 내려보고 있고 형세가 매우 넓다. 토지가 비옥하고 넓으며 뽕과 삼에 맞다. 세종 15년(1433)에 옛 터의 석축에 도절제사영(都節制使營)을 두었다. 도체찰사(都體察使) 황희(黃喜)가 성터를 정하고 판관 이정(李禎)이 일을 하였다. 인조 11년(1633)에 수축하였다. 둘레가 2,760보이다. 또한 동대(東臺)의 빼어남이 있다. 산창(山倉)이 하나이다. 수성장(守城將)이 1원(員)이고 수첩군(守堞軍)이 11초(哨)이다. 수영패(守營牌)가 5초 56(의미불명/역자주)이다. 서운사(棲雲寺)가 있다〉

별후영장(別後營將)〈영변부에서 겸한다〉

속읍 〈영변·개천·운산·희천〉

속진 〈위곡(委曲)·유원(柔院)·금성(金城)〉

장무대(壯武隊)〈병마(兵馬) 2초, 정초속오(精抄束伍) 30초, 빈일포연군(繽日布鉛軍) 4초, 수첩군(守堞軍) 5초, 화포수(火炮手) 1초, 난후사(欄後土) 3초, 작대군(作隊軍) 6초, 표하군(標下軍) 1,066명〉

『토산』(土産)

실(絲)·삼(麻)·오미자·은구어(銀口魚)·인삼·꿀·해송자(海松子)·사향·자초(紫草)·궁간목(弓幹木)·복령(茯苓)·영양(羚羊)

『장시』(場市)

읍내장〈2·7일장이다〉

동래원장(東來院場)〈4·9일장이다〉

무산장(撫山場)〈1·6일장이다〉

개시장(開市場)〈3·8일장이다〉

『역』(驛)

어천도(魚川道)〈어천 북안에 있다. 찰방 1, 속역(屬驛) 20, 말 89필이다. 서울에서 880리이다. 감영에서 320리이고 수영(守營)에서 150리이다〉

개평역(開平驛)〈북쪽으로 100리에 있다. 어천도찰방이 이곳에 옮겨와 있다. 동쪽으로 묘향산이 30리이고, 북쪽으로 희천의 경계인 미관(米串)까지 10리이며, 운산의 경계 전탄에서 석창을 거쳐 개평에 이르기까지 40리이다〉

수영역(隨營驛)〈남쪽에 있다〉

『폐역』(廢驛)

신풍(新豊)〈북쪽으로 30리에 있다〉

흥교(興郊)〈연산(延山)의 서쪽 20리에 있다〉

통로(通路)〈어천 전평(前坪)에 있다〉

출탄(出灘)〈위천(渭川)에 있다〉

관화(官化)〈고무주(古撫州)에 있다〉

『기발간로』(騎撥間路)

관문참(官門站)

수모로참(修毛老站)〈모로는 한편으로 우재(隅在)라고 되어있다. 부의 남쪽 30리에 있다〉

국사참(國司站)〈북쪽으로 30리에 있다〉

천수참(天水站)〈북쪽으로 60리에 있다〉

개평참(開平站)

율현참(栗峴站)

『진』(津)

결승정진(決勝亭津)〈남쪽으로 15리에 있다. 부이(夫伊), 탑연(塔淵)에 있다〉

소관진(所串津)〈동남쪽으로 20리에 있다. 개천 경계의 큰 길이다〉

소착진(疏鑿津)〈남쪽으로 20리에 있다. 안주 경계의 큰 길이다〉

청석진(靑石津)

장항진(獐項津)〈언무정(偃武亭) 밑에 있다〉

파수진(把守津)

하행진(下杏津)

화옹진(化翁津)〈운산의 경계이다〉

월림진(越林津)

구룡진(九龍津)〈혹은 공포진(孔浦津)이라고도 한다. 이상 나룻배가 9척이다〉

『교량』(橋梁)

유석교(柳石橋)〈부성 안에 있다〉

『원점』(院店)

동래원(東來院)〈동북쪽으로 50리에 있다. 큰 길이다. 원에서 덕천의 경계인 소민(蘇民)까지 40리이다. 원에서 동창(東倉)까지 50리이다〉

행정원(杏亭院)〈동북쪽으로 80리에 있다〉

가을현원(加乙峴院)〈북쪽으로 40리에 있다〉

돈평원(頓坪院)〈동북쪽으로 50리에 있다〉

석교원(石橋院)〈북쪽으로 60리에 있다〉

신풍천참(新豊川站)〈북쪽으로 20리에 있다〉

행장참(行場站)

황경래참(黃京來站)

『누정』(樓亭)

대승정(大勝亭)〈성 안에 있다〉

관심정(寬心亭)〈북쪽으로 100리에 있다. '승람'에 보인다〉

사절정(四絶亭)〈개평역에 있다〉

철옹관(鐵瓮舘)〈객관이다〉

은송정(隱松亭)〈성 안에 있다〉

『사원』(祠院)

약봉서원(藥峰書院)〈숙종 무진년(1688)에 세워서 정해년(1707)에 사액을 받았다.

조광조(趙光祖)〈문묘에 보인다〉

남악사(南岳祠)〈현덕수(玄德秀): 고려 때 사람. 윤거형(尹居衡): 조선 때 사람〉

수충사(酬忠祠)〈정조 갑인년(1794)에 사액을 받았다. 석 휴정(休靜)〉

『건치』(建寘)

연주(延州)〈본래의 호칭은 밀운군(密雲郡)이고 혹은 안삭(安朔)이다. 고연주(古延州)는 운산군 동북쪽 50리에 있다. 조선 세조 때에 운산군에 떼어서 속하게 하였다. 고려 광종 21년(970)에 지연주군사(知延州郡事)가 되었다. 성종 14년(995)에 방어사로 바꾸어 북계에 예속되었다. 원종 10년(1269)에 원에 몰수되어 동영로(東寧路) 총관부에 예속되어 양암일진(陽岩一鎭)에 영속하였다. 충렬왕 4년(1278)에 되돌아왔다. 공민왕 15년(1366)에 연산부(延山府)로 승격되었다. 조선 태종 14년(1414)에 도호부사로 바꾸었다.

무주(撫州)〈본래 운남군(雲南郡)이다. 혹은 고청산(古靑山)이라고도 하고 혹은 고청성(古靑城)이라고도 한다. 고려 성종 14년(995)에 무주방어사라고 칭하고 북계에 예속되었다. 고종 18년(1231)에 몽고병을 피하여 바다의 섬으로 들어갔다. 원종 2년(1261)에 육지로 나와서 위천(渭川) 고성(古城)에 있었다. 원종 10년(1269)에 원에 몰수되어 동영로총관부에 예속되었다가 충렬왕 4년(1278)에 다시 돌아왔다. 공민왕 18년(1369)에 태천현에 이속되었다. 공양왕 3

년(1391)에 따로 감무(監務)를 두었다. 조선 태종 13년(1413)에 무산으로 바꾸었다. 세종 11년(1429)에 연산과 무산을 합하여 영변대도호부로 바꾸고 무산의 약산성에 읍을 설치하였으며 도절제사의 본영으로 삼았다. 세종 24년(1442)에 파하였다가 세종 28년(1446)에 복구하였다가 세종 32년(1450)에 또 파하였다. 단종 원년(1453)에 다시 복구하여 절도사가 부사를 겸하게 하였다. 세조 때에 진관을 두었는데 운산·희천·박천·태천이 속하였다. 세조 13년(1467)에 동·서·중 세 도 절도사로 나누어 두었는데, 본부를 중도로 삼고, 강계를 좌도, 창주(昌州)를 우도로 삼았다. 예종 원년(1469)에 세 도를 합하여 한 도로 하고 이곳에 절도사영(節度使營)을 두어 부사를 겸하게 하였다. 인조 2년(1624)에 절도사영을 안주로 옮겨서 다시 대도호부사 겸 별후영장(別後營將)이 되었다. 경종 2년(1722)에 파하였다. 수성장·중산토포사(中山討捕使)를 겸하였다〉

고무주(古撫州)〈영변부의 서북쪽 25리에 있는데 지금 무산방이라고 한다. 조선 세조 때에 덕천군에 속하였다가 뒤에 다시 와서 속하였다〉

고연산(古延山)〈영변부의 남쪽 30리에 있는데 고연주에서 이곳에 옮겨왔다〉

대도호부사〈영변진병마첨절제사·약산산성수성장을 겸하였다〉

『고읍』(古邑)

위천(渭川)〈부의 서북쪽 40리에 있다. 본래 낙랑군이라고도 하고 혹은 고덕성(古德城)이라고도 한다. 뒤에 위주방어사(渭州防禦使)로 개칭하고 북계에 예속하였다. 뒤에 또 주가 폐지되었다. 고려 원종 2년(1261)에 무주의 치소(治所)가 되었다가 계속 속하게 되었다〉

『고사』(古事)

〈'여지승람' 고적조에 이르기를 "우발수(優渤水) 행인국(荇人國)은 태백산 동남쪽에 있다고 하는데 자세히는 모른다. 생각해보면 묘향산을 옛날의 태백산으로 생각했기 때문에 그랬던 것 같다"고 하였다.

고려 태조 4년(921)에 운남현(雲南縣)에 성을 쌓았고, 광종 2년(951)에 무주에 성을 쌓았으며 광종 3년(952)에 안삭진(安朔鎭)에 성을 쌓았다. 광종 18년(967)에 낙릉군(樂陵郡)에 성을 쌓았고 문종 4년(1050)에 위주성을 수축하였으며 의종(毅宗) 4년(1150)에 연주에 성을 쌓았다.

명종 4년(1174)에 조위총(趙位寵)의 군사가 연주를 공격하자 현덕수(玄德秀)가 군사를 이끌고 공격하여 서병(西兵: 조위총의 군사/역주)이 크게 패배하였다. 뒤에 무릇 두 차례나 공격 받았으나 현덕수가 공격하여 격파하였다. 명종 8년(1178)에 서적(西賊)이 묘향산의 여러 절들을 도륙하였다. 고종 3년(1216)에 거란의 금산(金山)의 군사가 연주를 도적질하자 낭장 현장(玄章) 등이 여러 차례 싸워서 70여 급을 참하였다. 거란 군사들이 연주 개평역에서 패배하여 묘향산으로 들어가 보현사를 불지르자 삼군(三軍)이 진격하여 2,400여 급을 참하고 6,000여 명을 남강(南江)에 익사시켰다. 거란의 군사가 약산의 남쪽 석우(石牛)·신풍(新豊)·옥아(玉兒) 등 역의 들에 주둔하자 영주문(營主文), 한경회(漢卿會)의 여러 군사들이 위주성 밖에서 싸워 500여 급을 참하였다. 고종 4년(1217)에 거란 군사들이 여진 군사를 얻어 길게 질러오자 김취려가 예주(豫州)에서 병으로 싸우지 못하고 물러섰는데 머물던 군사와 거란이 위주에서 싸워서 패배하였다.

공민왕 10년(1361)에 홍두적의 난에 이방실(李芳實)이 100기로 연주에서 공격하여 싸워 20급을 참하였다. 안우(安祐)가 여러 군사를 통솔하여 안주에 나아가 주둔하여 대첩한 것을 보고하였다. 국왕이 안우에게 명하여 도원수로 삼았다.

공민왕 13년(1364)에 동영로 만호 박백야(朴伯也)가 크게 연주를 도적질 하자 최영(崔瑩)이 나아가 격파하여 물리쳤다.

조선 선조 25년(1592) 5월에 국왕이 영변부에 행차하고 세자도 와서 만났다.

인조 2년(1624) 정월에 병사 이괄이 반란을 일으켜 무리 수 만을 이끌고 항왜(降倭) 300인을 향도로 삼아 개천·수안을 거쳐 길게 질러와서 서울로 향하였다.

인조 14년(1636) 겨울에 청의 군사가 크게 이르자 부원수 신경원(申景瑗)이 철옹성을 지키며 약간 살육을 하고 노획한 것이 있었다. 청의 군사가 여러 날 동안 성을 에워쌌으나 성이 험하여 빼앗을 수가 없었다. 청 군사가 퇴각을 허락하니 신경원이 그것을 믿고 군사를 이끌고 성에서 나왔다. 청의 군사가 묘향산 골짜기 입구에 숨어 있다가 군사를 풀어서 크게 싸웠는데 잡았다가 뒤에 석방을 해주었다〉

3. 운산(雲山)

북극의 높이는 41도 1분, 평양의 서쪽으로 치우친 것이 6분이다.

『산천』(山川)

백벽산(白碧山)〈북쪽으로 10리에 있는데 산 위에 용지(龍池)와 반야사(般若寺)가 있다〉

운대산(雲臺山)〈동북쪽으로 60리에 있다. 산 위에 용연(龍淵)이 있는데, 깊이를 알 수 없다. 가물면 비를 빈다〉

동림산(東林山)〈북쪽으로 80리에 있다. 서림정(西林亭)이 있다〉

구봉산(九峰山)〈동쪽으로 20리에 있다. 서쪽에 위만동(衛滿洞)이 있다〉

백운산(白雲山)〈서쪽으로 20리에 있다〉

운두산(雲頭山)〈서쪽으로 50리에 있다. 창성(昌城)과 경계이다〉

송림산(松林山)〈서쪽으로 40리에 있다. 태천과 경계이다〉

마군대(馬君臺)〈남쪽으로 10리에 있다〉

부학산(浮鶴山)〈북쪽이다〉

「영로」(嶺路)

우령(牛嶺)〈동북쪽으로 80리에 있다〉

차령(車嶺)〈북쪽으로 80리에 있다〉

아호미령(丫好尾嶺)

유동령(柳洞嶺)

월은내령(月隱乃嶺)〈이상 세 고개는 모두 차령의 서쪽 갈래에 있다. 이상 다섯 고개는 모두 초산과 경계이다〉

지경령(地境嶺)〈서북쪽으로 50리에 있다〉

어자리령(於自里嶺)〈북쪽으로 90리에 있다. 이상 두 고개는 창성과 경계이다〉

우제령(牛蹄嶺)〈서쪽으로 25리에 있다. 태천과 경계이다〉

마전현(馬轉峴)

두억현(豆億峴)

지현(砥峴)

승현(僧峴)

녹현(菉峴)

자왕현(自往峴)

웅강(凝江)〈수원이 유동령에서 나와 남으로 흘러 위곡천(委曲川)이 된다. 왼쪽으로 온정천을 지나 동남쪽으로 흘러 동림천과 만나 웅강이 된다. 구봉산에 이르러 남쪽으로 성동천(城洞川)을 지나 마군대, 삼현을 거쳐 군동천(郡東川)이 되고, 군동(郡東) 15리에 이르러 마전탄이 된다. 서쪽으로 흘러 약수천을 지나 다시 굽어져서 동쪽으로 흘러 사탄이 되어 영변의 경계로 들어간다. 영변부의 공포천 항목에 자세하다〉

마전탄(麻田灘)

사탄(沙灘)〈모두 웅강에 보인다〉

동림천(東林川)〈동쪽으로 40리에 있다. 수원은 우령·차령 두 곳에서 나와 남쪽으로 흘러 고연주를 거쳐 운대산의 수서(水西)에서 만나 위곡천과 합하여 웅천(凝川)이 된다〉

위곡천(委曲川)〈수원은 유동·아호미·월은내·어자리 여러 고개에서 나와 동남으로 흘러서 위곡진 왼쪽을 거쳐 온정천을 지나 오른쪽으로 마전현의 물을 지나 웅강으로 들어간다〉

성동천(城洞川)〈수원은 지경령(地境嶺)에서 나와 동쪽으로 흘러 위벽산(委碧山)의 북쪽을 지나 운산군의 서쪽 40리에 있는 동천(東川)에 이른다. 성동(城洞)을 경유하여 지현(砥峴)의 남쪽에 이르러 웅강으로 들어간다〉

온정천(溫井川)〈수원은 동림산에서 나와 남쪽으로 흘러 온정의 옆을 지나 위곡천으로 들어간다〉

약수천(藥水川)〈혹은 서천(西川)이라고도 한다. 서쪽으로 30리에 있다. 수원은 우제령에서 나와서 동쪽으로 흘러 사탄의 상류로 들어간다〉

온정(溫井)〈북쪽으로 40리에 있다〉

냉천(冷泉)〈서쪽으로 30리 용동에 있다. 약수라고 칭하는데 목욕을 하면 질병이 낫는다고 한다〉

『강역』(彊域)

〈동쪽은 영변 경계의 마전탄인데 15리이다. 남쪽은 영변부 경계의 화옹정인데 15리이다.

서쪽은 태천 경계의 우제령인데 35리이고, 서남쪽(서북쪽의 오류/역자주)은 창성 지경령인데 50리이다. 북쪽은 초산 경계인 차령·우령 두 고개인데 80리이다. 동북쪽은 희천과 경계인데 70리이다〉

『방면』(坊面)
읍내면(邑內面)
동면(東面)〈25리에 있다〉
남면(南面)〈30리에 있다〉
성동면(城東面)〈서북쪽으로 40리에 있다〉
위곡면(委曲面)〈북쪽으로 90리에 있다〉
고연주면(古延州面)〈북쪽 70리에 있다〉
고운산면(古雲山面)〈서남쪽 150리로 정주목(定州牧) 동쪽 경계의 가산(嘉山) 서남쪽 해변이다. 고려 원종 2년(1261)에 육지에서 나가 잠시 우거하던 땅(僑寓之地)이다〉

『호구』(戶口)
호가 2,043이고 구가 8,526이다.〈남자가 4,811이고 여자가 3,715이다〉

『전부』(田賦)
장부에 있는 전답이 960여 결이고 지금 경작하고 있는 밭이 814결, 논이 13결이다.

『창』(倉)
본창(本倉)〈읍내에 있다〉
성창(城倉)〈북쪽으로 30리에 있다〉
위곡창(委曲倉)〈북쪽으로 60리에 있다〉
고연주창(古延州倉)〈고연주의 토성 안에 있다〉
산창(山倉)〈영변 철옹산성에 있다〉
해창(海倉)〈고운산면에 있다〉
신창(新倉)〈동쪽으로 20리에 있다〉

북창(北倉)〈북쪽으로 80리에 있다〉

『곡부』(穀簿)

곡식의 총계는 11,357석이다.

『군적』(軍籍)

군의 총계는 1,050이다.

『진보』(鎭堡)

위곡진(委曲鎭)〈북쪽 80리 아호미령 기슭에 있다. 숙종 4년(1678)에 소모별장(召募別將)을 위곡(委曲)·성동(城東) 두 둔(屯)에 두었다가 뒤에 첨사로 승격시켰고 진을 설치하여 병마첨절제사를 두었다. 군사는 3,020명이고 곡식은 1,030석이다〉

『토산』(土産)

실(絲)·삼(麻)·궁간목(弓幹木)·뽕나무(桑)·영양(羚羊)·복령(茯苓)·오미자·인삼·꿀·송이(松蕈)·석심(石蕈)·금인어(錦鱗魚)·여항어(餘項魚)·자초(紫草)

『장시』(場市)

읍내장〈5·10일이다〉
고연주장〈4·9일이다〉

『역』(驛)

고연주역〈동북쪽으로 50리에 있다. 어천(魚川)도에 속한다〉

『기발』(騎撥)

관문참(官門站)
이성동참(梨城洞站)〈북쪽으로 30리에 있다〉
장성동참(長城洞站)〈북쪽으로 70리에 있다〉

『진』(津)

화옹진〈남쪽 15리에 있는데 영변으로 통하는 큰 길이다〉

『교량』(橋梁)

마전탄교〈동쪽으로 15리에 있다〉

온정교〈북쪽으로 45리에 있다〉

화옹정교〈겨울에는 다리이고 여름에는 배이다〉

『능묘(陵墓)』

연왕(燕王) 풍홍묘(馮弘墓)〈동쪽 10리 구봉산(九峯山)의 서쪽에 있다. 읍지에는 위만묘라고 되어 있고 속칭은 위만동이다. 생각컨대, 송(宋) 문제(文帝) 원가(元嘉) 13년(436) 위(魏) 나라가 연(燕) 나라를 정벌하자 연왕 홍(弘)이 고구려에 도망한 때는 장수왕(長壽王) 24년(436)이다. 장수왕은 연 나라의 군주를 평곽(平郭)에 처했다가 곧 북풍(北豊)으로 옮겼는데 2년을 살다가 살해되었다〉

『원점』(院店)

차유원(車踰院)〈북쪽으로 60리에 있다〉

우계원(牛界院)〈우제령 밑에 있다〉

우원(牛院)〈군의 동쪽 60리에 있다〉

『건치』(建寘)

〈고려초에 운중군(雲中郡)이라고 불렀는데 혹은 고원화진(古遠化鎭)이라고 하였다. 고구려, 발해 때의 칭호는 알 수 없다. 광종 때에 위화진장이 되었고, 성종 14년(995)에 운주방어사라고 칭하여 북계에 예속시켰다. 고종 18년(1231)에 몽고병을 피하여 바다의 섬으로 피난하였다. 원종 2년(1261)에 육지로 나와서 수주군(隨州郡)의 동쪽 경계에 우거하면서 연주군에 예속하였다. 원종 10년(1269)에 원에 몰입되어 동영로 총관부에 예속되었다. 충렬왕 4년(1278)에 다시 돌아와 계속 연주군에 속하였다. 공민왕 20년(1371)에 다시 군을 복구하고 백벽산의 남쪽에 치소를 설치하였다.

조선 태종 13년(1413)에 운산으로 바꾸었다. 세조 4년(1458)에 영변에 속하였다가 세조 7년(1461)에 다시 되돌아왔다〉

『읍호』(邑號)

운중(雲中): 고려 성종 때에 정한 것이다. 운양(雲陽)군수가 영변진관병마첨절제사를 겸한다.

『고사』(故事)

〈고려 광종 원년(950)에 위화진(威化鎭)에 성을 쌓았는데 지금의 백벽산성이라고 한다. 광종 23년(972)에 운주(雲州)에 성을 쌓았는데 지금의 직동(直洞) 옛 성이라고 한다. 고종 3년(1216)에 거란의 금산(金山) 군사가 들어와 도적질하자 운주부사(雲州副使) 설득유(薛得儒)가 두번 싸워서 50여 급을 참하였다〉

4. 희천(熙川)

북극의 높이는 41도 19분, 평양의 동쪽으로 치우친 것이 24분이다.

『산천』(山川)

남산(南山)〈남쪽으로 5리에 있다〉

백산(白山)〈북쪽으로 100리에 있다. 적유령(狄踰嶺) 서쪽 까지이다. 산의 동쪽에 두첩굴(頭疊窟)이 있다. 산 중턱으로부터 산마루까지 모두 흰 돌이라서 그렇게 이름하였다. 북쪽은 강계 땅이다. 영변의 낙림산(樂林山)과 함께 청북(淸北) 지방의 주산이다〉

묘향산〈남쪽 55리 영변과 경계이다. 단군굴(檀君窟), 금강굴(金剛窟)이 있다. 원명사(圓明寺) 소암(小菴) 대처(大處) 금선대(金仙臺). 중 휴정(休靜)이 있었다〉

주봉산(主峰山)〈북쪽으로 3리에 있다〉

중현산(衆賢山)〈동쪽으로 5리에 있다〉

약림산(藥林山)〈동쪽으로 150리에 있다. 영변의 경계이다〉

진망산(眞望山)〈서남쪽으로 40리에 있다〉

입암(立巖)〈동쪽으로 25리에 있다. 작은 봉우리가 외롭게 물가(水滋)에 송곳처럼 솟아 있는데 3장 남짓 된다〉

「영로」(嶺路)

갑현(甲峴)〈동북쪽으로 150리에 있다〉

도양령(道陽嶺)〈동북쪽으로 120리에 있다〉

적유령(狄踰嶺)〈북쪽으로 110리에 있다. 북쪽이 신광진(神光鎭)의 큰 길이다〉

초막령(草幕嶺)〈크고 작은 두 고개가 있다. 적유령의 서쪽 까지이다〉

유두막령(柳頭幕嶺)

구현(狗峴)〈북쪽 100리에 있다. 모두 신광진의 경계이다〉

이파령(梨坡嶺)〈북쪽으로 100리에 있다. 10리의 큰 길이다〉

연목령(椽木嶺)

형제물령(兄弟物嶺)

쌍구물령(雙口物嶺)〈모두 초막령의 서쪽 까지에 있다. 이상은 강계조에 상세하다〉

평전령(平田嶺)〈동쪽으로 115리에 있다〉

광성령(廣城嶺)〈동쪽으로 90리에 있다〉

다사천령(多士川嶺)〈동쪽으로 70리에 있다. 이상은 영변의 경계이다〉

동무령(東茂嶺)〈동남쪽의 덕천과 영변의 두 곳의 경계이다〉

극성령(棘城嶺)〈동쪽으로 25리에 있다〉

모덕령(牟德嶺)

매화령(梅花嶺)

유전령(枏田嶺)〈이상은 모두 군의 서쪽 80리 초산의 경계이다〉

구인령(蚯蚓嶺)〈위와 같다〉

호현(狐峴)〈서남쪽으로 50리에 있다〉

월림령(月林嶺)〈남쪽으로 23리에 있다. 이상은 영변 경계의 큰 길이다〉

차유령(車踰嶺)〈북쪽〉

청량현(淸凉峴)〈서북쪽〉

대추현(大楸峴)

소추현(小楸峴)〈모두 군의 서쪽에 있다〉

길현(吉峴)〈북쪽〉

장현(獐峴)〈남쪽〉

생천령(栍川嶺)〈동남쪽 80리 영원(寧遠)과 경계의 작은 길이다〉

동강(東江)〈수원이 낙림산(樂林山) 갑현(甲峴)에서 나와 서쪽으로 흘러 유원진(柔院鎭)에 이르러서 오른쪽으로 죽전천(竹田川)을 지나고 왼쪽으로 타막천(他莫川)을 지나서 서쪽으로 흘러서 봉단성(鳳丹城)에 이르고. 오른쪽으로 적유천(狄踰川)을 지나 용부연(龍釜淵)이 된다. 입석(立石)을 거쳐서 왼쪽으로 광성령천(廣城嶺川)을 지나고 또 서남쪽으로 흘러 동강(東江)이 된다. 오른쪽으로 두첩천(頭疊川)을 지나 왼쪽으로 주천(株川)을 지나 군의 남쪽에 이른다. 오른쪽으로 서천(西川)을 지나 장항(獐項)에 이른다. 왼쪽으로 송관포(宋串浦)를 지나 월림산 밑에 이르러 월림강이 되고 영변 경계로 들어가서 청천강의 원류가 된다〉

송관포(宋串浦)〈서쪽으로 45리에 있다. 수원은 극성령(棘城嶺)에서 나와서 동남쪽으로 흘러 서창(西倉) 및 추현(楸峴)을 거쳐서 송관지포가 되고 동쪽으로 월림강에 들어간다〉

서천(西川)〈서쪽으로 10리에 있다. 수원은 구현(狗峴)에서 나와서 남쪽으로 흘러 암회천(巖回遷)에 이른다. 유두막천을 지나 북창을 거쳐서 남쪽으로 흘러서 동강으로 들어간다〉

생천(栍川)〈동남쪽으로 80리에 있다, 수원은 생천령에서 나와서 서쪽으로 흘러 진창(眞倉)에 이른다. 묘향산 북천(北川)을 지나서 서북쪽으로 흘러 동강에 들어간다〉

광성천(廣城川)〈동쪽으로 90리에 있다. 수원은 광성령에서 나와서 서쪽으로 흘러 신창(新倉)을 거쳐서 동강에 들어간다〉

적유천(狄踰川)〈동쪽으로 35리에 있다. 수원은 적유령에서 나와 남쪽으로 흘러 시원(柴院)을 거쳐서 서쪽으로 백산천(白山川)을 지나 봉단성(鳳丹城)에 이르고 용부연에 들어간다〉

죽전천(竹田川)〈동북쪽으로 100리에 있다. 수원은 강계의 죽전령에서 나와서 남쪽으로 흘러 동강에 들어간다〉

지막천(池莫川)〈동쪽으로 100리에 있다. 수원은 영원 지막산(池莫山)에서 나와서 서로 흘러 동강에 들어간다〉

용부연(龍釜淵)〈북쪽으로 50리에 있다〉

심연(深淵)〈북쪽으로 45리에 있다〉

온천 〈동쪽 50리 원홍리(元洪里)에 있다〉

『강역』(彊域)

〈동쪽은 영원의 경계까지 115리, 90리, 70리이고, 남쪽은 영원, 덕천, 영변 세 읍의 교차되는 곳이 90리이고, 남쪽은 영변이 45리이고, 서쪽은 운산 경계까지 70리이며, 서북쪽은 초산 경계까지 80리이고, 북쪽은 강계가 110리이고, 동북쪽은 영원, 강계가 150리이다〉

『방면』(坊面)

읍내면 〈옛날에는 읍상(邑上), 읍하(邑下) 두 면이었다〉

동면 〈동북쪽으로 30리에 있다〉

남면 〈30리에 있다〉

서면 〈80리에 있다〉

북면 〈120리에 있다〉

동창면(東倉面) 〈140리에 있다〉

서동면(西洞面) 〈50리에 있다〉

진면(眞面) 〈동남쪽으로 80리에 있다〉

장동(長洞) 〈동쪽으로 80리에 있다〉

유원면(柔院面) 〈군에서 110리에 있다. 총목(總目)이 실려 있다〉

『호구』(戶口)

호는 4,491이고 구는 15,509이다. 〈남자는 9,349이고 여자는 6,160이다〉

『전부』(田賦)

장부에 있는 전답이 1,348결인데 현재 경작하고 있는 밭이 791결이고 논이 1결이다.

『창』(倉)

군창(郡倉) 〈동쪽으로 3리에 있다〉

진창(眞倉)〈동쪽으로 35리에 있다〉

신창(新倉)〈동쪽으로 92리에 있다〉

석창(石倉)〈동쪽으로 63리에 있다〉

적창(狄倉)〈북쪽으로 95리에 있다〉

북창(北倉)〈북쪽으로 53리에 있다〉

심창(深倉)〈서북쪽으로 42리에 있다〉

서창(西倉)〈서쪽으로 42리에 있다〉

『곡부』(穀簿)

각 곡식의 총수는 15,429석이다.

『군적』(軍籍)

군보의 총수는 4,414이다.

『진보』(鎭堡)

유원진(柔遠鎭)〈동쪽으로 115리에 있다. 인조 원년(1623)에 처음 별장을 두었고, 숙종 원년(1675)에 첨사병마동첨절제사로 승격하였다. 군사의 총수는 284명이고, 창고는 3이며, 곡식의 총수는 2,934석이다〉

『토산』(土産)

실(絲)·삼(麻)·영양(羚羊)·칠·여항어(餘項魚)·금인어(錦鱗魚)·눌어(訥魚)·복령(茯苓)·꿀·오미자·인삼·해송자(海松子)·사향·청서(靑鼠)·담비(貂)·송이(松蕈)·수달(水獺)·궁간목(弓幹木)·벼룻돌(硯石)

『장시』(場市)

읍내장〈2·7일장이다〉

장동장(長洞場)〈3·8일장이다〉

유원장(柔遠場)〈4·9일장이다〉

『역』(驛)

군내역(郡內驛)〈군내에 있다. 말이 두 필이다〉

장동역(長洞驛)〈북쪽으로 45리에 있다. 여기에서 북쪽 적유령역까지 51리의 큰 길이다. 말이 두 필 있다〉

적유역(狄踰驛)〈북쪽으로 115리에 있다. 이 역에서 고개까지 50리이다. 말이 두 필이다〉

평전역(平田驛)〈지금은 폐지하였다〉

『기발』(騎撥)

관문참(官門站)

법흥참(法興站)〈동북쪽으로 35리에 있다〉

복죽참(福竹站)〈동북쪽으로 63리에 있다〉

흑참(黑站)〈군의 북쪽 55리에 있다〉

백산참(白山站)〈군의 북쪽 125리에 있다〉

『교량』(橋梁)

남천교(南川橋)〈남쪽으로 5리에 있다〉

서천교(西川橋)〈서쪽으로 5리에 있다〉

송관지교(宋串之橋)〈남쪽으로 35리에 있다〉

석홍교(石虹橋)〈동쪽으로 25리에 있다〉

용교(龍橋)〈남쪽으로 90리에 있다〉

『원관』(院舘)

적유원(狄踰院)〈고개 위에 있다〉

황경래참(黃京來站)〈남쪽으로 20리에 있다〉

장동관(長洞舘)

적유관(狄踰舘)

옥류관(玉流舘)〈남쪽으로 5리에 있다〉

『건치』(建置)

〈고려 초에 청색진장(淸塞鎭將)을 두어 북계에 예속하였다. 고종 4년에 거란병을 막는데 공로가 있어서 위주방어사(威州防禦使)로 승격하였다. 뒤에 국적(國賊)을 배반하였다고 하여 희주(熙州)로 개칭하고 개천의 겸관(兼官)이 되었다. 원종 10년(1269)에 원에 몰수되어 동영로총관부에 예속되었다. 충렬왕 4년(1278)에 다시 환원되어 계속 개천에 속하였다. 조선 태조 5년(1396)에 나누어서 군을 두었다. 태종 13년(1413)에 희천으로 개칭하였다. 읍호는 위성(威城). 군수가 영변진관병마동첨절제사를 겸한다〉

『사원』(祠院)

중현서원(衆賢書院)〈선조 병자년(1576)에 건립하고 숙종 갑술년(1694)에 사액되었다. 김굉필(金宏弼) 조광조(趙光祖): 모두 문묘에 보인다〉

『누정』(樓亭)

대향루(對香樓)〈군내이다〉

초연정(超然亭)〈남쪽으로 6리에 있다〉

옥류각(玉流閣)〈남쪽으로 6리에 있다〉

『고사』(故事)

〈고려 경종 4년(979)에 청색진에 성을 쌓고, 고종 3년(1216)에 거란의 금산 군사가 도망하여 김취려가 (3자 결락)을 파견하여 각각 2,000명이 청색에서 싸워서 과당(過當)을 사로잡아 죽였다. 고종 4년(1217)에 거란병 200여 명이 청색진을 노략질하자 판관 주효엄(周孝嚴) 등이 나가 싸워 공을 세웠다〉

5. 박천(博川)

북극의 높이는 40도 39분, 평양의 서쪽으로 치우친 것이 17분이다.

『산천』(山川)

와룡산(臥龍山)〈혹은 고방산(高方山)이라고도 한다. 동쪽으로 3리에 있다. 영천사(靈泉寺)가 있다〉

봉린산(鳳麟山)〈혹은 심원산(深源山)이라고도 한다. 남쪽으로 18리에 있다. 심원사(深源寺), 극락사(極樂寺), 서공사(西孔寺), 성전암(聖殿庵)이 있다〉

대장산(大藏山)〈서남쪽으로 50리에 있다. 대장사(大藏寺)가 있다〉

송림산(松林山)〈남쪽으로 40리에 있다〉

장수산(長壽山)〈남쪽으로 30리에 있다〉

독산(禿山)〈서쪽으로 3리에 있다〉

병온산(並溫山)〈남쪽으로 30리에 있다〉

대정강(大定江)〈옛날에는 대영강(大寧江)이라고도 하였고 또한 개사강(蓋泗江)이라고도 하였다. '명대통지'(明大統志: '大明一統志'의 오류/역자)]에는 대정강(大定江)이라고 되어 있다. 군에서 서쪽으로 15리의 태천 경계의 중간 길이고, 서남쪽 16리에 가산 경계의 큰 길이다〉

청천강(淸川江)〈남쪽 40리의 안주 경계이다. 서쪽으로 흘러 대정강과 합한다〉

장평천(長坪川)

구룡천(九龍川)

차가동(車駕峒)〈서남쪽으로 50리에 있다〉

감지동(甘枝峒)

부동(桴峒)〈남쪽으로 40리에 있다〉

대현동(大賢峒)〈남쪽으로 30리에 있다〉

강금동(江金峒)〈남쪽으로 45리에 있다〉

연지동(蓮芝峒)〈위와 같다〉

맹지동(孟之峒)〈모두 남쪽으로 30리에 있다〉

「영로」(嶺路)

사토리현(沙土里峴)〈북쪽 12리의 큰 길이다. 영변, 태천 두 고을의 경계이다〉

삼한현(三汗峴)〈동북쪽으로 10리에 있다. 영변 경계의 큰 길이다〉

송현(松峴)〈동쪽〉

무주현(茂周峴)〈서쪽〉

제방(堤防)〈7개〉

『강역』(彊域)

〈동쪽은 영변 경계가 10리이고, 동남쪽은 안주의 경계가 30리이며 남쪽은 안주 경계의 40리인데 모두 청천강으로 격하여 있다. 서남쪽은 정주, 가산, 안주 세 읍이 교차하는 곳으로 50리이고 청천강, 대정강 두 강이 이곳에서 만난다. 서쪽은 가산과 경계인데 16리이고 대정강으로 격하여 있다. 북쪽은 태천과 경계인데 15리이고 대정강으로 격하여 있다. 북쪽은 영변과 경계인데 12리이다〉

『방면』(坊面)

군내면(郡內面)〈읍에서 사방 10리이다〉

동면(東面)〈동남쪽으로 30리에 있다〉

남면(南面)〈40리에 있다〉

서면(西面)〈20리에 있다〉

덕안면(德安面)〈남쪽으로 50리에 있다〉

『호구』(戶口)

호는 2,820, 구는 8,239이다.〈남자는 4,689, 여자는 3,550이다〉

『전부』(田賦)

장부에 있는 전답은 1,170결인데, 현재 경작하고 있는 밭은 487결이고 논은 343결이다.

『창』(倉)

읍창(邑倉)

해창(海倉)〈서남쪽으로 40리에 있다〉

동창(東倉)〈남쪽으로 20리에 있다〉

서창(西倉)〈서쪽으로 12리에 있다〉

『곡총』(穀總)

각 곡식의 총수는 12,637석이다.

『군적』(軍籍)

군보(軍保)의 총수는 3,266이다.

『진보』(鎭堡)

고성진(古城鎭)〈남쪽 50리에 있다. 청천강과 대정강 두 강이 만나는 곳으로 가산의 효성령(曉星嶺) 서변의 가마천(加麻川)이 적이 들어오는 요충이므로 숙종 8년(1103)에 진을 설치하고 안주에 속하게 하였다가 뒤에 본군에 와서 속하였다. 병마동첨절제사가 1원이고 군사의 총수는 215이며 창(倉)이 1, 곡식의 총수가 583석이다〉

『토산』(土産)

실(絲)·삼(麻)·칠(漆)·닥나무(楮)·꿀·왕골(莞草)·자초(紫草)·붕어(鯽魚)·숭어(秀魚)·홍어(洪魚)·굴(石花)·조개(蛤)

『장시』(場市)

진두장(津頭場)〈가산 동쪽 3리에 있다. 5·10일장이다〉

양비애장(兩飛崖場)〈1·6일장이다〉

『역』(驛)

장림역(長林驛)〈서쪽으로 23리에 있다. 지금은 폐하였다〉

『기발』(騎撥)

광통원(廣通院)〈북쪽(남쪽의 오류/역주) 20리에 있다. 군의 남쪽 땅에 있다. 동남쪽으로 안주의 관문참과 연결되고 서쪽으로 가산의 관문참과 연결된다〉

『간발』(間撥)

관문참〈군의 남쪽 2리에 있다. 동남쪽으로 안주의 관문참으로 연결되고 서북쪽으로 태천의 관문참과 연결된다〉

『진』(津)

진두진(津頭津)〈서남쪽으로 20리에 있다. 여기에서 서쪽으로 가산이 20리이다. 큰 길이다〉
풍포진(楓浦津)〈동남쪽으로 30리에 안주와의 경계에 있다. 큰 길이다〉
양비탄진(兩飛灘津)〈서쪽 5리의 태천과 경계에 있다. 중간 길이다. 이상 배가 6척이다〉

『교량』(橋梁)

장천교(長川橋)〈남쪽으로 2리에 있다〉
황병천교(黃柄川橋)〈남쪽으로 8리에 있다〉
석교(石橋)〈서쪽으로 18리에 있다〉
구룡천교(九龍川橋)〈남쪽으로 18리에 있다〉
장평천교(長平川橋)〈남쪽으로 30리에 있다〉
가통교(加通橋)〈동남쪽으로 35리에 있다〉

『누정』(樓亭)

일하루(日下樓)〈임진년에 임금의 수레가 머물렀다〉
괘궁정(掛弓亭)〈모두 군내에 있다〉
제민정(濟民亭)〈서쪽으로 1리에 있다〉

『사원』(祠院)

지천사(遲川祠)〈최명길(崔鳴吉): 자(字)는 자겸(子謙)이고 호는 지천(遲川)이다. 본관이

전주이고 완성부원군(完城府院君)이며 시호(諡號)는 문충(文忠)이다. 문형(文衡)을 맡았다〉

『건치』(建寘)

〈본래 덕창진(德昌鎭)이었다. '승람'에 이르기를 "본래 고려 때에는 박릉군(博陵郡)이었는데 고려 성종 14년(995)에 박천으로 바꾸고 방어사를 두어 북계에 예속시켰다. 고종 18년(1231)에 몽고병을 피하여 바다의 섬으로 들어갔다가 원종 2년(1261)에 육지로 나와서 가주에 속하였다. 공민왕 20년(1371)에 다시 나뉘어져서 군이 되었다. 조선 태종 13년(1413)에 박천으로 바꾸었다. 세조 4년(1458)에 군이 조잔하고 피폐해져서 영변에 속하였다가 세조 9년(1463)에 다시 두었다"고 하였다〉

「읍호」(邑號)

박릉(博陵)〈고려 성종 때에 정한 것이다. 군수가 영변진관병마동첨절제사(寧邊鎭管兵馬同僉節制使)를 겸한다〉

『고사』(古事)

〈고려 문종 2년(1048)에 덕창진(德昌鎭)에 성을 쌓고 박주에 1,001간의 성을 쌓았다. 생각컨대 정종(靖宗) 2년(1036)에 덕창, 박주(博州) 두 곳에 성을 쌓았다고 하는 이외에 따로 덕창이 있는 것은 의심할 만한 것이다. 지금의 고성진(古城鎭)이 옛날의 덕창이 아닐까 생각한다. 공민왕 10년(1361) 홍건적의 란에 이방실이 원수(元帥)가 되었는데, 조천주(趙天柱: 중봉〈重峰〉 조헌〈趙憲〉의 8대조이다) 등이 박천에서 적을 쳐서 물리쳤다. 또한 400여 기를 이끌고 박천에서 적을 쳐서 100여 급을 참하였다.

조선 선조 25년(1592) 5월에 국왕이 박천에 행차하였고 중궁(中宮: 선조의 정비로 반성부원군 박응순의 딸/역자주)도 와서 만났다. 순조 11년(1811) 11월에 토적(土賊) 홍경래(洪敬來: 洪景來의 오류/역자주) 등이 박천 등 여덟 고을을 함락하였다〉

6. 태천(泰川)

북극의 높이는 40도 39분, 평양의 서쪽으로 치우친 것이 29분이다.

『산천』(山川)

향적산(香積山)〈동북쪽으로 25리에 있다. 원적암(圓寂庵)이 있다〉

삼각산(三角山)〈북쪽으로 50리에 있다. 혹 송림산(松林山)이라고도 한다. 산 위에 샘이 솟아서 동쪽으로 흐르기를 30여 리 하고 오지천(烏知川)으로 들어간다. 산이 높고 골이 깊으며 안이 곧고 광활하며 수목이 하늘을 찌른다. 동, 서, 북쪽 세 면이 험하여 통하기 어렵고 한쪽 면이 겨우 말이 들어갈 수 있다. 병정지란(丙丁之亂: 병자호란의 다른말/역자주)에 가산, 정주, 박천, 태천의 백성이 이곳에 피난하였다. 송림사(松林寺)가 있다〉

퇴라사(退羅寺: 퇴라산의 오류/역주)〈동쪽으로 15리에 있다〉

양화산(陽和山)〈동쪽 25리에 있다. 화장사(華藏寺), 양화사(陽和寺)가 있다〉

오산(烏山)〈서쪽으로 15리에 있다〉

모산(帽山)〈동남쪽으로 30리에 있다〉

구봉산(九峯山)〈북쪽으로 40리에 있다〉

검은산(儉隱山)〈북쪽으로 20리에 있다〉

임천산(林泉山)〈서쪽으로 20리에 있다〉

「영로」(嶺路)

우제령(牛蹄嶺)〈동북쪽 50리의 운산 경계의 큰 길이다〉

도직령(盜直嶺)〈동쪽〉

송현(松峴)

마파현(馬坡峴)

오지천(烏知遷)〈동쪽으로 15리에 있다〉

은현(銀峴)

장수현(長水峴)〈모두 현의 남쪽이다〉

봉황령(鳳凰嶺)

달마현(達麻峴)

피현(皮峴)〈모두 북쪽에 있다〉

수총(水總)

관적강(串赤江)〈혹은 오지천이라고도 한다. 동쪽 15리에 있다. 박천 대정강의 상류이다〉

북강(北江)〈북쪽으로 25리에 있다. 수원이 삭주 계반(界畔) 등 아홉 고개에서 나와 합해져서 동남쪽으로 흘러 현을 지나 원탄(院灘)으로 들어간다〉

남강(南江)〈남쪽 10리에 있다. 구성의 황화(皇華), 구림(九林) 두 천이 합하여 동으로 흘러 현의 남쪽을 거쳐서 관적강으로 들어간다〉

원탄(院灘)〈북쪽으로 30리에 있다. 시채(恃寨), 형제(兄弟) 두 천이 합하는 곳이다〉

가지천(加之川)〈남쪽으로 35리에 있다. 수원이 대사리(大思里)에서 나와서 동쪽으로 흘러 남창(南倉)을 거쳐서 관적강의 하류로 들어간다〉

송림천(松林川)〈수원이 송림산 우제령(牛蹄嶺)에서 나와서 남쪽으로 흘러 원탄으로 들어간다〉

탑현천(塔峴川)〈샘이 임천산의 동쪽에서 솟아서 관적강 하류로 들어간다〉

탁영대(濯纓臺)〈동쪽 10리의 원탄 하류의 강가이다〉

창랑대(滄浪臺)〈탁영대의 하류이다〉

협수대(挾水臺)〈강북의 남쪽가 관적강변으로 탁영대의 상류이다〉

온천(溫泉)〈퇴라산 밑이다〉

가지천(加之川)〈즉 탑현천이다〉

『강역』(彊域)
〈동쪽은 영변의 경계까지 25리이고, 동남쪽은 박천의 경계까지 50리이며, 남쪽은 가산의 경계까지 40리이고, 서남쪽은 정주의 경계까지 50리이다. 서쪽은 구성의 경계까지 20리이고, 서북쪽은 삭주의 경계까지 50리이며 북쪽은 창성의 경계까지 40리이고 동북쪽은 운산의 경계까지 50리이다〉

『방면』(坊面)
현내면(縣內面)〈사방으로 10리이다〉

동면(東面)〈40리에 있다〉

남면(南面)〈40리에 있다〉

서면(西面)〈35리에 있다〉

북면(北面)〈50리에 있다〉

장림면(長林面)〈남쪽으로 15리에 있다〉

『호구』(戶口)

호는 2,214이고 구는 8,515이다.〈남자는 3,813이고 여자는 4,702이다〉

『전부』(田賦)

장부에 있는 전답은 1,226결인데 현재 경작하고 있는 밭은 848결이고 논은 210결이다.

『창』(倉)

현창(縣倉)〈북쪽으로 2리에 있다〉

동창(東倉)〈북쪽으로 20리에 있다〉

남창(南倉)〈남쪽으로 25리에 있다〉

북창(北倉)〈북쪽으로 30리에 있다〉

서창(西倉)〈남쪽으로 20리에 있다〉

신창(新倉)〈서쪽으로 20리에 있다〉

『곡부』(穀簿)

각 곡식의 총수는 21,239석이다.

『군적』(軍籍)

군보(軍保)의 총수는 3,129이다.

『토산』(土産)

실(絲)·삼(麻)·꿀·인삼·자초(紫草)·오미자·해송자(海松子)·사향·복령(茯笭)·궁간목

(弓幹木)·칠(漆)·영양(羚羊)·홍화(紅花)·오옥(烏玉)〈현의 남쪽 장림리(長林里)에서 난다〉

『장시』(場市)

읍내창(邑內倉: 邑內場의 오류/역주)〈3·8일장이다〉

원장(院場)〈2·7일장이다〉

『역』(驛)

『기발』(騎撥)

관문참〈동남쪽으로 박천의 관문참에 연결되고, 서북쪽으로 구성의 관문참에 준한다. 샛길
(間路)이다〉

『진』(津)

관적강진(串赤江津)

소용탄진(所用灘津)

내강진(內江津)〈이상의 진에 있는 나룻배는 4척이다〉

『교량』(橋梁)

내강교(內江橋)〈동쪽으로 5리에 있다〉

소용탄교(所用灘橋)〈서남쪽으로 5리에 있다〉

원탄교(院灘橋)〈북쪽으로 25리에 있다〉

달탄교(達灘橋)〈남쪽으로 7리에 있다〉

『원점』(院店)

퇴여원(退餘院)〈서쪽으로 22리에 있다〉

와동원(瓦洞院)〈동쪽으로 18리에 있다〉

『사원』(祠院)

돈암서원(遯庵書院)〈선우협(鮮于浹): 평양조를 보라. 김익호(金翼虎): 첫 이름은 대진(大振)이다. 호는 만학재(晚學齋), 본관은 경주이다〉

『누정』(樓亭)

탁영정(濯纓亭)〈관적강 상류에 있다〉

『건치』(建寘)

〈고려 초에는 광화현(光化縣)이다. 혹은 삭령(朔寧)이라고도 하고 혹은 연삭(延朔)이라고도 한다. '승람'에 이르기를 "본래 거란목(契丹牧) 땅에 장춘(長春) 한 현을 거느렸다"고 하였다. 생각컨대, '금사(金史)'에 "장춘에 태주(泰州)가 속한다"고 되어 있는데, 일람해보면 이 태주를 잘못 우리나라의 태주로 오인한 것 같다.

고려 광종 21년(970)에 태주방어사라고 칭하고, 현종 때에는 북계에 예속되었다. 고종 18년(1231)에 몽고를 피하여 바다의 섬으로 피하였고, 원종 2년(1261)에 육지로 나와서 가주에 속하였다. 원종 10년(1269)에 원에 몰수되어 동영로 총관부에 예속되었다. 충렬왕 4년(1278)에 다시 되돌아왔다가 공민왕 15년(1366)에 무주와 위주 두 주가 군에 속하여 지태주사(知泰州事)가 되었다. 우왕 7년(1381)에 무주와 위주 두 주를 다시 두었다. 조선 태종 13년(1413)에 태주군으로 바꾸었다. 성종 2년(1471)에 반역을 하여 현으로 강등되었다.

현감이 영변진병마절제도위(寧邊鎭兵馬節制都尉)를 겸한다.

『고사』(故事)

〈고려 광종 20년(969)에 태주에 성을 쌓았다. 목종 6년(1003)에 광화성(光化城)을 수축하고 고종 44년(1257)에 몽고병이 태주에 들어와서 부사(副使) 최제(崔濟)를 살해하였다〉

7. 정주(定州)

북극의 높이는 40도 33분, 평양의 서쪽으로 치우친 것이 41분이다.

『산천』(山天)

원통산(圓通山)〈동쪽으로 45리에 있다. 원통사(圓通寺)가 있다〉

광림산(廣林山)〈동쪽으로 30리에 있다. 옛날에는 가산에 속하였다〉

심원산(深源山)〈혹은 봉명산(鳳鳴山)이라고도 한다. 북쪽 15리에 있다. 심원사(深源寺)가 있다〉

칠악산(七嶽山)〈동남쪽 70리 가산의 경계이다. 극락사(極樂寺)가 있다. 산 위에 용못이 있어서 가물면 비를 빈다〉

마산(馬山)〈동쪽으로 40리에 있다. 고정주(古定州)에서 북쪽 5리에 있다〉

독장산(獨將山)〈북쪽으로 15리에 있다〉

무학산(舞鶴山)〈동쪽으로 20리에 있다. 무학사가 있다〉

오봉산(五峯山)〈동쪽으로 30리에 있다. 송진사(松眞寺), 안양사(安養寺)가 있다. 안양사의 서쪽 바위 아래에 샘이 있는데 가물면 비를 비는 곳이다〉

제석산(帝釋山)〈남쪽으로 35리에 있다. 제석사가 있다〉

구령산(九寧山)〈남쪽으로 7리에 있다〉

임해산(臨海山)〈남쪽으로 10리에 있다〉

자성산(慈聖山)〈남쪽으로 40리에 있다. 자성사가 있다〉

대웅산(大雄山)〈북쪽으로 30리에 있다. 동쪽에 취봉옥계사(鷲峯玉雞寺)가 있다〉

덕달산(德達山)〈동쪽으로 30리에 있다. 지장사(地藏寺)가 있다〉

탄현산(炭峴山)〈석련사(石蓮寺)가 있다〉

삭주산(朔州山)〈남쪽으로 50리에 있다〉

묘두산(猫頭山)〈동쪽으로 15리에 있다〉

증봉(甑峯)〈남쪽으로 40리에 있다〉

「영로」(嶺路)

당아령(當莪嶺)〈서쪽으로 15리에 있다. 곽산 경계의 큰 길인데 좁고 험하다〉

대현(大峴)

소현(小峴)〈모두 동북쪽으로 40리에 있다. 태천 경계의 큰 길이다〉

천동현(泉洞峴)〈북쪽으로 40리에 있다. 구성 경계의 큰 길이다〉

지경현(地境峴)〈태천의 경계이다〉

구자현(求子峴)〈서남쪽으로 30리에 있다〉

구정성령(九鼎星嶺)〈동쪽으로 35리에 있다. 가산으로 통하는 큰 길이다〉

『바다』(海)

〈남쪽 40리에 있다〉

달천(㺚川)〈동쪽으로 5리에 있다. 수원은 구성의 길상산(吉祥山: 혹은 檢山이라고 한다)에서 나와 동쪽으로 흘러 심원산을 돌아서 꺾어져서 남쪽으로 흘러 주의 동쪽을 거쳐 방호현(防胡峴)에 이르고 또 서로 흘러 바다로 들어간다〉

가마천(加麻川)〈동쪽 40리 가산의 경계이다. 수원은 태천(泰川)의 대사리(大思里. 혹은 炭峴이라고도 한다)에서 나와 남쪽으로 흘러 태천의 장수현(長水峴)에 이르러서 서쪽으로 장수탄(長水灘)이 되고 사읍동음(沙邑多音)에 이르러 바다에 들어간다〉

고읍천(古邑川)〈수원은 오봉산에서 나와서 동창(東倉)을 돌아 서남으로 흘러서 고읍을 거치고 또 운산의 고운산방(古雲山坊)을 거쳐서 바다로 들어간다〉

읍전천(邑前川)〈수원이 당아령(當莪嶺)에서 나와서 동쪽으로 흘러 성남을 거쳐 달천으로 들어간다〉

도치곶(都致串)〈서남쪽으로 40리에 있다〉

진해곶(鎭海串)〈남쪽으로 30리에 있다〉

잉박곶(仍朴串)〈남쪽으로 50리에 있다〉

제언(堤堰)〈31곳. 고성진(古城鎭)에 속한 것이 7곳이다〉

『도』(島)

위도(葦島)〈동남쪽으로 50리에 있다. 고려 고종 35년(1248)에 김방경(金方慶)이 서북면병마판관이 되었는데 몽고가 와서 여러 성을 공격하였다. 김방경이 이 섬에 들어가서 입보(入保)

하였는데 땅이 10여리 평탄하고 경작할 만한 것이 있어서 백성으로 하여금 제언을 쌓고 씨를 경작하게 하여 사람들이 이에 의존하여 살았다. 또 섬 안에 우물이 없어서 비를 받아서 연못을 만들었다〉

고도(孤島)〈남쪽으로 20리에 있다〉

장도(獐島)〈서남쪽으로 35리에 있다〉

애도(艾島)

대저도(大猪島)

소저도(小猪島)

화도(禾島)

화도(花島)

장군도(將軍島)

오도(烏島)〈모두 주의 남쪽 바다에 있다〉

『강역』(彊域)

〈동쪽은 가산 경계까지 40리이고 동남쪽은 안주 경계까지 70리인데 청천강 하류를 격하고 있으며 남쪽으로는 바다에 이르는데 40리이다. 운산군의 고운산방(古雲山坊)이 덕암방(德岩坊)의 남쪽 너머에 있다. 서남쪽은 바다에 이르는데 40리이고 구성의 염리방(鹽里坊)이 도치곶의 남쪽 너머에 있다. 서쪽은 곽산의 경계까지 15리이고 북쪽은 구성의 경계까지 40리이며 동북쪽은 태천의 경계까지 44리이다〉

『방면』(坊面)

동부(東部)〈성 안이다〉

서부(西部)〈성 밖이다〉

운전방(雲田坊)〈동쪽으로 55리에 있다〉

이언방(伊彦坊)〈동쪽으로 50리에 있다〉

서원방(西院坊)〈위와 같다〉

덕달방(德達坊)〈동쪽으로 30리에 있다〉

남면방(南面坊)〈동쪽으로 35리에 있다〉

오산방(五山坊)

고읍방(古邑坊)

덕암방(德岩坊)〈모두 동남쪽으로 50리에 있다〉

아이포방(阿耳浦坊)〈동남쪽으로 45리에 있다〉

서면방(西面坊)〈서남쪽으로 50리에 있다〉

동주방(東州坊)〈북쪽으로 30리에 있다〉

고현방(高峴坊)〈북쪽으로 50리에 있다〉

신안방(新安坊)〈동북쪽으로 40리에 있다〉

갈지방(葛池坊)〈남쪽으로 60리에 있다〉

대명동방(大明洞坊)〈동남쪽으로 60리에 있다〉

『호구』(戶口)

호는 4,767이고 구는 39,573이다.〈남자는 18,495이고 여자는 21,078이다〉

『전부』(田賦)

장부에 있는 전답이 3,184결인데 현재 경작하고 있는 밭이 1,176결이고 논이 984결이다.

『창』(倉)

사창(司倉)

신창(新倉)

승창(僧倉)〈모두 성안에 있다〉

동창(東倉)〈동쪽으로 40리에 있다〉

북창(北倉)〈북쪽으로 20리에 있다〉

해창(海倉)〈남쪽으로 40리에 있다〉

목장창(牧場倉)

『곡총』(穀總)

각 곡식의 총수는 21,594석이다.

『군적』(軍籍)

군보의 총수는 6,674이다.

『영진』(營鎭)

독진장(獨鎭將)〈속읍은 정주·철산·삭주이다. 속진은 천마(天麻)·구령(仇寧)·막령(幕嶺)이다. 초산 속진은 차현(車峴)·우현(牛峴)·아이산(阿耳山)·양령(羊嶺)이다. 곽산 속진은 서림(西林)·임해(壬海)이다. 벽동 속진은 벽단(碧團)·임토(林土)·대파아(大坡兒)·소파아(小坡兒)·광평추(廣坪秋)·구비(仇非)·소길호리(小吉號里)이다. 위원의 속진은 오로양직질동(吾老梁直叱洞)·갈헌동(乫軒洞)이다. 이상은 모두 장무대 마병이 12초이고 정초속오(精抄束吾)가 125초이다. 수영패(隨營牌)가 9초이고 성정군(城丁軍)이 11초이며 작대군(作隊軍)이 38초이고 표하군(標下軍)이 2,006명이다. '문헌비고'에 실려 있다〉

『역』(驛)

신안역(新安驛)〈주내(州內)에 있다. 말이 16필이다. 대동도(大同道)에 속해있다〉

『기발』(騎撥)

구정참(求井站)〈동쪽으로 가산의 관문참에 연결되고 서쪽으로 관문참에 연결된다〉
관문참(官門站)〈주내에 있는데, 서쪽으로 곽산의 운흥참(雲興站)에 연결된다〉

『교량』(橋梁)

달천교(獐川橋)
가마천교(加麻川橋)

『토산』(土産)

실(絲)·삼(麻)·소어(蘇魚)·숭어(秀魚)·홍어·죽합(竹蛤)·어표(魚鰾)·새우(鰕)·굴(石花)·토화(土花)·조기(石首魚)·낙지·은구어(銀口魚)·민어(民魚)·진어(眞魚)·광어·오징어·조개(蛤)·윤화(輪花)·제호유(鵜鶘油)·자초(紫草)·꿀·개암(榛子)

『장시』(場市)

읍내장 〈1·6일장이다〉

납청장(納淸場) 〈3·8일장이다〉

『원점』(院店)

덕제원(德齊院) 〈동쪽으로 25리에 있다〉

달천원(㺚川院)

당아원(當莪院) 〈당아령 밑에 있다〉

구정참(求井站) 〈구정에 있다〉

『누정』(樓亭)

납청정(納淸亭) 〈동쪽 40리의 가산으로 통하는 큰 길이다〉

영훈루(迎薰樓)

제승루(制勝樓)

삼관정(三觀亭) 〈모두 성 안에 있다〉

『사원』(祠院)

봉명서원(鳳鳴書院) 〈조선 현종 계묘년(1663)에 세워서 신해년(1671)에 사액되었다. 김상용(金尙容): 강화조에 보인다. 김상헌(金尙憲): 태묘(太廟)조에 보인다〉

신안서원(新安書院) 〈숙종 임진년(1712)에 세워서 병신년(1716)에 사액되었다. 주자: 문묘조에 보인다〉

『건치연혁』(建寘沿革)

〈본래는 만년군(萬年郡)이다. 고구려, 발해 때의 호칭은 미상이다. 고려 성종 13년(994)에 평장사 서희에게 명하여 여진을 몰아내고 성을 쌓아 구주(龜州)라고 칭하였다. 현종 9년(1018)에 방어사를 두고 북계에 예속하였다. 고종 18년(1231)에 몽고 군사가 침략하자 병마사 박서(朴犀)가 힘을 다하여 방어하여 힘이 모자랐으나 항복하지 않았다. 그래서 그 공로로 정원대도호부(定遠大都護府)가 되고 뒤에 도호부로 개칭하였다. 원종 10년(1269)에 원에 몰수되어 동영로총관부에 예속되었으나 충렬왕 4년(1278)에 다시 돌아왔다. 뒤에 정주목으로 개칭하고 또한 치소를 마산(馬山)의 남쪽으로 옮겼다. 조선 세조 초년에 따로 구성군을 구성의 옛터에 두었다. 이상은 구성부의 연혁과 같다. 충렬왕 11(1285)년에 또 주의 치소를 수주군(隨州郡)의 신안역(新安驛)으로 옮기고 수주군이 와서 합하였다.

조선 경종 2년(1722)에 겸수성장(兼守城將)이 되었다가 뒤에 독진장(獨鎭將)이 되었다. 순조 11년(1811)에 홍경래가 반란을 일으켜서 정원현(定遠縣)으로 강등되었다가 뒤에 다시 올라갔다〉

읍호〈오천(烏川) 신안(新安)〉

〈목사가 정주진병마동첨절제사·수성장·독진장을 겸하였다〉

『고읍』(古邑)

수주군(隨州郡)〈남쪽으로 15리에 있었다. 고려 때에 수주를 두어 북계에 예속하였다. 고종 18년(1231)에 몽고병이 창주(昌州)를 함락하자 수주 사람들이 자연도(紫燕島)에 들어갔다. 원종 2년(1261)에 육지로 나와서 곽주 해안가에 우거하였는데, 곽주 사람들이 토지를 잃어 곽주의 동쪽 16촌 및 소속 안의진(安義鎭)을 할양하여 지수주사(知隨州事)라고 칭하고 이어서 곽주를 겸관하였다가 공민왕 20년(1371)에 다시 나누어 곽주를 두었다. 조선 태종 13년(1413)에 지수주군사로 개칭하였다가 세조 11년(1465)에 와서 속하였다.

『고사』(故事)

〈고려 고종 43년(1256)에 몽고병이 애도(艾島)를 노략질하자 별초(別抄)가 모두 사로잡아 죽였다. 공민왕 13년(1364) 덕흥군(德興君)의 반란에 우리 군사가 의주 성문 안으로 도망하여 들어갔다가 다시 나와서 싸웠는데 적이 도병마사 홍선(洪瑄)을 사로잡았고 우리 군사들이 패배하였는데 그들이 안주에 들어갔고 최유(崔濡)는 선주(宣州)에 들어갔다. 국왕이 최영에게 명하여 군사를 이끌고 급히 안주로 나가게 하니, 좌우익(左右翼)을 이끌고 정주에 이르렀을 때에 적은 이미 수주의 달천에 나와서 진을 치고 있었다. 우리 태조(=이성계)가 달려 나가 격파하니 적이 무너져 달아났고, 최유의 군사도 그 병영을 불태웠다. 강을 건너 달아나 연경에 돌아간 자는 겨우 17기였다.

조선 순조 11년(1811) 12월에 토적(土賊) 홍경래 등이 무리를 불러모아 선천, 철산, 곽산,

정주, 가산, 박천 등 읍을 노략질하자, 조정에서 이요헌(李堯憲)을 순무사(巡撫使)로 삼아 경성에 유진(留鎭)하게 하고 박기풍(朴基豊)을 중군으로 삼아 관군을 이끌고 나아가 토벌하게 하였다. 또한 양서(兩西)의 여러 진들에 효유하여 각처의 관애(關隘)를 지키게 하였는데, 마침 큰 비가 와서 적들이 청천강을 건너지 못하고 정주에 물러가서 웅거하고 성문을 닫고 굳게 지켰다. 관군과 본도의 여러 진병들이 모두 성 아래에 모였다. 의주 사람 허항(許沆), 김견신(金見臣)도 역시 의병을 일으켜 수십 영을 벌려 에워쌌다. 다음해 정월에 유효원(柳孝源)으로 박기풍을 대신하였을 때에 적들이 매번 밤을 타서 진중을 겁탈하자 군중이 항상 엄하게 경비하고 기다렸다. 의병장 허항, 신도첨사(薪島僉使) 제경욱(諸景彧) 등이 모두 전사하고 또 성이 견고하여 갑자기 공격하기가 쉽지 않았다. 이에 땅을 파고 화약을 묻어서 성을 따라서 계속 성안까지 타도록 하였다. 관군이 북을 치고 시끄럽게 난입하여 드디어 군사를 풀어 반군을 참살하여 강물이 모두 붉게 되고 적들은 드디어 진압되었다〉

8. 가산(嘉山)

북극의 높이는 40도 33분, 평양의 서쪽으로 치우친 것이 24분이다.

『산천』(山川)

봉두산(鳳頭山)〈북쪽으로 3리에 있다. 천왕사(天王寺)와 묘통암(妙通庵)이 있다〉

청룡산(青龍山)〈동북쪽으로 10리에 있다. 혹은 봉미산(鳳尾山)이라고도 한다. 청룡사(青龍寺)가 있다〉

광림산(廣林山)〈서북쪽 30리 정주의 경계에 있다〉

화악산(華岳山)〈서쪽으로 10리에 있다. 금계사(金鷄寺)가 있다〉

망해산(望海山)〈서남쪽으로 5리에 있다. 봉두산과 상대하여 있다〉

오사미산(吾思美山)〈혹은 칠악산(七岳山)이라고도 한다. 서남쪽 15리 정주의 경계에 있다. 보혈사(普穴寺)와 백운암(白雲庵)이 있다〉

벌사미산(伐思美山)〈서쪽으로 15리에 있다. 오사미산과 가마천(加麻川)을 격하여 상대하고 있다〉

돈산(頓山)〈남쪽 15리 강변에 있다〉

목우산(牧牛山)〈북쪽으로 20리에 있다〉

백룡산(白龍山)

원수봉(元帥峯)

월구산(月九山)

「영로」(嶺路)

효성령(曉星嶺)〈혹은 서문령(西門嶺)이라고도 한다. 명 '일통지'에는 가산령(嘉山嶺)이라고 되어 있다. 군의 서쪽 2리인데 위태로운 봉우리가 층층이 있고 깍아지른 절벽이 서로 이어졌는데 서로 통하는 큰 길이 되었다. 나무를 심고 돌을 모아 마땅히 웅거하여 지키는 땅인데 위에 효성대가 있다. 옛날에 별에 제사지내는 곳이라고 한다. 남산사(南山寺), 은선암(隱仙庵)이 있다〉

차유령(車踰嶺)〈북쪽이다〉

신현(薪峴)〈서쪽이다〉

대정강(大定江)〈동쪽으로 20리 박천과 경계이다. 서쪽 강기슭에 동문암(東文庵)이 있다〉

가마천(加麻川)〈서쪽으로 25리에 있다. 정주조에 상세하다〉

가지천(加之川)〈북쪽으로 25리에 있다. 태천조에 상세하다〉

자개포지(者介浦池)〈동쪽으로 20리에 있다〉

나포지(螺浦池)〈북쪽으로 10리에 있다〉

『도』(島)

추도(楸島)〈동쪽으로 20리에 있다〉

애도(艾島)〈남쪽으로 25리에 있다. 정주조에 보인다〉

송화도(松花島)

『강역』(彊域)

〈동쪽은 박천의 경계까지 20리인데 대정강까지이다. 남쪽은 정주의 경계까지 20리이고 서쪽은 정주의 경계까지 20리인데 가마천이다. 또 서쪽은 납청정까지 20리이고 북쪽은 태천의 경계까지 25리이고 남쪽은 바다인데 20리이다〉

『방면』(坊面)

군내면(郡內面)〈북쪽으로 10리에 있다〉

동면 〈동쪽으로 20리에 있다〉

남면 〈15리에 있다〉

서면 〈20리에 있다〉

서북면 〈북쪽으로 30리에 있다〉

동북면 〈북쪽으로 20리에 있다〉

『호구』(戶口)

호는 3,181이고 구는 11,599이다.〈남자는 5,754이고 여자는 5,845이다〉

『전부』(田賦)

장부에 있는 전답이 1,075결인데 현재 경작하고 있는 밭이 458결이고 논이 356결이다.

『창』(倉)

본창(本倉)

북창(北倉)〈동쪽으로 20리에 있다〉

산창(山倉)〈서쪽으로 5리에 있다〉

서창(西倉)〈가마천변에 있다〉

『곡부』(穀簿)

각 곡식의 총수는 9,871석이다.

『군적』(軍籍)

〈군보의 총수는 3,496이다〉

『영진』(營鎭)

〈별우영장(別右營將): 태수가 겸한다. 속읍은 가산·박천이고 속진은 고성진이다. 장무대 마병이 1초이고 정초속오가 25초, 자모별대(自募別隊)가 6초, 아병이 1초, 작대군이 3초, 표하군이 446이다. 이것은 '비고'에 실려 있다〉

『토산』(土産)
실(絲)·삼(麻)·칠·자초(紫草)·수어(秀魚)·뇌록(磊綠)·수유(酥油)·쑥(艾)·새우(鰕)·게(蟹)

『장시』(場市)
읍내장〈4·9일장이다〉
흑압장(黑鴨場)

『역』(驛)
가평역(嘉平驛)〈동쪽 3리에 있다. 말이 19필인데 대동도에 속한다〉

『폐역』(廢驛)
부창(阜倉)〈동쪽 5리에 있다〉
안신원(安信院)〈북쪽 20리에 있다〉

『기발』(騎撥)
관문참〈동쪽으로 박천의 광통참에 연결되고, 서쪽으로 정주의 구정참에 연결된다〉

『진』(津)
대정강진(大定江津)〈동쪽으로 강안은 박천의 나룻머리에 있다〉
별가탄진(鼈駕灘津)
자아포진(者阿浦津)
장수탄진(長水灘津)
독초진(獨草津)

『교』(橋)

서방교(西方橋)〈동쪽 5리에 있다〉

『원참(院站)』

감초원(甘草院)〈대정강(大定江) 기슭이다〉

가마포원(加麻浦院)〈서쪽으로 15리에 있다〉

『누정』(樓亭)

제산정(齊山亭)〈군 안에 있다〉

『건치』(建寘)

〈본래는 신도군(信都郡)이다. 혹은 고덕현(古德縣)이라고도 한다. 고구려, 발해 때의 칭호는 미상이다. 고려 광종 11년(960)에 온홀(溫忽)에 성을 쌓고 가주로 승격하였다. 성종 14년(995)에 방어사를 두고, 현종 9년(1018)에 북계에 예속되었다. 고종 8년(1221)에 반역으로 칭호를 강등시켜 무주(撫州)라고 하였다. 고종 18년(1231)에 몽고병을 피하여 바다의 섬으로 들어갔다가 원종 2년(1261)에 육지로 나와서 태주·박주·무주·위주 네 주를 모두 본군에 속하게 하여 5성 겸관이 되었다가 뒤에 태주·무주·위주 세 주는 나누어 두고 다만 박천만 계속 속하였다. 원종 10년(1269)에 원에 몰수되어 동영로총관부에 예속되었다가 충렬왕 4년(1278)에 다시 돌아왔다. 공민왕 20년(1371)에 다시 박천을 나누어 두었다.

조선 태종 13년(1413)에 가산군으로 개칭하였다. 숙종 8년(1682)에 별우영장을 겸하고 영조 9년(1733)에 방수장(防守將)이라고 개칭하였다.

고가산(古嘉山)은 오사미산의 남쪽에 있었는데 해도에서 이곳으로 나와서 군치를 삼았다가 얼마 안있어서 옛 치소로 돌아갔다.

군수는 가산진 병마첨절제사, 효성령 방수장을 겸한다.

『고사』(故事)

〈고려 광종 24년(973)에 가주에 성을 쌓았다. 조선 순조 11년(1811) 12월에 토적 홍경래 등이 밤을 타서 들어가 군수 정기(鄭耆)를 잡아 억지로 항복하게 하자, 정기가 적을 꾸짖고 굴

하지 않자 죽였다〉

9. 곽산(郭山)

북극의 높이는 40도 35분, 평양의 서쪽으로 치우친 것이 51분이다.

『산천』(山川)

영청산(永淸山)〈북쪽이다〉

능한산(凌漢山)〈명 '일통지'에는 웅화산(熊化山)이라고 되어 있다. 군의 동북쪽 10리에 있다〉

장경산(長庚山)〈북쪽으로 13리에 있다. 장경사(長庚寺)가 있다〉

묘봉산(妙峯山)〈북쪽으로 20리에 있다. 월출사(月出寺)와 개원사(開元寺)가 있다〉

임해산(臨海山)〈남쪽으로 20리에 있다. 동쪽에 주봉(胄峯)이 있다〉

장구산(長驅山)〈서남쪽으로 20리에 있다〉

관유산(觀遊山)〈남쪽으로 30리에 있다〉

독자산(禿子山)〈동북쪽으로 20리에 있다〉

지령산(地靈山)〈북쪽으로 30리에 있다〉

「영로」(嶺路)

당아령(當莪嶺)〈동쪽 50리의 정주와 경계이다〉

신현(薪峴)〈서쪽 15리의 선천과 경계이다〉

『바다』(海)

〈남쪽으로 20리에 있다〉

삼장천(三長川)〈서쪽으로 5리에 있다. 수원은 지령산(地靈山)에서 나와서 남쪽으로 흘러 선천의 철마천(鐵馬川)으로 들어간다〉

사송천(四松川)〈동쪽으로 5리에 있다. 수원은 묘봉산과 정주 심원산에서 나와서 남쪽으로 흘러 바다로 들어간다〉

부락포(浮落浦)〈서남쪽으로 28리에 있다〉

소포(召浦)〈남쪽으로 15리에 있다. 어장(魚梁)이 있다〉

성이곶(聲耳串)〈동쪽으로 20리에 있다〉

우리곶(于里串)〈서쪽으로 15리에 있다〉

내은금곶(內隱金串)〈서쪽으로 20리에 있다〉

거라지(居羅地)〈남쪽으로 10리에 있다〉

우동(牛垌)〈동쪽으로 13리에 있다〉

제언〈6곳이다〉

『도』(島)

고미랑도(古彌郎島)

월라리도(月羅里島)

족해도(族海島)〈이상은 군의 남쪽 바다에 있다. 지도를 보라〉

『강역』(彊域)

〈동쪽은 정주의 경계까지 15리이고, 남쪽은 바다까지 20리이며, 서쪽은 선천의 경계까지 25리이고 북쪽은 구성의 경계까지 40리이다〉

『방면』(坊面)

동면〈남쪽으로 20리에 있다〉

남면〈서쪽으로 40리에 있다〉

서면〈25리에 있다〉

북면〈40리에 있다〉

우리관면(于里串面)〈서쪽으로 15리에 있다〉

관리면(舘里面)〈북쪽으로 15리에 있다〉

군내면

『호구』(戶口)

호는 3,277이고 구는 14,703이다.〈남자는 3,451이고 여자는 11,257이다〉

『전부』(田賦)

장부에 있는 전답은 1,275결인데 현재 경작하고 있는 밭이 719결이고 논이 472결이다.

『창』(倉)

사창(司倉)

신창(新倉)〈동쪽 8리의 능한산성(凌漢山城) 남문 밖이다〉

산창(山倉)〈능한산성 안에 있다〉

해창(海倉)〈서남쪽으로 30리에 있다〉

참창(站倉)〈북쪽으로 10리에 있다〉

『곡부』(穀簿)

각 곡식의 총수는 11,788석이다.

『군적』(軍籍)

군보의 총수는 2,441이다.

『진보』(鎭堡)

임해진(臨海鎭)〈'임(臨)'은 혹 '임(任)'이라고도 쓴다. 동남쪽 15리에 있다. 별장 1원은 청북좌별사(淸北左別士)로 감영에서 아뢰어 임명한다(差啓)〉

『토산』(土産)

실(絲)·삼(麻)·목면·자초(紫草)·자연석(紫硯石)〈선사포(宣沙浦)에서 난다. 서남쪽 32리에 있는데 지금은 철산에 옮겨갔다〉은구어(銀口魚)·소어(蘇魚)·수어(秀魚)·조기(石首魚)·오징어·상어(鯊魚)·민어·홍어·광어·진어(眞魚)·하어(鰕魚)·굴(石花)·윤화(輪花)·소라·토화(土花)·낙지·어표(魚鰾)·제호유·즉해(鯽蟹)·노어(鱸魚).

『장시』(場市)

읍내장〈2·7일장이다〉

관장(舘場)〈4·9일장이다〉

신읍장(新邑場)〈4·9일장이다〉

『역』(驛)

운흥역(雲興驛)〈군내에 있다. 말이 8필이고 대동도에 속하여 있다.

『기발』(騎撥)

운흥참(雲興站)〈동쪽으로 정주의 관문참에 이어지고 서쪽으로 선천의 관문참에 이어진다〉

『교량』(橋梁)

사송교(四松橋)〈동쪽으로 5리에 있다〉

판교(板橋)〈서쪽으로 5리에 있다〉

석홍교(石虹橋)

공사교(孔司橋)〈서쪽으로 10리에 있다〉

실광천석교(實光川石橋)〈고읍(古邑) 남쪽 1리에 있다〉

삼장천석교(三長川石橋)

『원점』(院店)

능제원(凌濟院)〈북쪽으로 15리에 있다〉

자비원(慈悲院)〈동쪽으로 13리에 있다〉

가을마천원(加乙亇川院)〈서쪽으로 23리에 있다〉

『사원』(祠院)

월포사(月浦祠)〈계원(季蒥): 나주조에 보인다. 홍경우(洪儆禹): 호는 월포(月浦), 본관은 남양(南陽), 관직은 봉상시 첨정을 하였다〉

『건치』(建寘)

〈고려 초의 호칭은 본래 장리현(長利縣)이다. 고구려와 발해 때의 칭호는 미상이다. 고려 성종 13년(994)에 평장사 서희가 군사를 이끌고 여진을 몰아내고 성을 쌓아 곽주도호부사를 두었다. 현종 9년(1018)에 방어사로 바꾸어 북계에 예속시켰다. 고종 8년(1221)에 반역한 것으로 강등되고 정양(定襄)이라고 칭하였다. 고종 18년(1231)에 몽고병을 피하여 바다 섬으로 들어갔다가 원종 2년(1261)에 육지로 나와서 수주(隨州)에 속하였다. 원종 10년(1269)에 원에 몰수되어 동영로총관부에 예속되었다가 충렬왕 20년(1294)에 다시 군이 되었다.

조선 태종 13년(1413)에 곽산군으로 바꾸었다. 장리현 때의 치소는 우리관방(于里串坊) 엄장리(嚴莊里)에 있었고 곽주 때의 치소는 묘봉산의 남쪽 가상시(加上時)에 있었고 정양으로 (강등되었을) 때의 치소는 능한산의 남쪽에 있었다가 공민왕때 다시 군이 되어 영청산(永淸山) 밑에 읍을 설치하였고 조선 영조 22년(1746)에 운흥역(雲興驛) 북쪽으로 옮겼다가 영조 44년(1768)에 다시 영청산 밑으로 돌아갔다.

군수는 곽산진관병마동첨절제사·독진장·능한산성수성장을 겸하였다〉

『고사』(故事)

〈고려 현종 원년(1010) 12월에 거란병이 곽주를 함락시켰다. '통감집람(通鑑輯覽)'에 이르기를, "송 진종(眞宗) 대중상부(大中祥符) 7년 현종 5년(1014), 처음에 거란이 압록강으로 (침입하자) 고려 고종이 홍주·철주·통주·용주·구주·곽주 6성을 쌓았다. 왕순(王詢: 현종의 이름)이 패함에 미쳐 거란에 항복하기를 청하니, 거란이 친조(親朝: 국왕이 직접 조회를 함/역자주)할 것을 명하였으나 순이 병을 핑계로 사양하니 거란이 노하여 매년 야율자충(耶律資忠)을 보내어 땅을 취하였으나 따르지 않았다. 이에 소적리(蕭迪里)를 보내어 정토하였다. 고려와 여진이 기습병을 두었다가 요격하니 크게 패배하여 돌아갔다. 그 뒤에 거란의 야율세량(耶律世良)이 곽주에서 고려를 대패시켜 수만의 수급(首級)을 참하고 짐수레를 빼앗아 돌아갔다. 7년에 거란이 곽주를 침략하니 고려군의 전사자가 수만 명이었다. 고종 18년에 몽고군(기사 결락)"〉

10. 구성(龜城)

북극의 높이는 40도 57분, 평양의 서쪽으로 치우친 것이 48분이다.

『산천』(山川)

이벽산(犁鐴山)〈혹은 남십산(南十山)이라고도 한다. 서북쪽으로 10리에 있다〉

서양산(西陽山)〈남쪽으로 40리에 있다〉

서산(西山)〈서쪽으로 15리에 있다. 문수사(文殊寺)가 있다〉

청룡산(靑龍山)〈서북쪽 40리라고 하기도 하고 혹은 서쪽 50리 삭주의 경계라고도 한다. 광법사(廣法寺)가 있다〉

천검산(天劍山)〈서남쪽 60리 선천과의 경계이다. 길상사(吉祥寺)가 있다〉

길상산(吉祥山)〈남쪽으로 50리에 있다〉

개모산(盖帽山)〈동북쪽으로 30리에 있다〉

임천산(林泉山)〈동쪽 40리 태천과의 경계이다〉

팔영산(八營山)〈북쪽으로 10리에 있다〉

고봉산(古峯山)〈동남쪽으로 35리에 있다〉

굴암산(窟岩山)〈동북쪽 30리 삭주와의 경계이다. 폭포와 사찰이 있다. 산 위에 봉황대(鳳凰臺)가 있는데, 몇 길이 되는지 모른다. 밑에 심굴(深屈)·원통사(圓通寺)·용장암(龍藏庵)이 있다〉

이병산(利兵山)〈서북쪽으로 30리에 있다〉

설한봉(雪寒峯)〈동쪽으로 35리에 있다〉

탑동(塔洞)〈안의진(安義鎭)의 북쪽에 있다〉

관동(官洞)〈식송진(植松鎭)의 동쪽에 있다〉

아문대(衙門垈)〈서쪽으로 20리에 있다〉

이평(梨坪)〈서남쪽으로 50리에 있다〉

「영로」(嶺路)

청룡령(靑龍嶺)〈서북쪽으로 40리에 있다〉

팔영진(八營鎭)〈북쪽으로 40리에 있다. 모두 삭주 경계의 큰 길이다〉

극성령(棘城嶺)〈서북쪽으로 80리에 있다〉

한원령(寒垣嶺)〈서쪽으로 100리에 있다. 모두 의주 경계의 큰 길이다〉

퇴유령(退楡嶺)〈동쪽 40리 태천의 경계이다〉

신현(薪峴)〈동남쪽으로 40리에 있다〉

천동현(泉洞峴)〈남쪽으로 40리에 있다. 모두 정주의 경계이다〉

대석현(大石峴)〈남쪽으로 50리 곽산의 경계이다〉

석현(石峴)〈서남쪽으로 60리에 있다〉

다근현(多近峴)〈서남쪽으로 70리에 있다〉

호령(虎嶺)〈서쪽으로 80리에 있다. 모두 선천과의 경계이다〉

소현(小峴)〈북쪽이다〉

적현(赤峴)

송현(松峴)

녹수현(綠水峴)〈모두 부의 동쪽이다〉

대현(大峴)〈동남쪽이다〉

이거리(利巨里)

이현(梨峴)

정자현(亭子峴)〈모두 서남쪽에 있다〉

노동현(蘆洞峴)

영성현(靈城峴)〈모두 서쪽에 있다〉

구성강(龜城江)〈혹은 팔영천(八營川)이라고도 한다. 북쪽으로 20리에 있다. 수원은 팔영령(八營嶺)에서 나와서 동남쪽으로 흘러서 청룡산의 수굴암(水窟岩) 위의 물을 거쳐 부의 동남쪽에 이르러 황화천(皇華川)이 된다. 남쪽에 이르러 오창(敖倉) 북쪽이 되고 우측으로 구림천(九林川)을 지나 꺾어져서 동쪽으로 흘러서 왼쪽으로 우장천(牛場川)을 지나서 태천현을 거쳐 남강이 된다. 옥포(玉浦)의 보동지천(甫洞之川)을 지나 또다시 동북쪽으로 흘러 협수대(挾水臺)에 이르르고 관진(串津)에 들어간다〉

구림천(九林川)〈부의 남쪽 30리에 있다. 수원은 천검산(天劍山)에서 나와서 동쪽으로 흘러 남창을 거쳐 황화천으로 들어간다. 팔영천, 청룡천〉

굴암천(窟巖川)〈북쪽으로 20리에 있다. 수원은 굴암산에서 나왔다〉

우장천(牛場川)〈동쪽으로 30리에 있다. 수원은 굴암산에서 나와 동남쪽으로 흘러 구성강 (龜城江)으로 흘러 들어간다〉

황화천(皇華川)〈동남쪽으로 2리에 있다. 구성강조에 보인다〉

희역천(喜驛川)〈서북쪽으로 80리에 있다. 수원은 의주 천마산(天摩山)의 남쪽에서 나와 남쪽으로 흘러 희역천이 된다. 안의창(安義倉)의 왼쪽을 거쳐 노동천(蘆洞川)을 지나 꺾어져 서 서쪽으로 흘러 식송새원(植松塞垣)의 좁은 곳을 나와서 의주 경계에 이르러서 고진강(古津 江)의 상류가 된다〉

노동천(蘆洞川)〈수원은 노동에서 나와서 서쪽으로 흘러서 안의진(安義鎭)에 이르러서 희 천역으로 들어간다〉

이평천(梨坪川)〈수원은 이평에서 나와서 남쪽으로 흘러 선천 철마천(鐵馬川)의 근원이 된다〉

부연(釜淵)〈동쪽으로 25리에 있다. 깊이는 헤아릴 수 없다. 우장천으로 들어간다〉

고성지(古城池)〈남쪽으로 30리에 있다〉

묘도(猫島)

『강역』(彊域)

〈동쪽으로는 태천 경계까지 40리이고, 남쪽으로는 정주 경계까지 40리이며, 곽산 경계까 지 50리이다. 서남쪽으로는 선천 경계까지 60리이고 서쪽으로는 의주 경계까지 100리이며 북 쪽으로는 삭주이다〉

『방면』(坊面)

성내방(城內坊)

내동방(內東坊)〈동쪽으로 10리에 있다〉

동산면(東山面)〈동쪽으로 20리에 있다〉

니성방(泥城坊)〈동남쪽으로 40리에 있다〉

오봉방(五鳳坊)〈남쪽으로 40리에 있다〉

방현방(方峴坊)〈남쪽으로 50리에 있다〉

용두방(龍頭坊)〈서쪽으로 40리에 있다〉

노동방(蘆洞坊)〈위와 같다〉

서산방(西山坊)〈서쪽으로 20리에 있다〉

이현방(梨峴坊)〈서쪽으로 70리에 있다〉

사기방(沙器坊)〈서쪽으로 90리에 있다〉

북면방(北面坊)〈5리에서 시작하고 40리에서 끝난다〉

천마방(天摩坊)〈서북쪽으로 80리에 있다〉

염리방(鹽里坊)〈서북쪽(남쪽의 오류/역자주) 120리로 정주와 곽산 두 읍 사이를 넘어서 남쪽으로는 해변과 경계이다〉

애전방(艾田坊)〈서쪽이다〉

둔전방(屯田坊)〈남쪽이다. 이상 두 방은 지도 및 총목에 있다〉

우장방(牛場坊)〈총목에 실려있다〉

방은 모두 면이라고도 한다.

『호구』(戶口)

호는 3,383이고 구는 11,437이다.〈남자는 6,334이고 여자는 5,303이다〉

『전부』(田賦)

장부에 있는 전답은 1,795결인데 현재 경작하고 있는 밭은 1,457결이고 논은 255결이다.

『창』(倉)

동창(東倉)〈20리에 있다〉

오창(敖倉)〈동남쪽으로 30리에 있다〉

남창(南倉)〈30리에 있다〉

서창(西倉)〈서남쪽으로 30리에 있다〉

안창(安倉)〈서쪽으로 70리에 있다〉

천창(天倉)〈서북쪽으로 60리에 있다〉

산창(山倉)〈청룡령 산성에 있다〉

염창(鹽倉)〈염리방에 있다〉

용창(龍倉)〈서쪽으로 30리에 있다〉

『곡부』(穀簿)

각 곡식의 총계는 14,159석이다.

『군적』(軍籍)

군보의 총수는 2,577이다.

『영진』(營鎭)

지금은 폐하였다.

『진보』(鎭堡)

안의진(安義鎭)

구진(舊鎭)〈남쪽으로 170리에 있다. 고려 성종 14년(995)에 평장사 서희에게 명하여 성을 쌓고 안의진을 두었다. 현종 8년(1017)에 안의진에 834간의 성을 쌓았다. 조선 숙종 5년(1679)에 부의 서북쪽 70리, 극성령의 동쪽에 안의진을 설치하고 별장을 두었다. 뒤에 첨사로 승격하였다. 병마동첨절제사가 1원이고 군총(軍總)은 584이며 창이 2곳이고 곡식의 총계는 901석이다〉

식송진(植松鎭)〈서쪽 100리 색원령 밑에 있다. 숙종 6년(1680)에 별장을 두었고 뒤에 만호가 되었다. 병마만호 1원이고 군총은 407이며 창이 1곳, 곡식의 총계는 458석이다. 모영(毛營)의 옛 터가 청룡령 산중의 사방이 막힌 곳에 있다. 인조 정묘년(1627)에 모문룡(毛文龍)이 신미도(身彌島)에서 육지로 나와 이곳에 영후(營後)를 설치하였는데 뒤에 패배하여 함락되었다〉

『토산』(土産)

실(絲)·삼(麻)·담비(貂)·청서(靑鼠)·인삼·자작나무껍질(樺皮)·자초(紫草)·꿀·붕어(鯽) 금인어(錦鱗魚)·눌어(訥魚)·백토(白土)·석회·창출(蒼朮)·당귀(當歸)·홍어 진어(眞魚)·민어 소어(蘇魚)·석어(石魚)·굴(石花)·낙지·수어(秀魚)·소어(蘇魚)·소금(鹽)〈이상 9종은 염리방에서 나온다〉

『장시』(場市)

읍내장〈4·9일장이다〉

남장(南場)〈5·10일장이다〉

『역』(驛)

구천역(龜川驛)〈성 안에 있다. 말이 4필이다. 어천도(魚川道)에 속한다〉

『폐역』(廢驛)

통의(通義)〈서쪽으로 35리에 있다〉

태평(太平)〈서쪽으로 60리에 있다〉

『기발』(騎撥)

관문참

부연참(釜淵站)〈동쪽으로 30리에 있다〉

팔영참(八營站)

『교량』(橋梁)

황화교(皇華橋)〈남쪽으로 5리에 있다〉

광법교(廣法橋)〈동북쪽으로 10리에 있다〉

구림교(九林橋)〈남쪽으로 20리에 있다〉

우장교(牛場橋)〈동쪽으로 30리에 있다〉

부락교(浮落橋)〈서남쪽으로 20리에 있다〉

방현교(方峴橋)〈남쪽으로 30리에 있다〉

희역교(喜驛橋)〈희역천에 있다〉

전탄교(箭灘橋)〈서쪽으로 80리에 있다〉

식송교(植松橋)〈서쪽으로 100리에 있다〉

『원참』(院站)

이거리원(梨巨里院)〈서남쪽으로 50리에 있다〉

부연참(釜淵站)

팔영원(八營院)〈북쪽으로 30리에 있다〉

구림원(九林院)

『사원』(祠院)

정공사(旌功祠)〈숙종 계미년(1703)에 세우고 갑신년(1704)에 사액을 받았다. 박서(朴犀): 본관은 죽산(竹山)인데 구성병마사로 몽고병을 크게 격파하였다. 관직은 평장사를 하였다. 김경손(金慶孫): 본관은 경주인데 분도장군(分道將軍)으로 몽고군을 크게 격파하였다. 관직은 은청광록부추밀(銀靑光錄副樞密)이 되었는데 뒤에 최항(崔沆)에게 살해되었다〉

『건치』(建寘)

〈고려의 만년군(萬年郡)이었다. 연혁은 정주목과 같다. 조선 세조 초년에 고구주(古龜州)로 요해지(要害地)를 채우려고 정주와 함께 멀리 나누어 구성군에 두었고, 여연(閭延)·무창(茂昌) 두 읍을 혁파하고 그 백성들을 군에 옮겼다. 세조 11년(1465)에 대도호부로 승격시켜 선천·곽산을 진관하였다. 뒤에 도호부로 떨어졌다. 인조조에 별좌영장을 겸하였다. 영조조에 독진 겸수성장으로 바꾸었다. 도호부사가 구성진병마첨절제사·수성장을 겸한다〉

『고읍』(古邑)

봉산군(蓬山郡)〈동쪽으로 30리에 있다. 안주 니성(泥城)조에 보인다〉

『고사』(故事)

고려 성종 13년(994)에 평장사 서희에게 명하여 군사를 이끌고 여진을 공격하여 쫓아내고 장흥(長興)·귀화(歸化) 두 진 및 곽주·구주 두 주에 성을 쌓았다.

현종 10년(1019)에 거란의 회군(回軍)이 구성을 지날 때, 강감찬 등이 거란병을 추격하여 크게 패배시켰다. 석천(石川)을 건너고 반령(盤嶺: 바로 八營嶺이다)에 이르렀을 때에 드러누운 시체가 들을 뒤덮었고 생환자는 겨우 수천인이었다. 거란병의 패배가 이 때보다 심한 적은 없었다.

고종 3년(1216)에 거란병이 구주의 직동촌(直洞村)에 와서 주둔하자 오덕유(吳德儒) 등이 군사를 이끌고 와서 공격하여 250급을 참하였다. 고종 18년(1231)에 몽고가 북계의 여러 성의 군사를 몰아서 구주를 공격하고 성랑(城廊)을 300여 간 격파하였으나 주의 사람들이 바로 수축하여 지켰다. 몽고는 여러 성의 항복한 졸병들을 이끌고 성을 포위하고 신서문(新西門)의 요해처 무릇 28개소에 책포(柵砲)를 세워서 공격을 하고 또한 성랑을 파훼하고 넘어와 싸웠으나 주의 사람들이 죽기로 싸워서 크게 패배시켰다. 몽고 군사가 다시 성을 공격하고 포위하기를 30일이고 여러 가지로 공격하였으나 병마사 박서와 정주분도장군(靜州分道將軍) 김경손(金慶孫)이 기미에 따라 설비를 하고 임기응변하기를 귀신과 같이 하였다. 몽고의 장수들이 성 밑에 이르러 성첩과 기계를 돌아보고 탄식하기를, "내가 천하의 성지들의 공방전을 두루 보았지만 공격을 이처럼 받고도 끝내 항복하지 않은 것은 본 적이 없다"고 하고 군사를 끌고 물러갔다.

제4권

평안도 청북(2)

9읍

1. 강계(江界)

북극의 높이는 42도 36분, 평양의 동쪽으로 치우친 것이 48분이다.

『산천』(山川)

공귀산(公貴山)〈남쪽으로 20리에 있다〉

남산(南山)〈남쪽으로 1리에 있다〉

두읍개산(豆邑介山)〈서쪽으로 36리에 있다〉

독산(獨山)〈서남쪽으로 45리에 있다〉

황청동산(黃靑洞山)〈북쪽으로 50리에 있다〉

사암(寺庵)〈16리에 있다〉

봉천대산(奉天臺山)〈서쪽으로 160리에 있다〉

선주산(善住山)〈심원사(深源寺)가 있다〉

봉향산(奉香山)〈법장사(法藏寺)가 있다〉

길동봉(吉洞峯)〈서북쪽 90리에 있다〉

백운산(白雲山)〈영각사(靈覺寺)가 있다〉

택덕산(澤德山)

증봉(甑峯)

인제봉(人祭峯)

팔판동(八板洞)〈북쪽으로 150리에 있다〉

신화동(神化洞)〈동남쪽으로 120리에 있다〉

형대암(逈臺巖)〈북쪽으로 40리에 있다〉

접전암(接戰巖)〈서쪽으로 150리에 있다〉

입암(立巖)〈남쪽으로 150리에 있다. 강에 임하여 깍은 듯이 서있는데 길이가 100여 척이다〉

사동리(沙洞里)〈90리에 있다〉

두문동(杜門洞)〈150리에 있다〉

마마해대동(馬馬海大洞)〈부 동쪽의 작은 길이다〉

「영로」(嶺路)

설한령(雪寒嶺)〈동남쪽 300리의 함흥의 경계이다. 동남쪽으로 함흥의 치소까지 380리에 있다〉

총전령(葱田嶺)〈동남쪽 275리의 함흥 경계 즉 설한령의 북쪽 까지이다. 북쪽으로 삼수의 충천령(衝天嶺)까지 600리에 있다〉

광성령(廣城嶺)〈동남쪽 280리의 영원과 경계이다〉

갑현(甲峴)〈동남쪽으로 260리에 있다〉

도장령(道場嶺)〈남쪽으로 260리에 있다. 이상 두 고개는 희천과 경계이고, 세 고개는 영원 경계의 낙림산의 한 지파로 서쪽으로 달려서 적유령, 백산이 되는 것이다. 이상 다섯 곳은 평남진(平南鎭) 방수(防守)이다〉

적유령(狄踰嶺)〈210리의 희천과 경계로 남쪽으로 통하는 큰 길이다. 산세가 웅장한 것이 수백리에 걸쳐 매우 높고 험하다. 고개 북쪽 300리는 산이 높고 강이 크며 토지가 비옥하다. 영조 35년(1759)에 고개 위에 성을 쌓아 관문(官門)을 설치하였다〉

구현(狗峴)〈남쪽으로 225리에 있다. 영조 11년(1735)에 성을 쌓아 길을 막았다〉

이파령(梨坡嶺)〈위와 같다〉

초막령(草幕嶺)〈대이령(大二嶺)이 있다. 성을 쌓았다. 이상 세 곳은 적유령에서 서쪽으로 달려 계속 이어졌다. 이상 네 곳은 신광진(神光鎭) 방수이다〉

마전령(麻田嶺)〈북쪽으로 110리에 있다. 축성하였다. 상토진(上土鎭) 방수이다〉

우항령(牛項嶺)〈북쪽으로 70리의 큰 길이다〉

화통령(火通嶺)〈동쪽으로 5리에 있다〉

직동령(直洞嶺)〈동북쪽으로 10리에 있다〉

신덕령(新德嶺)〈우항령의 북쪽에 있다. 축성하였다. 이상 네 곳은 추파령진(楸坡嶺鎭) 방수이다〉

황청령(黃靑嶺)〈북쪽으로 55리에 있다. 축성하였다. 외질괴진(外叱怪鎭) 방수이다〉

이령(梨嶺)〈북쪽으로 77리에 있다. 혹은 290리라고도 한다. 축성하였다〉

황수덕령(黃水德嶺)〈북쪽으로 60리에 있다. 이상 두 곳은 종포진(從浦鎭) 방수이다〉

무성령(茂盛嶺)〈동쪽으로 52리에 있다. 마마리보(馬馬里堡) 방수이다〉

어뢰령(漁雷嶺)〈서쪽으로 70리에 있다. 축성하였다〉

감탕령(甘湯嶺)〈서쪽으로 130리 위원과 경계이다〉

장항령(獐項嶺)〈북쪽으로 25리에 있다. 축성하였다〉

광산령(筐山嶺)〈서쪽으로 60리에 있다. 축성하였다〉

석모로(石毛老)〈서쪽으로 10리에 있다. 성이 있다〉

거문빙애(巨門氷崖)〈남쪽으로 70리에 있다. 성이 있다〉

전천령(箭川嶺)〈남쪽 140리의 위원 경계의 작은 길이다〉

두음령(豆音嶺)〈혹은 두읍개산(豆邑介山)이라고도 한다. 서쪽 35리 위원 경계의 작은 길이다〉

사랑령(舍廊嶺)〈대통령(大通嶺)의 다음에 있다〉

심원령(深遠嶺)〈신덕령(新德嶺)의 북쪽에 있다〉

삼기령(三岐嶺)〈서북쪽 130리의 만포(滿浦) 길이다〉

안찬령(安贊嶺)〈서쪽 130리의 고산리진(高山里鎭) 길이다〉

미타령(彌陀嶺)〈서북쪽 130리의 대등진(代登鎭) 길이다〉

오만령(五萬嶺)

십만령(十萬嶺)〈동쪽 삼수부리(三水府里)이다〉

옥산비령(玉山非嶺)

조덕령(鳥德嶺)

괘인령(掛印嶺)

자작령(自作嶺)

죽전령(竹田嶺)

호예령(胡芮嶺)

중강령(中江嶺)

잉항(芿項)

다약구비(多藥仇非)〈이상은 폐사군(廢四郡) 땅에 있는데 그 원근과 거리는 고찰하지 못하였다〉

압록강(鴨綠江)〈서쪽으로 120리에 있다. 강은 후주(厚州)의 서쪽 경계인 고무창(古茂昌)
의 왼쪽에서 포도천(葡萄川)을 지나 서북쪽으로 흘러 왼쪽으로 죽전천(竹田川)을 지나 서쪽으
로 흘러 여연 고읍을 지나 서북쪽을 돌아서 굽어져 남쪽으로 흘러 왼쪽으로 중강천(中江川)을
지나서 우예 고읍을 지나 왼쪽으로 호예천(胡芮川)을 지나 돌아서 자성 고읍의 서쪽 경계에
이른다. 왼쪽으로 자성강(慈城江)을 지나서 남쪽으로 만포·대등·고산리 여러 진을 거쳐서 독

로강(禿魯江)이 동쪽에서 와서 만나 위원으로 들어간다〉

독로강(禿魯江)〈수원이 설한령에서 나와 서쪽으로 흘러 평남진에 이르러 두융천(杜戎川)이 된다. 총천령천(葱川嶺川)을 지나 입석에 이르러서 신광천(神光川)을 지나 북쪽으로 흘러서 성간(成干)을 거쳐 오모로원(吾毛老院)에 이른다. 별하천(別河川)을 지나 부의 남쪽에 이르고, 마마해천(馬馬海川)을 지나 부의 서쪽 성 밖을 지나 석우(石隅)에 이른다. 종포천(從浦川)을 지나서 서북쪽으로 흘러 시천관(時川館)을 이른다. 외질괴천(外叱怪川)을 지나 양강진(兩江鎭)이 되고 북쪽으로 압록강에 들어간다〉

신광천(神光川)〈남쪽으로 170리에 있다. 수원은 적유·구현에서 나와서 초산의 대물이산(大勿移山)의 동쪽에서 합하여 북쪽으로 흘러 신광진을 거쳐 입석에 이르러서 독로강으로 들어간다〉

별하천(別河川)〈남쪽으로 80리에 있다. '하(河)'는 혹 '해(害)'라고도 한다. 수원은 무성령 신화동(神化洞), 굴호동(窟號洞) 등처에서 나와서 합류하여 서북쪽으로 흘러서 오모원(吾毛院)에 이르러 독로강에 들어간다〉

마마해천(馬馬海川)〈남쪽으로 5리에 있다. 수원은 화통령(火通嶺)에서 나와서 서쪽으로 흘러서 마마해보(馬馬海堡)를 거쳐서 공귀산(公貴山)을 거쳐서 북쪽으로 흘러 독로강으로 들어간다〉

외질괴천(外叱怪川)〈북쪽으로 150리에 있다. 수원은 마전령·신덕령 두 고개에서 나와서 서쪽으로 흘러서 상토진, 외질괴진 두 진에서 굽어서 남쪽으로 흘러 시시천(時時川)이 되어 독로강으로 들어간다〉

중성간천(中城干川)〈수원은 중성간동(中城干洞)에서 나와서 독로강으로 들어간다〉

북천(北川)〈혹은 종포천(從浦川)이라고도 하고 혹은 고영천(古營川)이라고도 한다. 하나는 길동봉(吉洞峯)에서 나와서 남쪽으로 흘러서 종포진을 거친다. 하나는 우항령·황수덕령에서 나와서 합하여 남쪽으로 흘러서 추파성(楸坡城) 북쪽을 거쳐 종포천과 합하여 부의 북쪽 2리에 이르러 북천이 되어 독로강으로 들어간다〉

남천(南川)〈혹은 마마해천이라고도 한다. 하나는 대마마해동(大馬馬海洞) 사향봉(麝香峯)에서 나오고 하나는 소마마해동의 향로봉에서 나와서 합해져 서쪽으로 흘러 독로강으로 들어간다〉

옥류천(玉流川)〈북쪽 20리의 장항령의 바위 구멍에서 나온다〉

자성강(慈城江)〈수원은 무성령(茂盛嶺)에서 나와서 서북쪽으로 흘러서 진목토성지동(眞

木土城之洞)을 거쳐서 오호산천(五湖山川), 자성천(慈城川)을 지나 자성 고읍을 거쳐 서쪽으로 흘러 압록강으로 들어간다〉

죽전천(竹田川)〈수원은 죽전령에서 나와 북쪽으로 흘러 다약구비(多藥仇非)를 거쳐 압록강에 들어간다〉

중강천(中江川)〈수원은 중강령 소로현(所老峴)에서 나와 서북쪽으로 흘러 압록강에 들어간다〉

호예천(胡芮川)〈수원은 호예령에서 나와서 서북쪽으로 흘러 우예 고읍을 거쳐 압록강에 들어간다〉

『강역』(彊域)

〈동쪽은 삼수 경계가 300여 리이며 폐사군 땅을 거쳐 동남쪽 함흥 경계가 300여 리이다. 설한령 남쪽 희천 경계의 대물이산(大勿移山)이 200여 리이고, 적유령 서남쪽 초산 경계가 250여 리이다. 대물이산의 서쪽 위원 경계가 40리이고, 음령(音嶺)이 150리이다. 노동진(蘆洞津) 서북쪽 압록강이 160리이고 북쪽으로 폐사군인 여연 고읍이 570리이다. 압록강 동북쪽 후주 경계가 400여리인데 폐사군을 거친다〉

폐사군(廢四郡)〈비변사 당상 윤기동(尹耆東: 尹蓍東의 오류/역자주)이 품하여 아뢰기를 "자성과 우예 두 군은 심(瀋) 땅에서 매우 가깝고, 무창과 여연 두 군은 삼수·갑산(三甲)과 땅을 접하고 있으며, 강을 따라서 700리의 사람이 없는 땅이 토지가 매우 비옥하고 길도 평탄하며 산이 낮고 들도 광활하여 혹 30리가 되기도 하고 혹 20리가 되기도 하는데 자성의 무창 경계는 넓기가 혹 100리, 혹 80, 90리가 되어 모두 인민들이 살 만한 땅입니다. 본 강계부에서 백두산에 이르기까지 500여 리가 바로 폐사군인데 절벽이 좁아서 인삼이 많이 납니다. 백성들에게 들어가 채취하여 관에 내게 하여 공부(貢賦)에 충당하십시오" 하였다. 사군 700리의 비옥한 땅이 한결같이 텅빈 너른 땅이 되었는데 지금은 삼을 캐는 곳이 되었다〉

『방면』(坊面)
부내삼부(府內三部)

입석방(立石坊)〈남쪽으로 150리에 있다. 동쪽은 장진(長津) 경계가 250리이고, 남쪽은 희

천이 240리에 있다. 모두 45촌(村)이다〉

공귀방(公貴坊)〈동쪽으로 80리에 있다. 서북쪽이 각각 25리이다. 모두 14촌이다〉

성간방(城干坊)〈남쪽 첫 경계는 40리이고 마지막 경계는 130리이다. 동남쪽까지는 130리이다. 모두 26촌이다〉

어뢰방(漁雷坊)〈서쪽 끝 경계는 180리이다. 모두 20촌이다〉

시시천방(時時川坊)〈서북쪽 끝 경계가 30리이다. 모두 15촌이다〉

고산리방(高山里坊)〈서쪽 끝 경계가 150리이다. 모두 3촌이다〉

외질괴방(外叱怪坊)〈서북쪽으로 150리이다. 모두 7촌이다〉

종포방(從浦坊)〈북쪽 끝 경계가 70리이다. 모두 17촌이다〉

팔판동방(八板洞坊)〈북쪽 끝 경계가 120리이다. 모두 7촌이다〉

곡하방(曲河坊)〈서쪽 끝 경계가 60리이다. 모두 11촌이다〉

자성방(慈城坊)

삼천방(三川坊)

신광(神光)〈8촌이 속하여 있다〉

평남(平南)〈7촌이 속하여 있다〉

상토(上土)〈6촌이 속하여 있다〉

만포(滿浦)〈6촌이 속하여 있다〉

대등(代登)〈5촌이 속하여 있다〉

고산리(高山里)〈6촌이 속하여 있다〉

『호구』(戶口)

호는 12,575이고 구는 50,748이다.〈남자는 28,022이고 여자는 22,726이다〉

『전부』(田賦)

장부에 있는 전답이 6,817결이고 현재 경작하고 있는 밭은 2,163결이며 논은 17결이다.

『창』(倉)

부창(府倉)〈읍내에 있다〉

오모로창(吾毛老倉)〈남쪽으로 20리에 있다〉

별하창(別河倉)〈동남쪽으로 220리에 있다〉

성간창(城干倉)〈남쪽으로 100리에 있다〉

전천창(箭川倉)〈남쪽으로 120리에 있다〉

입석창(立石倉)〈남쪽으로 150리에 있다〉

사창(社倉)〈동남쪽으로 260리에 있다〉

용림창(龍林倉)〈동남쪽으로 280리에 있다〉

동창(東倉)〈동쪽으로 15리에 있다〉

추파창(楸坡倉)〈북쪽으로 30리에 있다〉

종포창(從浦倉)〈북쪽으로 25리에 있다〉

상토창(上土倉)〈북쪽으로 90리에 있다〉

팔판동창(八板洞倉)〈북쪽으로 80리에 있다〉

만포창(滿浦倉)〈서북쪽으로 120리에 있다〉

시시천창(時時川倉)〈서북쪽으로 100리에 있다〉

고산리창(高山里倉)〈서쪽으로 120리에 있다〉

어뢰창(漁雷倉)〈서쪽으로 90리에 있다〉

서창(西倉)〈서쪽으로 50리에 있다〉

자성창(慈城倉)

『곡부』(穀簿)

각 곡식의 총계는 48,578석이다.

『군적』(軍籍)

군보의 총수는 13,624이다.

『영진』(營鎭)

방어(防禦)〈숙종 18년(1692)에 두었다. 청북육군우방어사(淸北陸軍右防禦使) 1원이다. 본부의 부사가 겸한다. 속한 진보는 10곳인데 모두 본부의 경계 안에 있다. 별무사가 330, 장무대 마병이 2초, 표하군이 334, 정초속오가 16초, 난후군(欄後軍)이 5초, 작대군이 2초이다. '비고'에 자세하다〉

『진보』(鎭堡)

만포진(滿浦鎭)〈서북쪽 145리에 있다. 석성의 둘레가 3,172척이다. 병마첨절제사 1원이고 군사의 총수는 1,237이며, 진창(鎭倉)이 5곳, 곡식의 총계는 4,053석이다〉

고산리진(高山里鎭)〈서쪽으로 150리에 있다. 성종 13년(1482)에 석성을 쌓았다. 둘레가 1,106척이다. 군사의 총수는 855이고 창 3곳, 곡식의 총계는 5,063석이다〉

신광진(神光鎭)〈남쪽으로 175리에 있다. 병마첨절제사 1원이고 군사의 총수는 575이며 진창은 5곳, 곡식의 총계는 1,274석이다〉

상토진(上土鎭)〈북쪽으로 90리에 있다. 석성의 둘레가 530척이다. 병마동첨절제사가 1원이고 군사의 총수는 345, 진창은 1곳, 곡식의 총계는 832석이다〉

추파진(楸坡鎭)〈동북쪽으로 30리에 있다. 석성의 둘레가 2,230척이다. 옛날에는 권관병마만호(權管兵馬萬戶) 1원을 두었고 군사의 총수는 251이며, 진창은 5곳, 곡식의 총계는 1,042석이다〉

대등진(代登鎭)〈서북쪽으로 160리에 있다. 석성의 둘레는 655척이다. 옛날에는 권관병마만호 1원을 두었고 군사의 총수는 379, 진창은 3곳, 곡식의 총수는 4,811석이다〉

외질괴진(外叱怪鎭)〈북쪽으로 140리에 있다. 석성의 둘레는 433척이다. 숙종 17년(1691)에 권관에서 병마만호로 승격하였다. 병마만호 1원을 두었고 군사의 총수는 288, 진창은 2곳, 곡식의 총수는 1,499석이다〉

평남진(平南鎭)〈동남쪽 220리에 있다. 숙종 4년(1678)에 소모별장(召募別將)을 평남둔(平南屯)에 두었다가 뒤에 병마만호로 승격하였다. 병마만호 1원을 두었고 군사의 총수는 208, 진창은 3곳, 곡식의 총수는 600석이다〉

후포진(後浦鎭)〈북쪽으로 35리에 있다. 연산군 6년(1500)에 목책(木柵)을 설치하고 숙종 17년(1691)에 석성을 쌓고 권관에서 병마만호로 승격하였다. 병마만호가 1원이고 군사의 총수는 213, 진창은 1곳, 곡식의 총계는 1,002석이다.

마마해리보(馬馬海里堡)〈동쪽으로 20리에 있다. 중종 13년(1518)에 석성을 쌓았는데 둘레가 807척이다. 권관이 1원이고 군사의 총수는 133, 진창이 3곳, 곡식의 총계는 325석이다.

『폐보』(廢堡)

등공구비보(登公仇非堡)〈북쪽으로 115리에 있다. 옛날에는 권관을 설치하였었다〉

고합보(古哈堡)〈남쪽으로 90리에 있다. 중종 13년(1518)에 목책을 설치하였다.

황청보(黃靑堡)〈북쪽으로 30리에 있다. 연산군 때에 목책을 설치하였다〉

봉포보(奉浦堡)〈무창 서쪽 38리에 있다〉

가사동보(家舍洞堡)〈고무창(古茂昌) 서쪽에 있다〉

동두보(董豆堡)〈고여연(古閭延)의 동쪽 40리에 있다〉

성파보(城坡堡)〈고여연의 남쪽에 있다〉

하무로보(下無路堡)〈고여연 서쪽 45리에 있다〉

유파보(楡坡堡)〈고우예(古虞芮) 동쪽에 있다〉

조명천보(趙明千堡)〈고우예 서쪽 25리에 있다〉

소우예보(小虞芮堡)〈고우예 서쪽에 있다〉

봉일보(奉日堡)〈위와 같다〉

건자보(乾者堡)〈옛날에는 권관을 설치하였었다〉

『파수』(把守)

후주 강변 오통동(五統洞)〈북쪽 710리에 있다. 위로 삼수(三水)의 어면파수(魚面把守)에서 10리이고 아래로 본부의 동을응동파수(冬乙應洞把守)가 10리에 있다〉

동을응동〈북쪽으로 700리에 있다. 아래로 가마도랑(駕馬都浪)이 15리에 있다〉

가마도랑〈북쪽으로 670리에 있다. 아래로 자지령(者之嶺)이 15리에 있다〉

자지령〈북쪽으로 655리에 있다. 아래로 수웅동(水雄洞)이 15리에 있다〉

수웅동〈북쪽으로 640리에 있다. 아래로 후주상파수(厚州上把守)가 15리에 있다〉

후주상〈북쪽으로 625리에 있다. 아래로 압록강변 후주하파수(厚州下把守)가 10리에 있다〉

후주하〈북쪽으로 615리에 있다. 아래로 후주 장항(獐項)이 5리에 있다〉

장항〈북쪽으로 610리에 있다. 아래로 박철상구비(朴鐵上仇非)가 7리에 있다〉

박철상구비〈북쪽으로 600리에 있다. 아래로 박철하구비(朴鐵下仇非)가 10리에 있다〉

박철하구비〈북쪽으로 580리에 있다. 아래로 대라신동(大羅信洞)이 10리에 있다〉

대라신동〈북쪽으로 575리에 있다. 아래로 대라신상구비(大羅信上仇非)가 5리에 있다〉

대라신상구비 〈북쪽으로 570리에 있다. 아래로 라신하구비(羅信下仇非)가 5리에 있다〉

라신하구비 〈북쪽으로 565리에 있다. 아래로 소라신동(小羅信洞)이 10리에 있다〉

소라신동 〈북쪽으로 555리에 있다. 아래로 죽암상구비(竹岩上仇非)가 10리에 있다〉

죽암상구비 〈북쪽으로 545리에 있다. 아래로 죽암중구비(竹岩中仇非)가 7리에 있다〉

죽암중구비 〈북쪽으로 540리에 있다. 아래로 죽암하구비(竹岩下仇非)가 10리에 있다〉

죽암하구비 〈북쪽으로 530리에 있다. 아래로 삼형제동(三兄弟洞)이 10리에 있다〉

형제동 〈북쪽으로 530리에 있다. 아래로 소삼동(小三洞)이 5리에 있다〉

소삼동 〈북쪽으로 515리에 있다. 아래로 대무창(大茂昌)이 15리에 있다〉

대무창 〈북쪽으로 500리에 있다. 아래로 소무창(小茂昌)이 15리에 있다〉

소무창 〈북쪽으로 480리에 있다. 아래로 무창구비(茂昌仇非)가 15리에 있다〉

무창구비 〈북쪽으로 490리에 있다. 아래로 포도동(葡萄洞)이 10리에 있다〉

포도동 〈북쪽으로 460리에 있다. 아래로 포도동상구비(葡萄洞上仇非)가 10리에 있다〉

포도동상구비 〈북쪽으로 450리에 있다. 아래로 포도동중구비(葡萄洞中仇非)가 5리에 있다〉

포도동중구비 〈북쪽으로 455리에 있다. 아래로 포도동하구비(葡萄洞下仇非)가 5리에 있다〉

포도동하구비 〈북쪽으로 440리에 있다. 아래로 막종동(莫從洞)이 (결락/역자주)에 있다〉

막종동 〈북쪽으로 430리에 있다. 아래로 하산보(河山堡)가 10리에 있다〉

하산보 〈북쪽으로 420리에 있다. 아래로 두지동(豆之洞)이 10리에 있다〉

두지동 〈북쪽으로 410리에 있다. 아래로 두지상구비(豆之上仇非)가 10리에 있다〉

마마해리보(馬馬海里堡) 〈권관이 유방(留防)하는 곳이다〉

두지상구비 〈북쪽으로 400리에 있다. 아래로 두지중구비(豆之中仇非)가 5리에 있다〉

두지중구비 〈북쪽으로 395리에 있다. 아래로 두지하구비(豆之下仇非)가 8리이다〉

두지하구비 〈북쪽으로 385리에 있다. 아래로 오랑합동(吾郎哈洞)이 8리에 있다〉

오랑합동 〈북쪽으로 375리에 있다. 아래로 오랑합구비(吾郎哈仇非)가 7리에 있다〉

오랑합구비 〈북쪽으로 365리에 있다. 아래로 죽전(竹田)이 10리에 있다〉

죽전 〈북쪽으로 355리에 있다. 아래로 김창구비(金昌仇非)가 8리에 있다〉

추파진(楸坡鎭) 〈만호가 유수하는 곳이다〉

김창구비 〈북쪽으로 365리에 있다. 아래로 김창동(金昌洞)이 8리에 있다〉

김창동 〈북쪽으로 370리에 있다. 아래로 동돌상구비(東乫上仇非)가 10리에 있다〉

동돌상구비 〈북쪽으로 385리에 있다. 아래로 동사동(東沙洞)이 10리에 있다〉

동사동 〈북쪽으로 395리에 있다. 아래로 동사구비(東沙仇非)가 10리에 있다〉

동사구비 〈북쪽으로 405리에 있다. 아래로 동돌하구비(東乭下仇非)가 10리에 있다〉

동돌구비 〈북쪽으로 415리에 있다. 아래로 연동(困洞)이 15리에 있다〉

연동 〈북쪽으로 425리에 있다. 아래로 삼동(三洞)이 13리에 있다〉

삼동 〈북쪽으로 435리에 있다. 아래로 갈전상구비(葛田上仇非)가 10리에 있다〉

갈전상구비 〈북쪽으로 445리에 있다. 아래로 갈전중구비(葛田中仇非)가 8리에 있다〉

갈전중구비 〈북쪽으로 450리에 있다. 아래로 갈전하구비(葛田下仇非)가 10리에 있다〉

갈전하구비 〈북쪽으로 460리에 있다. 아래로 김동동(金同洞)이 10리에 있다〉

김동동 〈북쪽으로 470리에 있다. 아래로 추상구비(楸上仇非)가 10리에 있다〉

추상구비 〈북쪽으로 480리에 있다. 아래로 추하구비(楸下仇非)이 10리에 있다〉

추하구비 〈북쪽으로 490리에 있다. 아래로 상장항(上獐項)이 10리에 있다〉

상장항 〈북쪽으로 500리에 있다. 아래로 하장항(下獐項)이 10리에 있다〉

하장항 〈북쪽으로 520리에 있다. 아래로 이파(梨坡)이 10리에 있다〉

이파 〈북쪽으로 530리에 있다. 아래로 입암(立岩)이 10리에 있다〉

상입암 〈북쪽으로 540리에 있다. 아래로 하입암(下立岩)이 10리에 있다〉

하입암 〈북쪽 550리에 있다. 아래로 상장빙애(上長氷崖)가 10리에 있다〉

상장빙애 〈북쪽으로 560리에 있다. 아래로 중장수애(中長水崖)가 10리에 있다〉

중장수애 〈북쪽으로 570리에 있다. 아래로 하장수애(下長水崖)가 10리에 있다〉

하장수애 〈북쪽으로 480리(580리의 오류/역자주)이다. 아래로 상덕구비(上德仇非)가 10리에 있다〉

상덕구비 〈북쪽으로 587리에 있다. 아래로 하덕구비(下德仇非)가 10리에 있다〉

하덕구비 〈북쪽으로 597리에 있다. 아래로 중강(中江)이 10리에 있다〉

중강 〈북쪽으로 607리에 있다. 아래로 중강구비(中江仇非)가 10리에 있다〉

종포진 〈만호가 유방(留防)하는 곳이다〉

중강구비 〈북쪽으로 617리에 있다. 아래로 건포(乾浦)가 10리에 있다〉

건포 〈북쪽으로 627리에 있다. 아래로 건포장항(乾浦獐項)이 10리에 있다〉

건포장항 〈북쪽으로 637리에 있다. 아래로 호예상구비(胡芮上仇非)가 10리에 있다〉

호예상구비 〈북쪽으로 647리에 있다. 아래로 호예하구비(胡芮下仇非)가 10리에 있다〉

호예하구비 〈북쪽으로 657리에 있다. 아래로 호예동구(胡芮洞口)가 7리에 있다〉

호예동구 〈북쪽으로 664리에 있다. 아래로 호예하변(胡芮下邊)이 10리에 있다〉

호예하변 〈서북쪽으로 674리에 있다. 아래로 아흘동(丫屹洞)이 10리에 있다〉

아흘동 〈서북쪽으로 684리에 있다. 아래로 조속상구비(早粟上仇非)가 10리에 있다〉

조속상구비 〈서쪽으로 694리에 있다. 아래로 조속중구비(早粟中仇非)가 10리에 있다〉

조속중구비 〈서북쪽으로 704리에 있다. 아래로 조속하구비(早粟下仇非)가 10리에 있다〉

조속하구비 〈서북쪽으로 714리에 있다. 아래로 소의덕(所儀德)이 15리에 있다〉

소의덕 〈서북쪽으로 730리에 있다. 아래로 조속전(早粟田)이 15리에 있다〉

조속전 〈서북쪽으로 745리에 있다. 아래로 벌동(伐洞)이 15리에 있다〉

벌동 〈서북쪽으로 760리에 있다. 아래로 노동(蘆洞)이 15리에 있다〉

노동 〈서북쪽으로 770리에 있다. 아래로 건포(乾浦)가 15리에 있다〉

건포 〈서북쪽으로 790리에 있다. 아래로 자성상구비(慈城上仇非)가 15리에 있다〉

자성상구비 〈서북쪽으로 805리에 있다. 아래로 자성하구비(慈城下仇非)가 15리에 있다〉

자성하구비 〈서북쪽으로 790리에 있다. 아래로 자성동구(慈城洞口)가 15리에 있다〉

자성동구 〈서북쪽으로 775리에 있다. 아래로 이인동(李仁洞)이 15리에 있다〉

외질괴진 〈만호가 유방하는 곳이다〉

이인동 〈서북쪽으로 765리에 있다. 아래로 서해평구비(西海坪仇非)가 15리에 있다〉

서해평구비 〈서북쪽으로 730리에 있다. 아래로 가목덕(加木德)이 10리에 있다〉

가목덕 〈서북쪽으로 720리에 있다. 아래로 조아평(照牙坪)이 10리에 있다〉

조아평 〈서북쪽으로 710리에 있다. 아래로 황암(荒岩)이 10리에 있다〉

옹암(瓮岩) 〈서북쪽으로 700리에 있다. 아래로 지롱괴(知弄怪)가 10리에 있다〉

지롱괴 〈서북쪽으로 690리에 있다. 아래로 소을삼동(所乙三洞)이 10리에 있다〉

소을삼동 〈서북쪽으로 680리에 있다. 아래로 삼강상구비(三江上仇非)가 10리에 있다〉

삼강상구비 〈서북쪽으로 670리에 있다. 아래로 삼강중구비(三江中仇非)가 15리에 있다〉

삼강중구비 〈서북쪽으로 655리에 있다. 아래로 삼강하구비(三江下仇非)가 10리에 있다〉

삼강하구비 〈서북쪽으로 645리에 있다. 아래로 임토(林土)가 20리에 있다〉

〈이상 93곳의 파수는 단지 묘삼(苗蔘) 세 절기, 단황(丹黃) 두 절기인 5월에서 8월에 입방

〈入防)한다〉

임토 〈서쪽으로 180리에 있다. 아래로 최용동(崔用洞)이 10리에 있다〉
최용동 〈서쪽으로 175리에 있다. 아래로 건포(乾浦)가 10리에 있다〉
건포 〈서쪽으로 160리에 있다. 아래로 가라지(加羅地)가 10리에 있다〉
가라지 〈서쪽으로 150리에 있다. 아래로 적동(狄洞)이 10리에 있다〉
적동 〈서쪽으로 140리에 있다. 아래로 여둔(餘屯)이 10리에 있다〉
여둔 〈서쪽으로 140리에 있다. 아래로 재신동(宰臣洞)이 10리에 있다〉
재신동 〈서쪽으로 150리에 있다. 아래로 별외평(別外坪)이 10리에 있다〉
별외평 〈서쪽으로 160리에 있다. 아래로 청해정(青海亭)이 10리에 있다〉
청해정 〈서쪽으로 170리에 있다. 아래로 동대(東臺)가 5리에 있다〉
동대 〈서쪽으로 170리에 있다. 아래로 말지동(末池洞)이 5리에 있다〉
말지동 〈서쪽으로 180리에 있다. 아래로 분토연대저(分土烟臺底)가 15리에 있다〉
분토연대저 〈서쪽으로 190리에 있다. 아래로 분토(分土)가 5리에 있다〉
분토 〈서쪽으로 210리에 있다. 아래로 허린포(許獜浦)가 5리에 있다〉
허린포 〈서쪽으로 215리에 있다. 아래로 마시리(馬時里)가 5리에 있다〉
마시리 〈서쪽으로 220리에 있다. 아래로 양강(兩江)이 10리에 있다〉
양강 〈서쪽으로 230리에 있다. 아래로 위원의 양강 파수(兩江把守)가 10리에 있다〉
〈이상 16파수는 4계절 12삭 동안 수직(守直)한다〉

전패백자동(傳牌栢子洞)〈북쪽으로 80리에 있다. 아래로 우항령(牛項嶺)이 15리에 있다〉
우항령 〈북쪽으로 95리에 있다. 아래로 동아치(洞牙致)가 15리에 있다〉
동아치 〈북쪽으로 110리에 있다. 아래로 괘인봉영저(掛印峯嶺底)가 15리에 있다〉
괘인봉영저 〈북쪽으로 125리에 있다. 아래로 응기리(鷹岐里)가 10리에 있다〉
응기리 〈북쪽으로 135리에 있다. 아래로 진목파(眞木坡)가 10리에 있다〉
진목파 〈북쪽으로 145리에 있다. 아래로 오가산동구(五家山洞口)〉가 15리에 있다〉
오가산동구 〈북쪽으로 155리에 있다. 아래로 현조동(玄鳥洞)이 10리에 있다〉
현조동 〈북쪽으로 165리에 있다. 아래로 정목파(正木坡)가 15리에 있다〉

정목파〈북쪽으로 180리에 있다. 아래로 죽전령(竹田嶺) 밑이 15리에 있다〉

죽전령〈북쪽으로 195리에 있다. 아래로 천천(泉川)이 10리에 있다〉

천천〈북쪽으로 210리에 있다. 아래로 하산동(下山洞)이 15리에 있다〉

하산동구(下山洞口)〈북쪽으로 225리에 있다. 아래로 운동(雲洞)이 10리에 있다〉

운동〈북쪽으로 240리에 있다. 아래로 소운동(小雲洞)이 15리에 있다〉

소운동〈북쪽으로 225리에 있다. 아래로 노탄(蘆灘)이 15리에 있다〉

노탄〈북쪽으로 270리에 있다. 아래로 회동(檜洞)이 15리에 있다〉

회동〈북쪽으로 285리에 있다. 아래로 죽전강변(竹田江邊)이 5리에 있다. 죽전강변은 위에 보인다〉

〈여기에서 두 길로 나뉘어 한 길은 위로 후주강변의 오통동(五統洞) 파수로 통하고 한 길은 아래로 압록강변의 옥동(玉洞) 파수로 통한다. 옥동은 위에 보인다〉

〈이상 16파수는 중산(中山) 파수로서 단지 변보(邊報)만 전한다〉

『강외파수』(江外把守)

대식염동(大食鹽洞)·문암동(門岩洞)〈이 두 길은 강을 건너 두지동(豆之洞)으로 들어간다〉

성동(城洞)·삼동(三洞)·직동(直洞)·북수동(北水洞)〈이 네 길은 강을 건너서 죽전 파수 경계에 들어간다〉

대북수동(大北水洞)·소식염동(小食鹽洞)〈이 두 길은 강을 건너 중강 파수 경계로 들어간다〉

회양동(會養洞)·벌초령(伐草嶺)·대암동(大巖洞)·소암동(小巖洞)·판내동(板乃洞)〈이 다섯 길은 강을 건너 부전령(府田嶺) 경계로 들어간다〉

전상록접전동(田尙祿接戰洞)·나사립접전동(羅士立接戰洞)·하가응이금접전동(河哥應伊金接戰洞)·이순접전동(李順接戰洞)〈이 네 길은 강을 건너 이령(梨嶺) 경계로 들어간다〉

거시항동(拒柴項洞)〈강을 건너 만포 경계로 들어간다〉

개야지동(介也之洞)〈강을 건너 벌등(伐登) 경계로 들어간다〉

구랑합동(仇郎哈洞)·고도수동(古道水洞)·세동(細洞)〈이 세 길은 강을 건너 고산리(高山里) 경계로 들어간다〉

야토리(野土里)·장동(長洞)〈이상 두 길은 강을 건너 감탕령(甘湯嶺)으로 들어간다〉

강 밖의 땅으로 이하의 것은 '승람'에 실려 있다.

고여연강외(古閭延江外)

소훈두(小薰豆)

흑동(黑洞)

야리천(耶里川)

감음동(甘音洞)

누둔동(漏屯洞)

봉천대(奉天臺)

부을모동(夫乙毛洞)

야로동(冶爐洞)

주사동(朱砂洞)

고무창강외(古茂昌江外)

하면동(何眠洞)

호단(呼丹)

입암(立岩)

문암대(文岩臺)

나한덕(羅漢德)

시개(時介)

원시덕(元時德)

도을한동(都乙罕洞)

가사동(家舍洞)

대훈두(大薰豆)

고우예강외(古虞芮江外)

소롱괴동(所弄怪洞)

조명천동(趙明千洞)

어용괴동(於用怪洞)

신송동(申松洞)

시시내동(時時乃洞)

남파동(南坡洞)

고자성강외(古慈城江外)

소보리(小甫里)

고도동(古道洞)

파탕동(派湯洞)

본부강외(本府江外)

황성평(皇城坪)〈만포에서 30리인데 금(金) 나라의 도읍이라고 한다. 황제묘가 왕성에 있는데, 세상에서 전하기를 금 황제의 묘라고 한다. 농석(礱石)의 높이가 10장(丈)이나 된다. 안에 3침(寢)이 있다. 또한 황후묘, 황자 등의 묘가 있다〉

옹촌리(瓮村里)〈건주위(建州衛)에 속한다. 만포에서 270리에 있다〉

『토산』(土産)

실(絲)·삼(麻)·장어(長魚)·수어(秀魚)·여항어(餘項魚)·담비(貂)·청서(青鼠)·수달(水獺) 영양(羚羊)·산양(山羊)·산돼지(山猪)·토저(土猪)·눌어(訥魚)·금인어(錦鱗魚)·붕어(鯽魚)· 점어(鮎魚)·인삼〈사군(四郡) 땅에서 많이 나는데 품질이 좋다〉해송자(海松子)·꿀·자작나무 껍질(樺皮)·수포석(水泡石)·오미자·사향·자초(紫草)·석이버섯(石簟)·송이버섯(松簟) 목적 (木賊)·당귀(當歸)·산개(山芥)·산사(山查)·개암(榛子)·산포도 호도(楸子)·동철(銅鐵)〈고연 주(古延州)에서 난다〉율무(薏苡)·벼(稻)·서숙(黍稷)·옥수수(玉蜀黍)〈자성 땅에서 많이 나는데 토민(土民)들은 이것으로 곡식을 대신한다〉

『장시』(場市)

입석장(立石場)〈2·7일장이다〉

『역』(驛)

종포역(從浦驛)〈종포진에 있다. 말이 2필이다〉

성간역(城干驛)〈남쪽으로 100리에 있다. 말이 2필이다〉

입석역(立石驛)〈남쪽으로 150리에 있다. 말이 2필이다. 어천도(魚川道)에 속하였다〉

『기발』(騎撥)

관문참(官門站)

부로지참(夫老只站)〈남쪽으로 55리에 있다〉

성간참(城干站)

입석참(立石站)

양파참(梁坡站)

고암참(高巖站)

무주참(茂州站)

파원참(坡院站)〈남쪽으로 240리에 있다〉

〈읍지에는 오로참(吾老站)·신광참(神光站)·대가동참(大佳洞站)·갈산참(葛山站)이 있다.
이 네 참은 숫자에는 들어 있으나 각각 다르다〉

『진』(津)

서문진(西門津)

안찬진(安贊津)〈혹은 노동진(蘆洞津)이라고도 한다. 위원으로 통하는 길이다〉

장항진(獐項津)

다재물진(多財物津)

서창진(西倉津)

무평진(霧坪津)

서산리진(西山里津)

봉전탄진(蓬田灘津)〈이상 나룻배가 8척이다〉

『교량』(橋梁)

남천교(南川橋)〈남쪽으로 2리에 있다〉

별하교(別河橋)〈남쪽으로 80리에 있다〉

북천교(北川橋)〈북쪽으로 2리에 있다〉

입석교(立石橋)〈남쪽으로 150리에 있다〉

중성간교(中城干橋)〈남쪽으로 95리에 있다〉

『원참』(院站)

여진원(女眞院)〈서쪽으로 55리에 있다〉

시시천원(時時川院)〈서북쪽으로 100리에 있다〉

어뢰원(漁雷院)〈서쪽으로 90리에 있다〉

인제원(仁濟院)〈서쪽으로 55리에 있다〉

임자파원(林子坡院)〈서쪽으로 25리에 있다. 이상 2곳은 '승람'에 나온다〉

『누정』(樓亭)

인풍루(仁風樓)〈부의 서쪽 독로강변 깎아지른 절벽 위에 있다. 중종 4년(1509)에 부사 윤말손(尹末孫)이 건립하였다〉

세검정(洗劍亭)

수항루(受降樓)〈모두 만포진 위에 있다〉

관덕정(觀德亭)

민군정(閔軍亭)〈모두 성 안에 있다〉

『사원』(祠院)

경현서원(景賢書院)〈성 안에 있다. 광해군 기유년(1609)에 세웠고 숙종 을묘년(1675)에 사액을 받았다. 이언적(李彦迪): 문묘조에 보인다〉

『건치』(建寘)

〈본래 고구려, 발해, 여진이 대를 이어 그 땅을 소유하였다. 고려 공민왕 10년(1361)에 처음 독로강만호를 두었고, 공민왕 18년(1369)에 강계만호부로 바꾸어 북계에 예속하게 하고 진변(鎭邊)·진성(鎭成)·진안(鎭安)·진영(鎭寧) 4진을 설치하고 상부천호(上副千戶)를 차출하여 관장하게 하였다.

조선 태조 3년(1394)에 도병마사를 설치하였고, 태종 원년(1401)에 입석(立石)·등이언(等伊彦) 두 땅을 합하여 석주(石州)라고 칭하였다. 태종 3년(1403)에 다시 강계부가 되어 병마사가 판부사(判府使)를 겸하였다. 태종 12년(1412)에 도호부로 바꾸었다. 세종 24년(1442)에 도절제사영(都節制使營)을 두었다가 세종 28년(1446)에 파하였다가 세종 32년(1450)에 다시 두었다. 단종 원년(1453)에 또 파하였다. 세조 초년에 우예·자성 두 군을 혁파하고 그 백성을 강계부에 옮겼다. 뒤에 진관을 두어 위원(渭原)·초산(楚山)·신광(神光)·평남(平南)·상토(上土)·추파(楸坡)·외질괴(外叱怪)·만포(滿浦)·고산리(高山里)·유원(柔遠)·종포(從浦)·벌등(伐登)·마마해리(馬馬海里)를 관장하였다. 지금은 위원·초산·만포·고산리·신광이 모두 독진이 되었다. 세조 13년(1467)에 동·서·중 3도절도사를 나누어 두고 본부를 좌도(左道)로, 영변을 중도(中道)로, 창주(昌洲)를 우도(右道)로 삼았다. 예종 원년(1469)에 3도를 합하여 하나로 하고 영변부에 절도사영을 돌렸다.

숙종 18년(1692)에 청북육군우방어사(淸北陸軍右防禦使)를 부사가 겸하게 하였다.

읍호: 청원(淸原)

관원은 도호부사 1원이 청북육군우방어사·강계진병마첨절제사·독진장을 겸하였다. 역학훈도 1원이 있다〉

『고읍』(古邑)

여연부(閭延府)〈북쪽으로 570리에 있다. 혹은 470리라고도 한다. 본래 함경도 갑산부의 여연주촌(閭延州村)이다. 조선 태종 16년(1416)에 현에서 멀다고 해서 소훈두(小薰豆) 서쪽을 본군에 속하게 하였다. 세종 17년(1435)에 도호부로 승격하고 이어서 첨절제사를 두었다. 세조 초년에 잡호(雜胡)가 침략하여 그 땅을 비우고 그 백성을 구성부에 옮겼다. 동쪽은 무창군 다락구비(多樂仇非)까지 45리이고 남쪽으로는 자성군 신로현(新路峴)까지 105리이며 서쪽은 우예군 하무로(下無路)까지 65리이며, 북쪽은 압록강에 이르는데 4리이다〉

우예군(虞芮郡)〈북쪽으로 350리에 있다. 본래 여연부의 우예보(虞芮堡)이다. 처음에는 만호를 두었다가 세종 25년(1443)에 보가 본부에서 멀고 격절되어 있다고 해서 본부의 유파(楡坡)·조명간(趙明干)·소우예(小虞芮) 및 자성군의 태일(泰日) 등지의 민호(民戶)를 할애해서 군을 두고 강계부의 소관으로 하였다. 세조 초년에 그 땅을 비우고 백성을 부에 옮겼다. 동쪽으로는 여연군 하무로까지 30리이고 남쪽은 자성군 잉항(芿項)이 50리이며, 북쪽은 조명간까지 23리이고 서쪽으로는 압록강까지 1리이다〉

자성읍(慈城邑)〈북쪽으로 210리에 있다. 본래는 여연부 시번강(時番江)의 자작리(慈作里)이다. 세종 6년(1424)에 소보리(小甫里) 8곳의 민중으로 시번의 장항에 목책을 세워 방수(防戍)를 하였다. 세종 14년(1432)에 파저강(婆猪江) 야인이 사람을 죽이고 약탈하여 갔는데, 여연·강계와 떨어져 있어서 구할 수 없었다. 다음 해에 두 읍의 중간인 자작리에 성을 쌓고 군을 두면서 자성으로 바꾸어 강계부의 소관으로 하였다. 세조 초년에 그 땅을 비우고 백성을 부로 옮겼다. 북쪽으로는 상토보(上土堡)가 120리이고 동쪽으로는 무창의 경계까지 83리이며, 남쪽으로는 본부의 경계까지 90리이고 북쪽으로는 우예의 경계까지 90리이고 서쪽으로는 압록강까지 50리이다. 숙종 9년(1683)에 병조판서 남구만(南九萬)이 폐사군 4진을 설치할 것을 의논하였는데, 먼저 무창·자성 두 진을 설치하고 첨절제사를 두었다가 곧 파하였다〉

무창군(茂昌郡)〈위의 3군과 같다. 폐사군 무창군이라고 칭한다. 지금은 함경도의 후주부에 이속되어 있다〉

『고사』(故事)

〈고려 공민왕 10년(1361) 독로강만호 박의(朴儀)가 반란을 일으키자 형부상서 김진(金瓚)이 가서 토벌하였다. 우리 태조 이성계가 동북면상만호(東北面上萬戶)가 되어 친히 군사 1,500명을 이끌고 원조하였다. 박의가 그 무리를 이끌고 강계로 도망하여 들어갔는데 모두 잡아서 죽였다. 공민왕 21년(1372)에 눌합출고가(吶哈出高家)가 연양행성평장사(蓮陽行省平章事)로 강계·니성(泥城) 등을 침략하였다. 호발도(胡拔都)·장해마(張海馬) 등이 니성·강계 등을 침략하였다. 우왕 4년(1378)에 고가노(高家奴)가 군사 4만으로 강계를 침략하였다. 우왕 10년(1384)에 요동도사(遼東都司)가 지휘(指揮) 두 사람과 군사 천 여 명을 보내어 강계에 이르러 장차 철령위(鐵嶺衛)를 세우려고 요동에서 철령에 이르기까지 70참을 두고 참에는 백호(百戶)를 두었다. 명 나라의 후군도독부(後軍都督府)에서 요동백호 왕득붕(王得朋)을 파견하여 철령위를 세운다고 고하였다.

조선 중종 18년(1523)에 전부터 야인 김아(金阿)·송가(宋可) 등이 부령(富寧)에서 여연·무창에 옮겨 살면서 밭을 경작하고 목책을 설치하여 점점 제어하기 어려워졌다. 이에 평안도 절도사 이지방(李之芳) 등에게 명하여 쫓아내게 하였다. 중종 23년(1528)에 만포첨사 우사노경(偶沙虜境)이 피살되었다.

2. 삭주(朔州)

북극의 높이는 41도 19분, 평양의 서쪽으로 치우친 것이 1도 12분이다.

『산천』(山川)

천마산(天摩山)〈서남쪽으로 80리에 있다. 의주·구성의 경계이다〉

흑산(黑山)〈동쪽으로 25리에 있다. 혹은 남쪽 75리라고도 한다〉

개막산(盖幕山)〈혹은 판막산(板幕山)이라고도 한다. 서쪽 20리의 의주 경계이다〉

청룡산(靑龍山)〈남쪽으로 90리의 구성 경계이다. 동불사(東佛寺)가 있다〉

세정산(洗井山)〈남쪽으로 25리에 있다〉

오봉산(五峯山)〈동쪽 25리에 있다〉

두룡산(豆龍山)〈동쪽으로 80리에 있다〉

팔영산(八營山)〈고삭주(古朔州)에 있다. 부의 남쪽 10리 구성가는 큰 길이다〉

등강상(登岡山)〈동쪽으로 10리에 있다〉

미륵산(彌勒山)〈북쪽으로 20리에 있다〉

심원산(深源山)〈남쪽으로 20리에 있다〉

검은산(劒隱山)〈혹은 거문산(㠪門山)이라고도 한다. 남쪽으로 70리에 있다. 관음사(觀音寺)가 있다〉

굴암산(窟巖山)〈동남쪽 100리 구성의 경계이다〉

은선대(隱仙臺)〈동쪽으로 10리에 있다〉

강선대(降仙臺)〈남쪽으로 10리에 있다〉

망운대(望雲臺)〈북쪽으로 10리에 있다〉

입암(立巖)〈남쪽 10리에 있다. 대칠위(大七圍) 높이가 30척이다〉

김창동(金昌洞)〈동쪽으로 15리에 있다〉

휴암(鵂巖)〈압록강변에 있다〉

속사동(束沙洞)〈동쪽으로 25리에 있다〉

송운동(宋雲洞)

대회동(大晦洞)

사모동(紗帽洞)

「영로」(嶺路)

연평령(延平嶺)〈북쪽 20리의 창성(昌城) 큰 길이다〉

판막령(板幕嶺)〈서쪽 20리의 의주 경계의 큰 길이다〉

팔영진(八營鎭)〈크고 작은 두 고개가 있다. 남쪽 90리의 구성 큰 길이다〉

대속사령(大束沙嶺)〈막령진(幕嶺鎭) 동쪽 20리에 있다〉

소속사령(小束沙嶺)〈막령(幕嶺) 동쪽 10리에 있다〉

대방장령(大坊墻嶺)〈막령진 동쪽 5리에 있다. 이상 세 곳은 창성의 경계이다〉

소방장령(小坊墻嶺)〈막령진 서쪽 5리에 있다. 창성의 경계이다〉

계반령(界畔嶺)〈동남쪽으로 30리에 있다〉

온정령(溫井嶺)〈남쪽으로 30리에 있다〉

소온정령(小溫井嶺)〈온정령의 서쪽이다〉

대성령(大城嶺)〈천마진 서쪽 5리에 있다〉

소성령(小城嶺)〈천마진 서남쪽 5리에 있다. 이상 두 고개는 의주 경계이다. 이상 아홉 곳은 한 줄기로서 서쪽에서 왔다〉

곤자령(昆者嶺)〈'자(者)'는 혹 '지(之)'라고도 쓴다. 남쪽 90리에 있다〉

차유령(車踰嶺)〈남쪽으로 90리에 있다. 소팔영(小八營)의 다음이다. 이상 두 곳은 구성의 경계이다〉

추현(楸峴)〈남쪽으로 80리에 있다〉

녹전동령(鹿田洞嶺)

압록강(鴨綠江)〈창성의 경계에서 서남쪽을 흘러서 휴암 왼쪽을 거쳐 삼지천을 지나 구령진(九寧鎭)을 거쳐서 의주의 경계로 들어간다〉

삼기천(三岐川)〈북쪽으로 10리에 있다. 수원은 소방색·계반 두 고개에서 나와서 서북쪽으로 흘러 은선대 아래를 거쳐서 낙폭(落瀑)이 된다. 온정령 물을 지나 부의 북쪽 10리에 이르러 개막산 물을 지나 삼기천이 된다. 망운대를 거쳐 구령진(仇寧鎭)에 이르러 북쪽으로 압록강에 들어간다〉

온정천(溫井川)〈수원은 온정령에서 나와 북쪽으로 흘러 세정산·심원산 두 산의 물을 만나

강선대 및 부의 동쪽을 거쳐서 삼기천을 들어간다〉

개막천(盖幕川)〈수원은 개막산에서 나온다. 북쪽으로 흘러 부의 서쪽을 지나 망운대에 이르러서 삼기천으로 들어간다〉

형제천(兄弟川)〈남쪽으로 70리에 있다. 수원은 천마산에서 나온다. 동쪽으로 흘러 부의 남쪽 50리에 이르러 백여자천(白呂子川)이 된다. 대삭천(大朔川)을 거쳐 온정령·계반령·방색령·속사령 여러 고개의 물과 만나서 부의 동남쪽 60리에서 형제천이 된다. 남창에 이르러서 오른쪽으로 청룡산·거문산 두 산의 물을 지나 오른쪽으로 생동(栍洞)을 지나 동남쪽으로 흘러 상창(上倉)과 하창(下倉)을 거쳐서 태천의 경계로 들어가서 원탄(院灘)이 된다. 바로 박천 대영강(大寧江)의 근원이다〉

계반천(界畔川)〈동쪽으로 35리에 있다. 삼기천항에 보인다〉

백여자천(白呂子川)〈형제천항에 보인다〉

천동천(泉洞川)〈동쪽으로 70리에 있다. 수원은 두룡산(頭龍山)에서 나온다. 서쪽으로 흘러 형제천에 들어간다〉

생동천(栍洞川)〈동남쪽으로 90리에 있다. 수원은 창성의 초두령(草頭嶺)에서 나온다. 서쪽으로 흘러 형제천으로 들어간다〉

온정(溫井)〈남쪽으로 30리에 있다. 온정령의 북쪽이다〉

『강역』(彊域)

〈동쪽은 창성과의 경계가 30리, 80리이고, 남쪽은 창성·태천·구성 세 읍의 교차되는 하단인데 160리이다. 남쪽은 구성의 경계가 90리이고 서쪽은 의주 경계가 20리인데 압록강은 40리이다. 북쪽은 계성(界城) 경계가 20리이다〉

『방면』(坊面)

동면〈40리에 있다〉

북면〈30리에 있다〉

역지면(驛只面)〈동쪽으로 90리에 있다〉

백군자면(白君子面)〈남쪽 30리이고 끝은 70리이다〉

천동면(泉洞面)〈동남쪽으로 70리에 있다〉

상단면(上端面)〈동남쪽인데 처음은 10리이고 끝은 90리이다〉

하단면(下端面)〈동남쪽인데 처음은 80리이고 끝은 110리이다〉

구령면(仇寧面)〈서쪽으로 40리에 있다〉

『호구』(戶口)

호는 3,721이고 구는 11,863이다.〈남자는 6,468이고 여자는 5,375이다〉

『전부』(田賦)

장부에 있는 전답은 1,236결인데 현재 경작하고 있는 밭이 1,004결이고 답이 15결이다.

『창』(倉)

사창(司倉)

북창(北倉)〈서쪽으로 25리에 있다〉

대창(大倉)〈대삭주(大朔州)에 있다〉

남창(南倉)〈80리이다〉

동창(東倉)〈동쪽으로 70리에 있다〉

천창(泉倉)〈동쪽으로 60리에 있다〉

범창(凡倉)〈온정령의 남쪽이다〉

상단창(上端倉)〈동남쪽으로 100리에 있다〉

하단창(下端倉)〈동남쪽으로 140리에 있다〉

천마둔창(天摩屯倉)〈남쪽으로 80리에 있다〉

『곡총』(穀總)

곡식의 총계는 17,177석이다.

『군적』(軍籍)

군보의 총수는 3,678이다.

『진보』(鎭堡)

천마진(天摩鎭)〈남쪽으로 40리에 있다. 효종 4년(1653)에 감영에서 둔전을 상단면에 설치하고 별장을 두었다. 숙종 31년(1705)에 첨사진으로 승격하여 대소성령(大小城嶺)의 아래로 옮겨서 독진이 되어 의주 옥강진(玉江鎭) 강 밖으로 와서 고개를 넘는 길을 막았고 또한 대소성령·소성령 두 고개를 막았다.

병마첨절제사 1원이고 군사의 총수는 356, 진창은 2곳, 곡식의 총계는 509석이다〉

구령진(仇寧鎭)〈서쪽으로 40리에 있다. 압록강변 의주 경계의 큰 길이다. 세조 25년(세종 25년의 오류 1443/역자주)에 의주에서 와서 속하였다. 동과 서의 석성의 둘레가 830보이다. 망북정(望北亭)·식파정(息波亭)이 있다. 의주 청수진(靑水鎭) 강 밖의 노상탄(老上灘)으로 오는 길을 막고 또한 강 밖의 황발리(荒發里)·하전(下田) 두 동(洞)에서 오는 길을 막는다.

병마만호가 1원이고 군사의 총수는 433, 진창은 1곳, 곡식의 총계는 504석이다〉

막령진(幕嶺鎭)〈동쪽으로 50리에 있다. 인조 25년(1647)에 역지면에 진을 설치하고 별장을 두었다. 현종 15년(1674)에 만호로 승격하고 대소방색령 밑에 진을 두고 독진이 되었다. 강밖의 창성에서 와서 고개를 넘는 길을 막고 또한 송운동(宋雲洞)·대회동(大晦洞)·사모동(紗帽洞) 세 동을 막는다.

병마만호가 1원이고 군사의 총수는 636, 진창이 2곳, 곡식의 총계는 668석이다〉

『파수』(把守)

대속사동 파수〈북쪽으로 60리에 있다. 위로 창성 갑암보(甲岩堡) 안가동(安哥洞)까지 10리이고 아래로 의주 청수진(靑水鎭) 파수까지 15리이다〉

『강외파수』(江外把守)

황폐리동(荒廢里洞)

하전동(下田洞)

『토산』(土産)

실(絲)·삼(麻)·담비(貂)·청서(靑鼠)·인삼·꿀·은구어(銀口魚)·여항어(餘項魚)·수포석(水泡石)·해송자(海松子)·영양(羚羊)·사향·수달(水獺)·오미자·궁간목(弓幹木)

『장시』(場市)

읍내장 〈3·8일장이다〉

관장(舘場)〈5·10일장이다〉

막령장(幕嶺場)〈2·7일장이다〉

호장(胡場)〈1·6일장이다〉

『역』(驛)

대삭역(大朔驛)〈고삭주(古朔州)에 있다. 말이 한 필이다〉

소삭역(小朔驛)〈부의 남쪽에 있다. 말이 한 필이다. 이상 두 역은 어천도에 속한다〉

기이역(岐伊驛)〈남쪽으로 90리에 있다〉

암사역(巖舍驛)〈기이역(岐伊驛) 서쪽 10리에 있다〉

창평역(昌平驛)〈기이역 동쪽 10리에 있다. 이상 세 역은 구성부에서 왔다〉

『기발』(騎撥)

관문참

계반참(界畔站)

대관참(大舘站)〈바로 대삭역이다〉

『교량』(橋梁)

계반교(界畔橋)〈동쪽으로 20리에 있다〉

와창교(瓦倉橋)〈남쪽으로 40리에 있다〉

석교(石橋)〈남쪽으로 70리에 있다〉

남창교(南倉橋)〈남쪽으로 77리에 있다〉

승선교(陞仙橋)〈남쪽으로 7리에 있다〉

수침교(水砧橋)〈남쪽으로 12리에 있다〉

병암교(餠巖橋)〈남쪽으로 16리에 있다〉

찰방교(察訪橋)〈남쪽으로 60리에 있다〉

석산교(石山橋)〈남쪽으로 35리에 있다〉

삼기교(三岐橋)〈북쪽으로 18리에 있다〉

판막교(板幕橋)〈서쪽으로 15리에 있다〉

망운교(望雲橋)〈북쪽으로 10리에 있다〉

학수교(學水橋)〈동쪽으로 6리에 있다〉

판교(板橋)〈동쪽으로 50리에 있다〉

호장교(胡墻橋)〈남쪽으로 40리에 있다〉

『원참』(院站)

계반원(界畔院)〈남쪽으로 40리에 있다〉

대삭원(大朔院)〈혹은 팔영원(八營院)이라고도 한다. 남쪽으로 95리에 있다〉

『누정』(樓亭)

망월루(望月樓)

백호루(白虎樓)

진북루(鎭北樓)〈모두 성 안에 있다〉

『건치』(建寘)

〈본래 삭령현(朔寧縣)이다. '현(縣)'은 혹 '령(嶺)'이라고 되어 있다. 고구려, 발해 때의 칭호는 잘 알지 못한다. 고려 현종 2년(1011)에 삭주방어사라고 칭호하여 북계에 예속되었다. 원종 10년(1269)에 원에 몰수되어 동영로총관부에 예속되었다. 충렬왕 4년(1278)에 다시 복구되고 승격되어 부가 되었다.

조선 태조 3년(1394)에 견아상착(犬牙相錯: 군현의 경계가 개의 이빨처럼 서로 맞물려 들어가 있는 것/역자주)하여 고구주(古龜州) 및 부근 12촌을 합하여 군으로 강격되었다. 태종13년(1413)에 도호부로 승격하였다. 세종 21년(1439)에 군으로 강격되었다가 다음 해에 도호부로 승격하였다. 세조 11년(1465)에 치소를 소삭주(小朔州)로 옮기고 천마·구령·막령진을 진관하였다.

관은 도호부사가 삭주진병마첨절제사·독진장을 겸한다〉

『고사』(故事)

〈고려 덕종 원년(1032)에 삭주·영인(寧仁)·희천에 성을 쌓고 거란에 대비하였다. 고종 12년(1225)에 동진(東眞)의 군사들이 삭주를 노략질하였다. 공민왕 10년(1361)에 홍두적 위평장(僞平章) 심성(瀋誠), 사유관선생(沙劉關先生), 주원수(朱元帥) 등 10여 만 무리가 압록강을 건너 삭주를 노략질하였다〉

3. 선천(宣川)

북극의 높이는 40도 35분, 평양의 서쪽으로 치우친 것이 1도 5분이다.

『산천』(山川)

서운산(棲雲山)〈북쪽으로 50리에 있다. 서운사(棲雲寺), 묘혜사(妙惠寺)가 있다〉

검산(劍山)〈동북쪽 20, 30리의 구성부의 경계이다. 봉우리가 칼끝 같다. 영안사(永安寺), 보덕사(普德寺), 은적암(隱寂庵)이 있다〉

보리산(菩提山)〈북쪽으로 60리에 있다〉

무학산(舞鶴山)〈동쪽으로 15리에 있다. 무골사(無骨寺), 만경암(萬景庵)이 있다〉

소산(所山)〈북쪽 36리에 있다. 고선주(古宣州)의 진산이다. 보제암(寶際庵), 진여암(眞如庵)이 있다〉

대목산(大睦山)〈남쪽으로 30리라고도 하고 혹은 3리라고도 한다〉

북송산(北松山)〈북쪽으로 60리의 구성 경계이다. 은봉암(隱峯菴)이 있다〉

보광산(普光山)〈동북쪽으로 50리에 있다. 혹은 보리산(菩提山)이라고도 한다. 의주의 경계이다. 보광사(普光寺), 보록사(寶錄寺)가 있다〉

좌이산(左耳山)〈북쪽으로 30리에 있다〉

운봉산(雲峯山)〈북쪽으로 40리에 있다〉

독장산(獨將山)

영산(靈山)

파산(巴山)〈모두 부의 동남쪽에 있다〉

천주산(天柱山)

삼봉(三峯)〈무학산의 동쪽 까지이다〉

총봉(銃峯)〈검산에 있다〉

피암(皮岩)〈보광면(普光面)의 남쪽에 있다〉

향로봉(香爐峯)〈북송산의 남쪽이다〉

탑평(塔坪)〈서쪽 20리 동림산성(東林山城)의 남쪽이다〉

유림(楡林)〈남쪽으로 40리에 있다〉

승지동(承旨洞)〈서쪽으로 10리에 있다〉

「**영로**」**(嶺路)**

좌현(左峴)〈서쪽 45리 철산 경계의 큰 길이다〉

월운령(月雲嶺)

어임현(於任峴)〈모두 부의 서북쪽에 있다〉

봉황현(鳳凰峴)〈크고 작은 두 고개가 있다. 서북쪽 30리에 있다. 이 세 고개는 철산의 경계
이다〉

석현(石峴)〈동북쪽 25리 구성 경계의 중간 길이다〉

향산현(香山峴)〈북쪽 60리 구성 경계의 중간 길이다〉

자작현(自作峴)

애전현(艾田峴)〈모두 동북쪽 구성의 경계이다〉

송현(松峴)〈북쪽으로 20리에 있다〉

니현(泥峴)〈동쪽으로 10리에 있다. '니(泥)'는 '이(梨)'라고도 쓴다〉

사현(蛇峴)〈동쪽으로 20리에 있다〉

신현(薪峴)〈동쪽 30리 곽산의 경계이다. 이상 세 고개는 곽산으로 통한다〉

당도현(唐道峴)〈서쪽 15리의 큰 길이다〉

선소현(船所峴)〈서남쪽으로 20리에 있다〉

수청현(水淸峴)

장령(長嶺)

천령(天嶺)

『바다』(海)

〈남쪽 40, 50리에 있다〉

동로강(東路江)〈즉 철마천(鐵馬川)이다. 동쪽 25리에 있다. 수원은 구성부의 이평(梨坪)에서 나와서 남쪽으로 흘러서 부의 동쪽 경계를 거쳐서 바다로 들어간다〉

청강(淸江)〈서쪽으로 20리에 있다. 수원은 북송산·향산현·보광산에서 나와서 합하여져서 남쪽으로 흘러 탑평(塔坪) 오른쪽을 거쳐 좌현수(左峴水)를 지나고 무학산수(舞鶴山水)를 지나 대변정(待變亭)에 이른다. 철산 경계에서 바다로 들어간다〉

가석포(加石浦)〈혹은 석화포(石和浦)라고도 한다. 남쪽으로 15리에 있다〉

굴강포(掘江浦)〈서남쪽으로 40리에 있다. 대변정이 있다〉

대지(大池)〈남쪽으로 20리에 있다〉

신곶(薪串)〈서남쪽 30리의 바닷가이다. 고두문(高頭門)이 있다〉

『섬』(島)

신미도(身彌島)〈'고려사'에서는 목미도(牧美島)라고 칭하였고 또한 목미도(木美島)라고도 한다. 부의 남쪽 55리이고 둘레가 120리이다. 서북쪽으로 철산의 가도(椵島) 수로가 70리이다. 우뚝한 봉우리와 깎아지른 절벽이 해상의 큰 산악을 이룬다. 특히 서쪽은 막을 필요가 없어서 모두 목장이 되었는데 일찍이 진을 설치한 적은 없다. 인조 2년(1624)에 모문룡(毛文龍)이 가도에서 이곳에 진을 설치하여 운종도(雲從島)라고 이름을 바꾸었다〉

탄도(炭島)〈남쪽으로 35리에 있다. 둘레는 40리이다〉

태화도(太和島)〈남쪽으로 60리에 있다. 가도 수로까지 20리이다〉

소화도(小和島)〈태화도의 북쪽에 있다〉

접도(蝶島)〈남쪽으로 32리에 있다. 둘레가 40리인데 섬 안에 우물과 샘이 많다. 가도 수로까지 10리이다〉

우리편도(于里鞭島)〈남쪽으로 70리에 있다. 수로가 15리이다〉

진우리편도(眞于里鞭島)

필우리도(必于里島)

녹편도(鹿鞭島)

소관도(所串島)

해암도(海岩島)〈이상 여섯 섬은 신미도의 동남쪽에 있다〉

횡중도(橫中島)〈크고 작은 두 섬이 있다. 해안가의 남쪽이다〉

웅도(熊島) 반자도(般子島) 도미이도(都美伊島) 양명도(陽明島)〈모두 고두문(高頭門)의 남쪽에 있다〉

송도(松島) 갈도(葛島) 원도(黿島) 뉴도(杻島) 지초도(芝草島) 진도(眞島) 우리도(牛里島) 순예도(順禮島) 삼관도(三串島) 고유도(姑遊島) 수석도(水石島) 가대도(加大島) 납도(蠟島) 자리도(者里島) 문박지도(門朴只島)〈크고 작은 두 섬이 있다〉

『강역』(彊域)

〈동쪽은 곽산 경계까지 30리이고 남쪽은 바다이다. 서쪽은 철산 경계가 45리이고 서북쪽은 의주 경계가 50리이다. 북쪽은 구성 경계가 50리이고 동북쪽은 구성 경계인데 30리이다〉

『방면』(坊面)

읍내면

동면〈30리에 있다〉

신부면(新府面)〈서쪽으로 20리에 있다〉

고부면(古府面)

태산면(台山面)〈모두 남쪽으로 30리에 있다〉

군자면(君子面)〈남쪽으로 20리에 있다〉

남면〈40리에 있다〉

수청면(水淸面)〈서남쪽으로 50리에 있다〉

심천면(深川面)〈서쪽으로 40리에 있다〉

보광면(普光面)〈북쪽으로 50리에 있다〉

『호구』(戶口)

호가 6,278이고 구가 21,888이다.〈남자는 11,896이고 여자는 9,992이다〉

『전부』(田賦)

장부에 있는 전답이 2,356결인데 현재 경작하고 있는 밭이 1,437결이고 논이 422결이다.

『창』(倉)

서창(西倉)〈검산성(劍山城) 안에 있다〉

남창(南倉)〈남쪽으로 25리에 있다〉

성창(城倉)〈동림성(東林城) 안에 있다〉

대변정창(待變亭倉)〈서쪽으로 30리에 있다〉

양향고(糧餉庫)〈검산성 안에 있다〉

『곡부』(穀簿)

각 곡식의 총계는 32,729석이다.

『군적』(軍籍)

군보의 총수는 4,963이다.

『성』(城)

검산산성(劍山山城)〈서쪽으로 20리에 있다. 인조 5년(1627)에 부사 맹효남(孟孝男)이 석성을 쌓았는데 둘레가 1,250보이다. 인조 9년(1631)에 부사 민함(閔涵)이 증축하였다. 혹은 방어사 임경업이 증축하였다고도 한다. 수첩군(守堞軍)이 2초, 방군(防軍)이 2초이다〉

좌현성(左峴城)〈서북쪽으로 30리에 있다. 영조 45년(1769)에 축성하였다. 길이가 2,300여 보이다. 관문을 설치하여 의주의 큰 길과 통하는데 청북(淸北) 지방의 요충이어서 가히 험준한 것에 기대어 복병을 둘 만하다〉

『영진』(營鎭)

방영(防營)〈인조 20년(1642)에 청북수군방영(淸北水軍防營)을 이곳에 두고 수로를 절제하였다. 경종 2년(1722)에 육군방영(陸軍防營)으로 바꾸었고 또 수군으로 바꾸었다. 방영사(防營使) 1원은 본 부사가 겸한다. 속읍은 선천·철산·용천·곽산·정주·가산·박천·영변·태천·구성이다. 속진은 미관(彌串)·선사포(宣沙浦)·인산(獜山)·양하(楊下)·수구(水口)·청성(淸城)·건천(乾川)·방산(方山)·옥강(玉江)·청수(淸水)이다. 본 방영의 방선(防船)이 1척이고 병선(兵船)이 1척, 사후선(伺候船)이 3척이다. 선사포는 방선이 2척, 병선이 1척, 사후선이 6척이다. 미관진의 배는 8척이다. 별무사가 330명이고 장무대 마병이 2초, 정초 속오가 15초, 표하군이 176명이다. 선사포 군사는 532명이다. 폐지된 고영(古營)이 북쪽 40리에 있다〉

『진보』(鎭堡)

동림진(東林鎭)〈서북쪽으로 30리에 있다. 고려 성종 14년(995)에 축성하였다. 현종 7년(1016)에 개축하여 통주(通州)의 거진(巨鎭)으로 삼았다. 조선 영조 29년(1753)에 개축하고 영조 45년(1769)에 첨사를 두었다. 진성의 둘레는 4,016보이고 도훈도(都訓導)가 9명이고 입방군(入防軍)이 4초이다.〈'비고'에 상세하다〉 왼쪽으로 좌현의 큰 길을 압도하고 왼쪽으로 청강평(淸江坪)의 여러 군데에서 모여드는 길을 끼고 있어서 관서 지방의 가장 요해처(要害處)이다.

대개 큰 고개는 강계의 갑현(甲峴)에서 솟아서 달려와 극성(棘城)에서 바다 입구에 도달하여 끝난다. 적의 길은 압록강 상류에서 산을 따라 온 것이 좌현에서 나온다. 의주의 고인주(古獜州)에서부터 바다를 따라 온 것이 극성에서 나온다. 두 길이 청강평에서 교차하여 만나는데 동림성(東林城)이 그 북쪽에 있고 그 사이가 45리 정도로 가깝다〉

청강진(淸江鎭)〈서쪽 30리 극성의 모퉁이이다. 숙종 4년(1678)에 소모별장(召募別將)을 두었고, 영조 대에 첨사진(僉使鎭)을 두어서 속칭이 극성첨사이다. 영조 45년(1769)에 철산부의 서쪽 임산성(林山城)으로 옮겼다〉

수청진(水淸鎭)〈서쪽으로 10리에 있다. 연혁은 알 수 없다〉

선사포진(宣沙浦鎭)〈지금은 옮겨서 철산에 있다〉

『토산』(土産)

실(絲)·삼(麻)·목면·자초(紫草)·자연석(紫硯石)·진어(眞魚)·청어(靑魚)·수어(秀魚)·조기(石首魚)·홍어·은구어(銀口魚)·민어·오징어·광어·창란젓(魚鰾)·낙지·새우(鰕)·굴(石花)·토화(土花)·윤화(輪花)·조개(蛤)·제호유(鵜鶘油)·백토(白土)·농어(鱸魚)·여어(餘魚)·문어(文魚)

『장시』(場市)

읍내장 〈3·8일장이다〉

남창장(南倉場)〈5·10일장이다〉

『역』(驛)

임반역(林畔驛)〈동쪽으로 10리에 있다. 말이 3필이다. 대동도(大同道)에 속한다〉

『기발』(騎撥)

임반참(林畔站)〈동쪽으로 곽산군의 운흥참(雲興站)에 이어지고 서쪽으로 청강참(淸江站)에 이어진다〉

청강참 〈서쪽 20리에 있다. 서쪽으로 철산의 차연참(車輦站)에 이어진다〉

『목장』(牧場)

신미도(身彌島)〈말이 500필이다〉

탄도장(炭島場)〈말이 5필이다. 이 두 목장은 선사포 감목관(監牧官) 소속이다〉

『교량』(橋梁)

유교(柳橋)〈부내(府內)에 있다〉

청강교(淸江橋)〈서쪽으로 20리에 있다〉

철마천교(鐵馬川橋)〈동쪽으로 20리에 있다. 곽산으로 통하는 큰 길이다〉

『원참』(院站)

가물천원(加勿川院)〈동쪽으로 15리에 있다〉

백현원(栢峴院)〈서쪽으로 30리에 있다〉

『단』(壇)

탄도신단(炭島神壇)

태화도신단(太和島神壇)〈모두 선천부이다. 봄, 가을에 제사를 지낸다〉

『정』(亭)

의검정(倚劍亭)

청진정(淸塵亭)

열무정(閱武亭)

『사원』(祠院)

의열사(義烈祠)〈부내에 있다. 숙종 정축년(1697)에 세워졌고 영조 계축년(1733)에 사액을 받았다. 김응하(金應河): 철원조에 보인다. 정기남(鄭奇男): 본관은 하동이다. 광해군 기미년(1619)에 김응하를 따라서 순절(殉節)하였다〉

주문공서원(朱文公書院)〈숙종 신사년(1701)에 세웠다. 주자. 이이(李珥)〉

충민사(忠愍祠)〈부내에 있다. 영조 정축년(1757)에 세웠다. 임경업: 충주조에 보인다〉

삼충사(三忠祠)〈고려 때에 세웠는데 뒤에 전란으로 폐하였다. 조선 인조 을유년(1645)에 건립되었다. 양규(楊規): 본관은 안악(安岳)이다. 고려 현종 2년(1011)에 서북면 도순검사로 거란과 싸우다가 통주(通州)에서 전사하였다. 관직은 형부낭중(刑部郞中) 벽상공신(壁上功臣)이다. 김숙흥(金叔興): 서북면 도지휘사 구주별장으로 양규와 함께 순국하였다. 유백부(庾伯符): 통주도부서(通州都部署)로 양규와 함께 순국하였다. 위위소경(衛尉少卿)에 증직되었다〉

서포사(西浦祠)〈숙종 정축년(1697)에 세웠다. 김만중(金萬重): 호는 서포(西浦)이고 본관은 광주(光州)이다. 숙종 18년(1692)에 유배와서 죽었다. 관직은 병조판서이고 문형(文衡)을 관장하였다. 시호는 문효(文孝)이다〉

정재사(定齋祠)〈숙종 정축년(1697)에 건립하였다. 박태보(朴泰輔): 파주조에 보인다〉

『건치』(建寘)

〈본래는 안화군(安化郡)이다. 고려 초에 통주라고 개칭하고 고려 현종 21년(1030)에 선주 방어사라고 칭하고 북계에 예속되었다. 고종 18년(1231)에 몽고병을 피하여 자연도(紫燕島)로 들어갔다가 원종 2년(1261)에 육지로 나왔다. 원종 10년(1269)에 원에 몰수되어 동영로총관부에 예속되었고 영삭진(寧朔鎭)과 석도진(席島鎭) 두 진을 영솔하였다. 충렬왕 4년(1278)에 다시 돌아왔다.

조선 태종 13년(1413)에 선천군으로 바꾸었고 명종 18년(1563)에 도호부사로 승격되었다가 곧 군으로 강격되었다가 인조 원년(1623)에 다시 승격되었다. 병자호란 뒤에 치소를 임반역으로 옮겼다. 인조 20년(1642)에 청북수군방어사(淸北水軍防禦使)를 겸하였다.

동림성은 선주(宣州) 때의 치소이고 목사 터는 두 번 째로 옮긴 터이며 고읍(古邑)은 세 번 째로 옮긴 터이며 고부(古府)는 네 번 째로 옮긴 터이다.

관직은 도호부사가 1원이고 청북수군방어사 선천진수군첨절제사 독진장을 겸한다. 역학훈도 1원이 있다〉

『고사』(故事)

〈고려 성종 15년(996)에 선주(宣州)에 성을 쌓았다. 목종 11년(1008)에 통주(通州)라고 하였고 현종 원년(1010)에 강조(康兆) 등 여섯 장수가 군사 30만군을 이끌고 거란에 대비하였다. 거란 군주 성종이 스스로 기병과 보병 40만을 이끌고 압록강을 건너서 흥화진(興化鎭)을 에워쌌다. 순검사 양규 등이 외롭게 성을 고수하자 거란이 포위를 풀고 20만 병으로 인주 남쪽의 무로대(無路代)에 주둔하고 20만 병으로 진격하여 통주에 이르러 군동산(軍銅山) 밑에 옮겨서 군동산을 공격하여 통주를 함락하였다. 강조의 30만 군이 크게 무너지고 강조를 참하고 길게 진격하여 나갔다. 장군 김훈(金訓) 등이 완항령(緩項嶺)에 복병을 하였다가 거란병을 패배시켰다. 현종 5년(1014)에 거란의 국구(國舅) 상온(詳穩)·소적열(蕭敵烈)이 통주 흥화진을 침략하자 장군 정신용(鄭神勇)·주빙(周憑) 등이 공격하여 격파하였다. 현종 6년(1015)에 거란이 와서 통주 흥화진을 공격하자 대장군 정신용 등이 군사를 이끌고 나아가 거란의 뒤쪽을 공격하여 700여 급을 살해하고 정신용 등 6인이 전사하였다. 현종 10년(1019)에 통주도부서(通州都部署) 유백부(庾伯符) 등 173인이 힘써 싸우다가 적에게 전사하였다. 삼충사항에 양규와 함께 같이 죽었다고 한 것은 오류가 아닐까? 현종 15년(1024)에 선주·맹주 두 주에 성을 쌓았다.

고종 3년(1216)에 거란의 유종(遺種)인 김산(金山)·김시(金始) 두 왕자가 그 장수를 파견하여 군사 수 만 명을 이끌고 압록강을 건너 영삭(寧朔)·정융(定戎)의 경계를 침략하고 영덕성(寧德城)을 도륙하고 안주·의주·구주 세 주를 포위하였다. 또한 군사가 인주·용주 두 주의 경계에서 철주·선주 두 주를 공격하였다. 고종 23년(1236)에 선주 형제산(兄弟山) 들에 몽고병이 17개소에 주둔하고 드디어 자주(慈州)와 구주·곽주 사이에 미쳤다. 고종 41년(1254)에 몽고병이 갈도(葛島)를 침략하여 3000호를 포로로 잡아갔다.

공민왕 9년(1360) 홍두적의 란에 우리 군사가 다시 함종(咸從)에서 싸워 20,000급을 참하고 위원수(僞元帥) 황지선(黃志善)을 사로잡자 적은 증산현(甑山縣)으로 물러나 지켰다. 이방실(李芳實)이 정예 기병 1000명으로 적을 추격하여 연주강(延州江: 영변부에 있다)에 이르렀다. 안우(安祐)·김득배(金得培) 등이 계속 도착하였다. 적이 강을 건너는데 얼음물에 빠져죽은 자가 수 천 인이다. 적은 드디어 도망하였는데 이방실이 추격하였다. 적은 주리고 곤궁하여 안주와 철주 사이에서 죽은 자가 계속 이어졌다. 이방실이 추격하여 고선주(古宣州)에 이르러 수백 급을 참하였다. 나머지 적 300여 인은 하루 밤 하루 낮을 도망하여 의주에 이르러 압록강을 건너서 달아났다.

공민왕 13년(1364)에 왜선 200여 척이 갈도(葛島)에 정박하였다. 공민왕 19년(1370)에 왜가 서북면을 노략질하자 원수 양백연(楊伯淵)이 맞이하여 50여 급을 참하였다. 공민왕 23년(1374)에 서해도 만호(西海道萬戶) 이성(李成) 등이 목미도(木尾島: 바로 신미도이다)에서 왜와 싸워 패하였다.

조선 정종(定宗) 원년(1399)에 왜가 서북 지방을 노략질하자 국왕이 항왜 평도(平道)·전구륙(全仇陸) 등을 보내어 초유(招諭)하였다. 전구륙 등이 선주에 이르러 만호 등시라로(藤時羅老) 등을 보고 국왕의 위덕(威德)을 효유하자 모두 감열하여 드디어 항복하였다.

선조 25년(1592)에 요동유격(遼東遊擊) 사유(史儒)와 참장(參將) 곽몽징(郭夢徵)이 군사 1,000을 이끌고 선천 임반관(林畔舘)에 도착하였다. 국왕이 예복을 갖추고 나아가 사례하였다. 사유 등이 총병(摠兵) 조승훈(祖承訓)이 장차 이르러 서로 상의를 할 것이라고 말하고 바로 군사를 이끌고 의주에 주둔하였다.

인조 2년(1624)에 모문룡이 가도에서 신미도로 진을 옮겼다. 상고해보건대, '통감집람'에 이르기를 "천계(天啓) 2년(1622) 6월에 모문룡을 평도총병관(平道總兵官)으로 한다"고 하였다. 이전에 모문룡이 진강(鎭江)을 습격하여 취하였고 이 때에 이르러 부총병(副摠兵)을 수여받았다가 여러 차례 더해져서 좌도독(左都督)이 되고 장군인을 차고 상방검(尙方劍)을 하사받고 피도(皮島: 가도 땅이다)에 군진을 내지처럼 설치하였다. 동강(東江)이 비록 형세에 의거하였으나 모문룡은 본래 큰 지략이 없고 오직 널리 장사꾼들을 모아서 금지된 물품을 판매 교역하여 일이 없으면 삼을 팔고 포목을 파는 것을 업으로 하고 일이 있으면 하지 않는 것을 잘하였다. 인조 5년(1627)에 모문룡이 신미도를 지키자 육지의 한인(漢人)들이 모두 후금 군사들에게 살해되었다. 군사가 물러간 후에 모문룡 군사가 육지에 나와 난리를 치고 벽동보(碧潼堡)와 광평보(廣平堡) 등을 몰아쳐서 아녀자와 재보 등을 약탈하고 또한 한인을 모집하여 우리나라 사람으로 포로가 되어 도망하여 되돌아온 자 3000, 4000인을 참살하고서는 적의 수급(首級)이라고 하였다. 청북 지방에 살아남은 사람이 거의 없게 되었다.

인조 7년(1629)에 원숭환(袁崇煥)이 모문룡을 영원(寧遠) 앞 바다 쌍도(雙島)에서 죽이자 유격 진계성(陳繼盛)이 그 무리를 대신 이끌었다. 인조 8년(1630)에 유흥치(劉興治)가 진계성을 죽이고 섬의 무리들로 명 조정에 반란을 일으키자 토벌을 하려고 하였으나 그만두었다. 유흥치 형제가 배 89척을 내서 등주(登州)로 향하여 출발하였다가 곧 돌아와서 가도에 주둔하였다. 또한 섬의 무리들을 겁을 주어 등양도(登洋島)에 들어갔으나 곧 돌아왔다. 인조 9년(1631)에 유격 장도(張燾) 등이 섬 안의 용기있는 백성을 이끌고 먼저 항달(降撻)을 죽였는데 그 수가 얼마나 되는지 모른다. 또한 유흥치 형제를 죽이자 명 조정에서 도독 황룡(黃龍)을 보내어 가도를 진무하였다. 후금 군사가 가도를 습격하자 황룡이 심세괴(沈世魁)를 시켜서 병선 30여 척으로 육지에 나아가서 후금 군사들과 싸우도록 하여 400여 급을 참살하였다. 후금 군사가 퇴주하자 뒤에 심세괴에게 가도를 도독하도록 하였다. 인조 15년(1637) 3월에 남한산성에서 돌아올 때에 청나라 장수 마복탑(瑪福塔)이 우리 군사를 몰아서 배 50척에 정병을 싣고 밤 2경에 몰래 바다를 건너 가도를 습격하였다. 이 때에 유림(柳琳)이 수장(首將)이었고 임경업이 부총병(副摠兵)이었다. 심세괴에게 항복하도록 효유하였으나 끝내 굴하지 않고 죽었다. 한인 천여 기가 고봉 위에 모여서 결사적으로 싸워 끝내 항복하지 않고 모두 함몰하여 전후로 한인이 죽은 것이 4, 5만이다. 생각컨대 모문룡이 처음 가도에 진을 설치하였기 때문에 비록 신미도로 옮겼어도 계속 가도라고 모칭하였던 것 같다.

순조 11년(1811) 12월에 토적 홍경래 등이 그 당여로 하여금 선천을 공략하게 하였는데 부사 김익순(金益淳)은 항복한 뒤에 주살되었다〉

4. 용천(龍川)

북극의 높이는 40도 52분, 평양의 서쪽으로 치우친 것이 1도 29분이다.

『산천』(山川)
용골산(龍骨山)〈일명 용호산(龍虎山)이라고도 한다. 동쪽 10리에 있다. 서쪽으로 큰 바다를 끼고 있고 북쪽으로는 압록강을 바라보는데 강 밖의 송골산(松鶻山)·마이산(馬耳山) 등 여러 산이 책상처럼 벌여있다〉

용안산(龍眼山)〈서쪽으로 35리라고도 하고 20리라고도 한다. 절이 일곱이다〉

미라산(彌羅山)〈서남쪽으로 30리에 있다〉

해안산(海岸山)〈남쪽으로 20리에 있다〉

법흥산(法興山)〈서쪽으로 20리에 있다〉

등경산(燈檠山)〈동쪽으로 15리에 있다〉

용봉산(龍鳳山)〈남쪽으로 25리 해변에 있다〉

고산(孤山)〈해산(海山)의 서쪽에 있다〉

대산(臺山)〈법흥산의 동쪽에 있다〉

덕천산(德川山)

옥전산(玉田山)

발산(鉢山)

고강산(古江山)

봉황대(鳳凰臺)〈용봉산의 동쪽으로 해변에 있다〉

용암(龍巖)〈서쪽으로 45리에 있는데 조수(潮水)가 왕래한다〉

「영로」(嶺路)

지경현(地鏡峴)〈북쪽 15리에 있다〉

석현(石峴)〈서쪽 25리에 있다. 이상 두 고개는 의주의 경계이다〉

사현(沙峴)〈동쪽이다〉

왜성현(倭城峴)〈남쪽이다〉

학현(鶴峴)〈서쪽이다. 미관(彌串) 길이다〉

차유령(車踰嶺)〈북쪽 의주의 경계이다〉

자작령(自作嶺)〈동쪽 20리 철산의 경계이다〉

『바다』(海)

〈서남쪽에 둘러있다〉

장천(長川)〈남쪽으로 10리에 있다. 수원은 용골산에서 나와 서남쪽으로 흘러 바다로 들어

간다〉

선교천(船橋川)〈수원이 부성(府城)의 서쪽에서 나와 동쪽으로 흘러 성을 감싸 동북으로 전환하여 서로 흘러 옥전산의 북쪽을 거쳐서 선교천이 되어 바다로 들어간다〉

양량곶(梁良串)〈서쪽으로 30리에 있다. 제언이 3곳이다〉

『도』(島)

미곶(彌串)〈서쪽으로 40리에 있다. 서쪽으로 수로까지 150리이다. 대소록도(大小鹿島)가 있는데, 섬의 육지는 바로 해주위(海州衛)의 땅이다. 또한 수로의 서쪽 200리에 광록도(廣鹿島)가 있는데 섬의 육지는 금주위(金州衛) 땅이다〉

신도(薪島)〈미곶진에서 남쪽으로 수로로 30리이다. 본도에서 요동의 경계까지 바다를 격하여 15리이다. 양하구(羊河口)가 있는데 인가가 즐비하다. 요동이나 심양으로 가는 배가 모두 이 경계를 지나간다〉

삼도(蔘島)

신지도(信地島)

사자도(獅子島)〈염분(鹽盆)과 어살(漁箭)이 있다〉

오도도(吾道島)

마도(馬島)〈어살이 있다〉

연통도(煙筒島)〈크고 작은 두 섬이 있다〉

가차도(加次島)

와도(臥島)

도룡도(渡龍島)

세도(細島)

치도(淄島)

삽시도(揷是島)

대여리도(大如里島)

이도(耳島)

고도(羔島)

노적도(露積島)

양도(羊島)

뉴도(杻島)

애도(艾島)

묘도(卯島)

마안도(馬鞍島)

하봉도(下峰島)

모대도(毛大島)

초화도(草化島)

두응단도(頭應丹島)〈이상은 모두 서남쪽에 있다〉

『강역』(彊域)

〈동쪽은 의주의 경계까지 20리이고 철산의 경계까지 15리이다. 동남쪽은 철산의 경계까지 25리이고 해안이 20리이다. 서쪽으로 해안까지 40리인데, 대총강(大摠江)이 바다로 들어가는 어구이다. 북쪽은 의주의 경계까지 15리이다〉

『방면』(坊面)

부서면(府西面)〈사방 10리이다〉

동상방(東上坊)〈25리에 있다〉

동하방(東下坊)〈서북쪽으로 20리에 있다〉

내상방(內上坊)〈남쪽으로 20리에 있다〉

내하방(內下坊)〈서남쪽으로 25리에 있다〉

외상방(外上坊)〈남쪽으로 30리에 있다〉

외하방(外下坊)〈남쪽으로 35리에 있다〉

서면방(西面坊)〈서쪽으로 40리에 있다〉

북상방(北上坊)〈위와 같다〉

북하방(北下坊)〈서쪽으로 30리에 있다〉

『호구』(戶口)

호는 3,750이고 구는 10,294이다.〈남자는 5,260이고 여자는 5,034이다〉

『전부』(田賦)

장부에 있는 전답은 1,885결인데, 현재 경작하고 있는 밭은 1,012결이고 논은 617결이다.

『창』(倉)

부창(府倉)

내창(內倉)

남창(南倉)

참창(站倉)

『곡부』(穀簿)

각 곡식의 총계는 17,607석이다.

『군적』(軍籍)

군보의 총수는 2,389이다.

『영진』(營鎭)

별전영(別前營)〈청북별전영장이 숙종 13년(1687)에 겸임하였다. 영조 8년(1732)에 줄였다〉

『진보』(鎭堡)

신도진(薪島鎭)〈숙종 4년(1678)에 소모별장을 미곶에 설치하였다가 뒤에 병마첨절제사로 승격하였다. 순조 7년(1907)에 신도에 옮겨 설치하였는데, 바람이 온화하면 신도에 나아가 주둔하였다가 바람이 높아지면 미곶 본진에 물러나와 지킨다. 수군첨절제사 1원이 있다. 민호(民戶)는 492이고 인구는 1,656이다.(남자는 924이고 여자는 732이다) 군사의 총수는 341이고 창고가 3곳, 곡식의 총계가 1,920석이며 연대(烟臺)가 1곳, 파수가 1곳, 배가 8척이다〉

『토산』(土産)

실(絲)·삼(麻)·소어(蘇魚)·조기(石首魚)·광어·대하(大鰕)·수어(秀魚)·홍어·굴(石花)·토화(土花)·조개(蛤)·낙지·민어·진어(眞魚)·오징어·상어(鯊魚)·창란젓(魚鱐)·제호유(鵜鶘油)·자초(紫草)·무명석(無明石)〈유산(柳山)에서 난다〉

『장시』(場市)

읍내장〈1·6일장이다〉

남장(南場)〈5·10일장이다〉

북장(北場)〈2·7일장이다〉

참장(站場)〈3·8일장이다〉

미곶장(彌串場)〈4·9일장이다〉

『역』(驛)

양책역(良策驛)〈동쪽 20리에 있다. 말이 11필이다. 대동도에 속한다. 동남쪽으로는 철산의 서림진(西林鎭)에 이르기까지 15리이고, 서북쪽으로 의주의 소관역까지 30리이다. 삼기정(三奇亭)이 있다〉

『기발』(騎撥)

자포원(者浦院)〈읍지에는 양책참(良策站)이라고 되어 있다. 동쪽으로 철산의 차연참(車輦站)에 이어지고 서쪽으로는 의주의 소관참(所串站)에 이어진다〉

『교량』(橋梁)

대교(大橋)〈서쪽으로 40리에 있다〉

선교(船橋)〈서남쪽으로 25리에 있다. 북쪽으로 의주 부치(府治)까지 100리이다〉

오두교(烏頭橋)〈서쪽으로 35리에 있다〉

향교(香橋)〈서쪽으로 20리에 있다〉

유교(柳橋)〈양책참 앞에 있다〉

『원참』(院站)

재송원(裁松院)〈남쪽으로 25리에 있다〉

건천원(乾川院)〈남쪽으로 27리에 있다〉

자포원(者浦院)

『건치』(建寘)

〈본래는 안흥군(安興郡)이었다. 고구려, 발해 때의 칭호는 미상이다. 고려 현종 5년(1014)에 용주방어사(龍州防禦使)라고 칭하고 북계에 속하였다. 원종 10년(1269)에 원에 몰수되었고 충렬왕 4년(1278)에 다시 돌아왔다. 나중에 용만부(龍灣府)로 바꾸었다. 충선왕 2년(1310)에 다시 용주라고 칭하였고 지군사(知郡事)로 바꾸었다.

조선 태종 4년(1404)에 의주 이언(伊彦)이 본 군에 속하였고, 태종 13년(1413)에 용천군으로 개칭하였다. 광해군 12년(1620)에 도호부로 승격하였다. 숙종 13년(1687)에는 별전영(別前營)을 겸하였고 숙종 18년(1692)에는 청북토포사(淸北討捕使)를 겸하였다. 영조 8년(1732)에 별전영을 파하고 독진장이 되었다.

고용주(古龍州)는 서쪽으로 20리에 있다.

관원은 도호부사 1원인데 의주진관병마동첨절제사·청북토포사·독진장·용골산성수성장을 겸하였다〉

『고읍』(古邑)

유등정현(柳等井縣)〈남쪽으로 15리에 있다〉

『고사』(故事)

〈고려 현종 5년(1014)에 용주(龍州)에 성을 쌓고, 고종 18년(1231)에 몽고병이 용주를 포위하고 부사(副使) 위소(魏珤)가 사로잡혔다. 우왕 5년(1379)에 용주에 왜구가 노략질을 할 때에 의주만호 장여(張侶)가 공격하였다.

조선 인조 5년(1627)에 후금의 군사가 말타고 쳐들어와 용천에 이르자 부사 이희건(李希健)이 수천 군사를 이끌고 용골산성을 지키다가 얼마 안있어서 이희건이 성을 포기하고 나왔다. 후금 군사들이 용골산성을 포위하자 철산 사람 정봉수(鄭鳳壽)가 여러 차례 기습하여 물리

쳤다. 참한 것이 100여 급이고 말을 노획한 것이 50필이었다〉

5. 위원(渭原)

북극의 높이는 42도 41분, 평양의 동쪽으로 치우친 것이 5분이다.

『산천』(山川)

봉천대산(奉天臺山)〈서쪽으로 20리에 있다. 시립여천(時立如天: 의미 불명확/역자주)〉

대화등내산(大和等乃山)〈남쪽으로 45리에 있다. 산골짝이가 깊어 산성으로 할 만하다. 동쪽에 백단봉(白短峯)이 있고 서쪽에는 소화동(小和洞)이 있다. 흥복사(興福寺)가 있다〉

소화등내산(小和等乃山)〈남쪽으로 30리에 있다. 대흥사(大興寺)가 있다〉

독산(獨山)〈동쪽 100여 리 강계의 경계에 있다. 산 위에 못이 있다. 성인동(聖人洞)이 있다〉

대비내산(大飛乃山)〈북쪽으로 4리에 있다〉

남파산(南坡山)〈서쪽으로 25리에 있다. 남쪽에 밀산(密山)이 있다〉

동천산(銅遷山)〈서쪽으로 65리에 있다〉

약대비내산(藥大飛乃山)〈서북쪽 15리 즉 고읍(古邑) 북쪽 4리에 있다. 진산(鎭山)이다. 이상 세 산은 모두 압록강변이다〉

봉유산(鳳蹂山)〈동쪽으로 30리에 있다〉

밀산(密山)〈서쪽으로 10리에 있다. 북쪽으로는 위수(渭水)에 임하여 있고 서쪽으로는 압록강에 임하여 있다〉

임리산(林里山)〈북쪽으로 20리에 있다. 북쪽으로 압록강을 두르고 있다〉

청계산(淸溪山)〈북쪽으로 2리에 있다. 혹은 20리의 진산이라고도 한다〉

구자산(龜子山)〈남쪽으로 15리에 있다〉

강명산(剛明山)〈서쪽으로 5리에 있다. 안은 넓고 밖은 험하다〉

엄성산(嚴城山)〈남쪽으로 5리에 있다〉

여산(黎山)〈서쪽으로 10리에 있다〉

업산(業山)〈남쪽으로 100리에 있다〉

읍취대(邑翠臺)〈서쪽으로 15리에 있다. 앞쪽으로 압록강을 임하고 북쪽으로는 강 밖의 여러 산을 대하고 있으며 동쪽으로는 구읍(舊邑)의 큰 들을 바라보고 있다〉

「영로」(嶺路)

감양령(甘陽嶺)〈동쪽으로 60리에 있는 대로이다. 나무를 심어서 오래 길렀다〉

동동령(董董嶺)〈감양령의 다음이다〉

두음령(豆音嶺)〈동남쪽으로 140리에 있다〉

전천령(箭川嶺)〈남쪽으로 110리에 있다〉

장파령(長坡嶺)〈남쪽으로 130리에 있다. 이상 다섯 고개는 강계의 경계이다〉

남파령(南坡嶺)〈서쪽으로 30리에 있다〉

합지령(蛤池嶺)〈서쪽으로 70리에 있다. 대로이다〉

백파령(栢坡嶺)〈남쪽으로 100리에 있다. 이상 두 고개는 초산의 경계이다〉

소월내령(所月乃嶺)〈남쪽으로 50리에 있는 소로이다〉

파발령(擺撥嶺)〈서쪽으로 50리에 있다. 나무를 심어 오래 길렀다〉

추령(楸嶺)〈북쪽으로 15리에 있다〉

낙등령(樂登嶺)〈남쪽으로 70리에 있다〉

안토령(安土嶺)〈합지령(蛤池嶺)의 다음이다. 이상 두 고개는 초산의 경계이다〉

압록강 〈북쪽 10리에 있다. 강계의 서쪽에서 남쪽으로 흘러 오로량(吾老梁) 및 탄령(炭嶺)의 왼쪽을 거쳐서 위수(渭水)를 지나서 밀산 직동(直洞), 가을헌동(加乙軒洞)을 지나 초산부의 경계로 들어간다〉

독로강 〈동북쪽의 20리의 강계의 경계에 있다. 세상에 전해오기를 제독 이여송(李如松)의 선조가 이 강 밑에 살았다고 한다〉

남대천(南大川)〈혹은 위수(渭水)라고도 한다. 수원이 두음(豆音)에서 나와서 서쪽으로 흘러 사창 및 북창을 거쳐 위면(渭面)에 이르른다. 응기천(膺岐川)을 지나 서북쪽으로 흘러 위천(渭川) 및 군의 남쪽을 거쳐 압록강으로 들어간다〉

응기천(膺岐川)〈수원이 백파(百坡)와 장파(長坡) 두 고개에서 나와 북쪽으로 흘러 업창(業倉)을 거쳐 전천령(箭川嶺)의 물을 지나 한창(漢倉)을 거쳐 위수로 들어간다〉

화등내천(禾等乃川)〈수원이 소화동(小和洞)에서 나와서 북쪽으로 흘러서 봉대(奉臺)의

남쪽에 이르러 서면지수(西面之水)와 합하여 위수로 들어간다〉

위수 〈남쪽으로 1리에 있다〉

『강역』(彊域)

〈동쪽으로 강계의 경계까지 60리인데 감양령이다. 동남쪽은 강계부의 경계인데 120리이다. 남쪽은 강계부의 경계인데 130리이며, 서남쪽은 초산의 경계인데 70리이다. 서쪽은 초산부의 경계로 70리인데 압록강까지 10리이고 동북쪽은 강계의 경계인데 30리이다〉

『방면』(坊面)

군내면(郡內面)〈30리이다〉

동면 〈45리에 있다〉

남면 〈50리에 있다〉

서면 〈60리에 있다〉

북면 〈130리에 있다〉

한면(漢面)〈남쪽으로 130리에 있다〉

위원(渭原)〈남쪽으로 55리에 있다〉

독산면(獨山面)〈동남쪽으로 150리에 있다. 총목(總目)에는 실려 있지만 지도에는 없다〉

『호구』(戶口)

호는 7,260이고 구는 19,672이다.〈남자는 9,229이고 여자는 10,442이다〉

『전부』(田賦)

장부에 있는 전답이 1,873결인데 현재 경작하고 있는 밭이 1,397결이고 논이 1결 44부이다.

『창』(倉)

읍창(邑倉)

위창(渭倉)〈동쪽으로 35리에 있다〉

북창(北倉)〈동쪽으로 70리에 있다〉

사창(社倉)〈동쪽으로 105리에 있다〉

한창(漢倉)〈남쪽으로 80리에 있다〉

업창(業倉)〈100리에 있다〉

남창(南倉)〈40리에 있다〉

서상창(西上倉)〈30리에 있다〉

서하창(西下倉)〈55리에 있다〉

송창(松倉)〈동쪽으로 45리에 있다〉

사상창(社上倉)〈동쪽으로 105리에 있다〉

백창(栢倉)〈남쪽으로 90리에 있다〉

『곡부』(穀簿)

각 곡식의 총계는 39,797석이다.

『군적』(軍籍)

군보의 총수는 5,000이다.

『진보』(鎭堡)

오로량진(吾老梁鎭)〈동북쪽으로 20리에 있다. 대로이다. 옛날에는 권관방수(權管防守)가 있었다. 조선 효종 5년(1654)에 압록강변으로 옮겼다. 숙종 11년(1685)에 만호로 승격하였다. 병마만호가 1원이 있고 군사의 총수는 262이며 창고는 2곳, 곡식의 총계는 1,641석이다〉

직질동보(直叱洞堡)〈서쪽으로 50리에 있다. 중종 원년(1506)에 석성을 쌓았는데 둘레가 1,000척이다. 권관이 1원이고 군사의 총수는 270이고 창고는 1곳, 곡식의 총계는 634석이다〉

갈헌동보(乫軒洞堡)〈서쪽으로 70리에 있다. 대로이다. 석성의 둘레는 541척이다. 권관이 1원이고 군사의 총수는 180, 진창(鎭倉)이 1곳, 곡식의 총계가 1,019석이다〉

『파수』(把守)

오로량진 상파수 〈동북쪽으로 30리에 있다. 아래로 하파수(下把守)까지 10리이다〉

하파수 〈동북쪽으로 20리에 있다. 아래로 진파수(榛把守)까지 10리이다〉

진파수〈북쪽으로 20리에 있다. 아래로 외창장구비(外倉長仇非)까지 10리이다〉

외창장구비〈북쪽으로 20리에 있다. 아래로 내사장구비(內舍長仇非)까지 10리이다〉

내사장구비〈북쪽으로 15리에 있다. 아래로 탄막동(炭幕洞)까지 10리이다〉

탄막동〈북쪽으로 10리에 있다. 아래로 성동(城洞)까지 10리이다〉

성동〈서쪽으로 15리에 있다. 아래로 금강대(金江臺)까지 10리이다〉

금강대〈서쪽으로 40리에 있다. 아래로 노야동(蘆也洞)까지 10리이다〉

노야동〈서쪽으로 50리에 있다. 아래로 동천(東川)까지 11리이다〉

동천〈서쪽으로 55리에 있다. 아래로 별파수(別把守)까지 10리이다〉

별파수〈서쪽으로 65리에 있다. 아래로 합지(蛤池)까지 10리이다〉

합지〈서쪽으로 75리에 있다. 아래로 초산 합지파수에 이어진다〉

『강외파수』(江外把守)

고도수동(古道水洞)〈오로량구진의 맞은 편 길이다〉

가라동(加羅洞)〈직질동보의 맞은 편 길이다〉

장동(長洞)〈갈헌동보의 맞은 편 길이다〉

소회동(小檜洞)〈군의 서쪽 강 밖에 있다. 지도에 실려 있다〉

다회평(多回坪)〈서북쪽으로 240리에 있다. 건주위에 속한다. '승람'에 실려 있다〉

『토산』(土産)

실(絲)·삼(麻)·목면·담비(貂)·청서(靑鼠)·수달·영양·꿀·수포석(水泡石)·인삼·해송자
(海松子)·오미자·사향·여항어(餘項魚)·궁간목(弓幹木·금인어(錦鱗魚)·산사(山査)·연석발
묵고(硯石潑墨鼓)·쾌사호역독(快使毫易禿)·장피(獐皮)·녹피(鹿皮)·호피(虎皮)·곰(熊)

『장시』(場市)

읍내장〈3·8일장이다〉

박파장(拍坡場)〈2·7일장이다〉

궁노항장(弓弩項場)〈5·10일장이다〉

『역』(驛)

하북동역(下北洞驛)〈성 안에 있다. 말이 5필 있다〉

상북동역(上北洞驛)〈동쪽으로 80리에 있다. 말이 1필이다. 어천도(魚川道)에 속한다〉

『기발』(騎撥)

관문참

계동참(界洞站)〈서쪽으로 60리에 있다〉

사덕참(四德站)〈서쪽으로 35리에 있다〉

고보참(古堡站)〈동쪽으로 35리에 있다〉

『진』(津)

북위진(北渭津)〈위수에 있다〉

노동진(蘆洞津)〈혹은 독노강진이라고도 한다. 동쪽 30리 강계의 경계의 대로에 있다. 나룻배가 2척이다〉

『교량』(橋梁)

남천교(南川橋)〈서쪽으로 1리에 있다〉

구읍남천교(舊邑南川橋)〈서쪽으로 40리에 있다〉

구오노량진변교(舊吾老梁鎭邊橋)

『원참』(院站)

두음령원(豆音嶺院)

장항참(章巷站)

『누정』(樓亭)

진북루(鎭北樓)〈읍의 북문루(北門樓)이다. 앞에 압록강에 임하고 있다〉

제약루(濟弱樓)〈군 안에 있다〉

위남루(渭南樓)〈군 성의 남문루(南門樓)이다. 앞에 위수를 임하고 있다〉

『건치』(建寘)

〈본래는 이산군(理山郡)의 도을한보(都乙漢堡)였다. 조선 세조 25년(세종 25년의 오류. 1443/역자주)에 보의 사방이 멀고 끊어져 있어 만약 위급한 일이 있으면 응원하기가 어려워서 강계와 이산 두 읍의 땅을 할애해서 위원군을 두고 압록강변 위수의 북쪽으로 옮겼다. 세조 5년(1459)에 이산군에 속하였다가 세조 8년(1462)에 복구하고 오노량을 진관하였다. 영조 19년(1743)에 송현(松峴)으로 치소를 옮기고 독진이 되었다. 옛 읍터가 군의 서쪽 10리에 있다. 서북쪽은 압록강이 둘러싸고 동남쪽은 대로에 통하여 관방(關防)으로서 최고이다.

읍호(邑號)는 밀산(密山), 위성(渭城)이다.

관원은 군수가 1원인데 위원진병마첨절제사·독진장을 겸하였다〉

6. 창성(昌城)

북극의 높이는 41도 31분, 평양의 서쪽으로 치우친 것이 1도 8분이다.

『산천』(山川)

삼봉산(三峯山)〈동쪽으로 30리에 있다〉

회록산(回祿山)〈동쪽으로 3리에 있다〉

청산(靑山)〈동남쪽으로 90리에 있다〉

운두산(雲頭山)〈동남쪽으로 180리에 있다. 태천·운산 두 읍의 경계이다〉

운림산(雲林山)〈정혜사(淨慧寺)가 있다〉

동주봉(東主峯)〈동쪽으로 5리에 있다〉

향로봉(香爐峯)〈동남쪽으로 160리에 있다〉

연평산(延平山)〈남쪽으로 22리에 있다〉

달각산(達覺山)〈동쪽으로 90리에 있다〉

당아산(當阿山)〈동쪽으로 175리에 있다〉

운원산(雲圓山)〈서쪽으로 30리에 있다〉

「영로」(嶺路)

연평령(延平嶺)〈동쪽으로 20리에 있다. 삭주 경계의 대로이다. 고개 위에 철미륵(鐵彌勒)이 있다〉

완항령(緩項嶺)〈동쪽으로 60리에 있다. 읍에서 당아(當峨)로 나가려면 이 고개를 지나서 당아산성(當峨山城)에 이른다. 80리이다. 좌우가 높고 험준한데 중간은 평탄하고 완만한 계곡이고 또 넓어서 길이 막힌 곳이 없다. 화전이 계속 이어져 있다. 위에 완항사(緩項寺)가 있다〉

당아령(當峨嶺)〈동남쪽 175리에 있다. 운산의 경계이다〉

자작령(自作嶺)〈동쪽으로 20리에 있다. 대로이다〉

구계령(九階嶺)〈동남쪽 벽동과의 경계이다. 완항령에서 이곳까지 30리이다〉

보리견자령(甫里見子嶺)〈동쪽 벽동군에 있다. 완항령에서 이곳까지 80리이다〉

창성거리령(昌城巨里嶺)〈동쪽 초산의 경계이다. 완항령에서 이곳까지 70리이다〉

대방장령(大防墻嶺)

소방장령(小防墻嶺)

대속사령(大束沙嶺)

소속사령(小束沙嶺)〈모두 남쪽 50, 60에 있다. 삭주와의 경계이다. 구성조에 자세하다〉

어자리령(於自里嶺)〈바로 창성거리의 남쪽 까지인 운산과의 경계의 위곡진(委曲鎭)이다〉

지경령(地境嶺)〈동남쪽으로 190리에 있다. 운산의 경계이다. 완항령에서 운산으로 통한다〉

초두동령(草頭冬嶺)〈동남쪽 120리 삭주와의 경계이다〉

주동령(朱冬嶺)〈완항령의 동쪽이다〉

잉령(芿嶺)〈혹 잉항(芿項)이라고도 한다. 태천가는 길이다〉

구령계(仇寧界)〈서쪽으로 30리에 있다. 대로이다〉

압록강 〈북쪽 4리에 있다. 벽동의 소길호리(小吉號里)에서 본부에 이르기까지, 대길호리(大吉號里), 고임성(古林城), 창주진(昌州鎭)을 따라서 자잔천(自潺川)을 지나서 어정탄(於汀灘), 묘동(廟洞), 운두리(雲頭里) 및 본부의 서쪽을 거쳐 왼쪽으로 갑암천(甲巖川)을 지나 갑암보(甲巖堡)를 거쳐 삭주의 경계로 들어간다〉

자잔천(自潺川)〈동쪽 20리에 있다. 혹은 서쪽 90리에 있다고도 하는데 창주천(昌州川)이라고도 한다. 수원은 완항령에서 나와서 북쪽으로 흘러 자잔천 입구를 지나 압록강에 들어간다〉

갑암천(甲巖川)〈남쪽으로 10리에 있다. 수원은 소방장의 북서쪽인데 북쪽으로 흘러서 압록강에 들어간다〉

시채천(恃寨川)〈남쪽으로 100리에 있다. 혹은 수원이 부운산(浮雲山)이라고도 하고 혹은 창성강(昌城江)의 구계령이라고도 하는데, 남쪽으로 흘러 신창(新倉)을 거쳐 시채진의 동쪽에 이르러 시채천이 된다. 오른쪽으로 완항천을 지나서 동창에 이르러 왼쪽으로 보리견자지천, 온정천을 지나 용연에서 합하여 졌다가 식송평(植松坪)을 경유하고 창성의 고읍을 거쳐 태천현의 구봉산에 이르른다. 남쪽으로 삭주부의 형제천과 합하여져서 원탄(院灘)이 되고 대정강(大定江)의 근원이 된다〉

어정탄(於汀灘)〈압록강의 지류에 있다. 부의 북쪽 30리에 있다〉

『강역』(彊域)

〈동쪽은 벽동·초산·운산 세 읍의 교차되는 곳으로 150리이다. 남쪽은 운산의 경계까지 190리이고 태천의 경계까지 120리이며, 남쪽으로 삭주의 경계까지 60리이고 압록강이 2리이다. 동북쪽은 벽동의 경계까지 50리이다〉

『방면』(坊面)

부내면

동창면(東倉面)〈동쪽으로 170리에 있다〉

대창면(大倉面)〈위와 같다〉

신창면(新昌面)〈동쪽으로 140리에 있다〉

청산면(靑山面)〈동쪽으로 220리에 있다〉

우구면(牛仇面)〈동쪽으로 70리에 있다〉

상창면(上倉面)〈남쪽으로 50리에 있다〉

전창면(田倉面)〈북쪽으로 50리에 있다〉

창주면(昌洲面)〈북쪽으로 70리에 있다〉

시채면(恃寨面)〈동쪽으로 120리에 있다〉

『호구』(戶口)

민호가 2,090이고 구는 19,902이다.〈남자는 6,712이고 여자는 6,190이다〉

『전부』(田賦)

장부에 있는 전답이 1,278결이고 현재 경작하고 있는 밭이 1,140결이고 논은 4결이다.

『창』(倉)

부창(府倉)〈부내에 있다〉

상창(上倉)〈남쪽으로 50리에 있다〉

자잔창(自潺倉)〈창주에 있다〉

전창(田倉)〈동북쪽으로 30리에 있다〉

우창(牛倉)〈남쪽으로 50리에 있다〉

신창(新倉)〈동쪽으로 120리에 있다〉

동창(東倉)〈동쪽으로 150리에 있다〉

대창(大倉)〈동남쪽으로 150리에 있다〉

청산창(靑山倉)〈동남쪽으로 180리에 있다〉

『곡부』(穀簿)

각 곡식의 총계는 27,972석이다.

『군적』(軍籍)

군보의 총수는 2,288이다.

『성』(城)

당아산성(當峨山城)〈당아 북쪽 완항(緩項)의 남쪽 대로 곁에 있다. 바위가 막고 성이 견고하여 아홉 고개가 만나는 곳이어서 적로의 요충이다. 중간에 원수굴(元帥窟)이 있다. 운산까지 20리이고 태천 잉항(芿項)까지 40리이며 주의 소방장(小坊墻)까지 60리이다.

영조 22년(1746)에 처음 석성을 쌓았는데 둘레가 7,471보이다. 성 안에 용문수(龍門守)가

있다. 수첩군이 3초, 작대군이 30명이다〉

『영진』(營鎭)

좌방영(左防營)〈속하여 있는 진보가 창주(昌洲)·박채(博寨)·갑암(甲岩)·운두리(雲頭里)·묘동(廟洞)·어정탄(於汀灘)·대길호리(大吉號里)이다. 별무사가 330, 충위사(忠衛士)가 700, 장무대 마병이 5초, 정초 속오가 8초, 작대군이 5초, 갑사가 24초, 표하군이 230명이다〉

『진보』(鎭堡)

창주진(昌洲鎭)〈동북쪽으로 40리에 있다. 창주의 옛 치소이다. 석성의 둘레가 1,850척이고 안에 장대(將臺)가 북쪽을 면하고 산을 등지고 있으며 동·서·남쪽의 땅은 평탄하다. 조대봉(早對峯)이 성안을 억압하듯 임하여 있고 성안에는 영주루(映洲樓)가 있다. 누대의 밑에는 다리가 있다. 관원은 병마첨절제사가 1원이고 군사의 총수는 543, 진창이 1곳, 곡식의 총계가 991석이다〉

시채진〈동남쪽으로 110리이다. 숙종 2년(1676)에 만호에서 병마동첨절제사로 승격하였다. 관원은 병마동첨절제사 1원, 군사의 총수가 525, 창고가 1곳, 곡식의 총계가 378석이다〉

갑암보(甲巖堡)〈남쪽 10리에 있다. 석성의 둘레가 416척이다. 권관이 1원, 군사의 총수는 109이다〉

운두리보(雲頭里堡)〈서쪽으로 13리 대로에 있다. 석성의 둘레가 341척이다. 권관이 1원, 군사의 총수가 63, 창고가 1곳, 곡식의 총계는 10석이다〉

묘동보(廟洞堡)〈북쪽으로 15리에 있다. 권관이 1원, 군사의 총수가 60, 창이 1곳, 곡식의 총계가 2석이다〉

어정탄보(於汀灘堡)〈동북쪽으로 30리에 있다. 석성의 둘레가 347척이다. 권관이 1원, 군사의 총수가 170, 곡식의 총계가 314석이다〉

대길호리보(大吉號里堡)〈동북쪽으로 50리에 있다. 석성의 둘레가 700척이다. 권관이 1원, 군사의 총수는 167, 창고의 곡식은 없다〉

「폐지된 보」(廢堡)

전자동보(田子洞堡)〈동쪽으로 50리에 있다〉

우구리보(牛仇里堡)〈동쪽으로 40리에 있다. 권관을 차출하여 목책(木柵)을 지킨다〉

『파수』(把守)

여기암(女妓岩)〈대길호리보에 있다. 부의 동북쪽 47리에 있다. 위로 벽동의 선소탁수(船所托守)에 이어지고 아래로 창주의 여기암이 3리이다〉

여기암 〈창주진에 있다. 아래로 어정탄까지 17리이다〉

어정탄 〈북쪽으로 30에 있다. 아래로 심포동(深浦洞)이 10리이다〉

심포동 〈북쪽으로 20리에 있다. 아래로 운두리보(雲頭里堡)가 15리이다〉

운두리보 〈서쪽으로 10리에 있다. 아래로 본부의 상파수(上把守)가 10리이다〉

본부상파수 〈서쪽으로 5리에 있다. 아래로 하파수(下把守)가 5리이다〉

본부하파수 〈남쪽으로 5리에 있다. 아래로 안가동(安哥洞)이 10리이다〉

안가동 〈갑암보에 있다. 아래로 삭주 구령진 대속사동 파수가 5리이다〉

『강외파수』(江外把守)

이사동(利士洞)〈북거리동(北巨里洞)에서 70리이다. 대길호리 건너편에 있다〉

와현동(瓦峴洞)〈40리이다. 창주 건너편에 있다〉

대와동방(大瓦洞坊)〈30리이다. 어정탄보의 건너편에 있다〉

별리보동(別里堡洞)

마랑동(馬郎洞)〈20리이다. 묘동 건너편에 있다〉

삼색동(三塞洞)〈10리이다. 운두리 건너편에 있다〉

황발리동(荒發里洞)〈10리이다. 갑암보의 옆쪽 맞은편에 있다. 삭주부조에 보인다〉

『토산』(土産)

실(絲)·삼(麻)·담비(貂)·청서(靑鼠)·영양·인삼·꿀·해송자(海松子)·백랍(白鑞)·수포석(水泡石)·사향·복신(茯神)·복령(茯苓)·수달·궁간목(弓幹木)·은어[은구어(銀口魚)]·열목어[여항어(餘項魚)]·오미자(伍味子)·능인(菱仁)·송이버섯(松蕈)·석심(石蕈)·경장어(頸長魚)·쏘가리(錦鱗魚)·게·곰(熊)·사슴(鹿)·흑돼지(土猪)

『장시』(場市)

읍내장 〈4·9일장이다〉

청산장(青山場)〈5·10일장이다〉

『역』(驛)
창주역(昌州驛)
옥개(玉開)〈동쪽으로 205리에 있다〉
풍전(楓田)〈동쪽으로 200리에 있다. 이상 세 역은 지금은 폐지되었다〉

『기발』(騎撥)
관문참

『사원』(祠院)
충렬사(충렬사)〈성 안에 있다. 숙종 을해년(1695)에 의주에서 옮겨 세웠다. 같은 해에 사액되었다. 김응하(金應河): 철원조에 보인다〉

『건치』(建寘)
창주는 본래 장영현(長寧縣)이었다. 고려 정종(靖宗) 원년(1035)에 재전(梓田)에 성을 쌓고 백성을 이사시켜 채워넣고 창주방어사로 하여 북계에 예속시켰다. 고려 고종 18년(1231)에 몽고병이 노략질하여 성읍이 폐허가 되었다. 원종 10년(1269)에 원에 몰수되어 동영로총관부에 예속되었다가 충렬왕 4년(1278)에 다시 돌아왔다.

니성(泥城)은 본래 여진족이 점거하던 곳이었는데 공민왕 18년(1369)에 드디어 여진이 니성만호부를 두고 북계에 예속시켜 진평(鎭平)·진강(鎭康)·진정(鎭靜)·진원(鎭遠) 네 군을 설치하고 상·부천호(上副千戶)를 차출하여 관장하였다.

조선 태종 2년(1402)에 니성·창주를 병합하여 창성군으로 바꾸고 니성을 치소로 하였다. 13년(1413)에 감무(監務)로 강격되었다가 세종조에 도호부로 승격시켜 운산의 청산촌(青山村)을 할애하여 와서 속하게 하였다. 세조 원년(1455)에 병마절제사를 창주에 두고 이어서 삭주와 벽동을 진관하였으며 독진은 시채 한 진이었다. 세조 13년(1467)에 동·서·중 3도절도사를 두었는데, 본부를 우도로 삼고 영변을 중도, 강계를 좌도로 삼았다. 예종 원년에 3도를 합하여 하나로 하고 영변에 영이 돌아갔다.

광해군 6년(1614)에 절도사로 하여금 유방(留防)하게 하였다가 11년에 파하였다. 인조 8년(1630)에 창주에 계원장(繼援將)을 두었다. 숙종 7년(1681)에 계원장을 파하고 속진이 되었으며, 본부에 영을 옮기고 좌영장을 겸하였다가 뒤에 파하였다. 숙종 17년(1691)에 청북육군 좌방어사를 겸하였다. 영조 38년(1762)에 현으로 강격되었으며 영조 47년(1771)에 다시 도호부로 승격하였다.

도호부사가 청북육군창성진병마첨절제사·독진장을 겸하였다. 삭주·벽동을 진관하였었는데 지금은 없다〉

『고사』(故事)

〈고려 고종 3년(1216)에 거란병이 창주 경계에 들어오자 후군병마사(後軍兵馬使) 김취려(金就礪)가 공격하여 물리쳤다. 신우(辛禑) 원년(1375)에 니성원수 최공철(崔公哲) 휘하의 200여 인이 반란을 일으켜 군민을 죽이고 강을 건너 나갔다. 신우 7년(1381)에 정주리(靜州吏) 이송수(李松壽) 등이 반란을 일으키고 요동·심양 경계로 들어가 적이 되어 창주를 노략질하였다. 신우 9년(1383)에 호발도(胡拔都)가 니성(泥城)에 와서 노략질하다가 유시(流矢)를 맞고 도망하였다.

조선 인조 5년(1627) 정월에 후금이 의주에 쳐들어와 유병(遊兵) 200여 기가 창성에 이르러 부사 김시약(金時若)을 압박하여 항복하도록 하였으나 단속하여 성을 지켰다. 유병들이 마구 죽이고 성을 넘어와서 김시약 등을 잡아가고 의주에 이르러 살해하였다〉

7. 초산(楚山)

북극의 높이는 42도 25분, 평양의 서쪽으로 치우친 것이 15분이다.

『산천』(山川)

숭적산(崇積山)〈동남쪽으로 125리에 있다〉

대물이산(大勿移山)〈동남쪽으로 140리에 있다. 강계의 경계이다. 신광(神光)의 서쪽에 절과 암자가 15개이다〉

소물이산(小勿移山)〈대물이산의 북쪽이고 숭적산의 남쪽이다〉

조동산(曹東山)〈남쪽으로 60리에 있다〉

합지산(蛤池山)〈동쪽으로 15리에 있다. 산 앞에 못이 있다〉

남산(南山)〈동남쪽으로 5리에 있다〉

북산(北山)〈북쪽으로 5리에 있다〉

백산(白山)〈남쪽으로 160리에 있다〉

삼각산(三角山)〈남쪽으로 150리에 있다〉

산양회평(山羊會坪)〈서쪽으로 23리에 있다. 토지가 비옥하기가 강변의 돌밭과는 현격히 다르다. 그 땅이 서너달 갈이는 된다〉

영가덕(靈加德)〈남쪽으로 160리에 있다〉

「영로」(嶺路)

동사동령(銅寺洞嶺)〈동남쪽으로 15리에 있다〉

안토령(安土嶺)〈동쪽으로 15리의 위원 경계에 있다〉

사기덕령(沙器德嶺)〈서쪽으로 10리에 있다〉

거쌍령(巨雙嶺)〈서남쪽으로 30리 아이진(阿耳鎭)가는 길이다〉

다락령(多樂嶺)〈남쪽으로 55리에 있다〉

애령(艾嶺)〈서남쪽으로 50리에 있다〉

직등동령(直等洞嶺)〈남쪽으로 35리에 있다〉

파목령(坡木嶺)〈동남쪽으로 55리에 있다〉

신령(薪嶺)〈동쪽으로 55리에 있다〉

삼경령(三梗嶺)〈남쪽으로 60리에 있다〉

백파령(栢坡嶺)〈동북쪽으로 90리 위원의 경계이다〉

백막령(栢幕嶺)〈남쪽으로 170리에 있다〉

우장령(牛腸嶺)〈남쪽으로 220리에 있다〉

유두막령(踰頭幕嶺)〈남쪽으로 270리 희천의 경계이다〉

초피막령(貂皮幕嶺)〈천창(泉倉)의 동쪽 강계 신광(神光)의 경계에 있다〉

극성령(棘城嶺)〈남쪽으로 250리에 있다〉

우현(牛峴)〈극성의 서쪽 가지로 부에서 250리에 있다〉

차령(車嶺)〈우령의 서쪽 가지로 부에서 250리에 있다〉

월은내령(月隱乃嶺)〈차령의 서쪽 가지로 부에서 260리에 있다. 이상 네 곳은 운산의 경계이다〉

두현령(斗峴嶺)〈남쪽으로 250리 희천 경계의 대로이다〉

와룡동령(臥龍洞嶺)〈남쪽으로 180리에 있다〉

아호미령(丫好未嶺)〈혹은 아호니령(丫好尼嶺)이라고도 한다. 차령, 월은내령 사이에 있는데 부에서 250리의 운산 경계이다〉

창성거리령(昌城巨里嶺)〈서남쪽 260리 창성의 경계이다〉

판막령(板幕嶺)〈동쪽에 있다〉

청파령(靑坡嶺)〈서남쪽에 있다〉

갑령(甲嶺)〈서북쪽에 있다〉

산현(山峴)〈북쪽 15리 압록강변의 소로이다〉

갈기동우(葛岐洞隅)

압록강〈위원의 가을헌동(加乙軒洞)에서 서쪽으로 흘러 합지산의 왼쪽을 지나 초산부의 남천(南川)을 지나 초산부의 북쪽 15리를 거쳐 서남쪽으로 흘러 산양회(山羊會) 오른쪽에 이르러 새외(塞外)의 동가강(佟家江)을 지나 아이진(阿耳鎭) 왼쪽에 이르러 동건강(童巾江) 서쪽을 지나 벽동군으로 들어간다〉

동건강〈남쪽으로 78리에 있다. 수원은 유두막령, 희안동(熙安洞), 극성동(棘城洞) 등처에서 나와 서쪽으로 용연천(龍淵川)이 되고 차령진전(車嶺鎭田)에 이르러 우현, 차령의 물을 지나 양강(兩江)을 칭한다. 오른쪽으로 우장천(牛腸川)을 지나서 우하창(牛下倉)을 거쳐 굽어져서 북쪽으로 흘러 왼쪽으로 별해천(別害川)을 지나 영가덕(盈加德)에 이른다. 오른쪽으로 궁노동천(弓弩川)을 지나 중강(中江)을 칭하고 삼각산(三角山) 서쪽에 이르러 왼쪽으로 벽동 가창(加倉) 물을 지나 이창(理倉)을 거쳐서 돌아가지고 용도(龍島)가 된다. 갈기동(葛岐洞) 귀퉁이와 강의 오른쪽을 거쳐 유창천(楡倉川)을 지나 돌아서 서쪽으로 흘러서 아이진 앞을 거쳐서 압록강으로 들어간다〉

판막천(板幕川)〈남쪽으로 1리에 있다. 남천이라고도 한다. 수원이 신령(薪嶺)에서 나와서 서쪽으로 흘러 돌아 북쪽으로 흘러 부의 동쪽 1리를 거쳐 압록강으로 들어간다〉

우장천(牛場川)〈수원이 초피막령에서 나와 서쪽으로 흘러 우중창(牛中倉), 판막원(板幕

院)을 거쳐 동건강으로 들어간다〉

별하천(別河川)〈혹은 '해(害)'라고도 한다. 수원이 창성거리령, 월은내령 두 고개에서 나와서 북쪽으로 흘러서 별업창(別業倉), 와룡동을 지나서 동건강으로 들어간다〉

궁노동천(弓弩洞川)〈수원이 백파령에서 나와 서남쪽으로 흘러 고중창(古中倉), 고하창(古下倉), 궁창(弓倉)을 지나 궁노동강이라고 칭하고 오른쪽으로 주사동천(朱砂洞川)을 지나 판막령을 거쳐 오른쪽으로 판원천(板院川)을 지나고 왼쪽으로 상운대천(上雲臺川)을 지나서 동건강으로 들어간다〉

상운대천 〈수원이 소물이산(小勿移山)에서 나와서 서쪽으로 흘러 궁노동천으로 흘러들어 간다〉

주사동천 〈수원이 대물이산(大勿移山)에서 나와서 서쪽으로 흘러 고상창(古上倉), 주사사(朱砂寺) 앞을 거쳐 궁노천으로 들어간다〉

판원천 〈수원이 백산(白山)에서 나와서 서쪽으로 흘러 판창을 거쳐 궁노천으로 들어간다〉

유창천 〈수원이 위원의 등락령(登樂嶺)에서 나와서 서쪽으로 흘러 유창, 직등동령(直登洞嶺), 다락령, 애령을 거쳐 동건강으로 들어간다〉

파저강(婆豬江)〈혹은 동가강(佟家江)이라고도 하고 혹은 소주강(蕭州江)이라고도 한다. '통지(通志)'에 "동가강은 바로 고염탄(古鹽灘)이다"라고 하였다. 수원이 장백산(長白山)의 분수령에서 나와서 남쪽으로 흘러 압록강과 만나 흐르기를 500여리 하여 봉황성(鳳凰城) 동남쪽을 에워싸고 바다로 들어간다〉

올자산(兀刺山)〈부에서 270리이다. 앙토구자(央土口子) 북쪽에서 압록강, 파저강을 건너서 큰 들 가운데에 성이 있으니, 이름이 올자산성이다. 사면이 벽처럼 서있고 오직 서쪽으로만 올라갈 수 있다〉

간미부(幹眉府)〈240리이다. 지도에는 위원군의 강 밖에 있으나 의심스럽다〉

건주지산(建州之山)〈백두산에서 시작되어 동쪽에서 서쪽으로 뻗어있고 물도 역시 서쪽으로 흐른다〉

노성(奴城)〈지금의 흥경(興京)이다. 양수(兩水) 사이에 있어 자못 형세가 있다. 노성의 물은 자편성(者片城), 삼차하(三叉河)를 거치는데 바로 요하(遼河)이다〉

노강(奴江)〈파저강과 만나서 압록강으로 들어간다. 초산부 북쪽에 있다. 창성에서 노성까지 400여 리인데, 그 사이에 동갈령(東葛嶺), 우모령(牛毛嶺)이 있다. 매우 준험하고 막혀서 강계부의 만포진에서 노성에까지 440여 리이다. 그 사이에 만차령(萬遮嶺), 파저강이 있다. 함경도의 회령부(會寧府)에서 노성에 이르기까지 길이 백두산 바깥을 지나는데 무려 수천여 리이다. 심양에서 100여 리이고 요동에서 220리이다. 건주견문록(建州見聞錄)〉

『강역』(彊域)

〈동쪽으로 위원까지 15리의 대로이고, 20리의 소로이다. 동남쪽은 강계의 경계까지 200리이고 희천의 경계까지 240리이다. 남쪽으로 운산의 경계까지 250리이고 서남쪽으로 창성의 경계까지 260리이며 벽동의 경계까지 250리이고 또 70리에 아이진(阿耳鎭)이다. 남서쪽으로 압록강이 30리이고, 북쪽으로 압록강이 15리이다〉

『방면』(坊面)

동부면 〈35리에 있다〉

서부면 〈25리에 있다〉

동면 〈40리에 있다〉

남면 〈70리에 있다〉

유면(楡面)〈동쪽으로 70리에 있다〉

백면(栢面)〈동쪽으로 90리에 있다〉

우장면(牛場面)

차령면(車嶺面)

우현면(牛峴面)〈남쪽으로 250리에 있다〉

교원면(校院面)〈남쪽으로 160리에 있다〉

궁면(弓面)

고상면(古上面)

고하면(古下面)〈남쪽으로 130리에 있다〉

고중면(古中面)〈남쪽으로 100리에 있다〉

별하면(別河面)〈남쪽으로 170리에 있다〉

동건면(童巾面)〈남쪽으로 80리에 있다〉

강동면(江洞面)〈남쪽으로 70리에 있다〉

아이면(阿耳面)〈서쪽으로 70리에 있다〉

동창면(東倉面)〈서쪽으로 70리에 있다〉

고초산면(古楚山面)〈90리에 있다〉

건이면(乾而面)〈50리에 있다. 이상 세 면은 총목에 실려 있다〉

『호구』(戶口)

호는 6,446이고 구는 17,921이다.〈남자는 9,916이고 여자는 8,005이다〉

『전부』(田賦)

장부에 있는 전답은 4,073결이고 현재 경작하고 있는 밭은 1,764결이고 논은 3결 64부이다.

『창』(倉)

서창(西倉)〈서쪽으로 23리에 있다〉

동상창(東上倉)〈동쪽으로 30리에 있다〉

동하창(東下倉)〈남쪽으로 30리에 있다〉

유창(楡倉)〈동남쪽으로 60리에 있다〉

백창(栢倉)〈동남쪽으로 70리에 있다〉

동창(童倉)〈두 곳에 있다. 남쪽 60리에 있다〉

남창(南倉)〈60리에 있다〉

강창(江倉)〈남쪽으로 90리에 있다〉

고중창(古中倉)〈동남쪽으로 90리에 있다〉

고상창(古上倉)〈동남쪽으로 150리에 있다〉

고하창(古下倉)〈남쪽으로 120리에 있다〉

별창(別倉)〈위와 같다〉

궁창(弓倉)〈남쪽으로 130리에 있다〉

고읍창(古邑倉)〈혹은 이창(理倉)이라고도 한다. 남쪽 130리에 있다〉

판창(板倉)〈남쪽으로 150리에 있다〉

우중창(牛中倉)〈남쪽으로 180리에 있다〉

우하창(牛下倉)〈남쪽으로 200리에 있다〉

탄창(炭倉)〈동남쪽으로 250리에 있다〉

별창(別倉)〈남쪽으로 250리에 있다〉

별하창(別下倉)〈남쪽으로 220리에 있다〉

직창(直倉)〈남쪽으로 30리에 있다〉

고신창(古新倉)〈남쪽으로 90리에 있다〉

『곡부』(穀簿)

각 곡식의 총계는 51,646석이다.

『군적』(軍籍)

군보의 총수는 4,812이다.

『진보』(鎭堡)

아이진(阿耳鎭)〈서남쪽으로 55리에 있다. 조선 성종 14년(1483)에 석성을 쌓았는데 둘레가 5,784척이다. 옛날에 만호를 두었는데, 선조 28년(1595)에 혁파하였다. 금토동(金土洞), 외비아리(外非兒里) 두 보를 본 진에 합하여 첨사로 승격되었다. 병마절제사·독진장이 1원이고 군사의 총수는 1,300이며 창고는 1곳, 곡식의 총계는 895석이다〉

우현진(牛峴鎭)〈남쪽으로 230리 우령(牛嶺)의 북쪽에 있다. 숙종 2년(1676)에 만호를 두고 영조 10년(1734)에 첨사로 승격되었다. 병마첨절제사가 1원이고 군사의 총수는 868, 창고가 5곳, 곡식의 총계는 2,669석이다〉

차령진(車嶺鎭)〈남쪽 220리 차령의 북쪽에 있다. 숙종 2년(1676)에 만호를 두고 영조 10년(1734)에 첨사로 승격되었다. 병마동첨절제사 1원이고 군사의 총수는 951이며 창고가 7곳, 곡식의 총계는 3,151석이다〉

산양회진(山羊會鎭)〈서쪽으로 25리에 있다. 성종 16년(1485)에 석성을 쌓았는데 둘레가 924보이고 권관을 설치하였다. 숙종대에 만호로 승격하였다. 병마만호가 1원이고 군사의 총수는 281, 창고는 1곳, 곡식의 총계는 2,106석이다〉

『파수』(把守)

합지(蛤池)〈동쪽으로 15리에 있다. 위로는 위원군의 갈헌동(乫軒洞)이 5리이고 아래로는 본부 하파수(下把守)가 10리이다〉

하파수 〈북쪽으로 15리에 있다. 아래로 단지천(端池遷)이 10리이다〉

단지천 〈북쪽으로 20리에 있다. 아래로 운해천(雲海遷)이 10리이다〉

운해천 〈북쪽으로 25리에 있다. 아래로 호음동(號音洞)이 10리이다〉

호음동 〈서북쪽으로 20리에 있다. 아래로 산양회(山羊會)가 7리이다〉

산양회 〈서쪽으로 30리에 있다. 아래로 하파수가 7리이다〉

하파수 〈서쪽으로 35리에 있다. 아래로 아이상파수(阿耳上把守)가 7리이다〉

아이상파수 〈서남쪽으로 40리에 있다〉

중파수 〈서남쪽으로 45리에 있다. 아래로 하파수가 5리이다〉

하파수 〈서남쪽으로 50리에 있다. 아래로 별파수(別把守)가 10리이다〉

별파수 〈서남쪽으로 60리에 있다. 아래로 벽동 광평가해동(廣坪加海洞)이 15리이다〉

『강외파수』(江外把守)

장동(長洞)〈위원조에 보인다〉

한적천(漢赤川)

파저강(婆瀦江)

압족동(鴨足洞)

혈암(穴岩)

차유령(車踰嶺)

노가동(蘆哥洞)

창대동(倉垈洞)

오리목동(吾里木洞)

하다동(何多洞)

모토리동(毛土里洞)〈벽동군조에 보인다〉

『토산』(土産)

〈실(絲)·삼(麻)·꿀·담비(貂)·청서(靑鼠)·인삼·사향·오미자·해송자·수달·수포석(水泡石)·은·여항어(餘項魚)·금인어(錦鱗魚)·은구어(銀口魚)·경장어(頸長魚)·게(蟹)·사슴·곰·토저(土猪)·영양(羚羊)·백납(白蠟)·능인(菱仁)·목적(木賊)·산사(山查)·송이버섯(松蕈)·석이버섯(石蕈)·궁간목(弓幹木)·복령(茯苓)〉

『장시』(場市)

읍내장〈1·6일장이다〉

동창장(東倉場)〈5·10일장이다〉

동건장(童巾場)〈4·9일장이다〉

강창장(江倉場)〈2·7일장이다〉

고면장(古面場)〈3·8일장이다〉

『역』(驛)

앙토리역(央土里驛)〈성 안에 있다. 말이 2필 있다〉

우장역(牛場驛)〈남쪽으로 190리에 있다. 말이 2필 있다〉

고초산역(古楚山驛)〈남쪽으로 10리에 있다. 말이 3필 있다. 이상 세 역은 어천도(魚川道)에 속한다〉

『기발』(騎撥)

관문참

건참(乾站)〈혹은 송참(松站)이라고도 한다〉

고읍참〈남쪽으로 110리에 있다〉

판원참(板院站)〈남쪽으로 150리에 있다〉

우장참(牛場站)〈혹은 남참(南站)이라고도 한다〉

우현참(牛峴站)〈남쪽으로 225리에 있다〉

『진』(津)

동건강진(童巾江津)〈벽동조에 보인다〉

『교』(橋)

동건강교(童巾江橋)〈서남쪽으로 50리에 있다〉

성인교(聖人橋)〈북쪽으로 20리에 있다〉

『원참』(院站)

우원령(牛院嶺)〈220리에 있다〉

차유원(車踰院)〈남쪽으로 240리에 있다〉

판막원(板幕院)〈남쪽으로 150리에 있다〉

『누정』(樓亭)

영호정(映湖亭)〈남천(南川) 강가에 있다〉

삼송정(三松亭)〈아이진성 두암(豆巖) 위에 있다〉

숙변루(肅邊樓)

『건치』(建實)

〈고려 충렬왕 4년(1278)에 처음 두목리만호(豆木里萬戶)를 설치하였다. 본래 고구려, 발해 때에 거란, 여진이 대대로 소유하던 땅이다. 충렬왕 후2년(1299)에 이주(理州)라고 개칭하고 충혜왕 후3년(1342)에 초산으로 바꾸었다.

조선 태종 2년(1402)에 산양회(山羊會)·도을한봉화대(都乙漢烽火臺)·등이언(等伊彦) 등 지를 합하여 다시 이주라고 하였다. 태종 13년(1413)에 이산군(理山郡)이라고 바꾸었다. 세종 때에 앙토리(央土里)로 읍치를 옮겼다. 세조 때에 차령·산양회에 진관을 두었다. 경종 4년(1724)에 도호부로 승격하였다. 정조 초년경에 초산으로 바꾸었다.

관원은 도호부사가 초산진병마첨절제사·독진장·수성장을 겸한다〉

『고사』(故事)

〈고려 공민왕 18년(1369)에 만호, 천호를 동서북면 요해지에 옮기고 우리 태조(=이성계)를 동북면원수장(東北面元帥將)으로 삼고 장차 동녕부(東寧府)를 공격하여 북원(北元)을 끊으려고 하였다. 공민왕 19년(1370)에 태조가 기병 5,000과 보졸(步卒) 1만으로 동북면에서 황초령(黃草嶺: 함흥에 있다)을 넘어 600여 리를 가서 설한령(雪寒嶺)에 이르렀다. 또 700리를 가서 압록강을 건넜다. 그 때 동녕부동지(東寧府同知) 이오로첩목아(李吾老帖木兒. 뒤에 原京으로 개명하였다)가 태조가 온다는 소식을 듣고 우라산성(于羅山城. 바로 兀剌山城이다)으로 옮겨 험한 데에 의거하여 우리 태조에게 저항하였다. 태조가 야돈촌(也頓村)에 이르르자 오로첩목아가 300여 기를 이끌고 와서 항복하였고 그 추장 고안위(高安慰)가 아직 성에 의거하여 항복하지 않자 우리 군사가 그것을 포위하였다. 고안위와 그 처자들이 성에 밧줄을 타고 밤에 도망을 하자 여러 성들이 바람처럼 모두 항복을 하였다. 무릇 획득한 것은 모두 그 주인에게 돌려주니 북인(北人=여진족/역자주)들이 크게 기뻐하여 귀화하는 자가 저자와 같았다. 호를 획득한 것이 무릇 만여 호였다. 동쪽으로는 황성(皇城)에 이르고 북쪽에는 동녕부에 이르렀으며 서쪽으로는 바다에 이르고 남쪽으로는 압록강에 이르러 완전히 텅비게 하였다〉

8. 철산(鐵山)

북극의 높이는 40도 45분, 평양의 서쪽으로 치우친 것이 1도 19분이다.

『산천』(山川)
웅골산(熊骨山)〈혹은 운암산(雲暗山)이라고도 한다. 북쪽 10리에 있다. 간로(間路)의 요해처이다. 석봉사(石峯寺), 운암사(雲暗寺)가 있다〉
장화사(長化寺. 長化山의 오류/역자주)〈북쪽으로 40리에 있다〉
어랑산(於郞山)〈서남쪽으로 25리 해변에 있다〉
취가산(鷲家山)〈남쪽으로 40리에 있다. 대관(大串)의 내해 해변에 있다〉
석현산(石懸山)〈북쪽으로 30리에 있다〉
백량산(白梁山)〈남쪽으로 40리에 있다〉

오봉산(五峰山)〈서쪽으로 6리에 있다〉

검은산(劒隱山)〈북쪽으로 4리에 있다〉

동석산(東碩山)〈북쪽으로 10리에 있다. 옥동사(玉洞寺)가 있다〉

백운산(白雲山)〈북쪽으로 60리에 있다. 이상 두 산은 의주의 경계이다〉

망일산(望日山)〈북쪽으로 50리 용천의 경계에 있다〉

저골산(猪骨山)

고가산(高家山)

주필산(駐蹕山)〈북쪽으로 10리 대로변에 있다. 선조 임진년 국왕이 서쪽으로 왔을 때에 이곳에 거주하였다〉

마성산(馬城山)〈동쪽이다〉

저은산(儲銀山)〈남쪽이다〉

「영로」(嶺路)

자작령(自作嶺)〈서쪽으로 30리 용천 경계의 대로이다〉

좌현(左峴)〈동쪽으로 15리 선천 경계의 대로이다〉

구진현(舊陣峴)〈북쪽으로 30리에 있다〉

월운령(月雲嶺)

어임현(於任峴)〈동쪽으로 30리에 있다〉

봉황현(鳳凰峴)〈동쪽으로 15리 대로이다. 이상 세 고개는 선천의 경계이다〉

『바다』(海)

〈서남쪽에 둘러있다〉

굴강(掘江)〈남쪽으로 20리에 있다. 선천 청강(淸江)의 하류이다〉

맹천(孟川)〈수원이 검은산, 주산(舟山)에서 나와서 서쪽으로 흘러 부의 북쪽 10리를 거쳐 월운천(月雲川)에 합류한다〉

월운천〈수원이 월운령에서 나와서 서남쪽으로 흘러서 맹천과 합해지고 부의 서북쪽 10리를 거쳐서 전장포(戰場浦)가 되어 바다로 들어간다〉

『섬』(島)

대관도(大串島)

대가채도(大加彩島)〈'채(彩)'는 혹 '차(次)'라고도 한다. 또 소가차도(小加次島)도 있다〉

탄도(炭島)〈둘레가 40리이다. 이상 두 섬은 선천으로부터 옮겨 속하게 되었다〉

가도(椵島)〈혹은 피도(皮島)라고도 한다. 부의 남쪽에서 육로로 47리이다. 둘레가 40리이다〉

소가도(小椵島)

대차우도(大車牛島)〈서쪽으로 20리에 있다. 모양이 수레를 맨 소와 같다. 섬 안에 기암괴석이 많은데 사람이 가까이 가면 모발이 곤두서고 떨려서 오래 머물 수가 없다. 또 소차우도(小車牛島)도 있다〉

대저지도(大楮只島)〈차우도의 서쪽에 있다. 또 소저지도(小楮只島)도 있다〉

인도(人島) 단도(丹島) 원도(圓島) 월로도(月老島) 어융도(禦戎島)〈모두 서쪽에 있다〉

『강역』(彊域)

〈동쪽은 선천의 경계까지 25리이고 남쪽은 바다까지 45리이다. 서쪽은 바다까지 25리이고 용천의 경계까지 30리이다. 북쪽은 의주의 경계까지 50리이다〉

『방면』(坊面)

읍내면

고성방(古城坊)〈동남쪽으로 20리에 있다〉

자량방(自梁坊)〈남쪽으로 40리에 있다〉

정혜방(丁惠坊)〈서남쪽으로 20리에 있다〉

부서방(扶西坊)〈20리에 있다〉

참방(站坊)〈북쪽으로 40리에 있다〉

여간방(餘間坊)〈서북쪽으로 25리에 있다〉

서림방(西林坊)〈서북쪽으로 50리에 있다〉

장화방(長化坊)〈총목에 실려 있다〉

『호구』(戶口)

호는 4,105이고 구는 15,796이다.〈남자는 8,554이고 여자는 7,242이다〉

『전부』(田賦)

장부에 있는 전답은 1,872결인데 현재 경작하고 있는 밭은 1,506결이고 논은 393결이다.

『창』(倉)

사창(司倉)

영창(營倉)〈서림성 안에 있다〉

산창(山倉)〈운암성 안에 있다〉

신창(新倉)〈부의 동쪽 10리 운암산성의 남쪽에 있다〉

북창(北倉)〈운암산성의 서쪽에 있다〉

방료창(放料倉)〈차령역에 있다〉

『곡부』(穀簿)

각 곡식의 총계는 18,924석이다.

『군적』(軍籍)

군보의 총계는 4,294이다.

『성』(城)

운암산성(雲暗山城)〈웅골산(熊骨山) 동쪽에 있다. 인조 9년(1631)에 부원수(副元帥) 정충신이 쌓았다. 숙종 10년(1684)에 석성으로 개축하였는데 둘레가 2,445보이다. 국청사(國淸寺)가 있다. 수첩군이 15초 91명이다. '비고'에 실려 있다〉

『진보』(鎭堡)

서림진(西林鎭)〈북쪽 40리 산 위에 있다. 영조 23년(1747)에 첨사를 두었고 석성을 쌓았는데 둘레가 2,485보이다. 5년이 지난 다음에 진을 파하고 독진을 두어 중군(中軍)이 성을 지켰다. 영조 45년(1769)에 직로의 요해지여서 다시 선천부에 있는 청강첨사(淸江僉使)를 진에 옮겼다. 병마동첨절제사가 1원이고 군사의 총수는 620이며 창고는 4곳, 곡식의 총계는 1,889석이다〉

선사포진(宣沙浦鎭)〈남쪽 40리 해변에 있다. 옛날에는 선천부에 속하였다. 수군첨절제사 겸 감목관(監牧官)이 1원이고 군사의 총수는 865, 창고는 4곳, 곡식의 총계는 1,889이며, 방선(防船)이 2척이고 병선(兵船)이 1척, 사후선(伺候船)이 있다〉

『토산』(土産)
실(絲)·삼(麻)·칠·자초(紫草)·마어(麻魚)·수어(秀魚)·조기(石首魚)·홍어·소어(蘇魚)·진어(眞魚)·민어·상어(鯊魚)·광어·낙지·조개(蛤)·굴(石花)·새우(鰕)·창란젓(魚鰾)·제호유(鵜鶘油)·노어(鱸魚)·수달·백어(鰤魚)·토화(土花)

『장시』(場市)
읍내장〈1·6일장이다〉
차련장(車輦場)〈4·9일장이다〉
서림장(西林場)〈2·7일장이다〉
선사포장(宣沙浦場)〈3·8일장이다〉

『역』(驛)
차련역(車輦驛)〈북쪽으로 30리에 있다. 말이 두 필이다. 대동도(大同道)에 속한다. 동쪽으로 좌현(左峴)이 10리이고 서쪽으로 철산의 양책역(良策驛)이 28리이다〉

『기발』(騎撥)
차련참〈동쪽으로 선천의 청강참(淸江站)에 이어지고 서쪽으로 용천의 자포원(者浦院)에 이어진다〉

『진』(津)
망동포진(望東浦津)

『교량』(橋梁)

판교(板橋)〈북쪽 30리에 있는 월운천(月雲川)의 대로이다〉

『목장』(牧場)

가도장(椵島場)〈감목관이 1원이다. 선사포첨사가 겸한다. 기르는 말이 244필이다〉

대관장(大串場)

『원참』(院站)

용천원(龍川院)〈동쪽 17리에 있다〉

주로미원(主老美院)〈북쪽 30리에 있다〉

『건치』(建寘)

〈본래는 장령현(長寧縣)이다. 혹은 철천(鐵川)이라고도 하고 혹은 동산(銅山)이라고도 한다. 생각건대 '요사(遼史)' 지지에 이르기를 "함주(咸州)는 본래 고려 동산현 땅이고 발해 동산군이다."라고 하였다. 지지에 한(漢) 대에는 수성현(修城縣)이 북쪽이 이에 의거한 즉 동산은 요동에 있다고 하겠다. 현종 9년(1018)에 철주방어사를 칭하여 북계에 예속되었고, 원종 10년(1269)에 원에 몰수되어 동녕로총관부에 예속되어 정융(定戎) 한 진을 영솔하였다. 충렬왕 4년(1278)에 다시 돌아왔다.

조선 태조 원년(1392)에 지주사로 영삭만호(寧朔萬戶)를 겸하였다. 태종 12년(1412)에 철산군으로 바꾸고 태종 15년(1415)년에는 겸만호를 줄였다. 광해군 14년(1622)에 도호부로 승격하였고 인조 2년(1624)에는 현감으로 강등되었으며 인조 11년(1633)에는 다시 복구되었다. 영조 27년(1751)에 차련참으로 읍치를 옮겼고 영조 45년(1769)에는 옛날의 읍치로 돌아갔다.

관원은 도호부사가 의주진관병마동첨절제사·독진장·운암수성장을 겸하였다〉

『고사』(故事)

〈고려 현종 때에 철주에 성을 쌓았다. 고종 18년(1231)에 몽고 원수 살례탑(撒禮塔)이 함신진(咸新鎭)을 에워싸고 철주를 도륙하였다. 방어사 이원정(李元禎), 낭장 문모(文…: 결락), 판관 이적(李勣)이 죽었다. 공민왕 8년(1359)에 홍건적이 철주에 들어가자, 안우(安祐), 이방실(李芳實) 등이 공격하여 물리쳤다. 적이 인주(獜州), 정주(靜州) 등으로 물러가 주둔하였다. 적이 다시 철주에 들어와 주변 현들을 약탈하였는데, 안우가 청강(淸江)에서 조우하여 격파하였다가 다시 싸워서 패배하여 안우가 정주(定州)로 물러나 주둔하였다. 경천흥(慶千興)이 병사 천 여 명을 이끌고 안주에 진격하여 주둔하였는데 적을 두려워 하여 나아가지 못하고 여러 군대들이 황주에 물러나 주둔하였다.

조선 광해군 13년(1621)에 요동진 강성(江城)이 함락되자 그 군문의 휘하였던 모문룡(毛文龍)이 요동 백성 가운데 전쟁을 피한 사람들을 불러모아 가도에 들어가 웅거하였다. 인조 원년(1623)에 명에서 모문룡에게 도독을 수여하고 가도에 개부(開府)하도록 하고 동강진(東江鎭)이라고 호칭하였다. 요동 백성 중에 와서 항복한 자가 전후 수 십 구였는데 철산, 사량(蛇梁) 등에 나누어 두었다. 가도는 혹 피도라고도 하는데 철산부의 남쪽 47리에 있다. 둘레가 41리이고 바로 북쪽 수로로 80리를 가면 만주의 경계이다. 인조 2년(1624)에 신미도(身彌島. 선천조에 보인다)에 옮겼고, 인조 5년(1627)에 후금 군사들이 가도를 침략하자 요동 백성들 가운데 섬을 나온 사람들이 많이 죽었다. 숙종 4년(1678)에 철산의 최자둔(最者屯)에 소모별장(召募別將)을 두었다〉

9. 벽동(碧潼)

북극의 높이는 42도 2분, 평양의 서쪽으로 치우친 것이 39분이다.

『산천』(山天)
구봉산(九峯山)〈서남쪽으로 4리에 있다〉
대덕산(大德山)〈남쪽으로 15리에 있다. 중흥사(中興寺)가 있다〉
사봉산(四峯山)〈동남쪽으로 100리에 있다. 심원사(深源寺)가 있다〉
달각산(達覺山)〈서쪽으로 50리에 있다. 묘향사(妙香寺)·상암사(上庵寺)가 있다〉
삼일산(三日山)〈남쪽으로 60리에 있다. 달각산과 서로 이어져있다〉
금창산(金昌山)〈북쪽으로 12리에 있다〉
자당(慈堂)〈동쪽으로 50리에 있다〉

조골산(照鵑山)〈동남쪽으로 40리에 있다〉

청석산(靑石山)

동주봉(東主峰)〈동쪽으로 1리에 있다〉

비로봉(毘盧峯)〈남쪽으로 50리에 있다〉

불암동(拂岩洞)

관노동(官奴洞)〈모두 남쪽 80리에 있다〉

가막동(加莫洞)〈동남쪽으로 120리에 있다. 사창이 있다〉

「영로」(嶺路)

마전령(麻田嶺)〈서쪽으로 30리에 있다〉

최담령(崔擔嶺)〈동남쪽으로 120리에 있다. 초산의 경계이다〉

구계령(九階嶺)〈남쪽으로 90리에 있다. 창성의 경계이다〉

남리견자령(南里見子嶺)〈동남쪽 120리 창성 동창(東倉)의 경계이다〉

여해령(如海嶺)〈동북쪽으로 70리에 있다. 크고 작은 두 고개이다. 초산의 아이진(阿耳鎭)의 경계이다〉

실호령(失號嶺)〈서쪽으로 70리에 있다. 창성의 경계이다. 가장 험하다〉

국사현(國師峴)〈동쪽으로 5리에 있다〉

대현(大峴)

신현(薪峴)〈모두 소길호리보(小吉號里堡)의 남쪽에 있다〉

삼고개(三古介)

압록강〈서쪽 5리에 있다. 초산 아이(阿耳) 경계에서 광평(廣坪)·대파아(大坡兒)·소파아(小坡兒)를 거쳐 왼쪽으로 군의 남천(南川)을 지나 추구비(楸仇非)·벽단(碧團)·소길호리(小吉號里)를 거쳐 창성 경계로 들어간다〉

동건강(童巾江)〈동북쪽으로 140리에 있다〉

동천(潼川)〈동쪽으로 1리에 있다〉

중암천(中庵川)〈서쪽 50리에 있다. 수원은 달각산의 남쪽에서 나와서 남쪽으로 흘러 불암동(佛岩洞)에 이르러 돌아서 북쪽으로 흘러 관노동(官奴洞)을 거쳐 달각산의 북쪽을 감싸고 벽단진(碧團鎭)의 앞을 거쳐 압록강으로 들어간다〉

남천(南川)〈혹은 벽동천(碧潼川)이라고도 한다. 수원이 둘인데 하나는 구계령에서 나와 북쪽으로 흘러 애구지성(隘口之城)을 나와 남창을 거쳐 구봉산의 동쪽에 이르러 동천(東川)과 합하고, 하나는 보리견자령에서 나와서 애구지성을 나와서 상토진(上土鎭)을 거쳐 서북쪽으로 흘러 학창(鶴倉)을 거쳐 학구비(鶴仇非)에 이르러 이름이 동천이 된다. 군의 남쪽에 이르러 남천과 합류하여 압록강에 흘러들어 간다〉

소파아천(小坡兒川)

대파아천(大坡兒川)

추구비천(楸仇非川)

소길호리천(小吉號里川)

『강역』(疆域)

〈동쪽은 초산 경계 동건천까지 80리이고, 동남쪽은 초산부 경계까지 120리이며, 남쪽은 창성 경계까지 90리이고 서쪽은 창성부 경계 허공교(虛空橋)까지 70리이며, 압록강까지 5리이다. 동북쪽은 초산 경계까지 70리이고 서남쪽은 창성부의 치소까지 120리이다〉

『방면』(坊面)
읍내면

대상면(大上面)〈동북쪽으로 40리에 있다〉

대하면(大下面)〈동쪽으로 20리에 있다〉

우농괴면(雩農怪面)〈동쪽으로 60리에 있다〉

별하면(別河面)〈동쪽으로 100리에 있다〉

가상면(加上面)〈동쪽으로 120리에 있다〉

서상면(西上面)〈모두 서쪽으로 50리에 있다〉

남상하단면(南上下端面)〈남쪽으로 50리에 있다〉

회창면(會倉面)〈동쪽으로 80리에 있다〉

학구비면(鶴仇俳面)〈동쪽으로 30리에 있다〉

동면

남면

오면(吾面)

북면〈이상은 총목(總目)에 실려 있다〉

『호구』(戶口)

호는 6,249이고 구는 13,087이다.〈남자는 8,597이고 여자는 4,481이다〉

『전부』(田賦)

장부에 있는 전답은 1,321결이고 현재 경작하고 있는 밭은 1,262결이고 논은 1결 21부이다.

『창』(倉)

읍창(邑倉)〈동쪽에 있다〉

평창(平倉)〈동북쪽으로 15리에 있다〉

북창(北倉)〈서쪽으로 45리에 있다〉

오창(吾倉)〈동북쪽으로 50리에 있다〉

동창(東倉)〈동쪽으로 60리에 있다〉

시창(時倉)〈동쪽으로 90리에 있다〉

별창(別倉)〈80리에 있다〉

가창(加倉)〈동남쪽으로 130리에 있다〉

학창(鶴倉)〈동남쪽으로 50리에 있다〉

남창(南倉)〈남쪽으로 40리에 있다〉

성창(城倉)〈남쪽으로 70리에 있다〉

송창(松倉)〈서남쪽 40리에 있다〉

서창(西倉)〈서쪽 50리에 있다〉

산창(山倉)

임창(林倉)

『곡부』(穀簿)

각 곡식의 총계는 24,448석이다.

『군총』(軍總)

군보의 총수는 1,809이다.

『진보』(鎭堡)

벽단진(碧團鎭)〈서쪽 15리의 대로이다. 석성인데 둘레가 13,012척이다. 병마첨절제사가 1원이고 군사의 총계는 503, 창고는 1, 곡식의 총계는 635석이다〉

임토진(林土鎭)〈동남쪽 80리에 있다. 별장이 1원이고 군사의 총계는 168, 창고는 1, 곡식의 총계가 690석이다〉

광평보(廣坪堡)〈동북쪽 60리에 있다. 석성인데 둘레가 564척이고 권관이 1원, 군사의 총수는 213, 창고는 1, 곡식의 총계는 290석이다〉

소파아보(小坡兒堡)〈북쪽 45리에 있다. 석성인데 둘레가 425척이다. 권관이 1원이고 군사의 총수는 213, 창고는 1, 곡식의 총계는 806석이다〉

대파아보(大坡兒堡)〈북쪽 15리에 있다. 석성이고 둘레가 480척이다. 권관이 1원, 군사의 총수는 228, 창고가 1, 곡식의 총계는 1,065석이다〉

추구비보(楸仇非堡)〈서쪽 15리에 있다. 석성이고 둘레가 400척이다. 권관이 1원, 군사의 총수는 240, 창고는 1, 곡식의 총계는 100석이다〉

소길호리(小吉號里)〈서쪽 60리에 있다. 석성이고 둘레가 254척이다. 권관이 1원, 군사의 총수는 221, 창고는 1, 곡식의 총계는 84석이다〉

『파수』(把守)

광평보여해동(廣坪堡如海洞)〈동북쪽으로 70리에 있다. 위로 초산 아이진(阿耳鎭)의 별파수가 15리이고 아래로 광야(廣野)가 10리이다〉

소파아금사동(小坡兒金沙洞)〈북쪽으로 55리에 있다. 아래로 어은동(於銀洞)이 20리이다〉

대파아길동(大坡兒吉洞)〈북쪽으로 30리에 있다. 아래로 산막동(山幕洞)이 5리이다〉

산막동 〈북쪽으로 25리에 있다. 아래로 지로구비(至老仇非)가 5리이다〉

지로구비 〈북쪽으로 20리에 있다. 아래로 김창중말(金昌中抹)이 5리이다〉

김창중말 〈5리에 있다. 아래로 선소(船所)가 5리이다〉

선소 〈북쪽으로 5리에 있다. 아래로 마전동(麻田洞)이 5리이다〉

마전동 〈서쪽으로 5리에 있다. 아래로 속사동(束沙洞)이 5리이다〉

속사동 〈서쪽으로 15리에 있다. 아래로 분토동(分土洞)이 5리이다〉

추구비분토동(楸仇非分土洞)〈서쪽으로 20리에 있다. 아래로 고말(古抹)이 15리이다〉

벽단고말(碧團古抹)〈서쪽으로 45리에 있다. 아래로 수락동(水落洞)이 10리이다〉

수락동 〈서쪽으로 55리에 있다. 아래로 선소가 10리이다〉

소길호리선소(小吉號里船所)〈서쪽으로 65리에 있다. 아래로 창성 대길호리 여기암(女妓岩)이 15리이다〉

『강외』(江外)

모토리동(毛土里洞)

사랑포동(沙浪浦洞)

차가동(車哥洞)

호조리동(胡照里洞)

『토산』(土産)

실(絲)·삼(麻)·담비(貂)·청서(靑鼠)·영양(羚羊)·수달·칠·자초(紫草)·인삼·해송자(海松子)·꿀·수포석(水泡石)·은구어(銀口魚)·눌어(訥魚)·열목어(熱目魚)·경장어(頸長魚)·능인(菱仁)·오미자·석이버섯(石蕈)·진심(眞蕈)·화피(樺皮)·게(蟹)·백어(鰤魚)·잉어(鯉魚)·농어(鱸魚)·쏘가리(錦鱗魚)

『장시』(場市)

읍내장 〈1·6일장이다〉

평장(平場)〈1·6일장이다〉

우장(雩場)〈3·8일장이다〉

동장(東場)〈5·10일장이다〉

서장(西場)〈5·10일장이다〉

『역』(驛)

벽단역(碧團驛)〈지금은 군 안으로 옮겨서 군내참(郡內站)이라고 한다〉

『기발』(騎撥)

관문참

소길호리참(小吉號里站)

『진』(津)

동건강진(童巾江津)〈동북쪽으로 70리에 있다. 초산 아이진의 대로이다〉

『교』(橋)

남천교(南川橋)

벽단전교(碧團前橋)〈바로 중암천(中庵川)의 하류이다〉

『누정』(樓亭)

세병루(洗兵樓)

서별루(西別樓)〈모두 성 안에 있다〉

『사원』(祠院)

구봉서원(九峯書院)〈동쪽으로 1리에 있다. 숙종 정축년(1697)에 세워서 신사년(1701)에 사액을 받았다. 민정중(閔鼎重): 양주조에 보인다. 민유중(閔維重): 장단조에 보인다〉

『건치』(建寘)

〈본래 여진에서 점거하던 임토(林土)·벽단(碧團) 땅이었는데, 고려 공민왕 6년(1357)에 니성만호(泥城萬戶) 김진(金進) 등이 공격하여 쫓아내고 임토를 음동(陰潼)으로 하여 벽단을 예속시키고 남쪽의 인호(人戶)를 뽑아서 채워넣었다.

조선 태종 3년(1403)에 벽동군으로 바꾸었고, 세조 때에 진을 두고 나중에 독진이 되었다.

읍호는 설성(雪城)이고 군수가 벽동진병마첨절제사·독진장을 겸한다〉

『고사』(故事)

〈조선 인조 5년(1627)에 모문룡 군사가 신미도에서 육지로 나와서 란을 일으키고 벽동을 공격하여 함락시켰다〉

평안도
영인본

平安道 號關西

古山子 編

大東地志
卷之二十一
關西
一

本朝鮮扶餘南界東與濊沃沮南與馬韓地界相錯漢
武帝時爲樂浪郡所管高句麗大武神王二十七年薩
水今清川江以南屬漢 薩水以南地也太祖王四年拓境南至
薩水爲界後漸拓地故國原王十三年自桓都今滿州
浦鎮西北三十里捕里城者是也南遷于黃城詳平壤又二
十六年移二 唐遣李勣與新羅合攻滅之置九都督府在
凡三百五 十七年 平寶藏王二十七年南遷半 遼東詳
歷代詳 中宗時爲渤海國所有以浿江大同爲界玄

開元二十三年新羅聖驩勳賜浿江以南之地于新
羅觀惟李土小松 三十四年 孝恭王時爲泰封所取置浿西十三鎮
通海通德平廣剛
德陽岩安朝咸化清塞德昌靜戎黑明王時因歸高麗
景宗王三年 浿水以北真契丹地界相錯
今狄踰鎮近北爲女真所據高麗成顯之世拓地高麗
至嘉龜鎮延靜德之界義昌朔延雲熙德之界北與
成宗十四年爲浿西道 鎮州十四縣四鎮七靖宗二年辭北界
兩界文宗元年置西京畵西海 界北西面或西路西面
北諸城叛付蒙古爲界忠
道之慈悲嶺爲界忠烈王四年復還後以西海道四
城來隸本道宗十年安東鐵和長命元後還甫忠
王時擊逐女

真荌麼王時始設江界渭原楚山碧潼等邑禑十四年
還歸西海道四城 本朝 太宗十三年改平安道

成川鎮管
　陽德孟山
　慈山順川价川德川祥原三登江東殷山

安州鎮管
　甫川永柔○定州嘉山今獨鎮
　中和咸從龍岡瓢山順安江西○三和今
　獨鎮

平壤鎮管
　獨鎮

防營

兵營 安州

怨營 平壤

凡四十二邑

討捕營

義州 昌城 江界 宣川 三和
安州 昌城 江界 宣川 三和

寧邊鎮管
　雲山 熙川 博川 泰川

江界鎮管
　楸城 伐登 純恠 後浦 平南
　仇寧 幕嶺

朔州鎮管
　翟山 鎮管 山羊會

渭原鎮管
　吾老梁

義州鎮管
　鐵山 龍川 今獨鎮 ○玉江 方山 清水 水口
　中江鎮

龜城鎮管
　宣川 郭山 今獨鎮 ○西林 楡松

寧遠鎮　三和鎮　宣川鎮　嘉山鎮　昌城鎮
　　　　定州鎮　郭山鎮　昌洲鎮

鐵山鎮　碧潼鎮　蕆浦鎮　清城鎮　高山里鎮　昌洲鎮
龍川鎮　碧團鎮　麟山鎮　里鎮　委曲鎮　神光鎮　古城鎮

阿耳鎮　牛峴鎮　宣沙浦鎮　老江鎮

廣梁鎮　薪島鎮　堯城鎮　安義鎮　西林鎮

上土鎮　蕉院鎮　天摩鎮　車嶺鎮　持寨鎮

平壤

〔沿革〕高句麗故國原王十三年自桓都移都于黃城木在
新都我東之平壤城冒稱遼陽於舊
八百十四年移都平壤城曆五主一
都平壤而王儉之舊平壤浪郡治平壤城○新元史史今平壤冒舊浪郡樂浪郡治平壤城
為遠郡朝看平壤非舊而建都於樂浪之舊平壤後漢晉因之勳平壤後徙在鴨綠
水之南平壤其平壤陽遼陽明平壤因之勳州後建都明平壤遼陽非舊
高建都平壤高句麗平壤熙寧中遼陽路至高麗其平壤東在為
漢元始五主一號為唐安城縣今補平原王二十八年移都
西都我東之平壤城木在平壤城曆四主八百十三年
安城城山歷四主

平壤
三

長壽王十五年自桓都移都于黃城木在
新都我東之平壤城曆四主
〔坊面〕仁興　隆德　禮安　智安　大同江初

西海道六城元宗十二年元八年世祖至元改為東寧府忠
叛附蒙古　　　　　　　　烈王二年陞東寧路總管府四年還歸高麗復為西京
留守忠宣王置平壤府
府本朝置觀察使

本朝置觀察使

興土南城內川德城外川德上補郡東初二十五初二十十池梁南東初三十大同江初

古順和西北初五初十五終十五二十
山水錦繡山有牧丹峰大城山雖府二里上峯九龍山小山也
　　　　　　　　　　　　蒼光山小山也
　　　　　　　　　　　　木覓山東南十里
大城山池有寺刹五六區
府三池有寺刹五六區

亂殺留守及諸城守令以西京及府州縣鎮五十四城作
官崔坦三和縣人為前判校尉李延令以西京及府州縣鎮五十四城作

年遣李勣滅之置安東都護府總兵二萬以鎮之
三年移府於遼東故城詳歷代志後為渤海國界新
羅末為泰封所取高麗太祖元年置平壤大都護府徙
之遺堂弟式廉堂弟廣評侍郎列評等匡治之四年為西京
之遺堂弟式廉堂弟廣評侍郎列評等匡治之四年為西京
內幸海諸州民實之成宗二年補西京
年補西京成宗十四年復置西京留守知西京留守事
判官置金曹司戶兵倉史四道置都知四都史兵馬使
守官通判以安置行宮置分司御史臺顯宗元年西京
留守置判官顯宗五年改鎬京文宗中屬西京留守知
之除之判官置留守員肅宗七年改西京畱守為平壤府
羅州為泰封所取高麗太祖元年置平壤城木和
內幸海諸州民實之成宗二年補西京

大同江龍岳山一云美鶴山西二三十聳山之南聳立大寶山七十里石峯北花源山十里又臨水山北三里慈化山南臨江水北二十里慈化山南臨江十里又兄弟山北五里花源山十里石峯北五里夜山十里又慈化山西北五里花源山馬山兄弟山北十里東南仁祖界三北登州界

坎北山長山北有月出山西北城東有箕子峯馬山西北兩水出一自朝天時發般若寺北至仁祖界朝天嶺北東南有高川山北達摩山

大寶山南臨江水北廣法山西豆毛山西北大興福泉山西內金泉山西兔山墓府城北歷代志詳巖石山西縣保山東楊山西鹿山西南十五里

萬德山北西德山北西山西松羅山東李生山東靈龍駕山南文殊山東新豐地藏山西松興福山東紫芝山東新豐

西容山西南兄第山山北龍岳山高方山東鷹峯山東鑽子山雲山

五

嶺五車峴內城塔峴之北城外同國峴外靜海門馬卵嶺東三車峴之內地境峴東五十里界石峴東北五大蛇峴東北小鑽子峴西容山支蚕峴五里金富里北北寺山北有金北興福屯軍峴南東盆峴四蛇峴南東立石峴北臥峴北海坊石峴多載詳平壤江西九津溺水云大同江西九津溺水

小水孝詳橋川走豆浦羅經平壤江九津溺水云左右間過江合掌浦經狸岩保丹羊綾島西絶天界浦為宕川走豆浦經狸岩發蘆江西平壤江九津溺水

十王城灘五里尚銀灘島下青龍浦島上羅內龍浦南府

六

東廣大山北小馬山北乹川山北朴石山北牧丹峯北乙密臺東鷲峯北東子峯北乙密臺府城東最勝臺峯牧丹峯趙然臺西密臺府城東星臺西臨鳳臺鳳臺在府城大同東三里臨鳳臺鳳臺西五里洪城上多流慶江之西發蘆川入江之南勝城門朝臺絶壁臨江城東三里笑仙臺酒岩

慶城洞內有慶城洞內有朝通郊微茫土地膏沃井田阡陌法敦巖在城外石嶺路舍俗

江遠龍浦內有舟通長慶門外江南岸沿為江尾奇絶城西為法敦巖在城外

天石庵江中有碧樓前有朝通兩門之長林左右大同春夏綠陰掩映官禁揀捺

堤堰十五

亭用影池外舍北大古池中城內舍北池池小

廣通洞有慶城洞內有慶城洞內大堂內大堂門長興池之外北城大古池中城內舍晤門池池小

江灘之水倒影萬景外北門東陽池影池中城北舍池池

鷲岩令掌浦浦石浦西高麗宣宗幸長壽川南源流出府西萬德通門外慈山江南慈化江西源慈化江西入薄金川入沙伊峴九津溺水

掘浦大同浦石浦西高麗宣宗幸長壽川南源流出慈化江西源慈化江西

〔興〕淩羅島 丹島 長廣島 大船池 小船池 古池 糟池

〔形勝〕北負龍山南環浿水繁華佳麗甲於海左前後百里開野氣像宏恢燦然明朗山色秀嫩水勢演漾土地

七

〔城池〕平壤城 内城 中城 外城 北城郭堅固市廛繁華舟楫湊會平坦秀石層巖迤江岸良田疇極目彌漫閭閻櫛比

高麗太祖五年築西京在城 光宗二年築西京城 顯宗二年築

八

西京皇城高麗史云古城基有二一箕子時所築一高麗成宗時所築子時町築考詳歷代志

仁宗九年築西京林原宮城宮城内

〔官〕觀察使 兵馬節度使 判官 都事

〔員〕觀察使 兵馬節度副使 判官 都事

〔歷術〕弊使本朝太宗十三年後改順化縣王城江

南宗辛己三年薫營 置平壤五營 軍卽 中右營將 左營將 平壤城管城 檢律 譯學訓導

北城營將在北城藥營内

八里伊老島中西距江西東距江中西距江西東為江防要害○雙樹堡在義州鴨兒島入自涓水將束纜兒師朿

〔鎭堡〕保山堡在江防要害○石城周九百四十步○別

〔倉庫〕司倉東倉内西倉營倉三○登倉祥原倉中和倉

〔烽燧〕畫寺山六十里馬項五里一百西七里雜棠山四十里鐵和西北三十里斧山北三十里佛谷山西北一百里秀華山

難庫七

〔驛站〕大同道在大同門内○屬驛一十二○察訪一貟

〔嶺館〕大井站官門站釜山站

〔廢驛〕林原驛北十二亥岬

〔津渡〕大同江津門外梨川津金灘津永岩津觀

〔仙津〕鳳凰津閣似亭津九津江津石湖亭津

〔橋梁〕内城中城坊在橋十八處普通橋普通門外永濟橋石造南十五里舟橋西三十大濟橋同觀仙橋南三里廣濟鶯浦川西十四里通通橋西三十銅川橋大路通甑山里介同橋西十五里

〔屯田坪橋〕大路通甑山橋東五里天降橋北二里青水橋同瑟和川橋北五里

〔土產〕桑麻莠魚章魚綿魚錦鱗魚鯉魚

（邑内） 一六 （太守坊） 一六 （含水院） 一三 （漢川坊） 二六 （含水院） 二八 （漢川坊） 二九 （屯田坪） 三七 （加次山） 三九 （笑布岩） 二六 （長水院） 三一 （漢川坊） 四九 （撚燒山）

〔宮室〕御筆碑閣在抄鋪坊二里 正陽門有宮害世傳箕子宮○珠宮事蹟無

〔樓亭〕浮碧樓在大同館門内清華館西都務門門德宗時御製樓大同館大同門内清華舘西都務司門德宗時御製

〔閱武亭〕七星門内陽堤俗稱多景樓

〔歸樓遺址南浦涵碧亭樓僧〕 遠樓遺址南浦涵碧亭

〔廟殿〕崇靈殿其子祠儉儂降御史云東明王祠在仁里坊高麗以時 世宗十一年始建于崇仁殿西 高麗元宗十年建五年享〇崇仁殿李朝太宗十一年始建于崇仁殿西

〔陵墓〕箕子墓單一名 東明王陵在仁里坊載寧江西九里

〔壇壝〕平壤江壇西在九里江岸有九津溺水壇西在乙密臺傍祭萬曆癸巳以七將士戰九轉壇有碑

〔祠院〕隆聖祠都見京

○仁賢書院正陽門內戊申賜額明宗甲子

箕子于周武王己卯封其子代太師志代○龍谷院

鮮于浹官字仲均潤号譯庭代太師岩賜額同

○武烈祠肅宗戊戌賜額孝宗戊戌建

○張世爵將號發鎮山大捷戊申李如栢号松

○忠武祠肅宗丙午賜額仁廟庚子

州清川江

〔典故〕高句麗故國原王四十一年十

兒逐之入城縱兵俘掠無復部伍伏兵發護兒僅以身

免士卒還者不過數千人 寶藏王二十七年庚午高宗

遣李勣伐高句麗新羅王文武遣諸州兵馬赴唐兵次

城州教諸總管往會大軍合圍平壤高句麗王次漢

子大臣等詣李勣降李勣以王及王子大臣等及姓二

十餘萬口廻唐 ○新羅文武王十一年庚午將軍高侃等

率兵四萬到平壤侵帶方羅人擊唐漕船七十餘艘

捉卽將士卒百餘人其淪沒死者不可勝數 庚將高

保率兵一萬李謹行率兵三萬一時至平壤作八營留

濟王使伏兵于浿河上俟其過急擊之麗兵敗浿北濟王

與太子帥精兵三萬來攻平壤城王到出師拒之為流

矢所中而死是百濟之浿河之浿河平山猪灘小漩為

濟冬十月百濟將兵三萬來侵平壤城十一月伐百濟

廣開土王元年剱九寺於平壤十月伐百濟拔十城

安藏王十一年王畋於黃城之東嬰陽

王二十三年隋左翊衛大將軍來護兒師江淮水軍舳

艫數百里浮海先進入自浿水去平壤六十里與麗兵

相遇進擊大破之護兒簡精甲數萬直造城下高

句麗伏兵於羅郭內空寺中出兵與護兒戰而偽敗護

屯韓始馬邑城明一統志云馬邑城在平壤城西虎

二年築西京王城 顯宗元年契丹兵至槫丹兵焚西京樓

王遣智蔡文鎮知州偶東北及康兆敗兒宣命蔡文移

距內水城五百餘步作營羅兵與高句麗逆戰斬數千

級高保等退追至石門羅兵敗績大阿湌曉川等七人

死之 李茶王九年商六年泰封主弓裔用浿于弓

商甄城賊赤衣明貴等來降于弓裔

二年築西京王城

兵援西京蔡文次剛德鎮城至西京東北都巡檢使

卓思政率兵至遂與思政率兵九十近擊于林原驛南

安勢甚盛蔡文遂與思政率兵九十近擊于林原驛南

句麗伏兵於羅郭內空寺中出兵與護兒戰而偽敗護

斬三千餘級契丹兵敗走扵是城中將士競出逐之至
馬灘契丹回軍擊敗之遂圍城契丹主次城西門靑軍
思政懼給將軍大道秀曰君自東門吾自西門出夾攻
藏不勝矢遂以麾下兵夜遁道秀出東門始知見給又
力不可敵遂率府部降于契丹諸將從潰隆守鎭將姜
民瞻等推統軍錄事趙元爲兵馬使收散卒閉城固守
蔡文奔還京 契丹主攻西京不拔解圍西去 大年
幸西京宴羣臣扵長樂宮 契丹主馬灘斬獲萬餘級
丹兵扵馬灘斬獲餘級 靖宗七年幸鎬京御宣德
鑾鳳門受百官賀 九年侍郎趙元擊契
興國寺移御長樂宮 丹兵于
肅宗七年幸西京
機船又幸興

十三

宗二年幸西京
宴于有美亭扵
又幸常安殿曲
又幸觀風殿還御會福樓又幸
福永明兩寺御長樂殿九梯宮集禪發美花亭浮碧樓
剛興福永明諸寺及城東金剛寺神護寺眞于感眞福寺
仁宗五年幸西京窟寺... 宮址在府北十一年幸西京慶
六年作大花宮于西京林原宮城九梯宮古址... 宮址
七年幸西京龍德宮九梯宮十年幸
西京獨樂閣觀風殿大花宮長樂宮十三年幸
年僧妙淸興西京新... 幸西京龍德宮觀風殿長慶寺
帥將三軍討之遂引兵由平州趣岊嶺山驛演由射岩驛
西京城西南隅賊驚駭以銳卒出戰又扵城頭設弓弩砲石

遂安北十五里新城郡復往到成州休兵引諸軍道連州抵安
北府列城震懼出近官軍西人遂斬妙淸及其首以
獻後匡輔等復反富軾以西京阻水城未易拔宜環
城列營以通之乃命中軍屯川德部左軍屯興福寺右
軍屯重興寺西人沿江築城自宣耀門至多景樓凡一
千三百七十四間置六門以扼之先是王遣鄭襲明往
西京西南海島會弓手水手四千六百餘人以戰艦西
四十艘入順化縣南江禦賊至是又遣李祿千等自西
海領舟師五十艘助討祿千至鐵島欲徑趣西京行至
中途水淺舟膠西人以小舡十餘艘戴薪灌油火之隨

十四

潮西放延燒戰艦衆弩俱發士卒溺沒兵伏皆焚祿千
僅以身免賊黎明渡馬灘紫浦直衝後軍燒營突進僧
冠宣術大符走出擊賊殺十數人官軍乘勝大破之斬
三百餘級賊皆蹂躪赴江溺死富軾又扵順化縣王城
江各小城峙岾鐵木命諸將起土山先扵
楊命浦上樹柵移前軍據之發西南界州縣卒二萬三
千二百僧徒五百五十負土石集村木命揚命浦抵賊
先將精卒四千二百及北界州鎮戰卒三千九百游
軍以偏劓掠諸軍就前軍屯所起土山跨楊命浦抵賊
城西南隅賊驚駭以銳卒出戰又扵城頭設弓弩砲石

盡力捍之官軍撐徐攻城又制砲撲置土山上其制高
大瓣石重數百斤撞城樓糜碎繞投火毬焚之賊不敢
近土山高八丈長七十餘丈去廣十八丈城
軟會五軍攻城不克賊夜令軍出攻前軍富
僧尚崇荷斧殺砲逆擊殺十數人賊奔潰章甲八城
分道攻城勒諸將大犖陳景甫軍八楊命門拔賊寨進
道將軍公直八石浦道將軍長孟八唐浦道又使諸軍
中道錫崇等將二千八為左三道陳景甫等將三千人為右
攻延正門錫崇軍蹦城八攻舍元門李愈軍亦蹦城攻

十五

興禮門富軾以衛兵攻廣德門諸軍鼓譟縋火燒城屋
賊兵大潰背蹄越赴江溺死不知而為圍家自焚死
兵謀討鄭仲夫李義方右二人廢機名東北兩累諸城
於是呂嶺以北四十餘城皆附于金金主不受
序受五軍兵馬將佐位罷遣將來攻即將李琚用
重興寺門古址在七星明宗四年西京留守趙位寵起
門址之均等被執罵賊不屈而死王遣平章事尹麟瞻
寧三軍以擊位罷鱗瞻至岊嶺道時行營兵馬使僅四

摠管戰不利鱗瞻還京西兵遮路社景升擊于大同
江凡二十戰皆捷西兵大敗景升還至平州王命景升
為後軍摠管復遣之景外蹄鬪關徑耀德雲中路行西
兵八保漣州景升積土城外列大砲攻拔之遂移師攻
西京連捷王復令鱗瞻為元帥率五軍攻之鱗瞻以位
寵腹心在漣州先趨漣州攻圍位寵遣將救之官軍徙
間道擊之斬一千五百餘級虜二百二十餘人位寵又
遇西兵于薜院斬七百餘級虜六十餘人杜景升攻拔
漣州於是西北城諸路皆背復近降遂移師攻西京乃於
城東北築土山守之旣而官軍又與西兵戰大破之取

十六

其要害鳳頭城之六年鱗瞻攻道陽門景外攻大
同門破之城中大潰搶位寵斬之獻捷孝宗淳熙二年
為其下鄭顗所殺西京平十八年蒙兵攻西京城不
克是歲戊興蒙古攻西門戰于新西門
高麗西京當古城敗附于金金主不受
有乎崔光秀叛向補高勾麗興復兵馬使遂擒城兵
京兵馬使崔俞茶等率西京兵援五軍擊丹兵
甫洪福源等殺富諭使大將軍鄭毅朴祿全遂寧甫送
崔璃遣家兵三千興北界兵馬使閔曦討之獲賢甫
京腰斬福源逃入蒙古西京遂為郊壚三十九年復

置西京當守以下官畢賢甫亂後　四十年蒙兵涉大
同江下馬灘揖古和州　四十二年蒙古車羅大永寧
公殉宗室高麗領大兵到西京候騎已至金郊　四十五年
蒙古候騎過西京城戒嚴　四十六年蒙古王萬戶
率軍十領修築西京古城又進戰艦閱屯田萬久留詐
肅忠王後二年王至平壤張大同江水戲御樓船自
浮碧樓沿流而下歡次聞于十里　八年西北面都元帥李嵒至西京諸軍未
賊退屯西京　九年刑部尚書金
巢退屯黃州中外洶懼賊陷西京
繪領數百騎自祥原郡從間道擊紅巾于西京過賊三

百餘人殘死戰斬百餘級
和斬百餘級遂進攻西京步兵先入蹦死者千餘人賊
兵死者數千人賊退屯龍岡威從
壞府醫徵諸道兵作浮橋于鴨綠江御大同江樓舡張
胡樂于浮碧樓陳百戲　○本朝
世祖五年上率王
世子西巡平壤親幸于永崇殿亮容于檀君箕子東
明王廟御大同江
設養老宴命申叔舟鈇取　上臨浮碧樓題宸章犀
甲安黃海二道文武士　進和
臣和宣祖二十五年五月倭入寇　車駕進駐平壤
鑒司宋言愼領三千餘騎迎駕　上御大同舘門慰諭
父老又御含毬門揣井田區劃們講守城之策　六月

倭平行長先鋒到大同江時李鎰以巡邊使自嶺東徒
步而至賊前已焚掠海西諸邑急令鎰守大同江下流
賊兵數百已到南岸鐵令武士十餘人入江中小島發
強弓射之賊乃卻　上發平壤尚寧遍尹斗壽金命
元李元翼柳成龍宋言愼李潤德等守平壤倭兵大至
分屯江岸柳成龍率士四萬人徒綾羅島隱渡而
殺甚我軍獲馬三百餘匹尹斗壽等遣將夜擊倭營不利
而退我軍淪沒者甚多賊遂渡大同江上流王城灘
青銀灘向銀灘上下列陣大潰斗壽等知不可守先出
城內老弱婦女乃沉兵器于江中引兵潛出或乘舟下

江西賊登牧丹峯望城中無備遂入據城倭約六七十
作兵謝亂氏都元帥金命元韓應寅監司李元翼巡邊使
李薲名蕃散卒及江邊土兵進屯安防守金峽山七
同達東德兵祖承訓恭領郭夢徵游擊史儒王守臣戴
朝弁張世忠馬世隆恭領馬五千來援宣沙浦僉使
張佑成造大定江浮橋攻江魚使閔緒清川江浮
朝承訓遂進軍薄平壤攻七星門史儒先登中丸而死
橋承訓馬世隆等渡死承訓僅以身先　八月
戴朝弁張世忠等屯平壤李元翼屯順安恭募精兵千餘
金命元等攻平壤李元翼屯龍岡三和甑山江西沿海
將金應瑞別將朴命賢等將龍岡三和甑山江西沿海

諸邑兵萬餘列二十餘屯以遍平壤之西時鈔擊零賊
至城外西賊終不出別將金億秋將水軍據大同江口
中和別將林仲樑領二千兵築壘屯守於是三路俱進
薄普通門外遇賊先鋒射殺十賊大至我軍四散
江邊勇兵多折傷三戰消不利惟應瑞斬將全軍而還
十二月中朝大興兵以郎中侍郎宋應昌為經略都
督李如松為提督軍務率南北官軍四萬三千將官六
十餘負軍糧八萬石火藥二萬斤輸入義州如松遂渡
江二十六年正月如松進圍平壤擺陣於七星普
通舍越門外如松自領親兵薄城路尚志攻舍越門如
（九）

松興張世爵攻七星門李如柏由含毬門楊元由普通
門束勝爭戰焚殺於盡斬獲一千二百八十五級行長
率餘家豪宵遁中和黃州聯營之賊先已遁去黃海
防禦使李時言退擊遁倭斬六十餘級黃州判官鄭曄
截行長之後斬一百二十餘級一道鏟覽云萬府
寧輪分布軍令抵平壤令吳惟忠攻其西南訓忽都
圍之令如柏張世爵提督南面訓忽部少鄴惟忠
李如柏等攻東面訓忽都北牧丹峯之
將李如松親督諸軍次其軍已薄丹鉤而上
如柏如驚輕兵承馬道急鈎而上
如松露布馬道易已而如柏輕兵捷開
如松令諸軍捍直

為八道都元帥出鎮平壤 五年後金兵入境監司尹
暄棄城西遁軍兵盡散 十四年十二月清兵大至監
司洪命耇與兵使柳琳領兵趨金化

中和
（沿革）本高句麗加火押新羅景德王十六年改唐岳為
取城郡領縣高麗顯宗九年革屬西京仁宗十四年分
京畿四道為六縣併於肅谷濱岳松串等九村令中和
縣置仍屬西京元宗十年誤于元忠烈王四年後還
忠肅王九年陞為郡 金崇之鄉 以大祖開國功目荼毒王二十年
陞知郡事 本朝世祖十二年改郡守 宣祖二十
（二十）

五年陞都護府 以郡人林仲（賁官）都護府使薰中壤鎮管
制使清南一員 中營將兼 倭立功
（古邑）松峴斯羅縣高麗顯宗本今沿西北三十里古邑址今補庚子里一云仇夫
九年來屬 松峴新羅景德王本高向麗斯波衣取城郡領
縣高麗顯宗
（坊面）東頭西十五初五終東初三十古生陽東二十上道
十終看東初三十古唐村西十五小去
火山終下二十大去火終三十鷹山終西初三十二古
邑終二十三十五鷹山終三初三十二楊武岱西初二十
石湖西初二十二十五初四十龍興終東初三十二永鎮
東井十五
（山水）清凉山北一海鴨山西四十靈鷲山東五十云釋迦山
星州陳惠統南牽延兵四千守忠州
州居惟忠統南兵四千屯金 仁祖元年以張晚
城三十年六月楊鎬率諸軍渡江駐平壤京以楊鎬守

龍山 東三十里靈鷲山西支口有明王墓俗云高句麗南遷後葬王之墓此非東明王之墓此也次非東明王墓也

歷代考 淨土山西一洞岳山東云乾山 西亦郎山東 十里 法華山之盧龍山 五東北二里摩頂山五里向羊山同鑾花山上孫山

〔城池〕洞岳山古城城山土城山西二十里周十八濱西三十里宣祖

〔營衙〕中營 本府使兼

〔鎮堡〕城山堡上有校鎮遺址

〔倉庫〕邑倉 海倉 十五里 城倉 城內 平壤

〔烽燧〕雲峰山 西三十里

〔門隱山 間山 笠山 洞八〕

〔驛站〕生陽驛 里 西三 〔撥〕官門站

〔津渡〕腰浦津 耳岸津 青岩津 俱西五十里通江西 昆陽津 十四里 摩浪浦津 通黃 朔施津 見平 觀仙津

〔橋梁〕萬里橋府北一里大川橋黃州橋揚馬津西 中簡橋火畓摩星橋十里西四石長橋盤西西海橋土城下

〔王產〕高麗茶懸王九年紅巾賊八寇上將安祐諸軍次生陽驛抵二萬人賊知我軍將進攻遂殺府擄義州靜州西京人以萬計積屍如邱 本朝仁祖五年倭陷中和

〔沿革〕本牙善城 高麗太祖二十三年改咸從縣置令 元宗十年沒于元 景宗即位之年以 中宮王后魚氏貫鄉陞都護府使 本朝 宣懿魚氏貫鄉同爲護府使節制使清南後營將兼

〔官〕都護使 一員

年 清兵掠中和

咸從

〔坊面〕吾山 東十南里 亂串 南十三里 小井 西五反火池 西南十二北里 十二串 同堂峴 南二十

【山水】牙善山 一云龍頭 那高楮山 南八
雙魚山 南二十
界上有鈞嚴山 北二里 釜山 南一 廣東 里江西
大井 東山北 里 勿自宗 東山北七里 南九
加馬山 北十 山東景 五峯 山南五
勝青於東 虎頭渡 山東里枕海案
讚青於 虎頭 山西里 鳳頭山 諸山
加馬山 里北 山西 最五峯 山東
勝與馬 邑最 五峯 山江東界
里簡硯路〇 海里江東界
 板橋川西流入海 三都遺池

【烽燧】淯士池 三里二
三里二 吾串 十十二三

【城池】古邑城 周四千四 城後廢縣
 城西四十四尺 泉二池一
 周三十四尺 潮十三百四十
 城周三里 二百三間 門四水一
高麗太祖三年城 城後本府使薰
 池一貞本 間泉二四池一

【興岳】高斗絶萬尺 城後營〇屬江西

【營衛】清南後營 〇屬江西

【驛道】華 近和驛十北二
 城倉黃龍山城
廢 近和驛十二里

【倉庫】邑倉 海倉 西二里
 西二里 城南三十里
 城倉黃龍山城

【土産】桑皮獲栗紫草魚物十餘種鹽盆最盛

【典故】高麗高宗二十二年蒙兵陷咸從
兵三百餘騎寇掠咸從 四十四年蒙兵趣咸從 茶
慈王九年紅巾賊入寇都萬戶安祐等進軍咸從與賊
戰失利被殺掠者千餘人又戰于咸從辛富李堅死之
諸軍力戰斬二萬級虜僞元帥沈剌金志善 禍辛三年
倭寇咸從
龍岡

中有黃龍寺即將壘三面險阻一向當敵又有安國寺
內院庵有龍岡咸從三和倉○管將別將一員
古邑城城周一千二百七十二尺○土

(烽燧)所山本邑西北報二

(倉庫)邑倉 城倉城東倉十五南四西倉十二

(驛站)獻連城驛里

(津渡)沙川浦津一云大津通中和小路
大安津一云大津通安岳小路
葉津津東南六

(土産)桑麻漆紫草石魚鱸魚洪魚廣魚秀魚麻魚鱸魚
民魚鱅魚鰕蛤石花等鹽岡三和等邑土産大同

(橋梁)鶴龍橋東十里 九龍橋東四里

屬于平壤成從四十年復舊[邑]西河[官]縣令魚平壤鎮
制都尉平壤 城後管將平壤一員

(坊面)上坊 下坊十東 新里北五里串可串

(烽燧)兔山四里西山本邑

(山水)國靈山東北十八里清凉山 國靈山西
龍泉寺 瓢峯北路車踰嶺 長峴東十 國靈
川源出國靈山南流入海 道瀜浦西海邊 炭串西海邊
蘇島海中 新島海中 桐島

堤堰二

(順安)

(沿革)高麗仁宗十四年分西京畿為六縣以楸子島櫻
還村龍坤村未山村合為順和縣元史作元宗十年没
于元領爲慈州忠烈王四年復還屬于祥原忠烈王後二
年移治于平壤之安定

(典故)高麗太祖五年移治于平壤之安定
年移屬三和 本朝太祖五年移治于平壤之安定
驛舊治在西南六 本朝 號順安[邑]平壤[宮]縣令管兵馬節

(土産)桑楮漆紫草魚物十餘種

(橋梁)頂頭橋石造南八里

(倉庫)邑倉 城倉 平壤城內

(沿革)本江西縣之甑山鄉 本朝 太祖三年析為縣

(甑山)

(廟殿)箕子殿英宗辛丑建 頒嶺乙巳賜嶺 箕子
(祠院)鰲山書院顯宗甲辰建賜額 金安國諡文長
金正國諡長
(典故)高麗太祖二年城龍岡縣門六百四十一

年城龍岡高宗二十二年蒙兵淊龍岡四十四年
蒙兵三千餘駐渡清川江趣龍岡四十二年蒙兵寇
龍岡又遣船攻楮島鴨島不克辛五年羅世金庾興
倭戰于龍岡縣木串浦獲賊船二艘殲之
甑山

(沿革)本江西縣之甑山鄉 本朝 太祖三年析爲縣
置令 中宗九年降縣監殺邑倅者 宣祖二十八年分

制都尉慈毋山城中營將一貟
〔坊面〕縣内 正方東初五終二十五 松峴東北初七終二十五 楸島北初十五終三十
東頭北初十五終五十 自作北初三十終六十 公田同上 峰松西北初七終三十
冬春西初五終十五 順和西初十終三十 鎮里西初六十五終八十越在永棻西界海邊
〔山水〕法弘山北五十里甫川界 青龍山北三十里 正陽山北四十里青龍北支
王山北十二里 慈化山東十五里平壤界 玉水山同上 門岩山北三十里 泉
日山北五十里 黄甲山西七十里鎮里面 黑龍山西三十里永棻界 星州山
東北十五里 慈母山東北五十里慈山界 浮白山北十五里 東金剛山東十五里
留聖山北四十里 龍隅山北二十里 鎮望山 紫蓋山俱西二十里 白

車峴

堤堰八
紫渼川東

石山 釜蓋山俱西十五里 月明山西十里 墨化山 妙法山
將相峰北二十里右諸山背平原高阜 介同洞在慈毋山城南十五里四面皆峻山其中開廣平夷
〔嶺路〕慈老峙東北五十里通順川殷山 羅數峙西十五里永棻甑山通 堯隅南十里通平壤
延峯隅西北二十里 於坡峴北四十里甫川界右五處大路 星州峴東北二十里通慈山
○門岩川東北五十里出慈毋法弘兩山西南流爲門岩川過岩赤川至玉山川過靈渼川東南流經縣西析而東流過紫姑川南流至堯隅爲蒲勒川至平壤界爲長鼓川下爲簿金川詳平壤發川
蘆岩赤川赤音治北十五里出法弘山西南南流入門岩川 送赤川北五十里出法弘山南流入門岩川
紫姑川出星州山南流經縣南入蒲勒川 靈渼川西北四十里源出於坡峴南流入岩赤川上流
合掌川西二十里一出西金剛山一出細黑龍山東流入赤川上流
沙川出墨化山入岩赤川 蒲勒川南五里見門岩川 新垌 雲影垌西南二里

上下垌
〔烽燧〕獨子山西二十里 大般串鎮里面海邊 西金剛山西北二十里報本邑
〔倉庫〕司倉邑内 北倉北三十里 海倉鎮里海邊 山倉東北四十五里慈毋山城
〔驛站〕安定驛邑内南 〔撥騎〕官門站
〔橋梁〕龍岡橋南七里 岩赤川橋北十五里通大路

邑内 五十
新橋 一六
岩赤川 二七

〔土産〕桑 麻 紫草 秀魚 鱸魚 赤項魚 鰻魚 紫鰕
〔樓亭〕排徊亭 觀德亭邑縣内
〔祠院〕星山書院仁祖丁亥建肅宗丙子賜額 鄭夢周見文廟 韓禹臣字夏卿號靜安清州人官内資寺正
〔典故〕高麗肅宗六年劉平虜鎮閑内楸子田與民耕之

江西

〔沿革〕高麗仁宗十四年分西京置爲六縣以梨岳昂邑内今舞鶴里 大垢鄕南二十里今草城里 甲岳鄕西二十里今寧岩里 角墓鄕昂邑五里今西部 堯村鄕 甑山鄕右二鄕本朝太祖三年析爲甑山縣 合爲江西縣
置令爲平壤屬縣 元宗十年沒于元領爲黃州領縣 忠烈王四年復
還置令 本朝因之 〔邑號〕舞鶴 〔官貟〕縣令兼平壤鎮管兵馬節制都尉平壤城
右營將一貟
〔坊面〕東部終三十 西部終十五里 背院東南初十五終二十五 席匠西初十五終二十五
寧岩西初十五終二十 水川北初十終二十 閑龍北初二十終三十 砧串北初三十終四十
沙津南二十終 夫石南初十終三十 草城南初三十終四十

經渝浪盛為三誤渡灘在百禪樓下七佛離蘊灘一云
下浦入于海即濟兵敗沒處
清川江上流
東北十三里

〔興〕七佛島 江州北
清川江中
戰骨島 江州中
鼇島 燕骨島 江州東

〔形勝〕北臨長江 西限大海 鴨綠以南 列鎮之要衝 平壤
以西一道之咽喉 負險隈隴 猴縣
世祖十三年分為右道一

〔城池〕邑城本有古城 周三千四百十三年牧使吳謙改築
東北依山 西南宣祖
十九年依山西育
枕江四門城東北
四門北曲十七曲
有荒圯新將南回
門日新南玄武門之
水穴門有水穴城土
有水穴門南塘城在曲城
日新城門二水口新興鼇樓二
南城日新城在曲城二將
水口在州城土興城
門南十五里附邑城
十一年始置都節外
世祖十三年分為右城隈
口十一年分為右中三道一步外

〔營衙〕兵營 于寧邊
五捍門門
戰隨門門
自州城一千八百步
水穴日新南將曲
南塘城土興二將城
水口在州城土興
城東北
世祖十三年分為右

山西六十里 虎穴 右水路 城隍堂 東五里 新青山 西十五里右二
西四十里
右水路

城隍堂 間烽
新青山 西二里右

〔倉庫〕城內各倉五處 庫七處 營屬兵 疎鼇倉 屯倉 海
安興鎮

〔驛站〕安興驛 在本城內興村
〔廢〕雲岩驛 安壽驛 〔聯〕雲岩
站 官門站 南十五里 楓川院南四十五里
道博川大路 獨自澤南四十里
山大路 雲山大路
新川橋南五長坪橋南
里 新川橋里南五

〔津渡〕上津 云鼇津 嘉山戰船浦津間通定州
博川 下津 云定州
通博川嘉山戰船浦津間通定州
山大路 下津 云雲山大路 楓浦津城外

〔橋梁〕連清橋 道津橋外俱城外
里 大橋 西四三
金谷院東南四十里通慈山順川大路

三十二

〔邑內〕四九〔土産〕桑麻橘柚魚銀口魚真鰒魚蟹鰕石花
疎鼇三七
〔樓亭〕百祥樓 焼州城內 列宙野 龍潮樓 紫電樓 百勝
立石二七 州城內 州城東
大橋一六 亭 州城堂京樓 圓野 龍潮樓 紫電樓 百勝

〔壇壝〕清川江壇 以大川載祀 小祀前
院 清川祠 頭宗代建 見中崔潤德
祠院清川祠 頭宗乙丑建 宣祖丁亥賜額 見中崔潤德
李元翼 字太廟見 忠懋祠 字子豪 忠懿
字忠宣廟見 忠懋祠 宣祖甲午建 賜額城京
寅廟見 宣祖甲午建 賜額城京
亭见古 州人官廣州人官判書 宣祖丁亥賜額金
李尚安府使 字安國贈左贊成 贈左贊成宜寧君
俊 見京 廣州人官判書 贈兵曹判書
春君贈右贊成 字静叔贈左贊成宜寧君
人官平安 贈兵曹判書 贈兵曹判書
李希建 洪陽君人官左贊成城 賜額金
祠院清川祠 仁同人官贈左贊成 見平宋德榮人官
令贈吏 字蓍川 郡守贈玉山君
曹判書 宣祖丁亥賜額永延安縣西
刑判書張曉 郡守贈玉山君 金廣彦 壝
兵 李希建 洪陽君人官 見平宋德榮人官安
令贈吏曹判書張曉 郡守贈玉山君 金廣彦壝

蓋山金彦壽字命吏官訓鍊奉
縣監韓德文字潤身官訓鍊正
博川咸應壽奉事贈兵曹參議
尹惠郎守咸應壽將贈戸曹佐郎梁國
贈同樞林忠恕字國仁官本州中軍
中樞林忠恕字國仁以上仁祖丁卯戰亡

【典故】高句麗嬰陽王二十三年隋征高句麗
分九道出兵會于鴨綠水西高句麗見有諜色欲
擊其渡殺左屯衛將軍辛世雄隋兵大潰將士奔還一
又因乙支文德之詐降遂還軍至薩水軍半渡文德追
平壤三十里而陣述等以糧盡而平壤城堅勢難拔援
瘦之無戰輒走述等一日七戰皆捷遂濟薩水郡江
日在至鴨綠水行四百五十里初九軍渡遼凡三十萬

三十三

十五年復城安戎鎮　三百四十九間門四水　明宗八
年西賊趙位寵攻破寧州之靈化寺　高宗六年義州
賊韓恂陷安北府城中將士出戰斬八十餘級　十八
年三軍屯安北城下三軍出城與賊大亂
年入城蒙兵東勝逐之殺傷過半李彦文鄭雄慈等
死之　二十五年狄人四十騎補捷渡清川江入界
四十二年蒙兵抄掠清川江　四十六年安北府
都領元振軋軾其州副使文彦昉及慈州副使金脈殺之
恭愍王十年紅巾賊陷安州
趙天柱八代祖死之賊獲揮使金景磾爲其元帥移

三十四

五千及還至遼東城惟二千七百人評隋書及○高麗
太祖十一年遣大相廉卿能康等城安北府以元甫朴
權為鎮頭領開定軍七百人戍之　十三年城安北府
頭二十水口七遮城五　先宗十九年城安北府成
宗十二年幸西京遣次安北府聞契丹蕭遜寧攻破蓬
山郡見龜不得進乃還遣徐熙請和遂寧攻克之
攻城安戎鎮中郎將大道秀等興戰克之　顯宗元年
十二月契丹兵至清水江郡清安北都護府使朴暹棄
城遁走州民皆潰　六年契丹攻寧州城不克而退大將
軍高積餘等追擊死之　德宗二年城安戎鎮　仁宗

支于我四將兵百十萬而東其速近降十三年崔濡
以元兵一萬奉德興君僞入元渡
鴨綠江圍義州安遇慶七戰卻之復出興戰都兵馬使
洪瑄被擒我軍敗績走保安州濡入據宣川崔瑩使
將精兵急趣安州又命我　太祖自東北面峰精騎一
千赴之　二十三年倭寇安州牧使朴修敬力戰卻之
倭又寇安州禑元年遼瀋單賊吳連等萬餘人東寇
安州上元帥楊伯淵等捕斬四十餘人○本朝仁祖
五年後金兵三萬六千騎先到安州城下之亂翌日大
陣到清川江進偪安州兵使南以興牧使金俊等皆死

[右上]

之燹燒掠殆盡前龍川府使李希建遯擊虜兵於雲
宏院兵敗死之勒阿軍天聰元年
政兵空安州城北阿敏等征朝鮮夜越鴨綠
金尚憲八縣文令城圓南郡牧守以兵克之斬獲甚衆
城是日陷府使金俊龍遠副將劉海柳
我兵入城中進副將劉海至和
黃州游兵晉昌君李時尹駐平山至和
江華○組立叔父君十四年十二月清兵至城下兵趣金
琳以軍少不能出城兵退後與藍司洪命壽領兵趣金
化

甫川

〔沿革〕本平原郡高麗太祖十一年巡北界移築鎮國城
　　　　　　　　　　　　甫川　三十五

改名通德鎮以忠仁成宗二年改甫州防禦使元宗十
年沒于忠烈王四年復還改知郡事　本朝太
宗十六年陞爲府顯宗十一年降縣　顯宗
四年陞爲府二十一年罷討捕使〔官〕都護府使
南討捕使一員　　都護府使同僉節制使兵馬
前營將清南討捕使　　　　　　　僉節制使水營

〔坊面〕東郡東初十撿山西初七左坊
南終邑東山終三十西初二十
東郡西初十坪里五初
十終二十法里五初四
十居里東初四十終二
十高里西初四十終五
十息里終唐里終二
四年初五十里終一
西初二十松里北初七
終二十　五

〔山水〕唐山北五里通德山里
里通德山東五斤雲山五里聖山十里倉

[左下 / 下右]

地職山
太子峯
　　　　　堤十一垌三

朴山北十里云骨山一老
佛山西十里向石山北十三里
窟山北十里南楡山西四里馬山西十里
之通德山南綠水山東北安州界
慈老峯南至府南七里悟
照野里西五里詞浪窟十里慈
界大之通德山南東海臨三
窟山里界外楓川里南府
浪浦西三瓊浦東五海
界北西海通德山里
盜賊浦東西三十里順安出法里
之慈老峯四十楓川往安州
演野里至海里屬邑甫川永葉
延山往唐子浦永葉界
里通德山北西三楓川源

〔城郭〕邑城土築周四千
　　　九百七尺
　邑址西西六十里海邊長十
　九千七百八十尺
　古城址西三里野古行城周八千
　　　邑北五里高麗顯宗四年自
　　　永葉移築于府○營將一
　　　屬邑甫川永葉山順

〔路嶺〕於坡峴里南
　　　　楓川出安州

〔管衙〕清南前營
　　　宗四年府使爲
　　　　　　三十六

[左下]

安
　城邑向

〔烽燧〕都延山南二烽
　　甲山西十里乙外五里西三
　　西山西十里只西十里麻
　　　　　　城倉十里

〔倉庫〕邑倉海倉西三里南窯
　　　　里南窯里十西十麻
　　　　　十里恩浦西十里守山十里

〔驛站〕甫寧驛里西二連
　　〔廨〕都延驛南十里道德驛
　　　　　　　　　　　騎官門站

〔津渡〕牙山津在盆浦上流
　　　　新川橋南四銀津橋
　　〔橋梁〕新川橋西四銀津橋
　　　里土橋南九土橋西南
　　　五柳西柳里一慈恩橋南六香道橋南七
　　　里柳里一慈恩橋南六楓川橋十
　　　　　　　　楓川橋北十

〔土產〕絲麻洪魚石魚秀魚民魚鱸魚葦魚細魚鰕蛤石

花鮮出紫草

(典故)高麗太祖十一年王巡北界移築鎮國城改名道
德鎮 十八年城甫州 二十一年城平原 二十二
年城甫州十水口二 城頭五十
鎮顯宗元年契丹陷甫州 定宗二年城通德
宗八年西賊攻焚甫州 靖宗五年城甫州明
州永淸之境西北備兵馬 高宗三年契丹兵攻
之斬四百三十餘級濱二十一人獲馬五十餘匹 忠
烈王即位之年王將迎公主女至西京會公主于
甫州 恭愍王十九年紅巾賊八冠知鄖康呂火民户雨

三十七

逃○本朝 宣祖二十六年三月 上自義州還駐甫
州

永柔

沿革高麗初號空水縣後改永淸屬龍岡後析置縣令
高宗四十三年以安仁鎮將薰之元宗十年沒于元德
領州哷忠烈王四年復還恭愍王七年復置縣令 本朝
太祖五年安仁鎮移屬昕道海來屬又
以寧遠寧遠二鎮来屬稱永寧縣 世宗五年改永寧屬
避永嚴號 世宗十一年別置寧遠郡于古寧遠以縣令
四年移于甫川府(邑號)淸溪(官)縣令制都尉慈母山城右

營一員

(古邑)通海 西北三十里高麗初置鎮將後改縣令元宗
十四年沒于元屬咸州仍爲本朝太祖五年復還
爲縣屬永遠鎮忠烈王高麗初置
改爲縣本朝太祖五年復還寧遠辭那
端午秋夕冬至立春界首官致
入本朝廢之有天王寺古
址 永柔
三十八

(坊面)東部終三南部終十中部終十西海終
初十 終三十 西部終四北部終十東海終西
初十五終三十 初十終十 初十終十
上界終三南終末山終南終藕湖終
初十五終三十 初十終三十 初十終三
下界終四西終水南終南終葛終
初十五終三十 初十終四十

(山水)米豆山 東北十七功臣高麗初太祖影幀東壁畵
初三十五 西南四十里黃甲山
通海三淸池終四十五
天寶山西南四十里

將一員

堤堰五

順安鎮慈化山 南十五里平大圓山西南二石蓮山西
里南界慈化山壤順安界十里 石蓮山三
十里卧龍山西三十五里靈泉山
里南十五里 北十里向石山南
山順安界 ○淸溪川西
○盆浦里南三里源出德池山西
十里順安西北三 里入于德池山西
里甫川界三十五龍伏浦 流出海德池坊
(城池)古城 英宗二十一年革罷今○慈化古城土有
石一里米豆古城土築
十尺井十八石周二千
四池一二通海縣城土有
遺址慈遺

(烽燧)卧龍山一云斫米豆山 見上
卧龍山 山見上米豆山新烽
柔遠鎮城 北見米豆山新烽
北 鎮倉里西
城倉東五十

(倉庫)南倉 南二十里鎮倉十里
柔嶺營將 西北
四里城倉東五十里慈

邑內四九
加虎院五十

【驛站】[廢] 迎德驛　深源驛
（撥）冷井站 東九里

【橋梁】沙斤橋 西北二　土橋 北十里　板橋 西北十里三

【主産】絲麻漆　石魚　秀魚　洪魚　鱸魚　鄉魚　民魚　鰕　蛤　石花
紫鰕　蟹

【樓亭】梨花亭 跨驛于州山

【祠院】三忠祠 卧龍 宣祖癸卯建英宗庚午御筆賜額顯宗戊申賜額
邑內宣祖癸卯
英宗庚午御筆賜額
顯宗戊申賜額
諸葛亮見南陽
岳飛宋武穆王
文天祥宋信國公

【典故】高麗太祖十二年城永清鎮
十七年遷大祖廉

郷城通海鎮 水口一城頭四
五百十三間門五
二十一年城永清縣

三十九

穆宗四年城平虜鎮　靖宗七年命崔冲城寧遠鎮
七百五
及金剛宣威宣德長平定遠鎮河鐵塘定安八
十九間五百七十二間
戍十九門 又關城七百間
又城平虜鎮 五百二間又
摶戍鎮売直岑折衝靜我六戊十七 又關城萬一
九千四百
四千九百
文宗十五年賊歲平虜鎮兵馬錄事
康肇等追及降魔鎮敗之斬獲數十級 十六年蒙浦
村賊潛入平虜鎮設伏折衝降魔兩城間我兵齊發俘
斬甚多　唐宗十年西京復城永清縣 水口一城頭四遮城
二　明宗六年西京平後壞見平復以杜景升爲西北面
兵馬使鎮永清西京餘賊尚在景升興北路處買使李

景伯欲與議軍事遣五百騎邀之西人設伏狙擊于路
騎兵皆沒景升聞變馳還入城時金使將還西兵梗路
景升募士卒掩擊殺之　高宗七年丹兵入平虜鎮
禑五年安州元帥崔元沘擊倭于永清縣敗之○本朝
宣祖二十六年三月　上自肅川府移駐于永柔縣
中宮及世子追至

四十

大東地志卷二十一

成川　　　　古五子 編

【沿革】高麗太祖十四年置剛德鎭顯宗九年陞成州防禦使元宗十年沒于元隸東寧總管府一領樹德忠烈王四年復還爲知郡事 本朝太宗十五年改成川王四年復還爲知郡事 本朝太宗十五年改成川 【号】松讓宗高麗成官府定 【實】

都護府使兼成州鎭兵馬僉節制一員

陸都護使一員

【坊面】府上部東初五終東南二十五　下部東初二十五終東南五十五　大谷終東南一百六十　仁興東南初百十五終崇仁七十　乙伊東初百

倉 北十五里 石倉東北五里 岐倉北三十里 山倉慈世山城 西一百里

〔津渡〕沸流津 向峴津 郭波津 仙來津 石莊津 岐倉津 其二十一處 沸流江上下灘

〔橋梁〕桑麻橋 染向玉 五味子 海松子 蜂蜜 菫草 紫草 十四處渡橋

〔土産〕桑麻 絲綿 染向玉 五味子 海松子 蜂蜜 菫草 紫草

〔樓亭〕降仙樓 在客館之西俯臨江水西庫如屏即十二峯樓傍有退客亭 平寬臺之陽

〔祠院〕箕聖永殿 在百靈山丙子建同年揭額箕子壤見甲午 ○鶴翎書
宣祖丁未建仁祖賜額 鄭逑見好瞖堂字
院頭宗庚子賜額 鄭述見曹好瞖堂字
合江務安人賜額高麗中樞贈大司憲同 ○雙忠祠 肅宗戊戌建賜額 鄭顗高麗大將

〔典故〕高麗高宗三年西京兵至成州之狗灘十六里遇丹兵二千餘人交戰斬獲一百十五人四十六年蒙古攻成州岐岩城夜別抄浮城中人興戰大敗之 䄄十四年福至成州溫泉作胡樂 ○本朝仁祖十四年清兵入成州府使金瑬被執不屈死之

軍實諭使崔椿命海州人沖之後儉高贈上將軍 ○屍官樞密院副使

〔沿革〕本文城高麗太祖二十三年改大安州成宗二年稱慈州防禦使元宗十年沒于元隷東寧路總管府忠烈王四年復還改知郡守本朝太宗十三年改慈

〔郡名〕慈山

山世祖十二年改郡守燕山主十一年革本郡人赦郡者金李敬以其地分屬傍邑中宗元年復置仁祖十一年移治于慈毋山城十五年還于舊治甫宗二十九年又移治手山城陸都護府使薰成川鎮管兵馬同僉節制使割一貟里窩

〔坊面〕都護府內五 灘川初五 龍谷初二 豐田初三 城內十三 雲暗初四 丐谷四初三 高都岩初 灘川北初 同灘初三 麟洞終二十五 西北初十 雲暗終三十五

〔山水〕鳳麟山 ○安國寺 水庫山南二里 黃龍山西北十四里

花山北一正陽山西南五里慈毋山城西南五里 東水口山東南 大絡山北三十里東水口山東南三峴路東南

〔嶺路〕青山嶺安州界北四十里 安國鐵里順安界 禹家淵安州界 清水川西 鷹峯川 金川

〔城池〕慈毋山城西南五里城周萬砲樓十八觀風亭十八別將牛馬城順安補城軍營冬一貟僧將一 一正陽山城西北三十七里周六十六里北門即內城之南門通于各嶺

泥城南三十里有古土築周一千二百五十高麗太祖二十二年城大安州

〔倉庫〕邑倉 南倉[東南三十里] 東倉[東]

〔驛站〕廢 金川驛[北三里] 善田驛[西十里道德驛南四十里]

〔津渡〕禹家淵津[通成川] 殷山大路

〔橋梁〕萬濟橋[里西] 一矢川橋[南五] 泥橋[里南十] 江東橋[南五里]

〔祠院〕義烈祠[仁祖丙寅建顯宗辛亥賜額] 顯宗[見成川] 洪命耈[見州麗] 崔景侯副使金之偉判官[慈州] 崔椿命[見成川]

〔土產〕桑麻蜂蜜訥魚銀口魚鯇魚項魚

〔典故〕高麗顯宗九年契丹蕭遜寧引兵直趨京城副元帥姜民瞻追及於東口山大敗之 明宗八年西賊攻

〔沿革〕本靜戎鎮高麗成宗二年稱順川防禦使高宗四十四年併于德州元宗十年沒于元隸東寧路總管府

順川

使金景禧等皆死之

年蒙兵二十餘騎入慈州東郊擄刈禾民二十餘人皆殺之 蒙兵陷慈州副使崔景侯判官金之偉殷州副

命在甫爲忠臣殺全城忠臣可乎固請釋之 二十三

民固守不下朝廷遣後軍陣主大集城中興蒙古官人到慈州城下諭降終不聽欲殺之蒙古官人回指我雖逆

熾慈州 高宗十八年蒙兵圍慈州副使崔椿命率

忠烈王復還析爲知順州郡事 本朝太宗十
三年改順川世祖十二年改郡守

〔坊面〕郡內 劒浦[南]潤洞[北]鳳齒[名上端東台下]端東[北下端] ...

〔山水〕刀山[東五里] 鳳棲山[東六里] 天將[初百十終二十] 新伊[終伊] ...

25 대동지지(大東地志)

沈爲龍宕川會天將玉井今旬
之水環宕邑之東入于三月浦
龍宕泉月出浦淸泉湧出
泉壁有穴水渴南不永全一云
至陽德界四十里北德川界二
十里西南源山界六十里德川治
界沐流閭四
【城池】古邑城高在龍太祖坊
土築周四千四百八十六尺
十七門五石井一間門五
水口九城頭十五城西遮城六
百二十越閭殷山境而行
百三十向古邑西南距本
郡治一里東南至成川界二
十里西南至成川界四十二
里南至遂安界六十里東
里南至遂安界四十里德川治

里通竹川之路四
百餘尺

七

【營衛】清南右營
營將一員本郡守魚○屬邑順川江東三邑陽德
【鎮堡】龍淵堡。在彌勒嶺下
別將一員
【倉庫】邑倉東三里新倉東五里院倉十東七里東倉
東二十里東北倉二東一百云倉北二十里廣倉
東十里雲倉十東北里
【驛站】嘉德驛十東九
山倉慈母山小城
【津渡】靜戎津一云城岩津東七里通殷山斜灘下有岐灘
釼山津 都令津 水洞津 盬淵津
百里防岩橋二十廣東橋三十里
【橋梁】欽聖橋東二里金川橋南十新石橋十東五里江西橋一東

【土產】桑麻漆五味子紫草蜂蜜魤魚錦鱗魚餘項魚
【樓亭】清遠樓 聞鼓樓○郡衙山亭東十里
【典故】高麗明宗十七年順州歸化所安置賊數百人潰
散行掠兵馬使發兵捕之
价州郡事 本朝 太宗十三年改价川 世祖十二
【沿革】高麗太祖十三年城馬山號安水鎮置將顯宗九
年改連州(一作防禦)連州以防禦使後改朝陽鎮高宗二年復爲
連州防禦使兵有功四年改翼州防禦使丹兵有功
元宗十年沒于元隸東寧府忠烈王四年改知
价川

昌內
新倉二九
東倉二六
北倉三八
院倉二三
假倉二十
沙毛三七

州虎山

【年歲】郡守西二朝陽鎮古址[宜]郡守薰成川鎮管兵同僉節制使一員
【坊曲】肉東終五里外東終十郡內五中南初十
【山水】大林山北三里光山北七里深寺山五里
方山 古城山西南
界過月嶺一云都踰嶺德川界
盡崖殷山界大路○靜戎江之狸岵淵下流往興盡崖

倉一

〔鎮堡〕金城堡 西南七十里慈山界○別將一員

〔城池〕朝陽鎮城 西南三十里土築周一萬四千四百九十尺姑射山城 南三里土築周三萬○高麗太祖十三年遺大相廉相城馬山號安水鎮朝陽鎮

〔島嶼〕廬島在安州之上無人居于清川江之中無骨島二嶺城二嫩城二

城頭二嶺城二水口一城頭二嶺城二水口一城十一間門四

南流至順川樽項江遷轟灘下流南為静武江
東為静武江樽項江遷轟灘下流南為静武江
川東為静武江源出雲山以北入釜淵
川南為金淵源出雲山由雲山之内過雲山之北過雲山之南過雲山之西入釜淵
月峯山之水入于深淵而南流松干之水亦南流入于寧遠之蘆洞遷樓淵西北入新倉川流汰出於新倉川流汰往往新倉前入

山釜始二王子自稱大遼收國王建元天成蒙古大舉伐之二王子席卷而東與金兵三萬戰于渭州館金兵不克金山使其將引兵數萬渡鴨綠江聞八萬静朔昌雲延等州宣德定戎諸鎮皆以穀牛馬食之閉餘盡移入雲中道於是上將軍盧元統等八大將攻之三軍至朝陽鎮冬遺別抄神騎至阿南川釜淵興賊戰斬八十餘級擒虜獲甚衆三軍又興賊戰于連州東洞斬石餘賊三石餘級衆屯龜州直洞三統牛馬食之閉餘盡移入雲中道別抄神騎至阿南川金山兵至朝陽鎮劉性藏等擊殺二十九人取旗幟年金山兵至朝陽豐端驛斬一百六金鼓 西京兵興金山兵戰于朝陽豐端驛斬一百六十

十餘級溺江死者无衆 二十三年蒙兵至价州京別抄及价州中郎將明俊等伏兵夾擊殺傷頗多 恭愍王十年紅巾賊入寇安祐李芳實金景磾下兵擊賊于价延博等州連戰破之斬三石餘級王以安祐為都元帥

德川

〔沿革〕本遠原郡段長德鎮高麗靖宗四年稱德州防禦使元宗十年沒于元忠烈王四年復還安州之蘆島後凡五遷六路總管府忠烈王二十年析為知德州事 本朝年屬于成川荼縣王二十年析為知德州事 本朝

〔倉庫〕邑倉 東倉 東四院倉盡燕南倉 西南六里新倉 南西東倉十里院倉盡燕南倉十里新倉 西南三十里西倉 西北倉十五里山城

〔驛道〕所串驛 西十三里廢豐端驛在奉長歡驛 西南東歡驛 西三里樽項西北長歡驛 南梨亦院 西三

〔津渡〕無盡盤津灘 在寧遠大路由寧遠大路西津十四里樽津西北三

〔橋梁〕江連橋 東南東康昌橋 南十里竹橋 東十里樽淵橋 二里西洞院

〔土産〕鐵 弓幹桑蜂蜜海松子紫草水獺銀口魚餘項魚

〔院店〕梨木院 北六十里院昌亭院北至熙川大路德川院 安州三十里熙州路 西三

邑内三毛北院三六徳川東三十里州大路窑場辛之亂

〔故事〕高麗明宗五年殺守官軍攻漣州 高宗二年契丹遺種金之亂 八年賊攻漣州

年屬于成川荼縣王二十年析為知德州事 本朝

太宗十三年改德川縣十四年以盖山縣來合号德盂

十五年析之陞德川郡（官）郡守節制使兵馬同僉

一員

（坊面）郡內南二古尺六里　東北三十　東南古三十里項西四十

初所四十二所十三松山五十　松山四十　東南古三

（山水）長安山在西十五里　堂山在三　南山

長楊山東十五里　妙香山北　熙川界

支　妙香山大德山　觀音寺觀音山西

峯山　西四十五里　長壽山北三里　龍門山西南四

日嶺介川界大路　麻田嶺順川界十　獨將嶺南

邑內三七
新場一七四
中地院四九

十五松倉十里五　金城倉東二十七邑新倉西南十里內松倉

北六里長林倉　北十五里新倉

（津渡）遠原江津南郡古城江津東三十五

（橋梁）遠原江津橋　西二里　榆長橋西二里長林川橋五里新倉

（陵選）矢梁川橋　西十里楡長橋十里

（土産）桑麻漆紫草　松子蓬松子峯蜜蠟靑白玉出長楊山

（樓亭）仙遊亭邑城門樓邑

（典故）高麗靖宗三年城德州成化四城顯宗元年城德州

六年修德州光化四城文宗二

十一年城德州六百四十間門四

祥原

（沿革）本高句麗息達今連云新羅景德王十六年改土山

為取城郡領縣高麗顯宗九年仍屬黃州元宗十年陞知祥

于元總管府忠烈王四年復還忠肅王九年陞知祥

原郡十二年改郡守在郡南六里大井里一（官）郡守鎭管兵

馬同宣節制使一員

（坊向）邑內南初四十　紅岩東初四十　水山東南初四十天谷南初四

十六培花終五十　楓洞終四十五　上道終三十

（城池）古城　在城南三十里本朝太祖朝築三

（倉庫）邑倉　西倉二十里邑西倉五里南倉八里新倉二北

[上右 — 江東縣 山水]

（山水）蟹龍山 西三十里　花山 東七里　觀音山 北二十里　高嶺山 北三十里　鷲巖山 十里　法華山 南十五里　龍卯山 東一里　蒜山 東二里　大青山 東里　佳殊窟音山　晚峴 南五里　稷峴　長峴 東南五里　車踰嶺 東南三里　泥峴 西北二里　能成江 北四十里　支浦川 紅岩上流至黑川經郡東 祥原十三　塞墻 在三里必登祥原界兩邊映東嶺岩出石穴一云⋯三〇　⋯昂大同江上流

[上左 — 道南四十里]

〔南陽三四〕〔邑內一四〕

五里爲龍頭浦北流經鷹岩何許入于斐汀灘　天谷川源出長峴入

（津渡）波浪津 南倉東四里　城倉津 西北十五里　萬景院津 里通三十里連江東

（倉庫）本倉 東南十五里　城倉 西北 里

（橋梁）龍頭橋 里北六　鷲岩橋 里北十　石橋 十里

（樓亭）集祥樓 邑內　待月樓 邑內何許亭五里

（土産）桑麻 桔紫草 蜂蜜 銀口魚

（典故）高麗高宗四十五年蒙兵攻西海道佳殊窟波穴皆在遂安波穴陽波嶺有上中下三穴蒙兵自山波穴皆降之陽波穴陽波嶺斧串前不得入藝草投穴中遂上縋下甲士於上穴槍斧串皆⋯安縣令朴林宗自縊死防護別監周尹率別抄出戰士

〔岐里大院呪〕〔文浦二六〕

道南四十里

[下右 — 三登]

卒背潰尹中流矢死嘉殊窟別監盧克昌亦被擒

三登

〔沿革〕高麗仁宗十四年分西京畿爲六縣以成州所屬新城萳坪枸宁三部曲合爲三登縣置令元宗十年沒于元領爲孟州忠烈王四年復還如舊　本朝太宗十三年置鎭管兵馬節制都尉一員　七年革草江東縣來屬本縣于舊治〔邑號〕熊成陽壤〔官員〕縣令鎭管兵復置江東縣還本縣

（坊面）邑內 終四方　鼎湖 四十北終　靈蠶 三十西北終　馬城 左營

（城池）古城 俗云姑城城北二十里　邑城 周一千二百尺　城倉 在城內

（倉庫）司倉　賑恤倉 邑內

（津渡）墨瑟里津　嘉湖亭津　鸚鵡洲津　玉琴里津

（山水）鳳頭山 東二里　茶靈山 西二十里　鳳尾山 北十三里　建達山 西二里　三登十四

[下左]

斧蜜山／席輝山

十五里　九龍山 西北三十　架山 東十里　黃休山 西十里二　德山 西十里二　李富坪　野嶺沃灘下流⋯阿次川西二十⋯會寧堰⋯串洞堰五里⋯能成江南二里爲達連江至大堂

（城池）古城 俗云姑城城北二十里　邑城 周一千二百尺　城倉 在城內平壤

（倉庫）司倉　賑恤倉 邑內

（津渡）斧淵津　鍮店津　上阿川橋 里北五　下阿川橋 西五

（橋梁）⋯

（土産）桑麻 楮紫草 吹沙魚 鯉魚 訥魚 錦鱗魚 鱖

〔邑內場呪〕

【樓亭】黃鶴樓南一里熊成江邊号鸚鵡洲沙壁削如鑿峭可坐府有樓削

【典故】高麗高宗二十二年蒙古兵陷三登

江東

【沿革】高麗仁宗十四年分西京畿為六縣以仍乙舍鄉為斑石村（班石村西二里）朴達串村（北十里）馬灘村（西南三里）合為江東縣置令元宗十年段于元忠烈王四年復還屬于成州恭讓王三年析置縣令本朝世宗十七年革屬三登縣監号邑號松壤（一云郭邑歐縣一云莫邪監）蕭治在元堂坊又移于大朴山之南　江東十五

【坊面】縣內終二　古邑終西南初十陶山終北三馬　南初二十五　區地北三
【山水】大朴山（北四里鎮山）九龍山（南十五西二里登界）龍門山（西初四十仇知）歡喜山（北十里）進士峯（南西熊達進士峯大邑城西麓）蛇洞峴（西初十五）品門嶺（南五里）雲鎮峴（南二十）
【坊面】槐項峴（東二十）栗灘（南初二十）椒灘（南初二十）高泉（西初四十）斑石村（西二里）馬灘（南初四十）都馬山（終四十）岐浅鄉（北三十）

【城池】古邑城（在縣西七里平壤界）
【倉庫】邑倉
【津渡】閱波亭津（縣西四里暎金亭東三里江岸有大塚西二里）圓淵津（同漢臺津五里）巴陵津
【土産】桑麻楮紫草訶魚鯽魚
【塚墓】大塚（縣西三里周四十六尺俗傳古皇帝墓本朝世宗二十年置守百四十尺俗傳補檀）
【樓亭】閱波亭（津西三里秋興樓邑內）

太子院平五里有石壁
南赤平二里有連山
大南有石壁
雜波灘（一云义灘西北三十里钱浦雜波灘水晶川東北十里钱浦下流俗）灘（西北三十里雜波灘合流庚出成川直流經縣南二十於西坊之九龍山蛇川流入钱浦源出成川界洞二里源入之熊南初四十都馬山東流）
神識川（在縣西七里東出成川界東北二里源出成川界東流入钱浦源出成川界五十里南倉又西源出成川界四十里南倉城倉城中下流入錢浦）

殷山

【沿革】本興德鎮（一云同昌）高麗成宗二年補殷州防禦使高
【典故】高麗高宗五年趙冲擊契丹兵（釜山敗之見㳍賦）八保江東城蒙古元帥哈真率兵一萬與東真萬奴所遣完顏子淵兵二萬聲言討丹賊攻和猛順德四城破之直指江東城要請兵粮于高麗王遣趙冲金就礪領兵及宋人軍卒婦女益五萬餘人開門出降哈真命完顏子淵金就礪相平章及宋人穿壙以防逃逸丹兵完顏寬平淵金就礪圓平章約為兄弟結盟而退金良鏡輪米一千碩精兵一千赴之六年正月冷真破之真興德鎮趙冲金就礪約為兄弟結盟而退入聞門出降哈真興完顏

【沿革】本興德鎮（一云同昌）高麗成宗二年補殷州防禦使高

宗十八年避蒙吉兵八于海島後出陸元宗十年淩于
元隸東寧路忠烈王四年復屬于㵢州茶讓王三年
置監務 本朝 太宗十四年屬于慈山郡十五年析
置殷山縣 仁祖二十一年陞都護府尋復降縣〔管縣〕
藍竁都尉都將一員

殷山 志

〔坊面〕縣內
　　龍化東初二十終四十
　　仇下東初十五終四十
　　楓上東初二十五終四十五
　　楓下東初三十終四十五
　　仙院東北初三十終五十
　　咸吾北初二十終五十
　　馬山東初三十終四十五
　　栗德東初五十終七十五
　　艾田東初四十終天三十
　　林坡東初五十終六十
　　濟南
　　鎮北

蛇貝四十五
右載德目

〔橋梁〕亭子橋東一里
清川橋東七柳灘橋西七
板橋北十孤石橋東十強灘橋東二
　　　　右戴德古邑
　　　　陽德

〔土産〕桑麻漆鐵紫草五味子海松子弓幹
　　　　末蜂蜜山芥魚錦鱗魚水獺麝香

陽德

〔沿革〕本陽岩樹德二鎮高麗元宗十年淩于延州以陽岩
所領樹德爲忠烈王四年復還 本朝 太祖五年合
成川所領 〔樹德古址〕在縣西二十里草川坊太
二鎮爲陽德縣置監務
宗十三年縣監〔邑號〕陽巖

〔坊面〕縣內西終五十古邑西終百大偷西終五十
草川一百大邑五十
陽德

馬坊山

〔山水〕鎭江山北五天聖山峯東南觀音寺〇崇化山東南
里山上有石壘有阿難窟付板山下有風穴臨濟山西
窟中有池延峯寺南十五里北二十里臨濟山中有
善浦經縣西石窟南錦溪小島東一里中有
流小洲院川北流入于順川成之城爲長津浦津武
界順川南山下流入錦溪下崇化山西南之江上

〔城池〕右邑城一萬六千七百十八尺井九池三〇高麗太祖十
二年城興德鎮二十三年築殷州城七百三十九間

〔倉庫〕縣倉新倉邑內北倉北三鳳倉北十里西倉北母城北倉江
　　　　　　　　　　　　　　　　　　　　靜武江

〔驛站〕慶興獄五里金川驛東古順川地

〔津渡〕禹家江津北金岩津無盡壺津

〔坊面〕縣內
　陽德古邑九十草川一百大偷五十

〔山川〕㵢于山東北五十
百二十東南溫泉八十五花村北終百十吳江百六十楠田八十
龍山五十百北一載靈山上有龍淵寺羅鈴山云
巨次里北十五山北一百永興界渡龍寺北二十里吳江北興界
崇霞山界西九里成九里里東南氷渡山北五里毘琵山北
界加沙山十里麟麟山東北界高德山高德山文五終
小北觀音寺里六里露織山五里山北六里
高山五里鍾太向山門明山北二十里花蔭山西二十
松末山十西二向鶴山里十
露楓山十西里向鶴山里十松末山十北二鑛峯百里南

右峰也西五十（嶺路）雲嶺北八里又次嶺北五十里低平朴達嶺七
永興界麒麟嶺北五十里串煙嶺北三十五里蘆洞嶺東十里
文川阿好非嶺川東安邊文界如意峴西北一百界三方
界川過古柱嶺邑至羅縣西至楡嶺坊田尼峴
嶺十里北古加古之嶺西北一百界三方西楡嶺坊田
西四十里真洞嶺棒嶺西七里
十里直洞嶺南三里馬背岩谷山界西三十
觀音嶺北五里琵琶堂左源出大灘成川界
出界出吳江界西至新倉
成川地萬沸萬灘過犬灘下左源出
折而西流萬沸江琵琶堂右草川山頭源出
源出三方折而南流仙堂入於鉢山之水右
川過牛鎮巖邑西北流至羅縣之水鳴灘左
山左過馬背岩縣西至羅縣熊頭成空松
過牛鎮巖縣南南流至谷山頭左松之
川過馬背岩邑南十里草川山右左流
馬背川西草川山南流至尼陰之
琶西南南流草川南流至新倉
三十里於琵琶堂西下草川右
琵琶於羅鈴山川源出松左流
羅鈴山末

覽輝樓

邑內一六
罷邑五六
假倉四六
坊龍山假倉
十里花山倉距一百三十
村坊山倉距五十里吳江坊
里吳江坊倫倉距一百
龍山假倉大倫坊平倉距二十里

（驛站）草川驛十里西七
州元宗二年出陸爲安州屬縣十年沒于元縣頭三登一
王産桑麻海松子五味子松蕈真蕈蜂蜜紫草山芥餘
項魚錦鱗魚納魚水獺

孟山
沿革本鐵甕縣高麗顯宗十年改孟州猛州防禦使屬
宗十八年避蒙古兵入神威島在四十四年併于殷
州元宗二年出陸爲安州屬縣十年沒于元縣頭三登一
三鎮德忠烈王四年復還本議王三年置縣令本朝
孟山
孟山三十

（城池）陽宏鎮城北三十里周一千五百三十尺微溫二城
龍田溫泉三處甚熱草川溫泉二處微溫泉
本朝太祖二十六年天將馮仲纓據此城討北邑後李朝宣氏
太祖二十一年城陽宏鎮城高麗成宗二年設兵馬使一員置別將
各五四〇靖宗九年城樹德鎮城高麗顯宗九年城白山南支云金
姑城一云寅城周二百里城樹德鎮山一云四岳山城
城城一云四靖宗九年水白山城樹德鎮金城
頭二間十二門城高麗成宗二〇四南山城

（城池）陽宏鎮城北三十里微溫
鎮堡免城北六里周一千五里尺泉二城
宗德四年置依荀別將時陽以魚節制使一員置別將
陽宏之卓輸四城以魚節制使一員置別將

（倉庫）司倉城中院倉距三十五里西倉距八十里中倉距四
田坊別倉距一百三十北倉距一百三十農山坊新倉百四十
十里溫泉坊距西草川坊距八十里新倉百四

太宗元年合于安州十四年復置是年又合于德川補
德孟十五年復析置仍號孟山古治在安州官濠成
川鎮官亭馬一員
師制都尉府

（坊面）邑內西五十德川界東初十終三十五
屏風嶺東六十里小路仍通永興界末易嶺德界大路
都里山東北十里寧遠界小路仍通順安陽陽大路
德山遠界東四十里寧遠寺末易嶺德界大路
（山水）豆蒸山北十里朴達山孔岩山德界觀音寺安
山水豆蒸山北十里艾田峴東初十終三十外南
初十五終三十五艾田峴東初三十終五十池城
德山遠界東五十里終南觀音寺池城安
都里山東北十里牛場山東有半峯秀羅山西池城安
宗德四年牛場山東大路孟州界東小路
遠之寧城驛末易嶺德界大路
鎮界大路梅峴川西二十龍澗鎮大順
橫嶺東北九十里陽陽興界大路
永興界陽陽興界大路

元塞里南終甲

水獺麝香

〔樓亭〕浩然樓 拱宸樓在邑内
〔興改〕高麗成宗十四年城猛州口四城頭十九堞城二水
顯宗十五年城猛州 高宗四十四年蒙兵陷神威

寧遠

島孟州守胡壽被害

〔沿革〕本寧遠鎮流在快山高麗太祖五年移屬永清縣
今永淸西北三十里後移屬熙州宗十年沒于元師領州忠烈
王四年後還 本朝太祖五年又合于永清補永寧
縣世祖十一年析置于古址要害之地乃陞爲郡仍

〔城池〕鐵甕城宗三年築置今移屬高麗定
〔倉庫〕邑倉 北倉北二十里南倉北四外倉上倉大泉
倉北四十青山倉北七里城東六南城倉東四
〔土産〕桑麻海松子五味子紫草蜂蜜石蕈訥魚項魚

〔坊面〕遠原號遠原
山倉嶺 閟合嶺
毛豆巨里嶺

〔山川〕南流入一百里寧城川晴嶺西流出馬淵廣城川一北
下流黑淵小龍山川大淵黑淵山川西流百里黑淵又黑
里黑淵里黑淵出馬淵
山川南東流入黑淵

〔山水〕快山里南五萬陳德山孟山界東三十里銕
山北一云多惡山
鐵甲山東北一云下鐵
山俱東接安平云太三山峯嶺皆鈵
山俱狼林箕德洞內外樂林洞竆坊〔路〕馬諭嶺鈵在下
山山南支狼林箕德洞內外樂林洞竆坊馬諭嶺

桑木嶺東北一百
莪岑連亘五六十里阻無北岸狼林之南韓也上
里通定平八姓川北狼林鈵嶺北接咸興中鈵山
之次東一百四十加音嶺北十五橫川嶺南接永興界
長遷脫一北路〇長鈵嶺江東二百緝莪山川大同江五西路
北三十西路长遷鈵門峴東五黃凌嶺廣城路北
今永黃西豆老介十一云當鈵南路熙界
里通德川路五十里大凉山路南界松峴東

右上

百里源出廣城
嶺南流入黑澗溫井仇老陂
東一面一百里
鎮南流入黑澗溫井仇老陂
東一百里

[形勝] 大山巨岳 雄偉重疊 急流絕峽 道路阻絶

[城池] 古邑城 ○ 古邑城 石築周四千一百四十尺泉五 ○ 古邑城 快山東五里周四千十五里土 ○ 城 周七百四十尺泉四 ○ 古邑城 周七十二

[鎮堡] 廢寧海鎮 別將一 古邑城 東一里甫仁祖十九年自營始置世祖二十八年罷閔防要害還爲獨鎮僉使肅祖純祖閔防... ○ 廢鎮 ...七年遞兵馬僉節制使

[倉庫] 邑倉 ○ 古倉 城北二里 ○ 新倉 城北七十里 ○ 黑倉 北一百割倉同加倉十里

[驛站] 草谷驛 治南二十三 ○ 加莫驛 九十里東 ○ 庫牛驛 淄潭驛

右下

高宗七年丹兵金山餘衆竄伏寧遠山中時出抄盜遣
官軍擊破之

三和

[沿革] 高麗仁宗十四年分西京畿爲六縣以金堂呼山漆井屬龍岡三郡合爲三和縣置令元宗十年沒于元領縣忠烈王四年復置令本朝甫宗十二年陸都護府爲獨鎮堂南山古縣址在金邑牛山今爲一貞都護府使

[坊面] ...東里終十五右二面本曲後改今爲 ○ 新南終北三和二十四

左上

寬川驛

[津渡] 古城津 西二十里德立石津 牲川津 廣城洞
○ 溫臾津 川界大略 新臾津 石隅津

[橋梁] 南川橋 南郡九龍橋 二十一百黃鶴橋 五十一石古羅場
○ 橋 北二百香瑜橋 五十里碧川橋 五十一石

[土産] 麻弓幹木海松子五味子石蓴蜂蜜鯈項魚鮍青

[樓亭] 正巳樓 ○ 影波亭 南郡

[典故] 高麗文宗六年北路三撤村賊高演與蕃兵圍淄
淄驛兵馬錄事金忠簡等戰大破之斬擄五十餘級

左下

西里西終 金堂終本部曲西
終二十甘朴洞五終三十草台里終三十五 ○ 賣林車南
初五十三 初十五初三十
[山水] 水牛山 南十姑縣山北一花靜山西十石骨山西十
金堂山 五十慈正山東二里甕安山西五
遠鳳樓 十東南望所山乃火大豆山東十
馬池山 南三十瓊雨峯南二里帝岩朝鮮侯
入大師之南遷于此故名○按後人以箕準絕境海止于檀
斯後都又云其後馬韓破之取馬之一字源出龍岡石
韓之域而其曰金馬韓者取馬之一字合耳詳新寧江
海 西南新寧江即海浦也○南川山西流源少龍岡石
北抱牛石

小麓復東沉十餘里甌南浦南三
連于津坪入于海　[舾島]椵島西南五
十里

虎島江南芽島廣梁金釖島豬島
鎮南吹螺島廣梁東浦鎮庇鉐島
津東吹螺島大小二島　十五里德島愁
島二十里藍島西四十里連珠島
周三十里貞山西愁島西四十里
大小松島德島之南　俱連珠島

二島松島德島之南

[城池]古城北一里土築周二千四
百尺牛山城周二十四

[營衙防營]甫宗七年置防營甫宗
十二年移營于本府使兼防營法
州中一員本府使兼安兵長連
海道只管廣梁老江西龍岡二
鎮後只管廣梁老江西邑廣梁
爲一鎮黃

[鎮堡廣梁鎮]水路要害重防○水
軍僉制使一員

龍岡咸從三和人入椵島營殺分
司御史沈元濟等
禍三年倭寇三和縣

邑內四九
甌浦三七
不波樓

[廢椵島營]高麗置水軍營元宗十年
使世宗二十
六年移于廣梁

[烽燧]牛山上見大堂頭山遠海烽海
城烽火島津

[倉庫]邑倉東北二十五
海倉南四十里新寧江地上接
城倉西海南通長連

[津渡]甌南浦津　大頭里津
津渡大津龍岡下沿西　古水營

[土産]桑漆紫草魚塩數十種

[典故]高麗元宗元年椵島在豐根島人謀叛
西北面兵
馬使李喬遣將擊之斬其魁
公溫西北面兵馬使營記官崔坦等以謀衍爲名唱聚

天東地志卷二十二

大東卷之二十三
東國地理
平安道清北

義州

北極高四十一度四分偏平壤西一度四十二分

山川　松山一云金別山　東彌羅山　東一里　龍川界本
川東屬南漸海向馬山北　南二里勒寺七年自龍川
有漁將釜盆　麟州界馬頭山　羅寺觀音窟寶
華嚴山　南八矢摩山　里界朔州界三角山北五
里南大峽山　東古津上流九龍山　北二里上文
有統軍亭　南天師院上　軍專支華藏寺　里宣寶
殊山支南龍川　松山支古祠寮兒
骨光山　東南百里文
川龜城西界

峯　長洞尙坊　里上廣坪里東石麻坪州
山東北石　里牛峯　向雲山山東華嚴太祖峯有四十里
小朔州界　里朔州界山東古津江遺　三
里

嶺路　大城嶺　東一百二十　棘城嶺　龜塞垣嶺
里朔州界　里朔州界大路　東九十里板幕嶺　里
東北一百　東大路南十
里荊門嶺　南二里加乫老嶺　里加豆等峴　里麻
里前門嶺　十里　西十里石峴　東三麻
田嶺　伏虎嶺　鷹嚴嶺　薪徑嶺
　　　　　　　　　　　　　刊車嶺
牛頭嶺　七處歡喜嶺　慈嶺　東鎮
　　戴關西志　右三處在東
鳳嶺　國師峴　右茱德嶺　自作嶺　真峴
峴　狒項詳已上九處戴手地圖　加叱

海汕南川石里西南接遼縣

鴨綠江自朔州海界一西南流環府北兩水合南流通時鴨灣後

又一分爲二派中一流爲鳳凰城小流去此名古道典云故名鴦之水一名龍灣後

興天奄註險陰都司東北五里鴨綠江遶府北水自勤田坊爲乙横郎松裏眞爲島西流爲淸水爲島南爲遠界時興一流入狄水爲島北

緑轉覺註天漁里黔串外西鴨綠江後西興一流化爲島西流

鯷鯔一爲二從定寧府界八化爲島至麟江摩山六十里同化

弇來江合爲大江摠繞江別爲鳳凰城至府西狄海贈為晴西一鄉至府北一合

華嚴沈文珠山又入津江流會 玉江川子兩山二至山

而北流

過元良鎭安義浦註定寧至府臨德池在天

塞川經垣鎭浦西阿鎭過寧府西臨德摩子

　　　　　　　　　　　　　　　古津
　　　　　　　　　　　　　　　江在
　　　　　　　　　　　　　　　南五
　　　　　　　　　　　　　　　十
　　　　　　　　　　　　　　　里
　　　　　　　　　　　　　　　古
　　　　　　　　　　　　　　　浪
　　　　　　　　　　　　　　　津
　　　　　　　　　　　　　　　出
　　　　　　　　　　　　　　　西
　　　　　　　　　　　　　　　林
　　　　　　　　　　　　　　　山
　　　　　　　　　　　　　　　東
　　　　　　　　　　　　　　　北

冬乙郎江一云都浪江在南五十里都浪江

回軍川宣祖朝駐蹕時彌羅山運糧溝陽時漕入鴨綠小川上

流入鴨綠西北流出鐵山上流浦元浦

仁祖朝彌羅山運糧漕陽時漕此水川摩子

流源出松緑西北流入鴨綠西北流淸城川北鎭兵池在城南臨徳池古在

粮浦輸江入九龍淵上出松山西流入鴨江西北

後輸江入水口川沈入鴨江清城川北鎭兵池在

津古馬里南五十里處西北龍川運糧溝陽時

江五十里至玉江鎭南入鴨綠西北

流五十里鎭南入鴨綠西北

掘浦已上三島土地俱沃民多耕墾間世祖古爲學民

北十五里本國使路而同島之下周四十里兩島間鴨綠偏爲楠爲

麟州鎭兵串島在二宣祖三十八年立定界碑

島與飛赤島七里本島平子島北周十里黔同島西周

鴨江流入水口川沈入鴨江威化島周十里東西五里周二十

轉江流入水口川沈入鴨江清城川北鎭兵池

津北流入九龍淵上出松山西流入鴨江清城川北

替子島

彊域東至朔州府界百二十里龜城府界一百里東南至宣川鐵山兩邑界九十里南至龍川府界六十里西至大摠江六十里西至鴨綠江二里江自府州東北環

南至大摠江六十里西至鴨綠江二里三

九里島周十東北小九里島

為建州野人所摒耕墾自後官棄耕墾其後塔逐之蘭子島

造山說化陷後人昕摒自後新昌島

在威化島北周七里遠人屢入俯移

新昌里周十二里連麻島周十二里

新島里周十二里多智島周二十五里佐治島

十五里周二十五里麟島周十二里西周三十五里

麻島周十二里西南爲轤島周六里作阿北里德大島周七里佐德云

朴先島十五里西南爲化周島

戶口民戶一萬一千四百八十三人口四萬二千四百

四十四男二萬三千四百八十九女一萬六千七百五十四

田賦帳付田畓七千三百五十六結零時起田畓二十三結零

坊面川同坊東二十里水鎭坊東四十里所串坊東六十里威

山坊南同古寧朔坊東南八十里

坊東川肉坊或云四方十里靑水坊東十一里

遠坊十南光化坊南十里同化坊東南八

里坊楊上坊西十五里玉尙坊東南玉城坊里南西

松長坊里南十里古郡坊東同城坊西

里楊下坊西十五里彌羅山坊西南

四十四彌羅山坊西

當五百五
五結

倉庫　東倉在城内　西倉在城西　軍餉庫　軍器庫　管餉庫
十二

仁祖元年設行營應辨需已俱在盤勒廳串遣使行在城内燕主克燕均
設廣坪倉在楊海屯倉鎮南
十里楊屯倉在古寧倉東六里一古邑倉尚倉東六里
里楊屯倉下玉尚倉鎮南

山同化倉在坊同古邑倉邑加山古山倉加在
坊同化倉清城鎮兵馬僉

穀簿本府各穀總四萬八千九百八十六石零

軍籍　軍總一萬三千一百二十七石零

鎮堡　麟山鎮在西南四十里世祖朝置鎮石城周四百八里二世祖朝設兵馬僉節制使一員
兵馬僉節制使一員清城鎮兵馬僉節制使

使一員軍總三百六十名
穀總一百三十石零
户等高水口井七尺深一丈東城周七里四十八步高五尺
兵馬萬户一員設鎮獨鎮倉一穀總一百四石零
四零石倉一穀總青水鎮

城水口井七尺深一丈東城周五里高五尺
石馬萬户一員設鎮獨鎮倉一
零石倉一穀總四零石軍摠一百名舊設鎮後降兵青水鎮還降兵
軍摠七十九名高五尺玉江鎮

兵馬萬户一員軍摠四年營遷李克燕均誤
穀摠八十石舊設鎮後降方山鎮
兵青水鎮一穀摠三百今還舊鎮陸二降兵今還陸二

廢鎮堡　楊下鎮西南六十里純宗朝則廢松山堡舊寬城
年罷石城二十三城峴堡遠東

一百四十八户四零十石倉八四石倉一穀摠八四石
兵馬萬户一員設鎮獨鎮後降兵青水鎮

廢鎮堡　楊下鎮西南六十里純宗朝廢
成宗石城二十三城峴堡遠東
年罷石城二十三助防將守禦松山堡舊寬城十二里
城峴堡遠東六十里冬則松山堡舊寬城十二里

江外把守　九連遼城俱在黔同島越遼
川堡把守四處
川堡把守四處俱在清城鎮兵馬僉遼

把守五處小老土洞大老土洞金昌洞水方洞麻田洞甘庄辛昌
作陽哨在赤虎島二別砲軍在新島二
二哨軍五哨牙山島六玉江鎮
哨武壯隊二哨金山外住蘭子島六水口鎮
庫洞在乾川洞水方洞麻金田洞越遼
清水鎮四處新島二青水鎮
後洞水方洞在清城小老土洞俱在青水鎮越遼

彌勒堡在臨川庫洞精抄乾川伍二十武
年營遷使李克燕均誤黔同堡
慕頷堡城北十五里世祖朝置防禦
鵲山山庫洞乾川東伍武
作陽哨在
遼松在鵲山庫洞越遼
洞在乾松鵲山

中宗二十一年失火柵先罷廣坪堡東一里
度使鄭先謙設木柵
里里上柵已上柵上俱在盤勒廳
行營應辨需已俱在盤勒廳串遣使行燕均誤

土産　絲麻蜜鈉魚秀魚品上鰡口魚
化島俱在威遼
錦鱗魚鱸魚淡清玉水沱石弓幹木鰕
白苧鹽

場市　邑内場四九日山城場四九日
中江開市頭日山北本朝東
成宗朝定式賈布明宗朝宣勅楊下場三八日
三月四月請遷邊變嚴禁萬户照賈布以送海灣

都賈漸次繁松人等燕宗十五年市松五年市
六年罷商漸繁行物出入刺門柵於時衛繁終至
混出柵奧聽賈徒中敗行物歸名為柵
臣小出柵賈而歸名為柵門後送市使

今以使行回柵時出柵車永以為實武時與熱貨同

開市公貿總數牛二百頭海帶一五

綿布壯紬六百卷貨三百十石麻布一百七十五匹八十四筒

沙器三竹百

城池

邑城高麗顯宗十二年築本朝太祖八年築

十處審便盃遠抵基改築二千七百三十尺麻一百

池四高三尸南有倉庫雉堞十九城東北樓西南雉閣

百步高三府南有遺址外城

白馬山城在南門外高麗顯宗時慶邯贊軍西南朝

在南門外十里府東南泰孝石窟勝亭

十九年築尸周二千二百

城二丈雉堞四門三將臺六

本朝仁祖二十四

本朝太祖遺高麗山

高麗顯宗十五年築

時武庫伏門五

池二十三高二

池十四府東北

旗牌官一百八十名備城生四百四十名載備考

望宸樓二運籌亭已上瞭望亭待變亭九龍亭三

贊亭在白馬山城南

供在白馬山城南馬

駅　義順駅六匹右屬大同

所串駅匹右并屬大同

駅南三十五里馬四

廢駅　方山

撥站串站官站南驛站之者浦十三年始置鴨綠渡勾當使後廢自古為入熊大路

津　鴨綠津浦江驛南就川之間七間石橋梁石橋在東舖龍淵津在麟

上龍下十七間橋子

橋梁　元津浦橋津馬浦橋石橋在東北四十里回軍川橋子

院店一蓋草一百里通州大路古津江院在大津江院東岸

店在院底通龜城大路玉江店在玉江院底

宮室　駐勝堂李牧使所居本朝宣祖二十五

樓亭　統軍亭北詰山嶺見置北遠野廣邈之外洗

兵樓　噴鶴亭

壇　鴨綠江壇在九龍淵上以

祠院　忠愍祠寅見黃一皓華見忠州庚姜節田見麟川見崔孝一判義州人贈兵判安克誠川

慶業祠見忠州見黃一皓見義州人贈兵判車元轍贈兵判

七

別壇就顯忠祠旁設別壇享言大明遺民林寅觀

建寘高麗初契丹置寘鴨綠江東岸保州高麗義宣宗十二年契丹本朝義士入本朝義士

史志云本朝顯忠祠在城內建景

等避金兵浮海而適移文于我寧德城以州歸高麗屬于全城復麗兵入其城收拾兵仗錢穀及抱

州為義州置防禦使隸北界刷南界人戶以實之復以
鴨綠江為界開防仁宗四年金六州歸保州高宗
八年州別將韓恂殺守將叛降新縣尋復陞元宗
十年沒于元隸婆娑府　忠烈王復還為
知州事恭愍王十五年陞為牧十八年又置萬戶府設
左精右精忠信義勇軍各各上副千戶管之　本朝
太宗二年又置判官　世祖朝置　　　宣祖二十五
年避倭駐理于此二十六年還都漢府尹　仁祖十二
年無清北防禦使兩子亂後罷後十九年無
使

八

邑號松山府尹
負漢學一千戶本户
又開地一千戶本户
朝太宗四年移遼東方　靜州本高麗靈州防禦
十年還遼北明年移還本方　元隸靈州後復本朝
元隸靈州後復本朝屬　忠烈王二十年屬本州
屬烏蠻宗南四年　　世祖知南三十三年靜州
化屬西業寧德鎮宗東南四年避契丹興宗顯宗改補寧德城

故事以高麗
界北　　　本朝太宗五年定戎鎮東八十里高麗顯宗二十年柳
城六百六十安義鎮榛子
文宗四十五城間七水口
宗六百義鎮榛子號臻要
西城康兆橋京西北界
守康鎮城四顯宗三年
鎮城見刷主攄京顯宗二十
契丹南主攄京宗命刑官
丹夾橋築城為京宗三年
鴨綠江南至東西北面行營都部署
軍以高餘姜邯贊等遺戈西北行營
姜邯贊契丹將蕭遜寧引兵渡鴨綠江
民賤為軍興化城之攻不克江
賤為兵步騎引去楊規金訓等
江夾界契丹顯宗西徐熈奪之
鴨綠契丹將蕭遜寧引兵渡鴨綠
軍以高麗顯宗命將拒之

安興化鎮以高麗顯宗
遼平文宗十年發兵二千
命使遣使如契丹靜丹州
江號二千安義三橋塞遠
把蕃壁城四萬興化鎮
靜州顯宗七年興化鎮拒
真宗... 契丹將蕭遜寧
真宗契丹兵二千攻丹州
置牧宗朝慫恿多居為京
鐵州防禦使朝從慫多居
金州朝鐵州防禦使
黃州寧鐵州丹兵入州
及橋州丹靜州丹軍于
十餘州又鐵騎通玄州金暗元帥于
計惟餘三百餘騎遁玄州金暗元
惟三級百又戰于搏州
三百餘騎於州搏吾

計惟餘三百餘騎遁玄州金暗元帥于
大戰不可勝百皆戰遁興黃旗子戰不
興黃旗子戰不克又沖戰江不可勝
化屬西業寧德鎮宗東南四年避契丹興宗顯宗改補寧德城

兵一萬渡鴨綠江圍義州弓庫門
年故元畢平壤奇賽因輕送帖木兒等
太祖元畢平章奇賽因帖木兒擊浮橋渡鴨綠江圍
兵輕送帖木兒浮橋渡鴨綠江城甚高螺沈龍見去
領州太祖元畢平章奇賽因帖木兒擊浮橋渡鴨綠江圍義州弓庫門

車駕進駐義州中朝遣遊擊張五人

于保西麟朱偽車保鎮師甲白短撃敗引剛
元靜京州水平羅新副使札撐馬東真賣義令
留州遷九世章島及毛帥入萬遠川兵州茅以
燕塘茅趣年及龍居川兵冠餘盟領淸州毛渡
京是追紅四教馬冠十萬五藥顉賊入將諸鴨

江宗國十數後導及舉午萬奇功撥銀奇
華寧省訛四將諸薄月親王入投戎蕉三賊名屯糧搬
遷州十四浦月投朝寢親及後出讀義二咸有運
北極高四十度四十二分偏平壤一分十一

寧邊

山川 藥山 妙香山
山川 藥山 妙香山

41　대동지지(大東地志)

花遷江下流南二十里月林江上流

清川江南五十里獨山西北八里魚川

大月林江東北八里撫川出撫州八月源出撫州孔浦東南泰一出源

博川界八里俣德重鎮江定五十里

東遷鎮江上六里

花遷鎮江定江六里

川東北江六里東北妙香山川出一百里西南開平川東北炒香山川源

流入清洋析沙川至塔江無骨塔淵自作勝津舊有新峴坊

川徑復自清川二八月源出

嶺之西流至無萬項之決滕自女雪水為琛川雲山郡西之殼柳川

川洞至無骨塔淵自作勝津次為沙川析浦過城為沙川次之

仇音浦東南温井沿川東南流至本府下峰之為仇麻頭田右云一出源

灘過城為沙川析浦入麻田灘次之四個武亭九仇麻亭云下流至麻亭

龍湫城在府西新偉龍

則川禱雨禱兩早

楓川天水窪石倉西南

沙川

倉司倉儲餉倉內俣城內西倉新城山倉在藥山城內絶壁

東倉東北一里新倉東北六里魚倉東北妙香山四十里大路自北

倉東北七里開倉北一門倉北一百里大路自此

撫川倉西四十五里以北大路二十里

穀簿各穀摠四萬四千五百五十六石

軍籍軍保八十八百

軍堡天水鎮本朝太宗十六年置兵馬同僉節制廢制

鎮堡五濱邑城周本朝太宗登天然之險有仁遠記云藥山之險甲

城北七日以城中有六勝亭天然記云藥山之險甲

山城北一石東方邑志云東南勢挺慀嚴南則俯臨大野形勝

疆域東俣川界陽花遷江南安州界隔清川江五十里

西俣川界四十里雲山熙川兩邑交界四十里

南博川界隔花遷江南安州界隔清川江五十里

北泰川鎮江五十里雲山界五十里熙川東北三里

坊面府內坊東三里梧里坊東三里榆山坊南五里

林嶺坊一百里熙川兩邑交界四十里

少林坊西四十五里獨山坊西北五里

新峴坊十里南松坊一百里開平坊北一百里古城坊北五里八院坊北五十里撫山坊西北一百里嶺坊西四十里

田賦帳付田畓二千八百十二結

畓二百十結 起畓八十二結

起田二十一百

户口户五千一百六十二口三萬三千一百二萬六千十八百四十女一百

勢甚廣土肥行宜東麻世宗十五年因古址石築置

都節制使營都護使黃喜定城址判官李碩薰役之勝

仁祖十一年修築周二千七百六十七步又有東輦之勝

山倉一守城將一貟守府屬邑雲山熙川屬鎮院委曲

有挟蜜寺別後營将一哨守堞軍五哨火炮手一哨

壯武隊隊兵馬二哨哨抄米坪五軍四哨

欄後軍一作哨守軍六哨

標下軍十六哨日布鉛一哨

土産絲麻五味子銀口魚人參蜜海

松子麝香紫草弓幹木筏苓羚羊

場市邑内場二七東萊院場四九撫山場一六開市

場三八

驛魚川道在魚川北岸距京八百八十里距監營

八十九延察訪一屬驛二十馬

【上段 右】

三百二十里守開平驛于此東妙香移在
營一百五十里自石串至開平四十里北
至于熙川界荷米串至雲山三十里北在
界荷串至開坪四十里北在抯
州界荷大路至雲山越林津利坪站熙
南二十里安青石津揮項津亭下店武把守津
州界大路至青石津越林津九龍津已上津船九

廢驛　在新豐川前坪作隅在抯州通路
騎撥間路　官門站　修老站在渭化毛老站
站北三十里天水站北六里開平站出
津決勝亭津夫南二十五里淵而串津大路踈鑒津
津化翁津界雲山越林津九龍津已上津船九

橋梁　柳石橋在府內
院店　東來院在府東北五十里大路自院至徳川界五十里杏亭

【上段 左】

院十里東北八加乙峴院十里頓坪院東北六
新豐川站北二里行塲站黃京來站
樓亭　大勝亭內寬心亭北一百四絶亭在驛鐵甕轄
轄客隱松亭　黃京覽四絶亭平開鐵甕轄
祠院　藥峰書院建胄丁宗戊寅派光祖廟見文南岳祠秀德
居衛時人尹酬　顔頴　趙光祖廟見文南岳祠秀德
高麗實本朝人本朝人世祖延釋木靜
建宗二界本州元年知延朝雲郡世祖延釋木靜
隸宗青山界一祖十四年古青城改還都護府使恭愍
禦使隸北界云高宗十八年避蒙古兵入于海島撫州元防一

【下段 右】

古邑　渭川州元治邪仍屬之撫
使藥寧山小城城西北四十里本宗浪郡一云古徳城
博營一今延今州之于江界界以三十軍八之王蔡
之邑道一道二撫讓以十王蔡
山遠山小鎮在撫州府山城復郡荡爲爲小年爲別
城兵守馬戸三度年使復十年合置府
縣府茶忠烈王四與渭川右城
宗二年出陸處渭川右城

【下段 左 — 故事】

故事　麗太祖云興地未詳按跡云優
渤水符入國在太白山東南

年澤子擊倭三百人大至爲副元帥申景璃守鐵甕城少有殺獲清
帥二十一來十三安年不年野南敗郡彼燒敗諸兵屯戰凡七十餘級斬二千餘級契丹入渭州向撫州就戰敗續斬三年契丹蕭遜寧入渭州德
懲州麗朝安延州西南野戰敗之燒殺数萬戶毛李芳伯以丹兵献伯州與契也大捷入王命延安兵五百世諸進擊延州德秀就擒斬破城
居衛本仁祖二年金景瑞契丹朴安伯安芳朴伯世也大捷入王命延安少有殺獲崔清

兵圍之屢日城陷不得拔清兵許退景琛信之領兵出
城清兵藏於香山洞口縱兵大戰仍為所擒後放釋

雲山
北極高四十一度一分偏平壤西六分
山川　白碧山　龍池　般若寺有雲鬘山　龍洞深不測旱則有
禱　東林山北八十里　九峯山東二里有衛滿洞　西白雲山十里西二
雲頭山西五十里　松林山西四十里
山北
嶺路　牛嶺東北八車嶺北十里俱在車歇　丫好尾嶺　柳洞嶺
月隱乃嶺右三五嶺俱在車歇山界　又地境嶺十里　豆億峴
里嶺二嶺北九十城昌界牛蹄嶺里泰川界　馬君鬘里南十浮鶴
十六

砥峴　僧峴　箕峴　自住峴
澀江源出柳洞嶺南流為澀江至九峯山南過溫井川東南流
會鬘山之水畫井川溫井川為郡西南流
馬轉峴左右出林川為澀江上流至于澀江
川水傻折而東流
蘆灘沙灘澀江東流至沙灘入于寧邊府
川麻田灘右見沙灘入于澀江上流溫井
　　川菜川源出菜山南流諸洞陵境至郡東南流經古牛蹄嶺乃出菜
委曲鎮五川左諸洞陵境至郡東南流經延州東
水轉峴過城井溫井川至九峯山南流
蘆三峴為郡西流入于澀江
牛蹄嶺東西陽流入于三陽井川東南流
一云砥峴西流入于澀灘上流溫井
之已疾水浴　　　　　四冷泉里西龍洞
楠鬘水洛東　　　　　　　　　　西三十
疆域里東寧邊泰川界麻田灘十五里南同府界化翁亭十五
　　　　里西南昌城地境嶺三十五里西南昌城地境嶺

五十里北麥山界車兩嶺
八十里東北熙川界七十里
坊面　邑內面東南三十里　南面三十里　城東面西北四
委曲面西北九十里古延州西南五十里古雲山面
嘉二年出陸僑寓之地高麗元宗二年出陸僑萬戶之地
戶口　戶二千四百十三口八千五百二十六男四十一
女三千　　　　　　　　　　　百十五
田賦　帳付田畓六千四十結時起畓十三結零結
田八百十四結
倉　本倉在邑城倉北三里　委曲倉北六十里古延州寃在古延
內山鬘山城海倉山面新倉東北里古城
穀總一萬一千三百五十七石
十七

軍籍　軍總一千五十
鎮堡　委曲鎮北八十里了好末鎮底甫宗四年置
設鎮兵馬僉使別將於委曲城洞兩屯後陞僉使
土産　綵麻　弓幹木柔　羚羊　茯苓　五味子
人蔘　蜜　石蕈　錦鱗魚　餘項魚　紫草
場市　邑內場五十日　了好末鎮底甫宗四
驛　延州驛場四九
驛　官門站　古延州場日　梨城洞站十里　長城洞站北七
傳化翁津站南十五里　大路通
橋梁　麻灘橋東十五里化翁亭橋冬橋夏船
橋梁麻田灘橋四十五里

44

陵墓

燕王馮弘墓東十里九峯山之西邑志作衛滿蒲涓洞按文帝元嘉十三年魏伐燕王馮弘奔高句麗長壽王三年也王虔煞燕主弘尋殺之

建置 車踰院高麗恭愍王六年置牛界院北十里東牛界院北十里豐居二年改十三年陞寧遠鎮為寧遠郡之東置紫紅鎮高宗四十年避兵入海島後還

沒 宋州二十里東北界牛界院北十六里置踰州高麗恭愍王六年復置管州世祖十四年屬本郡設延州云雲陽郡四年屬成川高宗十年還朝

制使三年高麗光宗元年真城威化鎮今白碧山城云二十

故事 三年契丹金

儒再戰斬五千餘級

熙川

北極高四十一度十九分偏平壤東二十四分

山川 南山南五句山北一百里狄踰嶺西支山東南五十五里踰之妙香山南有檀君石窟金剛窟
紫林山北為江界地北為清寧之北名之北並為江界地...
寶明寺小菴在大處主峰山北三處賢山里金仙蓮僧休靜所在
山東二百五十里萬界
三里

真望山十里立巖巃嵸如鎮立水淡餘三丈

嶺路 甲峴東北一百道陽嶺二東北里五十狄踰嶺北十一有大小二嶺里
草幕嶺狄踰嶺西支柳頭幕嶺狗峴百鎮大路里
鎮北神光先

梨坡嶺北十里大路楡木嶺兄第物嶺雙口鎮界俱神光鎮界

物嶺俱在草幕嶺西詳江界平田嶺東一百里廣城嶺東九十里多士
川嶺東七十里德川界東茂嶺寧遠東南兩界棘城嶺東二十年
德嶺梅花嶺柳田嶺八已上并寧遠界
峴西南五月林川南三十三里大路車踰嶺北寧遠界清凉峴
大秋峴月林川西支鳳丹城左踰川又踰
小秋峴俱在吉州界北獐峴南桂川里寧

東江柱川東南八十里源出香山北狄踰嶺西流入于東江西流...

江東柱川東南八十里源出香山狄踰嶺西...流入江界竹田川東南流踰嶺南流出白山川東...

十里鳳丹城出廣城嶺狄踰川東北流...
流經新昌入東龍淵西流...入龍淵西流寧遠江
元沖西山...莫山溫泉十里...
百里...里溪澗五里...

疆域 東寧遠界一百十五里九十里七十...南寧遠德川界...北寧遠界四十五里西雲山界...

坊面 邑內面舊桶邑上邑下兩面東南...四面東寧遠德面北三十里東面...西雲洞面五十里真面十里西洞面...真面東南八面二東長洞東八里葉院西里戴號目

戶口　戶四千四百九十一　口一萬五千五百九十　男九千三百四十九　女六千一百六十一

田賦　帳付田畓一千三百四十八結　時起十一結　結一

鎮薄　牒遠鎮　胃宗元年陸僉使兵馬同僉節制使

軍籍　軍保總四千四百二十九

穀薄　各穀總一萬五千四百一十四

狄薄倉　五十里　新倉東九十石　石倉三　深倉十二里　西四十

倉　郡倉東二真倉東三十里　石倉

鎮堡　軍總二百八十四　倉三　穀總二千九百三十四石

二十

土產　絲　麻　羚羊　漆　餘項魚　青鼠貂　松蕈　水獺　弓幹桑　硯石

魚　茯苓　蜜　五味子　人蔘　海松子　麝香　錦鱗魚　訥

驛　狄踰驛在郡北一百十五里　長洞驛馬二匹　平田驛今　福竹站十三里

場市　邑內場二七　長洞場三八　葉遠場四九

橋梁　南川橋南五　西川橋西五里　宋串之橋南三十　龍橋南九里　石虹橋東二十

騎撥官門站　法興站東北三里　驛撥雖馬五匹狄踰嶺站　驛在郡北五站二十五里

院舘　狄踰院在鎮　黃京宋站十里　長洞舘　狄踰舘

玉流舘南五

祠院　衆賢書院　甫宗宣祖甲戌建　嶺高宗四十五年折置郡府忠烈王十四　太祖十

樓亭　對香樓內超然亭里南六　玉流閣南六　金宏弼　趙光祖文廟

故事　高麗金富儀遣人戰于清塞　出戰有功

博川

二十一

北極高四十度三十九分偏平壤西四十七分

山川　卧龍山三里　靈泉寺鳳麟山十八里深源山南　大藏山里大藏寺松林山南　長壽山南三　車嘉山

路　大清川江西南四十五里　楠川中路西南十六里　長坪川九龍川　江合又安州界蓋泗江明大統志作大定江　大定江

駕峒西南五里　甘枝峒南四十里　蓮芰峒至蓋之峒俱南三里　梓峒南十里　金峒

嶺路　沙土里峴北十二里大路泰川兩界　三汗峴遠界大路寧邊

松峴東茂周峴西堤七

【右上】

彊域
東寧邊界十里井隔清川江東南安州界三十里南同州交界四

定江北泰川界十五里寅合于此西嘉山安州遠界十六里隔大

里德安面南五里
坊面　郡內面方雖屬邑四十里東面三南面面四十二

戶口　戶二千八百二十口八千二百三十九　男四千…女…

田賦　帳付田畓一千一百七十結時起七結　畓四百八十三

倉　邑倉　海倉十里　西倉十里　南倉二十西倉二里

穀總　各穀總一萬二千六百三十七石　三十二

【左上】

軍籍　軍保總三千二百六十六

鎮堡　古城鎮南五十里清川大定兩江會合處自嘉
使宗八年設鎮屬于安州後軍總三百十五兵馬同僉制
使一員

土産　鯢魚洪魚石花蛤麻漆楮蜜莞草紫草鯽魚

場市　津頭場在嘉山東三日兩飛崖場日六

驛　長林驛今廢西十三

騎撥　廣通院站

間撥　官門站

津　津頭津至嘉山西南二十里大路　楓浦津里東南三十安州界

【右下】

大路兩飛灘津西五里泰川界　上船六

橋梁　長川橋南二　黃栭川橋南
橋八里長平川橋南三加通橋東十五里石橋八里龍川
橋南十龍川

樓亭　日下樓驛弓亭　濟民亭西一

祠院　遲川祠金州人完城
崔鳴吉字子謙謚文忠博陵

建實　本朝宣宗十二年改置古兵入海出陸防禦使

故事　定宗二年城德昌鎮高麗文宗二年城德昌博州二處別有德

使…

【左下】

北極高四十度三十九分偏平壤西二十九分

山川　香積山東北五十里一云松圓麻廬山…

泰川…

洪敬…

林泉山十二西里

嶺路　牛蹄嶺東北五十里大路　盤直嶺東松峴　馬坡峴
烏知遷東十里銀峴　長水峴俱縣南鳳凰嶺　達麻峴
皮峴北俱在水德
串赤江一云知定江在東十五里源出北江湖州界南畔出江源出北江湖州界南畔
嶺北入院北三十里會串赤南流經縣南四十里源出嘉山
縣北入院經南江合而兩川會于串赤江北源出北江湖州界
下江之松林川源出松林山入之牛蹄峴川源出串赤北大思
灌纓臺溫泉下流東十里院南五里院前塔川源出串赤北入串
灌纓臺溫泉下流經松林川南流入之
濯纓臺羅浪臺灌纓臺挾水瑩
上流院即塔川東南流羅浪臺下流入串赤江
疆域　東至寧遠界四十五里西南至定州界五十里南至嘉山
界二十里西至龜城界二十里

軍籍　軍保總三千一百二十九
土產　綵麻蜜人蔘紫草五味子海松
子麝香茯苓弓幹木漆羚羊紅花烏
玉山縣南長林里

場市　邑內倉三八院場二十七
驛騎撥　官門站官門之官門站西串赤江津官門站
店　邑內倉二里連灘橋南五里
橋梁　院前橋灘橋東北二十五里用連灘橋南五里
津　串赤江津用灘津內江津津二上
祠院　退餘院
院　退餘院二里
邀庵書院名天振晚學齋慶州人二十五

樓亭　灌纓亭串赤江上
建實　高巖初光化春一云朔寧一云延朔勝覽云本契
丹郡地鎭長一縣按�宣文長春屬泰川
川三郡分防元宗二年別抄之亂避兵于海島高宗
故事　鎭兵我國忠烈王四年復還泰州二年以
制都尉高麗光宗十四年築城入泰州穀副使崔濡
定州
北極高四十度三十三分偏平壤西四十一分
山川　圓通山東四十五里圓通寺廣林山東三十里深源山云一

右上

鳳鳴山在北十七嶽山東南七十里嘉山界極東馬山
五里深源在定州北四十里古則傅兩

舞鶴山東北二十里五峯山三
獨將山北安興寺兩則傅兩

帝釋山西五里松寺安養寺兩則九
十里岩下有泉寺南則帝釋山北有鷲頭

慈聖山南七里臨海山慈聖山南五里石蓮寺
里南七里里里南三十里

大雄山東有鷲頭
玉鶴德達山地藏寺東三十里五
寺南七里德達山東北五里大雄山十五里

炭峴山朔州
山五里觀峯山南四里炭峴山求子峴山折而南流逕
嶺路當峩鎮界西大峴俗嶮山云龜城之吉祥山
川界泉洞峴城北四十里龜地境峴界州東至防倫胡峴
大路泉洞峴城東五里大路龜地境峴泰川界東北
九曻星嶺逕嘉山大峴小峴俱在東北
川路出源山東大峴小峴四十里東泰州
海五里郭山大峴小峴又東流環

海潭至沙邑入海徒川源出山折而南流逕州東至防倫胡峴又西

左上（坊面・田賦など）

界四十
四里

坊面東部城西部城外雲田坊東五里
伊彦坊東
院坊全德達坊東三十五山坊古邑坊東
十十里里里

德岩坊俱東五十阿耳浦坊東十里西坊東五十
里里西四十里西四十里

坊北三十高峴坊東北四十
坊十里里新安坊東
洞坊東南六坊十里里東北六大明

田賦帳付田畓三千一百八十四結時起
田畓三千一百八十四結時起百七十六

戶口戶四千七百六十七口三萬九千五百七十三
男一萬八千四百九十五
女二萬一千七十八

八十四結八十四百

二十七

右下（倉・鎮・驛など）

流入加麻川云炭峴南流至泰川之長水嶺西爲長水
父灘音入海古邑川源出五峯山東麓東南流逕出當南入于徒川鎮西南四鎮海串十里三仍

前川逕城南入于徒川
朴串十南五里堤堰三十一仍

島嶼葦島西北两兵判嵩古來攻諸城方慶入保爲
峙人頼此活十餘里中無井泉貯雨爲池
種椵島西南可耕令民築堰貯雨爲池
艾島南三里

猪島大猪島小猪島
赤島花島鳥島
朴島軍將島小猪島

左下（倉司・鎮・驛）

倉司倉新倉
倉南四牧場倉
十里僧倉俱在東倉十里北海二

穀總各穀二萬一千五百九十四石
軍餉軍保總六千六百七十四

軍籍軍保總定州鐵山朔州龜城
獨鎮獨鎮將幕寧牛峴阿耳山龜定州鐵山朔州
荮鎮嶺将幕鎮車輦鎮麤園林土大坡小嘉山小峴小
城峴廣興坪椴林帆非海小梁阿耳山峴嘉山小嘉小峴
十七軍二隨營牌并丁軍兵十二哨精作隊軍三十
標下軍二千六百名
哨隨晴作隊軍三十八哨

驛站新安驛在州內馬十
城峴弁井峴大同之官門站西雍郭山之雲興站
嘉山之嘉平站在州之正北嘉山界東距嘉山之官門站西距
騎撥官門站在州內西雍郭山之雲興站

右上 (二十八)

橋梁　猺川橋　加麻川橋

土産　絲　麻　蘇魚　秀魚　洪魚　竹蛤　鰻魚　鰕魚　石花　土花　石首魚　絡締　銀口魚　氏魚　真魚　廣魚　烏賊魚　蛤　輪花　鵜鴣油　紫草　蜜　榛子

場市　邑内場　一六　納清場　三八

院店　德濟院　在東二十里猺川院　當歲院　嶺下求井站
井在永

樓亭　納清亭　在東四十里大路通迎薰樓　制勝樓　三觀
亭在郡城内

二十八

左上 (祠院)

祠院　鳳鳴書院　顯宗癸卯建　肅宗辛亥賜額　朱子見太

新安書院　甫宗丙辰建　額朱子廟見文

建寶　沿革　草建丙申　肅宗九年　郡守徐命恂建　高宗二年廟勵　海暐建　高宗十八年移建府北　真長嶺畔　高宗二十一年又建　鎮兵城守將於城後　南都府後改都護府　世祖庚辰年復置防護以　營將一年來牧使代以營將　安宜節制使使宇城定歲節制使　宣祖萬曆甲寅又置　顯宗甲辰年還降為郡號　南城萬曆戊子年將鎮兵定於郡別置　古邑　隨州郡本南定紫云里高麗隨州人失土制　宜元宗二年出陸寓于紫云里高麗　烏元宗二年出陸寓于紫云里　東十六村及府屬安義鎮稱州知　海濱置隨州事仍魚郭州茶

右下 (理字似族／嘉山 二十九)

埋字似族

嘉山

故事

王二三年政隨郡復析置郡州　本朝太宗十一年屬　世祖…（以下兵事記載）…

（軍事・倭寇關連の長文記事。兵・賊・軍官・城郭・嶺山などの語が見える）

二十九

左下

北極高四十度三十三分偏平壤西二十四分

山川　鳳頭山在北三里鎮山　華表山　青龍山　鳳尾山　青龍寺廣　林山　思美山　天王寺　天王山

嶺路　曉星嶺　新峴

天定江　在東二十里有東文庵　加麻川里禪定州加之川二北

十五里者介浦池東二螺浦池北十

詳泰川者介浦池十里

島 楸島十東又五里 艾島南見定州則松花島

彊域 東同州界二十里 東博川界二十里 北泰川界二十里 加麻川又云西至納清亭二十里 里南至海二十一里

坊面 郡內面北三十里 東面十里 南面十五里 西面二十里 西

業面十東北十里二

田賦 帳付田畓一千七十五結 時起結田四百五十八畓三百

戶口 戶三千一百八十一口一萬一千五百九十九 男五千七百五十四 女五千八百四十五

結十六

三十

倉 本倉 北倉東二山倉里五西倉川邊在加麻

穀簿 穀總九千八百七十一石

軍籍 軍保總三千四百九十六

營鎮 別左營 設將本守魚屬邑嘉山博川屬精抄束伍二十
別右營 標下軍四哨 自募別騎六哨一哨作軍三哨 戴備考

土產 絲麻漆紫草秀魚磊綠酥油

艾蝦蟹

塲市 邑內塲四九日 大同塲

驛 嘉平驛東三里屬大同 驛馬十匹

驛廢 卓昌里東五安信院北二十里

騎撥 官門站東距博川之廣通站西距定州之永井站

津 大定江津之津頭津則博川驚駕灘津 者阿浦津

長水灘津 獨草津

橋 西方橋里東五

院站 甘草院 大定江岸加麻浦院西十五里

樓亭 齊山亭 郡內

建置 本高麗光宗十一年云古德勝縣高句麗勿提縣渤海時稱為溫島恩忽宗九年北入海為城宗八年以防禦使避蒙兵陸渡元宗五年嘉州陸路還管府忠烈王四年以泰州渭州博川維撫改嘉山郡恭愍王二年改嘉山郡

本朝太宗十三年新置博州胄宗八年置別右營將英宗九年改楠三十一

防守將 古嘉山在吾思美山之南有海島出郡于此未築還于蕭治 郡守薰嘉山鎮兵馬僉節制使曉星

嶺防守將
嶺防還于蕭治

故事 高麗光宗二十四年城嘉州 本朝神宗十一年壬辰城州 夜入執郡守鄭者使之 不遠降鄭著洪乘來筆裹東 鄭夏賦

郵山

北極高四十度三十五分偏平壤西五十一分

山川 永清山業凌溪山明一銃志作熊化 山在郡東北十里長庚山十里 砂峯山北二十里臨海山東南三里廣寺開元寺臨海山東南二里 虎子山東北三里地靈山北十里

嶺路 當戰嶺定州界東五十里 薪峴宣川界西四十五里 觀遊山南三里

51 대동지지(大東地志)

海中二三長川西五里源出地靈山南四松川漁出
十里流出宣川之鐵馬川漁出
峯山從定州漂入深
源山南流入海漂浮落浦十八里南二名浦南十五里聲耳串
東二号里串五里內隱金串十里
里三堤六

居羅池里南十半垌十東

古彌即島　月羅里島　族海島己上在郡南地圖

島　古彌即島　月羅里島
疆域東至定州界十五里南至海二十里西至宣川
坊面　東面里南面二十里西面四十里
界二十五里北至龜城界四十里

戶口　戶三千二百七十七口一萬四千七百三十四男三
串面　西面二十里北十里郡內面
里二十一女一萬二千一百五十七

田賦　帳付田畓一千二百七十五結時起田七百四
倉司倉　里站倉北十
十二結　新倉山城南門外横山倉在凌漢海倉西南
食司倉　新倉山城東八里凌漢山倉山城內海倉三十
四百七十二結

穀簿　各穀總一萬二千七百八十八石
里站倉北十

軍籍　軍保總二千四百四十一
鎮堡　臨海鎮淸北一作主將處別土監差
鎮堡　臨海鎮淸北一作主將處別土監差
十二凌漢山城都守堞諸差備
名凌漢山城中有紫雲寺萬景黑事
將　別將一員以
軍兵　八百四

土產　絲麻木綿紫州紫硯石出
銀口魚　鯔魚　秀魚　石首魚　烏賊魚
在鐵山今移

鱸魚　民魚　洪魚　廣魚　真魚　蝦魚　石花
輪花　小螺　土花　絡締　魚鰈　鵪鶘油　鯽蠏
鱸魚

場市　邑內場二七雜場四九新邑場四九

驛　雲興驛屬郡大同馬八匹
騎撥門站西通宣川官門
橋梁　四松橋東五里板橋西五
院店　凌濟院北二里慈悲院東三里加乙尹川院西二十
橋梁　實光川石橋南一里三長川石橋東十里石虹橋　孔司橋里

祠院　月浦祠浦南陽人官奉事常念正李寵見羅州

建實　高麗成宗初本長鬹縣高麗渤海時稱號未詳高
故事　高麗顯宗十二年契丹兵攻郭城邑于永淸山之南其
故事　高麗顯宗十二年契丹兵攻郭城邑于永淸山之南其

郭州高麗軍戰死者數萬高宗十八年蒙兵

北極高四十度五十七分偏中壤西四十八分

山川　犀鐸山在府北二十里　西陽山南十里西四十五
里　青龍山西北十里一云　
珠青龍山西北四十里云廣法寺　天馴山宣川界
祥吉祥山南五里　朝陽山西界
古峯山東南三十里
蓋帽山東五里
窟岩山東北三里有藥庵　利兵山西十里有鳳凰臺
雪寒峯西南五里
梨坪　松柏
鎮安寺在鎮北
義官洞鎮在府東北利松衛門代
梨坪松柏

嶺路　青龍嶺西北四十里
梨峴西一百里并泰川界大路
棘城嶺義州界大路
榆嶺泰川東南三十四
薪峴東南
塞垣嶺東北西八十里

里泉洞峴南四十里并定州界
近峴西南七里　虎嶺并宣川界　小峴北赤峴松峴俱在
水峴府東　大峴南府利巨里　梨峴　亭子峴俱在南
蘆洞峴　窒城峴在府西
龜城江一云青龍江之水出九林川之諸川過府南為皇華川
大石峴南五十里郭山界　石峴西南六
近峴西八十里宣川界
喜驛川府南　巖川出巖山
川東南二里喜驛川南流為
巖川窟川二里巖山源牛場川
龜城縣林川出府東南流入皇華川
泰川縣南為皇華川過玉浦川過府南皇華流
亀城江一青龍山之水出九林川過府南牛場川往皇華流
蘆洞川至安義鎮入于
之隴至義州界為古津江
川東南二里喜驛川西流松柏塞垣流
蘆洞川至安義鎮入于

川驛站　梨坪川宣川　鐵馬川之源釜洞東二十五里溪不
川驛梨坪川宣川流出梨坪南流為　可測入牛場川

古城池十里　猫焉
疆域東泰川界四十里南定州界四十里西宣川界六十
坊面城內坊東北義州界一百里東朔州界
坊面城內坊　內東坊
西山坊西十里　鳳頭坊南十里方峴坊
里天摩坊西北八里越海邊定州
里艾田坊西屯田坊　沙峴坊在牛場川西两邑之間南界
戶口三千三百八十三口一萬一千四百三十七千三六
戶口三千三百八十三女

田賦　帳付田畓一千七百九十五結時起田一千四
五十五結當二百結時起百五十七
倉庫　倉西二十里　教倉東南三十西南三安
窟東寮　天倉西北六山倉在青峴鹽倉在坊盬倉
穀簿　各穀總一萬四千一百五十九石
軍籍　軍保總二千五百七十七
營鎮廢鎮堡
鎮堡　安義鎮城周一千四百七十里高麗
徐熙等鎮堡安義鎮顯宗八年命事高麗
關顯宗朝置別將後陞僉使萬戶　榛松
鐵鎖之東　肅宗五年設安義鎮兵馬
鐵鎖之東　肅宗五年別將後陞僉
鎮兵馬一百一員塞垣嶺總四百七
鎮兵馬一萬戶一員軍總四百七

八石毛營舊址在青龍嶺山中四塞之地
毛文龍自身彌島出陸設營後于此後被陷敗仁宗丁卯

土産　絲　麻　貂　青鼠　人參　樺皮　紫艸
蜜　鰤魚　錦鱗魚　訥魚　白土　石灰　薏苡當
歸洪魚　真魚　民魚　蘇魚　石魚　石花　絡
締　秀魚出鹽已上九種
場市　邑内場四日　南陽五十九日　馬四日
驛　龜川驛在城内屬魚川
巖驛　通義五里　太平十六里西三十
騎撥　官門站　釜澗站東三　八營站
橋梁　皇華橋南五　廣法橋十里　九林橋南二　牛塲橋
三十六

院
祠院　旌功祠建甲申宗癸未
金慶孫銀州人以功錄副樞密後大破蒙古兵官平章
建實高麗萬宗實錄甲地而定州為准沈所宜後都護府
鎮管宣川定州兩郡後降其隷護府仁祖朝别置左都護府
城將本朝世祖初年以懸折置都護府城將
院站　梨巨里院十西南五　釜澗站八營院十北三九林
十東三　浮落橋十西南二　方峴橋南三　喜驛橋歉川箭灘橋
西十八植松橋西一十里

故事　高麗城宗十三年命平章事徐熙率兵攻逐女真
城長興化鎮以歸化宗顯宗十年契丹蕭遜寧率兵攻女真
回軍自盤嶺領此營邑州大敗之渉石川而殿
至界有德慈北嶺州此營邑州渡千丹兵
未有諸州領此營即出城戰敗丹兵修德州
界吳德儒筆兵領此特數十人即出城戰
日敗州緊城之高宗二十三百十五步
守之屠城州緊後攻鐵嶺五年契丹兵
二十町蒙城降歐陽伯越句新州人
大所之圍破之三百入交戰
城降破城歐砲備應如兵使殊死戰
靖之攻園徐樹桐計攻之以夜城特至
下静州視之城堡越越設應天下城池攻
青被環州視城降蒙如此邦殄北州以城降
降者引兵而退戰蒙特至當見城戰
江界
北極高四十二度三十六分偏平壤東四十八分
山川　公貴山南十二里　南山一豆邑介山西三十　獨山

嶺路　雪寒嶺北三百六十里咸興界東南距咸興洽三
蔥田嶺東南二百八十里咸興界東南距咸興府
鐵瓮城東南二百五十里咸興右寧廣城嶺南東
馬馬海大洞府東南一百立嚴臨江測立長可
二十里過堂巖北四十里接戰巖西一百立板洞
德山南四十里甑峯入祭峯八板洞北十一百神化洞東南
佳山寺深源奉香山法藏吉洞峯西北九向雲山寺靈覺澤
十五里黃青洞山北五里寺庵里十六奉天瑩山西一面善
西南四十
遠界高林山一派西平南鎮防守狐踰嶺二百右寧
里界界十甲峴東南二百里咸興嶺南二百里咸興界東
里界八十咸興界東南三百里咸興嶺南百里咸興界東
土地饒沃宜五英宗三十五年嶺上等城設官門
路山勢雄亘數百里極高險以北三百里高川大

狗峴 南二百二十五里
宗南十一年築城塞路
右三處自狄踰嶺先築城塞路
江登府東四十里彌踰嶺先鎮防守連

英梨坡嶺 全北草幕嶺嶺有大二

麻田嶺 北上土鎮防守上牛項
新德嶺 北五里築城守城
茂盛嶺 東二北馬

箭川嶺 南一百四十里築城巨門永崖安贊

廊嶺 在大次通深遠嶺嶺在新德嶺之西北一百三十五萬嶺

嶺 高山一百三十里彌陁嶺陸路
二 (三十八)

萬嶺 府東三水玉山 非嶺 烏德嶺 掛印嶺 自作嶺

竹田嶺 胡芮嶺 中江嶺 狗項 多藥仇非廢四

江川 北東雪寒山西流鴨綠江東北至慈城
江玉流川 鴨綠江西北中城流
彊嶺 西南至楚山界
綠江 東北至

公貴山 北流二十里源出土砧岾兩鎮麻田折而南一流出
砣岾川 北流一百五十里源出土砧岾兩鎮

二 (三十九)

廢四郡 古堂上
坊面 府內三郡立石坊

砣岾坊 境一百七十村曲河坊

神光村屬八 平南村屬七 上土村屬六 滿淸村屬六 代登村屬五 高
山里屬六

戶口 戶一萬二千五百七十五 口五萬七百四十
男二萬二千二百二十六
女二萬八千二百七十八

田賦 帳付田畓六千八百十七結 時起田二千一百
六十三結 (四四二)

倉 府內吾毛老倉 南二里 別河倉 東南二百里 城干倉
南一里 朔州倉 南一百二十里 社倉 東南六里 龍
林倉 東二百里 楸坡倉 北二里 從浦倉 西北一百
上土倉 北九十里 板洞倉 西北二百里 滿浦倉 時時川

倉 百里 高山里倉 西一百 漁雷倉 西北二百里 西倉 西里慈
城鎮
穀簿 各穀總四萬八千五百石七十八石
軍摠 軍保總一萬三千六石二十四
營鎮 防禦使鎮 北本府界內
別武士三百三十六哨 本府置防禦使一員
精抄束伍十六哨 本府中軍三百
備哨糧考 滿浦鎭後軍五哨
鎮堡 滿浦鎮 西北一百六十里 成宗朝築 一百五十 神光鎮 七南一百里
高山里鎮 成宗 一百五十年 南七百十一里
碑一千一百二十石 軍總八百五
穀總四十七石
十石城周一千二百
城城周三千六尺 軍總五千六十三石

廢堡 南登公仇非 堡北一十三里
家口里無煙山時設未
輸城坡堡 在古虞芮 權管黃靑堡北三里
檢城坡堡 在古虞芮 權管 堡北五里
日堡小虞芮堡 在古虞芮 董堡在古虞芮
乙應把守 奉乙應把守
把守雄鎭堡 乙應把守
江上遠水雄坡堡北
州遷鐵項鐵五里
七里鐵下五里
朴鐵仇非北五里
羅侵洞北五里 大羅信仇非十五里

兵馬僉節制使 僉節制使 一員 軍總五千七百十五 上土鎮 北九
鎮城周五百里 穀總八十石 楸坡鎮 鎮北里
鎮馬倉 節制使 一員 軍總一千二百七十四石
後浦鎮 軍馬 權管 陰北 城周一里 兵馬同僉節制使
鎮城周三百 鎮倉 陰城北里 權管楸坡鎮兵馬
十年設木柵 宗朝 別將 平南鎮 北
兵馬二萬九千戶
穀總一萬五千石 權管源北里堡東
城周三千尺 城周一里
三十一年設木柵 平南鎮
穀石十三石 權管陰 軍總二千石城周
十八百七十七尺 城周
穀總一萬六千八百
十石 鎮倉三石穀總三石十五 (四四一)

羅信上仇非北五百七十里下距羅信下仇非五里
羅信下仇非北五百六十五里下距小羅信洞十里
小羅信洞北五百五十五里下距竹岩上仇非十里
竹岩上仇非北五百四十五里下距竹岩中仇非七里
竹岩中仇非北五百四十里下距竹岩下仇非十里
竹岩下仇非北五百三十里下距三兄弟洞十里
兄弟洞北五百三十里下距小三洞五里　小三洞北
五百十五里下距大茂昌十五里　大茂昌北五百里
下距小茂昌十五里　小茂昌北四百八十里下茂昌
茂昌仇非十五里　茂昌仇非北四百九十里下距葡
葡蔔洞十里葡蔔洞北四百六十里下距葡蔔洞上仇
非十里　葡蔔洞上仇非北四百五十里下距葡蔔洞
中仇非五里　葡蔔洞中仇非北四百五十五里下距
葡蔔洞下仇非五里　葡蔔洞下仇非北四百四十里
下距莫從洞北四百三十里下距河山堡十里　河山
堡北四百二十里下距豆之洞十里　豆之洞北四百
十里下距豆之上仇非十里　馬馬海里堡權管留防
處　豆之上仇非北四百里下距豆之中仇非五里
豆之中仇非北三百九十五里下距豆之下仇非八里
豆之下仇非北三百八十五里下距吾郎哈洞八里

六(四十二)

吾郎哈洞北三百七十五里下距吾郎哈仇非七里
吾郎哈仇非北三百六十五里下距竹田十里　竹田
北三百五十五里下距金昌仇非八里　楸坡鎭萬戶
留守處　金昌仇非北三百六十五里下距金昌洞八
里金昌洞北三百七十里下距東乭上仇非十里
東乭上仇非北三百八十五里下距東沙洞十里　東
沙洞北三百九十五里下距東沙仇非十里　東沙仇
非止四百五里下距東乭下仇非十里　東乭仇非北
四百十五里下距囬洞十里　圈洞北四百二十五里
下距三洞十三里　三洞北四百三十五里下距葛田
上仇非十里　葛田上仇非北四百四十五里下距萬
田中仇非八里　葛田中仇非北四百五十里下距葛
田下仇非十里　葛田下仇非北四百六十里下距金
同洞十里　金同洞北四百七十里下距楸上仇非十
里　楸上仇非北四百八十里下距楸下仇非十里
楸下仇非北四百九十里下距上樟項十里　上樟項
北五百里下距下樟項十里　下樟項北五百二十里
下距梨坡十里　梨坡北五百三十里下距立岩十里
上立岩北五百四十里下距下立岩十里　下立岩北
五百五十里下距上長氷崖十里　上長氷崖北五百

六十里下距中長水崖十里　中長水崖北五百七十里
下距下長水崖十里　下長水崖北四百八十里下距
上德仇非十里　上德仇非北五百八十七里下距下
德仇非十里　下德仇非北五百九十七里下距中江
十里　中江北六百七里下距中江仇非十里　從浦
鎭萬戶留防處　中江仇非北六百十七里下距乾浦
十里　乾浦北六百二十七里下距乾浦樟項十里
乾浦樟項北六百三十七里下距胡芮上仇非十里
胡芮上仇非北六百四十七里下距胡芮下仇非十里
胡芮下仇非北六百五十七里下距胡芮洞口七里
胡芮洞口北六百六十四里下距胡芮下邊十里　胡
芮下邊西北六百七十四里下距个屹洞十里　个屹
洞西北六百八十四里下距早粟上仇非十里　早粟
上仇非西六百九十四里早粟中仇非十里　早粟中
仇非西北七百四里下距早粟下仇非十里　早粟下
仇非西北七百十四里下距所儀德十五里　所儀德
西北七百三十里下距早粟田十五里　早粟田西北
七百四十五里下距伐洞十五里　伐洞西北七百六
十里下距芦洞十五里　芦洞西北七百七十里下距
乾浦十五里　乾浦西北七百九十里下仇慈城上仇

七(四十三)

非十五里　慈城上仇非西北八百五里下距慈城下
仇非十五里　慈城下仇非西北七百九十里下距慈
城洞口十五里　慈城洞口西北七百七十五里下距
岑仁洞十里　乻恠鎭萬戶留防處　李仁洞西北七
百六十五里下距西海坪仇非十五里　西海坪仇非
西北七百三十里下距加木德十里　加木德西北
七百二十里下距照牙坪十里　照牙平西北七百十
里下距荒巖十里　荒巖西北七百里下距知美恠十
里　知美恠西北六百九十里下距所乙三洞十里
所乙三洞西北六百八十里下距三江工仇非十里
三江上仇非西北六百七十里下距三江中仇非十五
里　三江中仇非西北六百五十五里下距三江下仇
非十里　三江下仇非西北六百四十五里下距林土
二十里巳上九十三處把守只苗蔘三節丹黃兩節自
五月至八月入防　林土西一百八十里下距崔用洞
十里　崔用洞一百七十五里下距乾浦十里　乾浦
西一百六十里下距加羅地十里　加羅地西一百五
十里下距秋洞十里　狄洞西一百四十里下距徐屯
十里　徐屯西一百四十里下距窄臣洞十里　窄臣
洞西一百五十里下距別外坪十里　別外坪西一百

（上段右葉）

十里下 雖清海亭十里 清海亭西一百
東塹五里 雖東塹西八里下 雖多土
末地煙薹西一百九十里 分土末地
雞底薹西一百許里西 分土
玄坡洞北一百五里 雜鷹項嶺五里
岐嶺雜底真木山坡里 雞鷹項嶺
里岐嶺底真家坡 牛項五里北 雜鷹
里巳牙致下江里 把守掛鞍峰四
一馬時下五里 雜許浦洞北五
八家木山坡北里 雜獐浦三
里十五里北 一百許里西
雞雲洞北十五里 蒲浦洞西五
一河山九十里 雜許浦
小雲洞北一百 雜獐浦
雲洞十五里 渭泉川
河十五里 朔江
小雲洞十里 江
雲洞北二 蘆灘
河十五里 蘆灘
北（四十四）

（上段左葉）

江外把 遠報傳 江外把守境
奉天薹小薑豆黑毛丹窆立巖家舍洞大薰豆羅漢德茂昌慶
外介外何時介細左路羅士乃四路立三渡渡江入甘湯渡入黑渡鎖嶺登江入伐嶺應地伊柴桑甘音勝尙左兩路古漏尾渡延兩
五里雞北下雞竹田四遠五統玉洞把守川甲山把守
路一雞上竹田江遠見上把守一路下通鴨綠江
遠玉洞把守玉洞見上
江外把守境也

（下段右葉）

茆洞時外洞時乃洞美岾洞趙明子洞北小市用岾洞小市里申松
洞時外洞時乃洞南坡洞本府江外慈城越距蒲浦三十
古金國洞高哥云内都云高慈城皇城在皇城世傳金重塚
里道洞波湯洞江外距蒲浦又建十支内衛蒲浦百許里世傳金重塚
茆村洞高哥山支內衛皇帝后塚金重塚
筧洞五里北慈城越距慈城皇帝后塚在皇城世傳金塚
土産麻長鬚魚餘項魚青鼠
水獺羚羊山羊山猪土猪
鯽魚鮎魚人蔘麝香紫草松海子蜜樺皮
水沆石五味子麝香紫草松海子蜜樺皮木
賊當歸山芥山查榛子山葡萄楸子
銅鐵產延州慈燕稻黍稷玉蜀黍地而土民以此
代穀稻黍稷

九（四十五）

（下段左葉）

橋梁 南川橋 里南三 別河橋 十里南八 北川橋 里北二 立石

場市 立石場 二七日

驛 從浦驛 在従浦鎮城干驛南一百里立石驛南一
十里 屬魚川 馬二匹

騎撥 官門站 夫老呂站 南五十里城干站 立石站
高巖站 茂州站 葛山站 坡院站 南二百四十里邑誌有兵
梁坡站 老站 此站在八數之中而各一玄也

津 西門津 安贊津 逋渭原路津 獐項津 多財物
津 西倉津 霧坪津 西山里津 蓬田灘津 津已上
蘆洞津 八

（上右面）

橋南一百九十

中城干橋南九十

院站
女真院西五十里
仁濟院五十里時川院西北一漁雷院西
　百二里

樓亭
風樓在府西虎老江右二里
　仁宗四年府使尹卓籠上條建洗劍亭受

降浦鎭在觀德亭
　府城內
祠院
景賢書院建城內
　甫宗乙亥顯　賜額李彥迪見文

建寅遠於高勾麗茶巴女眞八人
　太祖遷鎭成州誤置都護兵馬使
　二地合二年政　都護府隸北三
　使二十二年罷之

祖初年革屬慈城郡
二十八年復置端宗元年又
　廣茂慈城二郡移其民
　于府後置鎭管渭原
　十（四十五）

（左面）

里鴨綠至慈城一里
祖初年及慈城郡空郡大興雄
　十五年以其大堡地移
　于府其地仍六郡符項
　慈城餘北二百十里本間延府時番

及十三年五郡里本遷其陸地移其民
　其城北五里路慈遠本日
　代一左爲獨鎭馬海里今
　使一右貞寧道鎭馬十三年
　裝山神先平南上土鐵坡范佐
　代登渭坂山今則渭原坂上

（下右面）

江之慈作柵里
　之偉項柵里世宗六
　與之間壁相隔不及相救明年就慈地移
　其民于府界戌十四年以
　四郡里於府界戌北空地里
　十其民于府界北至慈至茂里里
　城里作里里移慈
　鴨綠江界府界茂府界九
　郡今昌界慈熙府界四
　茂宗二熙府界鎭兵置虎府郡
　五里本府界四郡嚴鎭兵府廢

太祖虎慈茶巴女眞等
　自由處同三熙府界府先本
　遠遠都同嘉界上鏡道郡茂
　東至遠至遠十江界之間府昌甫界嚴
　捕後鴨江之川十一高等一千家奴
　等鴨綠界城州
　太討金鐵嶺指揮二人以兵一千五
　故事今昌嘉熙屬熙宗咸三王道之十

里堡雲壁里
　巨門山南七里觀音山北十五巖圓壽三十尺金昌洞
　十里大登岡山東十里鷹岡山東八里彌勒山東二里深源山南十里
　慕山一云彌幕山西南九十里龜城東南九里盖
　山川天摩山西南龜城兩界義黑山云南七十里一蓋
　北極高四十一度十九分偏平壤西一度十二分
　朔州

　之設柵勢漸難制平安道節度使李之芳等驗
　二十三年蒲浦僉使偏沙焚境破穀

里鴨綠至慈城一里
　遇江東沙洞五里東二十宋雲洞大臨洞紗帽洞

嶺路

延平嶺昌城界西二十里大路極幕嶺州界西二十里大路義八營鎮
有大小二嶺大跆嶺在南大東沙嶺在幕嶺鎮小束沙嶺在幕
九十大坊墻嶺鎮東二十里大束沙嶺鎮東西
里大坊墻嶺在幕嶺鎮東三里小坊墻嶺五里昌城界西
界坊墻嶺右三廐溫井嶺右溫井嶺大束嶺
五里小城嶺界已上九廐皆昌城界之義嶺天摩
鎮西小城嶺界已上九廐皆一朝西束鍊嶺天摩
十里九廐皆昌城界之義嶺南大城嶺東大
一里車踰嶺次南三廐皆義嶺南小溫井嶺溫
嶺西南義摩天
昆者嶺作者之一

鴨綠江自昌城往西南流入仇寧鎮溫井
坊之水至鎮北十里過坡出蓋幕山之水
北至仇寧鎮溫井川北洗井川深渡兩山
北入鴨綠江降仙瀑渡墮雲墾兩
十二(四十八)

盖幕川源出墨慕山北流往府
南五十里至坊雲墾之水呂子川兩山
東諸嶺之水至府南流大朔川兄弟川
過青龍門兩山之水右過桂洞大旦門束
東沙嶺泉右流入泰川界之水灘右流
見東三岐兄弟川束之水江灘右流
過桂洞川昌城泉出兄弟川兄弟山
見東三岐昌城泉出兄弟山西北流入兄弟
柱洞嶺西流出兄弟川話山西流入兄弟
北界城泉出昌城界三十里
疆城交草頭嶺西八十里南昌城界
東諸嶺西鴨綠江八十里南昌城界
府南五里至雲墾之水呂子川束
盖幕川西至雲墾之水溫井川兄弟川至南昌城界
十九里溫井川束六十里西義州

戶口 戶三千七百二十一口一萬一千八百六十三

男六千四百八十八
女五千三百七十五

田賦 帳付田畓一千二百三十六結時起田一千
結五十
田賦 帳付田畓一千二百三十六結時起結畓十

穀總 各穀總一萬七千一百七十七石

軍籍 軍保總三千六百七十八

鎮堡 天摩鎮上端面置別將十三(四十九)

倉 司倉北二十大倉在大倉朝州倉八十束倉七
十里泉倉東六里朝嶺之南上端倉東南
四十里天摩屯倉十南八

鎮堡 天摩鎮上端面置別將
里李宗四年自監營設屯
甫宗三十一年陞盦

土產 絲麻鰒青麗人蔘蜜鐪口魚

江外荒廢田洞里洞
把守洞
把守洞北六十里上端昌城甲嚴堡安府
鎮堡二把守六把守大束沙洞下距義州青水鎮十五里
臨底爲狗項鎮之路又東昌城出束來鎮踰嶺之路又防兵六百三十六
嶺底爲狗項防大小城兩嶺把馬毎制節
使出來往狪出束束鎮遮兩江界大路鴨綠江
外有波江外荒廢田屬束鎮西城圃上江外界
步路又軍振北亭束露亭界宋小防墻
世祖又防汉江外荒廢田屬束鎮西城圃
負二員北亭束露亭昌出束來鎮設兵於四
步有軍振又防汉江外宋小防墻置
使客二員穀軍總五百九十石
外出來穀軍總五百九十里
使移穀鎮于大城嶺之底爲狗鎮義州玉轄江轄江

右頁 (上)

餘項魚 水沉石 海松子 羚羊 麝香 水獺
五味子 弓幹木

場市
邑内場三八 舘場五十 幕嶺場二七 胡場一六

驛 大朝驛馬一匹在府南岐伊驛右屬伊川道
嚴舍驛在岐伊驛東十里
驛南九 昌平驛自追城府來

騎撥 官門站 界畔站 大舘站 朔州卽大
舘站

橋梁 界畔橋十里 瓦倉橋南七里 板幕橋南四里
十七 陸仙橋南十里 水砧橋二南 餅嚴橋六南 胡墻橋南十里
六十 石山橋五里 察訪橋三南
北十 學水橋里東五 板橋東五里
里十

十四〔五一〕

左頁 (上)

院站 界畔院南四十里 大朝院南九十五里 荒院
建寶本縣二年移府界後元宗二年析一作嶺高于麗防高
十四年隸府界及附近州于小村
樓亭 望闉樓 句虎樓 鎭北樓在城内
號赤祥高麗
太祖爲管海時松鎭北樓以管府忠烈
陸劉世元朝王以降太祖爲朔寧郡置朔寧
故事官都護十高麗護府德宗元年析龜州界
章浦誠沙劉關先生朱元冠先朝朔州
十餘萬衆渡鴨綠江帥

宣川
北極高四十度三十五分偏平壤西一度五分

右頁 (下)

山川 樓雲山北五十里 妙香如龜寺忠烈如捷
釰山城府之北 釰山東北三十里
普德寺 永安 英堤山 舞鶴山無景庵
鎭寶山降 大睦山 萬景庵
雲峯山北 義州界 靈山
峯舞鶴峯 鐵瓮山在府
十里城 水肯洞西
山城交 香爐峯山南
嶺路 左峴鐵瓮山 水清峴
鳳峴北六十里 石峴 香山
觀城界中路 艾田峴龜城界北二十里泥

十五〔五二〕

左頁 (下)

峴東十里一作裂所峴西南 蛇峴東二十里 薪峴東三十里郭山界唐道峴
西四十五里 峴西南二里 水清峴 長嶺天嶺
里大路 東路十里郭山界清
海南四十五 府東流出海龜城界東入海
里西二十 城府梨坪山
海西二十 南松山 舞鶴山菩光山至待曼亭而
江塔坪在南二里石和浦過江浦
海加石浦 大池南二十里
新串海有高頭門濱
島身彌島一高麗
牧場五島周一高頭 蓋島十
島海而不哨單陸 美南島又
此牧場而不 仁祖二年毛文龍不自安假島設故鎭俱于假和島
北蝶島南三十二里鞭島南四十里水路十五里真亏至

里鞭島

必亐里島海嚴島已

上古島在弥串島東南

頮門之南熊島松島有大小二

真島牛里島松島子島陽明

有大小島加順禮島芝仲島

三串島者里島避遊門外

所串島在海岸

鹿鞭島橫中島有大小二

頼美伊島俱在高岸

龜島都美島

蝟島三串島鄃美島細

蝲島者里島水島石

疆域東邨山界三十里南至海西至鐵

城界三十里南至義州界五十里北至龜

畺城界西北至義州界四十五里東北山界

三十里

坊面邑内面東面里三十新府面西里二十吉府面

山面十里俱南三君子面十里南面四十里水清面西南五

山面十里俱南三君子面十里南面四十里水清面西南五

川面西四十里晋先面十里南面四十里溟

川面西晋先面十里

戶口民戶六千二百七十八口二萬一千八百八十

一 口民戶六千二百七十八口二萬一千八百八十 十六（五十三）

男一萬一千八百九十六

女九千九百九十二

田賦帳付田畓二千三百五十六結時起田一十四

結當四日

二十二結二十四日

倉西三倉內在釼山城南倉南二十城倉城內待慶亭

五里

城釼山山城西一里仁祖五年府使孟孝男府使

一云防禦使林慶業左視城英宗四年府使

二百五十步祖一千二百五十西三十里

軍籍軍保總四千九百六十三

穀簿各穀總三萬二千七百二十九石

閣遂增築守堞軍一哨防業一哨左視城

增築長三百餘步設關門通龜州

大路為清北要衝可以據險設伏

營鎮防營

仁祖二年買清北水軍防營于此節制

景宗二年改水營又改水陸防營水

使一員本府使兼宣川鐵山郃又改水

使一員本府使兼宣川鐵山龍川嘉山

定州楊山六邑屬焉宣川鐵山串

串一兵精鎮水陸別武士三名青水營

別抄八哨束伍十二別武士青水營

別武士宣沙浦鎮防軍三百水營

乳川防軍三名別武士三哨一百

別將一員宣沙浦防軍三十六

鎮堡東林鎮宗三年西北三十里

宣沙浦鎮將串林鎮宗七年置

廢古沙浦營在北四十西三十里高麗成

江左城清江坪哨官九名高麗成宗

二十步都訓導題衆會之路入防軍四

十九年改築清江坪入防軍四哨一百

綠江上視騰自青視英宗十六年改築

而衆者出此非要害處然自海通義州綿

而衆者出此非要害處則自海通義州綿

十里其間之萬近清江鎮置邑募別將

十五里其間之萬近清江鎮置邑募別將 十七（五十三）

宣沙浦鎮鐵山府之西林山城今移在水清鎮詳見本

俗号辣城益使四十五年移鎮于水清鎮本未詳

土產 絲麻 木綿 紫草 紫硯石 真魚 青

魚 鰷魚 廣魚 秀魚 石首魚 洪魚 銀口魚 民魚

鳥賊魚 廣魚 魚鰾 絡締鰕 餘魚 石花 土花

輪花 蛤 鸇鶝油 向土鱸魚 餘魚 文魚

場市 邑內場三八 南烹場五十

驛站 林畔驛 林畔站匹屬東大間

騎撥 林畔站站西匹屬清江站西距鐵山

輦站之車 站東雌郡山郡之雲興清江站西距鐵山

牧場 右二弥島宣沙浦蓮牧官所屬

牧場 右二弥島宣沙浦蓮牧官所屬 宣沙浦馬五十匹

橋梁 柳橋(在府內) 清江橋(西二十里) 鐵馬川橋(東二十里通郭山大路)

院店 加乙川院(東十五里) 栢峴院(西三十里)

壇 炭島神壇 太和島神壇(幷本府春秋致祭)

亭 倚劒亭 清塵亭 閱武亭

祠院 義烈祠(在府內肅宗丁丑建英宗癸丑額) 金應河(見鐵原) 鄭耆男(河東人光巳未從金應河殉節) 朱文公書院(肅宗辛巳建朱子李珥) 忠愍祠(在府內英宗丁丑建林慶業見忠州) 三忠祠(高麗時建後廢於兵燹本朝仁祖乙酉重建楊規安岳人高麗顯宗二年以西北面都巡檢使與契丹戰亡于通川官刑部郎中壁上功臣金叔興以西北面都指揮使龜州別將與楊規同殉庾伯符以通州都部署楊規同殉贈衛尉少卿) 西浦祠(肅宗丁丑

建金萬重號西浦光州人肅宗十八年謫卒官兵判典文衡謚文孝) 定齋祠(肅宗丁丑建朴泰輔見坡州)

建寘 (本安化郡高麗初改通州顯宗二十一年稱宣州防禦使隸北界高宗十八年避蒙兵入于紫燕島元宗二年出陸十年沒于元隸東寧路總管府領寧朔席島二鎮忠烈王四年復還本朝太宗十三年改宣川郡明宗十八年陞都護府使降為郡仁祖元年復陞丙子乱後移治于林畔駅二十年兼清北水軍防使東林城宣州時治所牧使岱再移之基古邑三移之基古府四移之基官都護府使一員兼清北水軍防禦使宣川鎮水軍僉節制使獨鎮將訓學訓導一員)

故事 (高麗成宗十五年城宣州穆宗十一年城通州顯宗元年以康兆等六將率兵三十萬軍于通州以備契丹契丹主聖宗自將步騎四十萬渡鴨綠江圍興化鎮巡檢使楊規等嬰城固守契丹解圍以二十萬兵屯于麟州南無路代以二十萬兵進至通州移軍銅山下攻軍銅山下攻陷通州康兆三十萬兵大潰斬

康兆長驅而進將軍金訓等伏兵于緩項嶺敗丹兵五年契丹國舅詳穩蕭敵烈來侵通州興化鎮將軍鄭神勇周懸等擊敗之六年契丹東攻通州興化鎮大將軍鄭神勇等引兵出契丹後擊殺七百餘級神勇等六人死之十年通州都部署庾伯符等二百七十三人力戰死故三忠祠云與楊規同死者無乃誅耶十五年城宣益二州高宗三年契丹遣種金山金始二王子遣其將引兵數萬渡鴨綠江侵寧朔定我之境屠寧德城追圍安義龜三州又有兵自獜龍兩州界來攻鐵宣二州二十三年宣州兄弟山之野蒙兵分屯十七年个所遂編慈州龜郭之間四十一年蒙兵侵葛島擒三千户恭愍王九年江頭賊之乱我軍又戰于咸從斬二萬級擒偽元帥黃志善賊退保顧山縣李芳實以精騎一千追賊至延州江(在寧邊府)安祐金得培等繼至賊渡江氷陷死者數千人賊遂遁芳實追之賊飢困安鐵數州之間死者相繼芳實追至古宣州數百級餘賊三百餘人一日一夜至義州渡鴨綠江而走十三年倭船二百餘艘泊葛島十九年倭寇西北面元帥楊伯淵避擊斬五十餘級二十三年西海道萬户李成等與倭戰于木尾島(即串彌島)敗績本朝定宗元年倭寇西

北上遣降倭平道全招諭之仇陸等至宣州見萬户藤時羅老等諭上威德倭皆感悅遂降宣祖二十五年遼東游擊史儒參將郭夢徵領兵一千到宣川林畔館上具禮服泣謝史儒等言祖摠兵承訓將至當相會議事島領兵屯義州仁祖二年毛文龍自椵島移鎮于身彌島按通鑑輯覽云天啓二年六月以毛文龍為平遼總兵官先是文龍擊取鎮江至是椵文龍副摠兵累加左都督掛將軍印賜尚方劍設軍鎮收島椵島如內地東江雄擬形勢而文龍素無大畧唯務廣地招商賈販易禁物無事則鬻蔘販布為業有事亦罕得為用五年毛文龍守身彌島左陸漢人皆被後金兵掠殺兵退後毛兵出陸作乱攻陷樂蘆廣平等堡驅掠子女財寶又募漢人斬我人被俘逃歸者三四千人補以賊級請北生遼死七畧盡七年袁崇煥誅文龍于寧遠前洋渡島遊擊陳繼國代領其衆八年劉興治殺陳繼國以島衆叛朝廷欲討之而止興治兄弟發船八十九隻向登州尋還駐椵島又劫島衆入登洋島尋還島九年遊擊張燕等攻島內奮死之民先殺降總不知其數又殺興治兄弟中朝遣都督黃龍鎮撫椵島後金兵襲椵島黃龍使沈世魁領兵船三十餘艘下陸

【上右면】 二十(五十六)

與金兵相戰斬殺四百餘級金
兵遂歸清將遂陷福塔都
督椵島十五年三月自南而漢
我師以艇載精兵搜林慶業柳
之漢人于檻檻下諭業緊紲投
漢人前後困以械數島冒峯上
敝敝島而因以死陷兵決戰四
身敝島筈而使其紫紲投
洪敬業緊紲來筈使其府使金
益淳降後被誅賊在沒死

龍川

法興山 在法興德川山之東
西聖山 山在法興德川山
之東玉田山 鉢山 古江山

山川
北極高四十度五十二分偏平壤西一度二十九分
龍眼山 四十五里一云彌羅山西南海岸山南二里
龍骨山 三十五里寺七云彌羅山東十里
法興山 一名席龍山外松鶻島耳諸山如在几案前

【上左면】

鳳凰臺 之在龍嚴西四十五里
嶺路 地境峴五十里石峴義州界
城峴南鶴峴串踰車踰嶺東三里
海環西長川南流入于海龍
島東為船橋川經玉田山西流出龍骨山西
島彌串島鐵橋川西東流環城之
陸卽廣郡海路一百五十里提一百五十里
疆域東至廣州界二十里兼海岸四十里西至海
州界十五里自彌串鎮南距水路三十里有羊河口八家橋北遠藩向艇界
島薪島隔海十五里自本島至遠藩向艇界

【下右면】 二十一(五十七)

（島名列）
管由此境 蒼鷹島 信地島
馬島 商島 細島 淄島
卧牛島 渡龍島 捕是島
臥牛島 父島 大如亇島
上偦島在西中島 羊島 顯應丹島已
馬鞍島 下峰島 草化島
毛大島 顯應島 露積島 椵島 柏島

坊面 府內坊 西坊 東上坊
坊南二里內下坊 東下坊
坊十里西二里外上坊 南上坊
坊十里西四北二里外下坊 南下坊

戶口 戶三千七百五十一
女五千十三 男四千
田賦 帳付田畓一千八百八十五結時起二結起田一千十畓

六百十七結

【下左면】

倉 府倉 內倉 南倉 站倉

穀簿 各穀總一萬七千六百七石

軍籍 軍保總二千三百八十九

營鎮別前營 清北別前營將減冒
鎮堡 薪島鎮宗八年魚島別將移設
營鎮宗和則出屯薪島魚高則退守彌串本鎮水軍僉
節制使一員軍保二十九軍摠一千六百六十
男九百二十四軍倉一把
中一般穀德一千九十二石

土產 絲 麻 藕魚 石首魚 廣魚 大蝦 秀
魚 洪魚 石花 土花 蛤 絡締 民魚 真魚

烏賊魚 鱸魚 魚鰾 鵝鵰油 紫草 無明石出

柳山

塲市 邑內塲一六 南塲五十 北塲二七 站塲三八彌
串塲四九

驛 良策驛 東二十里馬十一匹屬大同道東南至
三十里有 義州
三奇亭驛

騶撥山車輦站

橋梁 大橋在良策
里香橋 西十一 柳橋 西十里 般橋距義州治一百里 烏頭橋十四三

院站 誌作良策站東 鐵所鐵 西十五里北至義州野串驛

武松院五里 乾川院七里 者浦院
二二(五十八)

建置 本安興郡高句麗勃海時稱龍州防禦使隷北界元宗
十四年復改龍灣府宣宗二年復稱龍州改知龍
郡事四年光朝太宗十三年改知義州以伊彥屬府宣
宗二年別置萬戸鎮管兵馬同僉節制使護府後宗
萬戸鎮將在郡古馬山縣南討捕使兼都鎮撫鎮將
別前營古龍州在西北十三里別前營一前營
魏昭宗五年高麗龍州別討捕使獨鎮撫鎮將
故事 張健春高麗副使魏昭被擄五年高宗四十一年蒙兵圍龍州萬戸
守臣金希磾至龍州長至數歲兵屈入人李延
壽李龍壽等龍骨城鐵山李延壽駐馬五十匹
設兵扼守抑之斬百餘級獲鄭鳳壽馬五十匹
渭原

北極高四十二度四十一分偏平壤東五分

山川 奉天臺山西十里 大和等乃山南四十五里
山城府內 立如天時 小和等乃山谷乃遠 可巨里
府小和洞興福峯 西南三十 獨山 東條一百
府江界洞 上有聖人洞上有 大興寺
池有聖人洞 福田江小和南四十
大飛乃山南坡山 南府西 獨山 里西十
遮遷踰山東四十里渭水西 大飛乃山
東六十里 渭水西北 臨江山
銅蓮踰山 五里云 龜子山南一里 開明山西廣山
城山南五里 黽子山五里 開明山 廣帶鴨綠江
清溪山北二十里 鴨江南 林里山 北十五里鴨綠江
諸邑東野渭水西 紫山百里 對江前臨
舊邑 大墅 大野 挹翠塋臨鴨綠江北外
嶺路 甘陽嶺南 大董董嶺之次 陽嶺南坡嶺
嶺路植木 長養嶺右五里嶺江界界南坡嶺
十里 箭川嶺南一百三十 長坡嶺右一百三十里
二三(五十九)

二嶺地嶺山 蛤池嶺西七十 柏坡嶺南一百里右
西北嶺之次 里大略 二嶺楚山界南
北四流社 提督嶺西五 軒洞入于楚山之界五十
西流經甘界 松田嶺南北五里 樂蒼嶺南七里安
兩嶺之水入 祖居州向渭 植木長養嶺
于渭水南一里

鴨綠江渭水北 自山界西南
十里云 流經渭水
界 提督嶺東北流自山直江
西流經嘉屹洞加乙軒洞世傳李
西流社渭松先春川及渭
西流經嘉屹洞世渭水過箭川
兩嶺之水入 渭州南入鴨綠江滄
于渭水南一里 過濟岐川漻水
故事李龍壽等 鴨綠江滄出百
設兵扼守抑之 小和洞坡出
斬百餘級獲鄭 北流經西
鳳壽馬五十匹 面西

疆域 東江界界六十里 甘陽嶺東南同府界
同府界六十里 里三十陽嶺東南楚山界
里東北江界界三十里 西南楚山界七十里西
疆域 東江界界六十里 甘陽嶺東南同府
同府界六十里 里三十陽嶺東南楚山
里東北江界界三十里 西南楚山界七十里

坊面
郡内面三十里　東面四十里南面五十里西面六十里北
面一百三十里

漢面南一百渭原面五十里獨山面東南里載
德面目地
圖無

戶口　戶七千二百六十口一萬九千六百七十二男
一萬四百四十二　女

田賦　帳付田畓一千八百七十三結時起田一千九
結畓一結四十負

倉庫　邑倉　渭倉東三十五里北倉東七十里社倉
倉東一百五里漢倉南八十里下倉南五十里松
倉東四十五里上倉三十里下倉五十里南倉
烹東四十五里上倉三十里栖倉東一百五十里
栖倉南九十里

穀簿　各穀總三萬九千七百九十七石

　　　　　　二四五六十三

軍　軍保總五千

鎮堡　吾老梁鎮孝宗五年移設于鴨綠江邊彌串堡
六十二里權管吾梁鎮東北二十大路蕭有權管防守彌宗
西五十里仇寧烹長下彌宗元年策石城周一千八石權管一員
軍總二百七十二城高五十五尺城周五百三十四石城周一員
駕軒洞堡官一員

　　　　軍摠一百八十　鎮烹
　　　　石城周五百八鎮烹

把守吾梁鎮上把守東北三十里下非下仇非北非
九石非長下把守內倉長仇非把守北二十里
北二十里把守非長仇非把守非北把守北二十里
城下炭幕洞四十五里距金江堡東四十里
里金江堡西四十里距盧也洞西五十里距
洞四十里距盧也洞西五十里別把守
一千石下距別把守東川十七里西
里東川西五十五里下距

土産　水精　海松子　青鼠人参木綿麻
伏矢　蒲黃石茸松子五味石茸香
休使亳易尭　貂皮鹿皮虎皮熊石
塲市　邑内塲三八拍坡塲二七弓弩項塲五日

驛　津洞里五匹馬五匹屬魚川站
津北渭水距在渭水城東古西洞里西
騎撥　官門站道五里大路魯江界
堡北渭水距左里四德站西三十五
津　渭津在渭水城東三里魯江界
津北渭江界里云荒魯江界
　　　　里舊邑南川橋過橋

橋梁　　西南川橋
　　　西四十里二里舊吾老梁鎮過橋

院店
　　　豆音嶺院　章巷站

樓亭
　　　鎮北樓郡内邑北門樓臨鴨綠江濟頭
　　　郡邑渭南乙樓郡城南門樓臨渭水
建寶堡理方遠郡之都鄭世祖朝肅宗以
　　　兩邑絕地置緩急應援爲難乃劃江界
祖五年移置于鴨綠江邊渭原之北世宗
軍總二百以僉使爲鎮管兵使之屬山以
　　　十八年移置蕭堡鎮管兵西北
馬守一員置蕭堡鎮管兵址在郡西北
郡爲關防邑號密山渭城官

昌城
北極高四十一度三十一分偏平壤西一度八分
山川　三峯山東三四祿山東十里雲頭山
　　　山東三回禄山東十里雲頭山
東南一百八十里界雲林山淨慧東主峯
泰川雲山兩邑界雲林山淨慧東主峯五里香爐峯東南

　　　　　　二五六十二

朱冬嶺嶺東行嶺荇嶺東行項路泰川界仇寧界西四十里大路

地境嶺東南一百九十里雲山界

東沙嶺朔州詳見龜城卷東南一里

甫里見乎嶺在府西碧潼郡

大緩項嶺自邑出當峨項嶺東里自昌城巨里之南支

大防墻嶺小防墻嶺大東沙嶺小

嶺東南五里自作嶺東大路

嶺路 延平嶺路南二十里 朔州界

城則由此嶽至當峨 平緩各且寬廣路不阻塞山八十里有鐵彌勒山

雲圓山南二十里 連巖山東九十里當阿山東一百七十里 延平山南二十里

一百六十里

鴨綠江北四里自碧潼之小吉號里至奉府沿大吉號

院右洞灘爲之大兄定坪川往松坪川經于朔州界

特寨川溪隔松坪中九嶺南一嶺至鴨綠江

川緩緩項里見本雲頭項九南流至鴨綠江

出州府由雲頭項至特寨鎭西

疆城東一百二十里鴨綠江界

坊面 府內面東至二十五里 大倉面東七十一里向新昌面一百里 牛仇面東十七里向上倉面十南五里田倉面
十五里四青山面東二十五里

鴨綠江北四里方林城昌州鎭自過緩項里及奉府西由大吉號至西甲巖自溪川九東二十里一作西嶺南一百五十里

特寨川出九嶺南一嶺北至浮流出雲山界南交泰川界
灘推在府北一百五十里南朔州

甲巖自溪川南流川九東二十里朔州界北流
出州府北流見鴨綠江

北五十里昌洲南十里特寨面東一百二十里

戈山城 當戈山城在當峨項南大路傍巖阻城壑在九嶺湊會之地為賊路之冲中有克帥窟距雲山

倉庫 府倉在府內 上倉南五十里 牛倉南五里 新倉東南一百二十里 東倉東南一里向青山倉東南一百二十里新倉東一百

穀簿 各穀摠二萬七千九百七十二石

軍籍 軍保摠二千二百八十八

田賦 帳付田畓一千二百七十八結時起田一千一百四十結 當四結

戶口 民戶二千九百十口一萬九千九百二十二 男六千七百七 女六千一百一十一

二十七(六十三)

鎭堡 昌洲鎭東北四十里距朔州小坊墻六十里城周七千四百七十一步中有龍
昌洲鎭東北四十里昌洲博寨里雲頭項別作甲巖堡雲頭項標北洽石軍宗一員軍摠二石城周六百三十四尺

忠義衛軍士七百名 作隊軍三十名

左防營 門守守堞軍九哨

美宗二十三年始築石城周七千四百七十一步中有龍潭

營鎭 鎭堡馬兵各一哨 穀總九石 雲頭項里總八十五里 權管一員 穀總二石 軍摠六百三十石

總十石 廟洞堡總六十五里 倉 權管一員 穀總二石 於灘汀堡

総一貟 総一貟

東北三十里石城周十二日四十三日戟七尺十四石權管大吉號里

一負東北三十里石城周一百七里周十七石城城尺貪穀燕里七石鎮權管

廢堡一東東北五十五里田田子洞第一堡總一石城周一十六七日戟四尺十三日戟權管燕里

把守雙女巖四女嬌十四嬌十七女嬌十巖十

堡東田子洞深浦上下雲洞鎮安東巨沙洞下水浦洞大吉廟坊洞橫遞

里岐下朔州五里南府北昌洲十洞第總在大吉差遷汀戍之牛距府之東北本府在甲巖堡橫遞

江外洞彼利巖別觀頭里里仇土寧頭別里里彼遞

下距朔州五里把守朔州五里上把守甲巖堡里里本府東北本府安東里甲巖堡下

里把守十十里距本府北十五里把守十十里大吉廟洞在甲巖堡本府北三十里彼遞

對處亦見朔州三北江把守灘彼此利頭觀別里大東昌洲流發里大吉洞横遞

土産

絲麻 �麻 白蠟 水鐵石 弓幹 鍇口魚 石賈 頷長魚 錦鱗魚 蟹 熊 鹿 土猪

青鼠 羚羊 狄人參 筏神 菱仁 水獺子 松軍 海松子

院

青山院 在州北廣賢坊同

驛站

驛昌今廢

忠烈祠 義寧縣 舊移建 玉江開車 站五里 楓田 東二百里 峴 東二百里

場市

邑內場 四 九 青山場 五 十

建實

昌城邑 奔城也 本年陞置縣 太祖二平定高麗 世宗十五年鎮 泥城 隆郡城 忠烈乙亥碧潼雲川劃彼云泥邑

城復還 即城手萬智戶元宗中州府之城北本年寧海縣移平城 鎮城泥城四管州段郡制使於碧潼昌州剷置雲川

土泥山之城 青山村所屬 朝州碧潼以兵為府為鎮右道寧遠為中道江界

東西中三道朔州碧潼仍置鎮管節度使以俱為府為鎮右道寧遠為中道江界

楚山

北極高四十二度二十五分偏平壤西四十五分

山川

崇積山 東南一百四十里 大勿移山 東南一百四十里 神光寺庵

二十九 (六十五)

楚山

被兵執降府本朝入府遊降府來寧城義州殺時殺之等昌城

兵亂就金故事牧人就遠之中餘馬斃鞍彎五民矣民走府民遊昌洲殺之

兵至義州殺遊喩州城時若等昌城

六年以昌州為左道以節度使元年令三道為一還管于軍置寧遠光海主

北昌州後麗高宗時降清元兵既入城昌出府鎮帥營李李松瑞抵兵義州

二百八十餘里高麗顯宗九年正月契丹胡敗入城後分軍箕水昌城

故事泥城高宗十七年罷元宗二年龍移府冶移州東寧城義州

為昌城鎮契丹入城太祖三十七年移冶本府若圍束寧遊府來寧里降府本朝入府遊降府來寧

為左道以節度使齊宗元年令三道為一還管于軍置寧遠德海主使金時若圍束寧遊府來

山川（續）

小勿移山 棠積山之南曹東山十里 南大哈池山 里山前

羊會坪 府南山東南北山 五內山 南五里 田地與江遠靈加德六里渭山

府南山銅寺石 南與德嶺南 嶺五十里 坡本 嶺東 艾南嶺五里 渭山 阿

嶺路界 直等洞嶺 多興鎮嶺南 十五里 嶺西 牛峴 南五里

牛嶺 東渭江 幕府界 五里 觀山府在 右二百 卧龍洞嶺 南月一斗八十里 嶺南 車嶺 嶺西南二百

幕嶺 府西熙川界六 里大路里 雲嶺牛好尾昌城巨里 嶺西南二百六十里

十嶺一雲山界 十里 雲山界昌城界里五

（右頁・上段）

倉七十三所　穀三千山羊會鎮在府西二十五里
　　　　一石成宗十四　六年築城周九千二百
　　　　　　　　　　　石軍二十四

把守本府池八朝東一宗朝陵萬戶
　　　　　　　　　陵渭
遷北把守下距七里下把守　山羊會把守西十五里
　　二里　　　　　十里　別把守鴨江邊

土産　子絲蔴吾廣江麻　別把守
　　　海松子　蜜木蓼別把守
　　　絲銀口魚松魚

錦鱗魚子瀨何多靑鼠
粉草魚　　　　水獺　　　　　三十二(六十八)
　　蟹鹿
　　　松軍熊軍指魚味

（右頁・下段）

鐵山

本朝太宗二年以山羊會都乙
　　理州改十三年改鎭管兵鎭
　　世祖朝罷鎭管
　　正宗朝復設

（中略・行政沿革の記述）

北極高四十度四十五分偏平壤西一度十九分
　　　　　　　　　　　　　　　　三十三(六十九)

（左頁・上段）

弓箭　楛木

場市　邑內塲一六日東倉塲五
　　　　　　　　十日

驛站　央上兰匹
　　　麻官門站在城內站南一百五十里

騎撥板幕院站南一百五十里

津　童中江津

院站

橋　童中江橋西南五十里

樓亭　映湖亭
建賓海時麗忠烈王四年始設

（左頁・下段）

山川　熊骨山
旅郞山
梁山
白雲山
嶺路　宣川界大路
山　駐驆山

海環川
月雲川
島嶼　大串島

一云皮島

（上右）

雖府南陸路四十七里周四十里小楸島大車牛島西二十里形如駕車牛島中多前巖姓石人若則毛髮竪凜然不可久留又有小車牛島只島老森堅凜牛在島西又有小豬只島丹島圓

疆域海邑東宣川界二十五里南至海四十五里自梁州界五十里西扶坊坊南四十里北城坊東二十里自梁坊二十里至

坊面西林坊北四十里城坊南二十里館間坊南長化坊載德目

田賦帳付田畓一千八百七十二結時起一千五百七十二結

戶口戶四千一百五十口一萬五千七百九十六女男八千五

站站海邑内丁忠坊古城

（上左）

穀簿軍餉各穀一萬八千九百二十四石
軍餉軍保摠四千二百九十四
城堞雲暗山城在然骨山東十年改築石城周二千四百四十五步有國淸寺守際軍倉四里 仁祖九年副元帥鄭忠信築之英宗二十三年鐵山府使以載德參宇臆軍
鎭堡雲暗山鎭在雲暗城中山北倉在雲暗山城西
倉庫司倉在營倉在府東十里雲暗山城南新倉在雲暗城中山城西
放料倉在府東十里
車嶺倉在

（下右）

驛站宣沙浦驛在淸江
津渡望東浦津津谷津十里
橋梁月雲橋板橋川北大路所經月朔橋川北三十七里
牧場美川島牧場二所宣沙浦牧官一貟宣沙浦僉使大串場
院店龍骨院院北三十里鐵山縣地渤海云
建實成州李寧守縣一云鐵山郡志在漢修城

（下左）

縣北揚以則銅山在遠東顯宗九年轄鐵州防禦使我朝一云
靖北界高麗忠烈王三年陸鐵州鎭仍隷焉我朝太宗四年復
海邑兵馬節度使都鎭撫鎭管兵馬使李陸開府之制於死
故事高麗顯宗元宗制使退朝鮮太祖元年改車牛郡事降
李擊高勤寨破賊東以還
身彌島周四十里日出五年後金兵侵犯島遠民之出島者多死于
置鐵山府縣山之蛇江梁概島等處入據江東鎭城陷遂民仁祖降在鐵山
督遠氏之避虜于屯于鐵州諸軍守屯空鐵州復降遂于鐵

71　대동지지(大東地志)

別將於鐵山之最者屯

碧潼

北極高四十二度二分偏平壤西三十九分

山川　九峯山西南大德山南十五里興寺山東南一
深源達覽山香寺上庵寺三月山連覽相連與金昌山
北十慈堂東五照鶻山東南四青石山東主峯東一
二里廬峯五里拂巖洞官奴洞八十里俱在南加莫洞百二十一

嶺路　麻田嶺東南一百二十里見子嶺楚
嶺山界九階嶺南九十里昌城界南
東南一百二里如海嶺東北七十里昌
有大小二嶺楚山阿耳鎮界

社倉有
東倉有

界里號堡之南
號里堡之南
鴨綠江西五里
城鴨綠江西童仇非往廣坪大坡兒小吉
北庵川流往官倉璇巖洞回西
南城川流往璇巖洞有二出北往九階
之南嶺之北與沈川往鶴倉至鵝仇
回嶺出九階嶺前出土坡兒隱寒口
川合流東入于鴨綠江南興南川
川流入于鴨綠江

國師峴東五里

大峴　新峴俱在小吉
號里堡之南

大坡兒川
楸仇非

坊向
里向邑內面雪巖堆向東六十里別河向東一百里
西向昌治向西城東北四十里大上向東二十
南向里昌治向南城東北四十里
疆域里東楚山界中川八十里東南同府界一百一十
西南昌治向西城東北七十里

軍總　軍保總一千八百九

鎮堡　碧團鎮西十五里大路石城周一萬三千十二
尺兵馬僉節制使一員
穀總六林土鎮東南八十里軍倉一員別將一員

穀搗一百五十石大坡兒堡官北五十里城周二百四十八尺權管一員
九十石德六石廣坪堡權管一城周五百二十八尺
石小坡兒楸仇非堡官西六十里城周四百八尺
八十石大坡兒城周四百三十八尺倉
六百石號堡官北五十里城周二百四十五尺倉

穀薄
各穀總二萬四千四百四十八石

戶口　戶六千二十四口一萬三千八百七十口男八
千四百七十八女四
田賦　帳付田畓一千三百二十一結時起田一千二
結

倉　邑倉東北十五里平倉東北四十五里時倉東九里
別倉八十里加倉東南二十里
松倉東

把守　別把守如海洞東北七十里下距廣野十里
八十四石把守如海洞東北七十里下距廣野十里
小坡兒金沙洞

右頁（右から左へ）

北五十里距五里洞里下距五里至老五里仇非
北三十里距五里仇非至老五里仇非金昌下距非
山幕距下金昌下仇麻抹距洞北距五北所二十洞里下
大坡兒洞二十里北三十里幕山下
非錦洞北三十里
非錦洞北三十里仇非下距老五里金昌中抹
麻田洞西五里土蒸洞下
毛土里洞下

土産　人蔘　碁麻　海蔘　松子　紫草
鰻鱺魚　鯔魚　鯉魚　鱸魚　水獺　石首魚
貢草　納魚　真蓴　眞草
樺皮　熟皮　目魚

場市　邑內場肉五場一六日　東場三八日

驛　碧團驛　楠今移在郡內站
五場十一六日　雪場三八日

〔吳八十四〕

左頁（右から左へ）

騎撥　官門站　小吉號里站

津　童巾江津山東北七十里鎮大路撥

橋梁　郡南川橋　郡中庵橋碧團下流

樓亭　洗兵樓　西別樓內城俱丁建辛巳額閣影

祠院　九峯書院見上端丁田建辛巳賜額閔鼎重見昌德宮楊野見金進等俱享之

建置　沉城本萬戶　高麗恭愍王六年遣楊州人戶金進墾土爲團築走之地林土爲團後爲獨鎮以實之邑號雪城

制　鎮管兵馬僉節制使一員世祖朝初置鎮後罷獨鎮將歸仁祖三年段碧團郡守兼管鐵山三郡守兼碧團郡守

故事　本朝仁祖五年毛支龍兵自身彌島出陸作亂攻陷碧團

원문